高等学校控制科学与技术教材

模糊控制及其 MATLAB 仿真

(第 2 版)

石辛民　郝整清　编著

清 华 大 学 出 版 社
北京交通大学出版社
·北京·

内容简介

本书着重介绍模糊控制的基本概念、基本原理和基本方法。主要内容包括模糊控制的数学和逻辑学基础、模糊控制器的设计、模糊控制系统的仿真以及神经网络在模糊控制中的应用。

本书内容深入浅出、循序渐进、叙述简明、精练实用，可以作为控制科学和技术类专业本科及研究生学习“模糊控制”的教材，也可供与此相关的科研人员和从事控制工程的技术人员阅读和参考。

图书在版编目（CIP）数据

模糊控制及其MATLAB仿真/石辛民，郝整清编著．—2版．—北京：北京交通大学出版社：清华大学出版社，2018.3（2020.8重印）

高等学校控制科学与技术教材

ISBN 978－7－5121－3455－3

Ⅰ．①模…　Ⅱ．①石…　②郝…　Ⅲ．①Matlab软件-应用-模糊控制-自动控制系统-高等学校-教材　Ⅳ．①TP273

中国版本图书馆CIP数据核字（2018）第000120号

模糊控制及其MATLAB仿真

MOHU KONGZHI JIQI MATLAB FANGZHEN

责任编辑：吴嫦娥

出版发行：清 华 大 学 出 版 社　　邮编：100084　　电话：010－62776969　　http://www.tup.com.cn

　　　　　北京交通大学出版社　　邮编：100044　　电话：010－51686414　　http://www.bjtup.com.cn

印 刷 者：北京时代华都印刷有限公司

经　　销：全国新华书店

开　　本：185 mm×260 mm　　印张：16.5　　字数：412千字

版 印 次：2018年3月第2版　　2020年8月第2次印刷

印　　数：3 001～5 000册　　定价：42.00元

本书如有质量问题，请向北京交通大学出版社质监组反映。对您的意见和批评，我们表示欢迎和感谢。

投诉电话：010－51686043，51686008；传真：010－62225406；E-mail：press@bjtu.edu.cn。

前　言

自动控制理论经历了经典控制和现代控制两个重大发展阶段，已经相当完善。然而，对于许多复杂庞大的被控对象及其外界环境，有时难以建立有效的数学模型，因而无法采用常规的控制理论做定量分析计算和进行控制，这时就要借助于新兴的智能控制。智能控制是人工智能、控制论和运筹学相互交叉渗透形成的新兴学科，它具有定量和定性相结合的分析方法，融合了人类特有的推理、学习和联想等智能。模糊控制是智能控制中适用面宽广、比较活跃且容易普及的一个分支。

人类在感知世界、获取知识、思维推理、相互交流及决策和实施控制等诸多的实践环节中，对知识的表述往往带有“模糊性”的特点，这使得其中所包含的信息容量有时比“清晰性”的更大，内涵更丰富，也更符合客观世界。1965 年美国的控制论专家 L. A. Zadeh 教授创立了模糊集合论，从而为描述、研究和处理模糊性事物提供了一种新的数学工具。模糊控制就是利用模糊集合理论，把人的模糊控制策略转化为计算机所能接受的控制算法，进而实施控制的一种理论和技术。它能够模拟人的思维方式，因而对一些无法构建数学模型的系统可以进行有效的描述和控制，除了用于工业，也适用于社会学、经济学、环境学、生物学及医学等各类复杂系统。

由于模糊控制应用广泛、便于普及，不仅许多高等学校开设了模糊控制课程，而且不少工程技术人员也渴望了解和学习这方面的知识。集作者多年从事“模糊信息处理”“模糊控制”方面的科研和教学经验，编写了这本模糊控制方面的入门书。本书在选材、安排上均遵从“入门”和“实用”的原则，着重介绍模糊控制的基本概念、基本原理和基本方法。本着“重视实用性和可操作性”的工程教育思想，内容选取和叙述形式不追求“理论的高深和数学推导的严谨”，在学术性和实用性发生冲突时，学术性服从实用性。

本书主要内容包括模糊控制的数学和逻辑学基础、模糊控制器的设计、模糊控制系统的仿真及神经网络在模糊控制中的应用。

在介绍模糊控制的理论时，按照模糊控制的需要介绍必要的基础理论和基本知识，而不是把模糊控制仅仅看作模糊理论的一种应用，片面追求模糊理论的系统性和完整性，致使读者在模糊数学和模糊逻辑的演算上花费很多精力。

在介绍模糊规则的生成方法时，不仅介绍了根据操作经验建立规则的常用方法，而且通过实例介绍了从系统的输入、输出数据中获取模糊规则的方法。

在介绍模糊控制器时，集中介绍了适用范围较广的两种类型模糊控制器：Mamdani 型和 Sugeno 型。前一种模糊控制器的输入量和输出量都是模糊子集，输出量需要经过清晰化才能用于执行机构；而后一种模糊控制器的输入量是模糊子集，输出量为精确量，可以直接用于推动执行机构。

考虑到科技工作者学习模糊控制理论时需要实践的需求，把模糊控制理论和计算机仿真进行了有机融合，较详细地介绍了 MATLAB 仿真技术及其在模糊控制方面的应用。通过仿真练习，弥补了学习理论过程中难以实践的缺陷，加深对模糊控制的理解，也使在解决实际问题时有所借鉴，为进一步深入学习和应用模糊控制理论打下良好的基础。

神经网络是智能控制的一个重要分支，本书简要介绍了它在模糊控制中的应用，着重举例介绍了 MATLAB 中“自适应神经模糊系统”的使用方法。

本书配有教学课件，可发邮件至 cbswce@jg. bjtu. edu. cn 索取。

吴嫦娥编辑对本书的出版起了极大的推动作用，在此深表谢意！

由于模糊控制领域的理论目前尚不成熟，还存在许多未解难题，虽然作者在“模糊领域”有十余年的科研教学经验，但毕竟水平有限，恳请广大读者不吝赐教！

编　者

（E-mail：aushixm@126. com）

2018 年 1 月

目　　录

第1章　引　　言

本章介绍自动控制学科发展的历史概况，叙述从开环控制到智能控制的发展进程，并简单介绍智能控制的几个主要分支——专家控制、模糊控制和神经网络控制。

1.1　自动控制理论的发展历程

自动控制就是在没有人直接参与的情况下，利用外加的设备或装置（控制器），使机器、设备或生产过程（被控对象）的某个工作状态或参数（被控量），能够自动地按照设定的规律或指标运行。

自从美国数学家维纳在20世纪40年代创立控制论以来，自动控制从最早的开环控制起步，然后是反馈控制、最优控制、随机控制，再到自适应控制、鲁棒控制，自学习控制，一直发展到自动控制的最新阶段——智能控制。整个控制理论的发展进程，是由简单到复杂、由量变到质变的辩证发展过程，如图1-1所示。

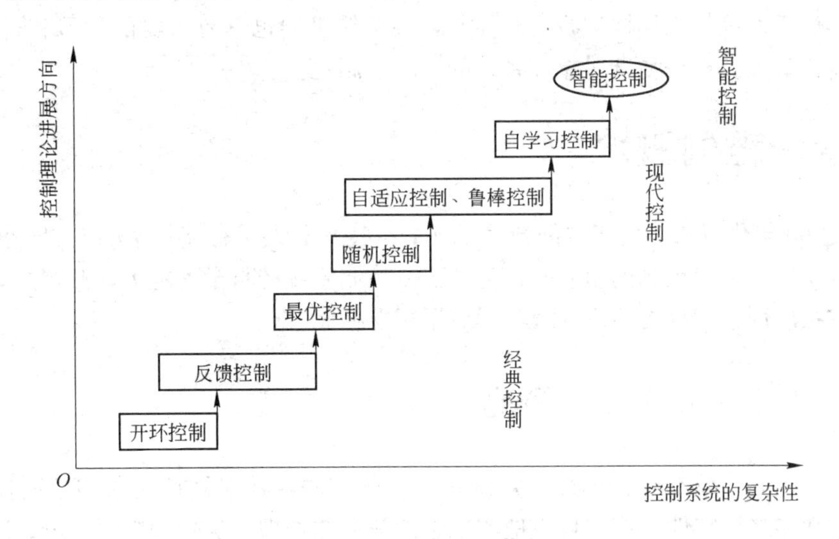

图1-1　控制科学的发展过程

传统控制理论经历过经典控制理论和现代控制理论两个具有里程碑意义的重要阶段，它们的共同点是都基于被控对象的清晰数学模型，即控制对象和干扰都得用严格的数学方程和函数表示，控制任务和目标一般都比较直接明确，控制对象的不确定性和外界干扰只允许在很小的限度内发生。

一个系统的数学模型就是对系统运动规律的数学描述，微分方程、传递函数和状态方程是描述控制系统的三种最基本的数学模型，其中微分方程是联系其他两者的纽带。经典控制理论主要研究单变量、常系数、线性系统数学模型，经常使用传递函数为基础的频域分析法；现代控制理论主要研究多输入-多输出线性系统数学模型，经常使用微分方程或状态方程为基础的时域分析法。传统控制方法多是解决线性、时不变性等相对简单的被控系统的控制问题，这类系统完全可以用线性、常系数、集总参量的微分方程予以描述。

但是，许多实际的工业对象和控制目标常常并非都是如此理想，特别是遇到系统的规模庞大、结构复杂、变量众多，加之参数随机多变、参数间又存在强耦合或系统存在大滞后等错综复杂情况时，传统控制理论的纯粹数学解析结构很难表达和处理。由于研究对象和实际系统具有非线性、时变性、不确定性、不完全性或大滞后等特性，无法建立起表述它们运动规律和特性的数学模型，于是便失去了进行传统数学分析的基础，也就无法设计出合理的理想经典控制器。况且，在建立数学模型时一般都得经过理想化假设和处理，即把非线性化为线性，分布参数化为集中参数，时变的化为定常的，等等。因此，数学模型和这些实际系统间的巨大差距，使得很难实现有效的传统自动控制，于是便出现了某些仿人智能的工程控制与信息处理系统，产生和发展了智能控制。

大量的生产实践表明，有许多难以建立数学模型的复杂系统和繁难工艺过程，可以由熟练技术工人、工程师或专家的手工操作，依靠人类的智慧，获得满意的控制效果。例如，欲将一辆汽车倒入指定的车位，确实无法建立起这一过程的数学模型。然而熟练的司机却可以非常轻松地把它倒入预定的位置。类似的问题使人们自然想到，能否在传统控制中加入人类的认知、手工控制事物的经验、能力和逻辑推理等智能成分，充分利用人的操作技巧、控制经验和直觉推理，把人的因素作为一个有机部分融入控制系统呢？能否根据系统的实际输入、输出类似于熟练技工那样进行实时控制，甚至使机器也具有人类的学习和自适应能力，进而用机器代替人类进行复杂对象和系统的实时控制呢？

1.2 智能控制概况

20 世纪 60 年代以来，由于空间技术、计算机技术及人工智能技术的发展，控制界学者在研究自组织、自学习控制的基础上，为了提高控制系统的自学习能力，开始注意将人工智能技术与方法应用于工程控制中，逐渐形成了智能控制。

1.2.1 智能控制的发展简况

所谓智能控制，就是通过定性和定量相结合的方法，针对被控对象和控制任务的复杂性、不确定性和多变特性，有效自主地实现繁杂信息的处理、优化和判断，以致决策，最终达到控制被控系统的目的。

1. 智能控制的诞生

1966 年，J. M. Mendal 首先提出将人工智能技术应用于飞船控制系统的设计；其后，1971 年，美籍华人科学家傅京逊首次提出智能控制这一概念，并归纳了三种类型的智能控制系统。

① 人作为控制器的控制系统：这种控制系统具有自学习、自适应和自组织的功能。

② 人-机结合作为控制器的控制系统：机器完成需要连续进行的、快速计算的常规控制任务，人则完成任务分配、决策、监控等任务。

③ 无人参与的自主控制系统：用多层智能控制系统，完成问题求解和规划、环境建模、

传感器信息分析和低层的反馈控制任务，如自主机器人。

1985 年 8 月，美国电气与电子工程师学会（Institute of Electrical and Electrical Engineers，IEEE）在纽约召开了第一届智能控制学术讨论会，随后成立了智能控制专业委员会；1987 年 1 月，在美国举行第一次国际智能控制大会，标志着智能控制领域的形成。

智能控制即含有人类智能的控制系统，它具有学习、抽象、推理、决策等功能，并能根据环境（包括被控对象或被控过程）信息的变化做出适应性反应，从而使机器能够完成以前只能由人来完成的控制任务。

2. 智能控制的三元论

智能控制是一门交叉学科，傅京逊教授于 1971 年首先提出智能控制（intelligent control，IC）是人工智能与自动控制的交叉，即智能控制的二元论。在此基础上，美国学者 G. N. Saridis 于 1977 年引入运筹学，提出了三元论的智能控制概念，认为智能控制是人工智能（artificial intelligence，AI）、自动控制（automatic control，AC）和运筹学（operational research，OR）形成的交叉学科，即 IC＝AI∩AC∩OR，它们的含义如下：

AI——人工智能，是一个用来模拟人类思维的知识处理系统，具有记忆、学习、信息处理、形式语言、启发推理等功能，可以应用于判断、推理、预测、识别、决策、学习等各类问题；

AC——自动控制，描述系统的动力学特性，实现无人操作而能完成预设目标的一种理论体系，一般具有动态反馈功能；

OR——运筹学，是一种定量优化方法，如线性规划、网络规划、调度、管理、优化决策和多目标优化方法等。

智能控制的三元论示意图如图 1－2 所示。

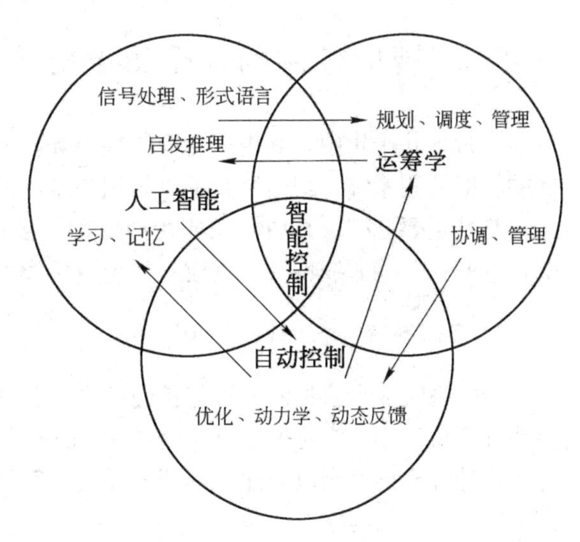

图 1－2　智能控制的三元论示意图

现在，为多数人所接受的三元论智能控制概念，除了“智能”与“控制”外，还强调了更高层次控制中的调度、规划和管理作用，为分层、递阶智能控制提供了理论依据。

3. 智能控制的特点

在分析方法上具有定量与定性相结合的智能控制，应该具有以下一些功能。

1）*学习功能*

智能控制器能通过从外界环境所获得的信息进行学习，不断积累知识，使系统的控制性能得到改善。

2）*适应功能*

智能控制器具有从输入到输出的映射关系，可实现不依赖于模型的自适应控制，当系统某一部分出现故障时，仍能进行控制。

3）自组织功能

智能控制器对复杂的分布式信息具有自组织和协调的功能，当出现多目标冲突时，它可以在任务要求的范围内自行决策，主动采取行动。

4）优化功能

智能控制能够通过不断优化控制参数和寻找控制器的最佳结构形式，获得整体最优的控制性能。

当前控制界都把复杂系统的控制作为控制科学与工程学科发展的前沿方向，大型复杂工业过程作为重要的背景领域，以其特有的复杂性推动着这一学科的发展。在过去二十几年中，人们把传统控制理论与模糊逻辑推理、神经网络和遗传算法等人工智能技术相结合，逐渐形成了人工智能控制理论的雏形。从标志智能控制体系形成的 1985 年第一届智能控制学术会议至今，二十多年的发展历史表明，智能控制在一些大型复杂的，尤其是非线性、时变性、不确定性、不完全性之类难以建立清晰数学模型的控制系统中，发挥了重要作用，正在成为自动控制的前沿学科之一。

1.2.2 智能控制的几个重要分支

在过去几十年中，利用智能控制理论和技术的研究成果，已经可以构造出适用于不同领域的智能控制系统。智能控制是以知识为基础的，研究知识表示、获取和利用为中心的知识工程是其重要基础。其中几个应用广泛的重要分支是专家系统、模糊控制和神经网络控制等，它们在一些非线性或难以建立系统数学模型的工程控制中，发挥着重要作用。

1. 专家系统（expert system）

专家系统或专家控制是智能控制的重要分支之一。实际上，它是一类包含知识和推理的智能计算机程序，它把某领域专家级的知识、判断、规则、感知、经验、识别、思考和信息，用计算机语言予以表述，即把人类语言符号直接转换成计算机语言符号，使机器代替专家解决某些专门问题。

专家系统分直接和间接两种。在直接专家控制系统中，专家系统直接给出控制信号，影响控制过程；在间接专家控制系统中，专家系统位于外环或监控级中，只是通过层间界面指导内环或执行级的工作，专家系统是通过调整控制器的结构或参数，间接地影响控制过程。

专家系统的发展可分为三个阶段。

1）初创期（1965—1971）

第一代专家系统 DENLDRA 和 MACSMA 的出现，标志着专家系统的诞生。其中 DENLDRA 为推断化学分子结构的专家系统，是由专家系统的奠基人、斯坦福大学计算机系 Feigenbaum 教授领导的研究小组研制成功的。MACSMA 是用于数学运算的数学专家系统，由麻省理工学院完成。

2）成熟期（1972—1977）

在此期间，斯坦福大学研究开发了最著名的专家系统 MYCIN——血液感染病诊断专家系统，这个成果标志着专家系统从理论开始走向应用。另一个著名的专家系统 HEARSAY——语音识别专家系统的出现，则标志着专家系统的理论走向成熟。

3）发展期（1978—现在）

在此期间，专家系统走向广泛的应用领域，专家系统数量猛增，仅1987年研制成功的专家系统就有1 000余种。

专家系统可以解决的问题一般包括解释、预测、设计、规划、监视、修理、指导和控制等。目前，专家系统已经广泛地应用于医疗诊断、语音识别、图像处理、金融决策、地质勘探、石油化工、教学、军事、计算机设计等各种领域。

2. 模糊控制（fuzzy control）

随着控制对象的复杂性、非线性、滞后性和耦合性的增加，人们获得精确知识量的能力相对减少，运用传统精确控制的可能性也在减小。正像“L. A. Zadeh不相容原理”所说的那样：“当一个系统复杂性增大时，人们能使其清晰化的能力将会降低，达到一定阈值时，复杂性和清晰性将是相互排斥的”，这时便产生了模糊控制。

人类思维的主要根据是概念模式和思维图像，而不是数量，但是计算机工作的依据则正好相反。作为人类思维外壳的自然语言，当然就带有模糊性，这是计算机所不能理解的。模糊控制是以模糊集合理论和模糊逻辑推理为基础，把专家用自然语言表述的知识和控制经验，通过模糊理论转换成数学函数，再用计算机进行处理。模糊理论形式上是利用规则进行逻辑推理，但其逻辑值可取0与1间连续变化的任何实数，因此可以采取数值计算方法予以处理。这样，很容易把模糊理论表述的人类智能和数学表述的物理系统相结合加以利用，从而使人的智能成为控制系统的一部分。

模糊控制把控制对象作为“黑箱”，先把人对“黑箱”的操作经验用语言表述成“模糊规则”，让机器根据这些规则模仿人进行操作来实现自动控制。为此，模糊理论给出了一套系统而有效的方法，可以将人类用自然语言表述的知识或规则转换成数字或数学函数，让机器也能识别、处理和利用。模糊控制是一种基于自然语言控制规则、模糊逻辑推理的计算机控制技术，它不依赖于控制系统的数学模型，而是依赖于由操作经验、表述知识转换成的“模糊规则”，因此实现了人的某些智能，属于一种智能控制。

虽然模糊控制和专家系统一样都需要利用专家知识，但专家系统是把人类语言符号直接转换成计算机语言，而模糊控制则是把人类语言先转换成数字或数学函数，再与物理系统结合在一起，加以利用。

3. 神经网络控制（neural networks control）

人们在对人的智能进行模拟时，是从心理和生理两个方面进行研究的，分别对应于认知事物和处理信息两个方面。人工神经网络是对人脑生理结构及其功能模拟研究的成果，是基于模仿人类大脑的结构和功能而构成的一种信息处理系统，具有很多与人类智能相似的特点。这是一门高度综合的交叉学科，已经应用并渗透到工程的各个领域，在诸如模式识别、知识处理、传感技术、控制工程、电力工程、化工工程、环境工程、生物工程及机器人等方面都有成功的事例。它的研究已经有了几十年的历史，大体分成三个阶段。

1）形成期（1981年以前）

从20世纪20年代起，人们就开始对人脑的生理结构及工作原理进行探索。1943年心理学家W. S. McCulloch和数学家W. Pitts提出了神经元数学模型，简称M-P模型。1949

年心理学家 D. O. Hebb 提出神经元间触突联系可变的假说，进而得出 Hebb 学习律，成为人工神经网络学习算法的起点。

1950—1968 年形成了人工神经网络研究的第一次高潮。这期间的代表人物有 Marvin Minsky、Frank Rosenblatt、Bernard Widrow 等，他们的重要成果是单级感知器及其电子线路模拟。但是，1969—1981 年神经网络的研究处于低潮，这是因为 1969 年出版了 *Perceptron* 一书，它反映了 M. L. Minsky 和 S. Papert 的研究成果，他们从理论上证明当时的单级感知器无法解决许多非常简单的问题，引起人们对前期研究工作的反思，不少人退出了这一研究领域。不过在反思和探索中建立了一系列的基本网络模型，如 Arbib 的竞争模型、Kohonen 的自组织映射模型、Grossberg 的自共振模型、Fukushima 的新认知机、Rumellhart 等人的并行分布处理模型，以及 1982 年 J. Hopfield 将 Lyapunov 函数引入人工神经网络……这些工作都对后来的研究起到了积极的推动作用。

2）发展期（1982—1990）

这一时期是从 1982 年 J. Hopfield 提出循环网络并建立了人工神经网络稳定性判据开始的，1984 年 Hopfield 又设计了 Hopfield 网络，并用电路实现了它。1985 年 Hinton、Sejnowsky、Rumelhart 等人提出了 Boltzmann 机，建立了多层网的学习算法。1986 年美国并行分布处理（PDP）研究小组的 Rumelhart 等人重新提出多层前馈网络的反向学习算法——BP 算法，这对人工神经网络的研究和应用起到了重要的推动作用，为神经网络的应用开辟了广阔的发展前景。1987 年，在美国加州举行了第一届神经网络国际会议，并成立了国际神经网络学会，掀起了用神经网络来模拟人类智能的热潮。

3）再认识与应用研究期（20 世纪 90 年代以来）

20 世纪 90 年代以来，人们对以前的神经网络理论进行了重新认识和改进，并着手于它的实际应用研究，许多学者致力于根据实际系统的需要，改进原有模型和基本算法。虽然这段时期神经网络的研究取得了很大进展，尤其是在应用方面，但是它还不能和传统的计算方法并驾齐驱，它的不精确推理使之计算精度远不能满足用户的需求。目前还无法对人工神经网络的工作机理进行严格的解释，这都需要对它进行进一步的深入研究。

目前人们集中于下述三方面的研究：开发已有模型的应用，并根据实际运行改造它及相应算法；探索新的理论突破，建立新的专用和通用模型；进一步对生物神经网络系统进行研究，丰富对人脑的认识。

神经网络擅长于从输入-输出数据中学习有用的知识，总结出规律性东西。神经网络控制是把模仿人脑生理结构和工作机理的数学模型——人工神经网络跟自动控制相结合的产物，它具有人脑可以并行处理信息、模式识别、记忆和自学习的能力，因而对于多维、非线性、强耦合和不确定的复杂系统能够很好地实现自动控制。

1.3 模糊控制

模糊控制是基于丰富操作经验总结出的、用自然语言表述控制策略，或通过大量实际操作数据归纳总结出的控制规则，用计算机予以实现的自动控制。它与传统控制的最大不同，在于不需要知道控制对象的数学模型，但需要积累对设备进行控制的操作经验或数据。

1.3.1 模糊控制解决的问题

用传统控制方法对一个系统进行控制时，首先要建立控制系统的数学模型，即描述系统内部物理量（或变量）之间关系的数学表达式，必须知道系统模型的结构、阶次、参数等。通常建立系统数学模型的方法有分析法和实验法两种：分析法是对系统各部分的运动机理进行分析，根据它们活动的物理或化学规律列出运动方程；实验法是人为地向系统施加某种测试信号，记录其输出响应，用适当的数学模型去逼近输入-输出间的关系。传统的控制理论都是以被控对象和控制系统的数学模型为基础，进行数学分析和研究的理论。

然而在工程实践中人们发现，有些复杂的控制系统，虽然不能建立起数学模型，无法用传统控制方法进行控制，但是凭着丰富的实际操作经验，技术工人却能够通过“艺术性”的操作获得满意的控制效果。例如，对于容器液位控制问题，如图1-3所示。如果影响液位的因素变化无常，液位的变化无规律可循，根本无法写出表示液位变化的数学函数 $h(t)$，这就很难对它进行传统的自动控制。

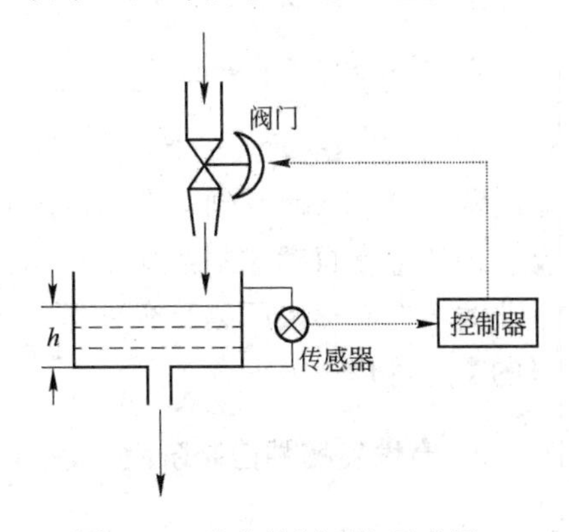

图1-3　液位控制系统示意图

然而熟练的技术工人，却能总结自己多年的操作经验，根据液位的高低状态，巧妙地操作进液阀门使容器的液位保持恒定。他们总结出调节进液阀门开度的操作规则，无非是用语言表述的几条简单规则：

① 如果液位正好，则进液阀门开度不变；

② 如果液位偏低，则增大进液阀门开度；

③ 如果液位偏高，则减小进液阀门开度；

④ 如果液位正好而流速快，则逐渐减小进液阀门开度；

⑤ 如果液位正好而流速慢，则逐渐增大进液阀门开度。

那么，能否让计算机根据这些语言表述的“模糊”规则，模仿人类实现自动控制呢？

类似的控制对象还有很多，它们都相当于一个“黑箱”，由于不知道其中的结构、机理，无法用数学语言描述其运动规律，也就无法建立数学模型，自然无法用传统方法对它实现自动控制。例如，各类窑炉的燃烧过程、有机物的发酵过程、具有非线性强耦合大滞后的复杂系统等，都因为诸如控制对象过于庞大复杂、机理欠明、检测不全、存在大滞后等各种原因，而无法建立起清晰的数学模型。然而，人们却可以根据多年的工作实践，把控制它们的操作经验总结成类似上述的语言操作规则，按照这些带有模糊性的、用自然语言表述的规则，实现对它们的有效控制。模糊控制基本上解决了用计算机模仿人类对这类系统进行的自动控制问题。

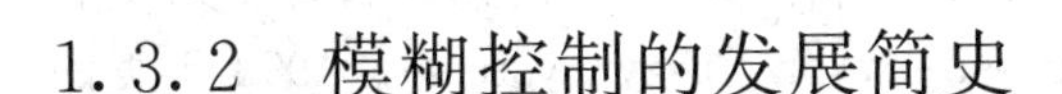

1.3.2 模糊控制的发展简史

模糊控制把人类自然语言表述的控制策略，通过模糊集合和模糊逻辑推理转化成数字或数学函数，再用计算机去实现预定的控制。由于模糊控制是以人的操作经验为基础，而不是依赖于控制系统的数学模型，实际上是把人的智能融入了控制系统，自然实现了人的某些智能，所以它属于一种智能控制。

模糊控制的发展历程大致可分为以下三个阶段。

1. 形成期（1974 年以前）

1965 年，美国加州大学自动控制系 L. A. Zadeh 教授把经典集合与 J. Lukasiewicz 的多值逻辑融为一体，用数字或函数表述和运算含有像“冷”“热”之类纯属主观意义的模糊概念，创立了模糊集合理论，这就开创了模糊控制数学基础的研究。其后，出现了许多研究模糊集合理论和模糊逻辑推理的成果：1968 年提出了模糊算法概念，1970 年提出模糊决策，1971 年提出模糊排序，1973 年，L. A. Zadeh 引入语言变量这一概念，提出用模糊If - Then 规则来量化人类模糊语言的知识规则，建议把模糊逻辑应用于控制领域，从而奠定了模糊控制的理论基础。

2. 发展期（1974—1979）

1974 年，伦敦大学教授 E. H. Mamdani 博士利用模糊逻辑开发了世界上第一台模糊控制的蒸汽机，从而开创了模糊控制的历史。1975 年英国的 P. J. King 把模糊集合理论应用于反应炉的温度自动控制系统；1976 年荷兰的 D. V. Nautal Lemke 等人把模糊理论用于多变量非线性控制热水厂热交换过程；1977 年 Mamdani 和 Pappis 把模糊理论应用于马路十字路口的交通管理；等等。

3. 高性能模糊控制阶段（1979—现在）

1979 年起 L. P. Holnblad 和 J. J. Ostergard 先后在瑞典石灰重烧窑、丹麦水泥窑等工业设备上应用了模糊控制。1983 年日本富士电机开创了模糊控制在日本的第一项应用——水净化处理。1987 年日本富士电机致力于模糊逻辑元件的开发与研究，并在仙台地铁线上采用了模糊控制技术；1989 年日本将模糊控制应用于电冰箱、洗衣机、微波炉等消费产品上，把模糊控制的应用推向了高潮。

很快模糊控制得到了广泛的应用。例如，在炼钢、化工、家用电器、人文社科、经济系统以及医学心理等领域，要得到正确而且精密的数学模型是相当困难的，但是却容易获取大量用语言表述的控制规则和只能用语言表述的性能指标，操作人员似乎成了整个系统的组成部分。对于这类问题，靠传统控制方法实现自动控制是非常困难的，但是用模糊控制的方法却可以很容易地进行处理和解决，模糊控制的广泛应用，促进了它的发展。

随着计算机及其相关技术的发展和模糊控制的广泛应用，出现了许多模糊硬件系统，进一步推动了模糊控制理论的发展和应用。模糊控制也由最初的经典模糊控制发展到自适应模糊控制、专家模糊控制和基于神经网络的自学习模糊控制。1992 年在美国召开了第一届 IEEE 模糊系统国际会议（IEEE International Conference on Fuzzy System）。1993 年美国 IEEE 神经网络协会创办了国际性模糊专业杂志 *Fuzzy System*，从此模糊控制被人们公认为是智能控制的一个重要分支。

附：历史上有关模糊控制的一些重要论文见表 1 - 1。

表1-1 模糊控制发展中的一些重要论文

年份	作 者	论文名称
1972	Zadeh L. A	A rationale for fuzzy control
1975	Mamdani E. H，et al	An experiment in linguistic synthesis with a fuzzy logic controller
1977	Ostergard J. J	Fuzzy logic control of a heat exchange process
1977	Willaey D，et al	Optimal control of fuzzy systems
1980	Fukami S，et al	Some consideration of fuzzy conditional inference
1983	Takagi T，et al	Derivation of fuzzy control rules from human operator's control actions
1984	Sugeno M，et al	Fuzzy parking control of model car
1985	Togai M，et al	Expert system on a chip：An engine for real-time approximate reasoning
1986	Yasunobu S，et al	Predictive fuzzy control and its application for automatic container crane operation system
1993	Jose R，et al	Fuzzy logic control

1.3.3 模糊控制的特点及展望

模糊控制理论，特别是应用方面在20世纪80年代末90年代初取得了突飞猛进的发展，能被人们广泛接受，是因为它有以下一些优点。

1）模糊控制器的设计不依赖于被控对象的精确数学模型

模糊控制是以人对被控对象的操作经验为依据而设计控制器的，故无须知道被控对象的内部结构及其数学模型，这对于传统控制无法实现自动化的复杂系统进行自动控制非常有利。

2）模糊控制易于被操作人员接受

作为模糊控制核心的控制规则是用自然语言表述的。例如，像“锅炉温度太高，则减少加煤量”这样的控制规则，很容易被操作人员接受，便于进行人机对话。

3）便于用计算机软件实现

模糊控制规则通过模糊集合论和模糊推理理论，可以转换成数学函数，这样很容易和其他物理规律结合起来，通过计算机软件实现控制策略。

4）鲁棒性和适应性好

通过专家经验设计的模糊规则，可以对复杂被控对象进行有效的控制，经过实际调试后其鲁棒性和适应性都容易达到要求。

模糊控制是一种反映人类智慧的智能控制方法，由于它的适应面广和易于普及，使它成为智能控制领域最活跃、最重要和最实用的分支之一。尤其是它作为传统控制的补充和改进方法，常与传统控制相结合被应用于各种复杂系统的自动化中。目前已经在工业控制及其他领域，诸如炼钢、化工、人文系统、经济系统及医学心理系统中，特别是家用电器自动化领域和其他很多行业中解决了传统控制方法无法或者难以解决的实际问题，取得了令人瞩目的成效，引起越来越多的控制理论研究人员和相关领域的广大工程技术人员的极大兴趣。

但是，我们也应该看到，就目前的状况来看，模糊控制尚缺乏重大的理论性突破，无论在理论上，还是在应用上都有待于进一步的深入研究和探讨，特别是在下述几个方面：

① 需要对模糊系统的建模、模糊规则的确立和模糊推理方法等进行深入研究，特别是对于非线性复杂系统的模糊控制；

② 模糊控制系统的创建和分析方法仍停留在初级阶段，稳定性理论还不成熟，这些都需要进一步探讨；

③ 需要进一步开发和推广简单、实用的模糊集成芯片和通用模糊系统硬件；

④ 需要对模糊控制系统的设计方法加强研究，把现代控制理论、神经网络与模糊控制进行更好的结合、相互渗透，在多方面进行深入研究，以便构成更多、更好的模糊集成控制系统。

模糊控制理论的提出，是控制思想领域的一次深刻变革，它标志着人工智能发展到了一个新阶段。特别是对那些时变的、非线性的复杂系统，在无法获得被控对象清晰数学模型的时候，利用具有智能性的模糊控制器，可以给出较为有效的自动控制方法。因此，模糊控制既有广泛的实用价值，又有很大的发展潜力。

思考与练习题

1. 在控制学科发展过程中，经历过哪些发展阶段？它们各有什么特点？
2. 经典控制理论和现代控制理论的主要差异是什么？
3. 你怎样理解三元论智能控制的含义？智能控制有什么特点？
4. 专家系统和模糊系统都在利用人类经验、专家知识，其处理方法的差异何在？
5. 你怎么看待“模糊控制属于智能控制”这个论断？
6. 模糊控制和经典控制的最大区别是什么？
7. 经典控制和模糊控制各以什么为设计的基础？
8. 专家系统和模糊控制都需要专家知识，它们的差异在哪里？
9. 举例说明模糊控制最善于解决哪一类控制问题？为什么？
10. 举例说明模糊控制的特点，你如何看待它的发展前景？

第2章　模糊控制的数学基础

模糊数学的创始人扎德（L. A. Zadeh）曾说过："当系统的复杂性增加时，我们对系统做出精确而有意义的描述能力将相应下降，直至达到某一个阈值，一旦超过它，精确性和有意义性将变成两个互相排斥的特性。"于是，很多问题无法用清晰方法去描述和解决，只能用模糊性方法处理。人在进行感觉、认知、推理和决策的过程中，往往都在运用和处理模糊概念，人脑有存储、处理模糊信息、模糊知识和进行模糊推理的能力，这正是人脑所具有的无与伦比的优越性。控制论的创始人维纳，在谈到人胜过最完善的机器时说过："人具有运用模糊概念的能力。"

人类用自然语言表述的操作规则，都含有模糊性的定性或半定量的词汇，要想让"只识数"的计算机读懂它们，并按照这些操作规则模仿人类进行"自动"控制，就必须解决人类自然语言的模糊概念和清晰数值之间的映射（转换）问题。同时，由大量传感器测得的数据，要纳入自然语言表述的操作规则，也需要把清晰数值映射到自然语言表述的"模糊"概念上。

模糊集合论的诞生，解决了清晰数值和模糊概念间的相互映射问题。以模糊集合论为基础的模糊数学，在经典数学和充满模糊性的现实世界之间架起了一座桥梁，使得模糊性事物有了定量表述的方法，从而可以用数学方法揭示模糊性问题的本质和规律。

本章只介绍模糊数学中那些对模糊控制至关重要的基本概念和基本原理。本章主要内容有模糊集合及其运算、模糊关系及其运算等模糊数学的基础内容，这些都是进行模糊事物的表述、模糊和清晰间的相互转换（映射）及模糊逻辑推理所必需的、最起码的模糊数学知识。

2.1　模糊集合

根据"张三身高1.8m左右"，中国人都会得出结论："张三是大个子！"人脑可以把清晰的数值"身高1.8m左右"映射（转换）到模糊概念"大个子"上，这是人类智能的表现。如何让计算机也能完成这种"智能性"的转换工作呢？

2.1.1　经典集合

数学是用数字描述世间各种事物及其关系的一门学科。为了描述纷繁复杂的现实世界，产生了许多不同的数学分支，用于处理世间各种门类的客观事物，大体上是用三类数学模型。

第一类是确定性数学模型。

确定性数学模型往往用于描述具有清晰的确定性、归属界线分明、相互间关系明确的事物。对这类事物可以用精确的数学函数予以描述，典型的代表学科就是"数学分析""微分方程”“矩阵分析”等常用的重要数学分支。

第二类是随机性数学模型。

随机性数学模型常用于描述具有或然性或随机性的事物，这类事物本身是确定的，但是它的发生与否却不是确定的。事物的发生与否具有随机性，对个别事物而言，同因可能不同果，传统意义上的“因果律”在这类事物上被打破了。研究这类事物的典型代表学科就是“概率论”“随机过程”等数学分支。这些学科使数学的应用范围从必然现象扩大到了偶然现象的领域。

第三类是模糊性数学模型。

模糊性数学模型适用于描述含义不清晰、概念界线不分明的事物，它的外延不分明，在概念的归属上不明确。一个事物，比如“一场雨”既可归为“大雨”，也可归为“中雨”，其间的界线非常模糊。一个事物应该满足的“非此即彼”这个传统意义上的“排中律”被打破了。研究这类事物的典型代表学科就是“模糊数学”“模糊逻辑”等，它们是用精确数学方法表述、研究模糊事物的学科，它们把数学的应用范围从清晰事物扩大到了模糊事物的领域。

确定性数学模型和随机性数学模型，其共同点是描述的事物本身是确定的；随机性数学模型和模糊性数学模型，其共同点是描述的事物都含有不确定、不清晰性，但它们的不确定性内涵却有所不同。例如，“明天可能下大雨”这个判断句中，既有随机性事件，又有模糊性事物。其中“下雨”的概念本身是确定的，但“下”与“不下”是不确定的，即事件的发生与否不确定，属于事件的随机性；而“大雨”也具有不确定性，一场“雨”是否被划定为“大雨”，其界线并不分明，这种不确定性属于事物性质归属上的模糊性。

1. 经典集合论简介

19 世纪德国数学家 G. Contor 创立的集合论，是经典数学的基础。在此基础上发展起来的二值（数理）逻辑，成为 20 世纪数字电子计算机科学的基础理论。作为模糊性数学模型基础的模糊集合论，是在康德的集合论，统称为经典集合论的基础上提出和发展起来的。下面先对经典集合论作简单介绍。

把要考虑和研究的事物（对象）全体称为论域，常用英文大写字母如 U，V，E 等表示，论域中的每个成员称为元素，用英文小写字母如 a，b，c，…，x，y，z 等表示。具有同一本质属性的、确定的、彼此可以区别的全体元素总和，构成一个确定的整体，称为集合。集合用英文大写字母 A，B，C，…，X，Y，Z 等表示。论域中部分元素构成了集合（或称子集），集合的元素也用英文小写字母 a，b，c，…表示。

“集合”这一概念不能加以精确定义，只能予以描述。任何一个概念的内涵是指概念的本质属性，其外延是指符合某一本质属性的全体对象的总和。集合的内涵就是它的基本属性，其外延则指它的全体元素。通常将集合分为有限集（含有有限多个元素）和无限集（含有无限多个元素）。有限集多用穷举法表示，如 $A=\{x_1, x_2, \cdots, x_n\}$，指明集合 A 含有 n 个元素 x_1，x_2，…，x_n；无限集常用描述法表示，如 $B=\{x|2\leqslant x<4\}=[2, 4)$，指明凡符合不小于 2、小于 4 的实数都属于集合 B。

经典集合 A 由映射 C_A：$U\to\{0, 1\}$ 唯一确定。常用特征函数（或隶属函数）$C_A(x)$ 来表述元素 x 与经典集合 A 之间的关系，表示元素 x 属于集合 A 的程度，它只能取 0 或 1 两个值：

$$C_A(x)=\begin{cases}1 & x\in A\\ 0 & x\notin A\end{cases}\quad 或写成\quad A(x)=\begin{cases}1 & x\in A\\ 0 & x\notin A\end{cases}$$

论域U中的每个元素x对于经典集合A来说，要么$x\in A$，要么$x\notin A$，二者必居其一，且仅居其一。可见，经典集合描述的是“非此即彼”类事物。即一个确定的事物x是否属于经典集合A，答案非常明确：要么属于，要么不属于，不能模棱两可。

2. 经典集合的运算

由已知的一些集合得出一些新集合的变换，称之为集合的运算。最基本的运算有“并”“交”“补”三种，下面介绍一些与集合运算相关的概念。

① 子集与包含：A、B是论域U中的两个集合，若$\forall x\in A$，均有$x\in B$，则称A是B的子集，也称B包含A，或A包含于B，记作$B\supset A$或$A\subset B$。

② 集合的相等：A、B是论域U中的两个集合，若$A\subset B$且$B\subset A$，即A与B中的元素完全相同，则称A与B相等，记作$A=B$。

③ 并集（逻辑和）：设有三个集合A、B和C，若C的所有元素不属于A就属于B，则称C为A和B的并集，记作$C=A\cup B$。

④ 交集（逻辑积）：若有三个集合A、B和C，若C的所有元素既属于A又属于B，则称C为A和B的交集，记作$C=A\cap B$。

⑤ 差集（逻辑差）：设有两个集合A、D，集合B是由所有属于D而不属于A的元素组成，则称集合B为集合A减去D所得的差集，记为$B=A-D$。

若A是论域U中的集合，则称U中不属于A的所有元素组成的集合B为A的补集，记作$B=U-A=A^{C}=\overline{A}$，补集是一种特殊的差集。

⑥ 空集和全集：不包含任何元素的集合称为空集，记作$\varnothing$；论域U包含了所有的元素，称全集。

⑦ 幂集：对于给定集合A，以它的全体子集为元素组成的集合，称为A的幂集，记作$\mathscr{P}(A)$。

下面把论域U中两个集合A和B的基本运算——并、交和补，画在图 2-1 中，以便加深对集合运算概念的理解。

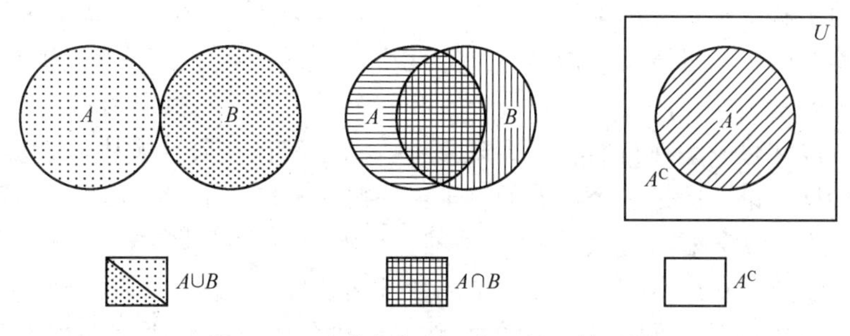

图 2-1　经典集合并、交和补运算图例

3. 经典集合运算的性质

设A、B、C都是论域U中的经典集合，其交、并、补运算具有如下性质。

(1) 分配律
$$A\cap(B\cup C)=(A\cap B)\cup(A\cap C)$$
$$A\cup(B\cap C)=(A\cup B)\cap(A\cup C)$$
(2) 结合律
$$(A\cap B)\cap C=A\cap(B\cap C)$$
$$(A\cup B)\cup C=A\cup(B\cup C)$$
(3) 交换律
$$A\cup B=B\cup A$$
$$A\cap B=B\cap A$$
(4) 吸收律
$$(A\cap B)\cup A=A$$
$$(A\cup B)\cap A=A$$
(5) 幂等律　$A\cup A=A$；　$A\cap A=A$

(6) 同一律　$A\cup U=U$；　$A\cap U=A$；　$A\cup\varnothing=A$；　$A\cap\varnothing=\varnothing$；

U 表示论域全集，$\varnothing$表示空集；

(7) 对偶律　$\overline{A\cup B}=\overline{A}\cap\overline{B}$；　$\overline{A\cap B}=\overline{A}\cup\overline{B}$；

(8) 双重否定律　$\overline{\overline{A}}=(A^{C})^{C}=A$

(9) 互补律
$$A\cup A^{C}=A\cup\overline{A}=U$$
$$A\cap A^{C}=A\cap\overline{A}=\varnothing$$
互补律是经典集合不描述中间过渡过程的表现，说明经典集合遵守“排中律”。

2.1.2　模糊集合

1. 模糊集合的基本概念

经典集合论研究的对象都是清晰的、确定的、彼此可以区分的事物。然而世间事物彼此间的差异、不同事物间的分界，并不都是非常清晰的。客观世界存在的事物，其属性也并非都是“非此即彼”的，有许多事物表现出“亦此亦彼”的特性，特别是两个不同的事物处于中间过渡状态时，都会呈现出这种模糊性。模糊性起源于事物的发生、发展和变化性，处于过渡阶段的事物，其最大特征就是性态的不确定性和类属的不分明性，即模糊性。

例如，数值 1 和 2 都是“精确的、清晰的、完全不同的”。但是，从 1 过渡到 2 的分界在哪呢？从 1 到 2 的中间过渡状态便具有“亦此亦彼”性。对立的事物似乎是“非此即彼”的，但绝对的突变是不存在的。例如，高个子和矮个子、系统的稳定和不稳定、人的健康和不健康、气温的冷和热……在自然和社会现象中，到处都存在着这类中间过渡性模糊事物。几千年前的“沙堆悖论”便是一个典型的例子：一粒沙子肯定不叫一堆，两粒不叫一堆，三粒也不叫……1 亿（10^8）粒沙子肯定得叫一堆。从沙堆每次减少一粒沙子，剩下的应该还叫一堆。如果从沙堆上每次拿去一粒，沙堆的沙子逐渐减少：由 10^8 粒、10^8-1 粒、10^8-2 粒……减少到何时才不叫一堆呢？“堆”的界线是多少粒沙子呢？类似的悖论还有很多。不仅自然科学中存在这类现象，在有关生命、社会现象的学科中，由于研究对象大多是没有明确界线的模糊性事物，更是到处都存在着这类悖论。

任何一门学科，只有从数量上进行研究，进行定量研究才能成为真正的科学，特别是在当今的计算机时代更是如此。如何使这些模糊事物数字化，把它们跟清晰的数量对应起来，使这类事物也能用精确的数学进行研究、用计算机处理呢？这便引出了模糊集合理论。

模糊集合论是一门用清晰的数学方法去描述、研究模糊事物的数学理论。1965 年美国控制论专家扎德提出模糊集合（fuzzy set）的概念，奠定了模糊性理论的基础。它在处理复杂系统时，特别是有人参与的系统方面所表现的简洁性和艺术性，受到了广泛重视。

扎德把经典集合里特征函数的取值范围由｛0，1｝扩充到闭区间［0，1］上，认为一个事物属于某个集合的特征函数不仅只取 0 或 1，而是可以取 0 到 1 间的任何数值，即一个事物属于某个集合的程度，可以是 0 到 1 间的任何值，于是便提出了如下的模糊集合定义。

在模糊集合涉及的数值范围——论域 U 上，给定了一个映射：

$$\widetilde{A}: U \rightarrow [0, 1],\ x \mapsto \mu_{\widetilde{A}}(x)$$

则称集合 $\widetilde{A}$ 为论域 U 上的模糊集合或模糊子集；用 $\mu_{\widetilde{A}}(x)$ 表示 U 中各个元素 x 属于集合 $\widetilde{A}$ 的程度，称为元素 x 属于模糊集合 $\widetilde{A}$ 的隶属函数。当 x 是一个确定的元素 x_0 时，称 $\mu_{\widetilde{A}}(x_0)$ 为元素 x_0 对模糊集合 $\widetilde{A}$ 的隶属度。

这一定义使得任何一个确定的元素 x_0，属于一个边界不清晰的模糊集合 $\widetilde{A}$ 的程度，有了确定的数学表示方法，即为数学化了。

如果有两个人，一个今年 25 岁，另一个今年 30 岁，他们应该同属于“青年”这个模糊概念。那么，他们的差异该如何用数字表示呢？能够用数字反映出这种同属于一个模糊概念的两个个体的差异吗？引入隶属度概念后是完全可以的，他们同属“青年”这一模糊集合，差异在于其隶属度不同：25 岁正当青年，其隶属度应该取 1；而 30 岁虽属青年，但略显偏大，其隶属度可以取 0.69，或取成 0.8，这会因人的主观看法而异。又如，若把“小张和小王的身长分别是 1.85 m 和 1.75 m”这个事实告诉某个人，他很快便可断定：“小张是大个子，小王也可算是大个子吧？”如果让计算机识别，则没这么简单：必须得先有个约定，比如“身长大于1.8 m 的人是大个子，小于则为小个子”。于是机器判定的结果则是：“小张是大个子，小王是小个子”。这种以精确的 1.8 m 为界的判断法，远没有用模糊的“大个子”和“矮点的大个子”两个模糊概念更符合人们的习惯，更“真实”“精确”。有了模糊集合理论，则可向机器输入“小张属于大个子的隶属度为 1 或 0.9，小王属于大个子的隶属度为 0.7 或 0.6”，于是计算机就可以根据输入的数据真正客观地区分他们了，使计算机有了点“人的智能”。

如果某个模糊集合 $\widetilde{A}$ 的隶属函数只能取 0 或 1，这个模糊集合 $\widetilde{A}$ 就蜕化为经典集合了。所以经典集合可以看作是模糊集合的特殊形态，而模糊集合则是经典集合的扩充和发展。

为了书写简单，以后模糊集合可写成“F 集合”，“F”取自英文“fuzzy”一词的字头。同样为了简便，一个 F 集合 $\widetilde{A}$ 用大写字母 A 表示，不再上加波浪线。隶属函数 $\mu_{\widetilde{A}}(x)$ 简记成 $A(x)$，它可以看作经典集合中特征函数的扩充和推广。实际上，当 F 集合 A 的隶属函数 $A(x)$ 取值由［0，1］蜕化为｛0，1｝时，F 集合就成了经典集合，隶属函数 $A(x)$ 就变成了特征函数。因此，一个集合 A 是经典集合还是 F 集合，由它的 $A(x)$ 取值范围便可完全确定。

在经典集合论中，把论域 U 上的所有子集全体称为 U 的幂集，记作 $\mathscr{P}(U)$，即

$$\mathscr{P}(U) = \{A \mid A: U \rightarrow \{0, 1\}\}$$

类似地，把论域 U 上的 F 集合全体称为 U 上 F 集合的幂集，记为 $\mathscr{F}(U)$。显然，$\mathscr{F}(U)$ 是个经典集合，因为其中的每个元素——F 集合，都是确定的，即

$$\mathscr{F}(U)=\{A|A: U\to[0, 1]\}$$

当 $A\in\mathscr{F}(U)$，$A(x)\in[0, 1]$ 时，A 是 F 集合；而当 $A\in\mathscr{P}(U)$，$A(x)\in\{0, 1\}$ 时，A 就是经典集合。

经典集合和模糊集合在数轴上的映射，即它们的特征函数或隶属函数的取值如图 2-2 所示。

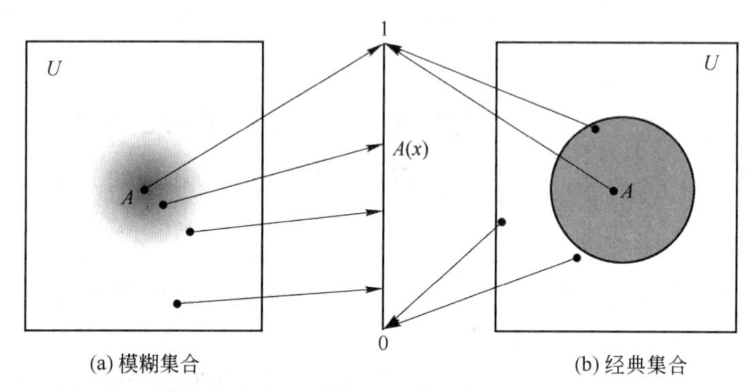

图 2-2 模糊集合隶属函数和经典集合特征函数取值比较图

图 2-2 中带箭头线段起点的位置，表示论域 U 中元素 x，箭头终点位置表示该元素 x 属于集合 A 的特征函数值或隶属度取值。可见，论域上任何一个元素 x 与经典集合 A 的关系只能是“属于”（特征函数值为 1）或“不属于”（特征函数值为 0）。但是，论域上任何一个元素 x 与模糊集合 A 的关系则不同，它隶属于模糊集合的程度可能取 0 到 1 之间的任何一个数值，因为模糊集合的边界是不明确、不清晰的。

把经典集合的概念加以推广使其边界模糊化，承认一个元素可以既属于这个集合，又属于另一个集合，这样就能用数学语言描述现实中那些“亦此亦彼”之类的模糊事物了。于是，元素与集合间的关系则由经典集合论中的“绝对属于”，变成了现在的“相对属于”。引入“隶属度”概念使元素属于集合的概念数量化，可以用于描述边界模糊的集合，就能用传统数学方法来表述归属不清晰的模糊事物。虽然这样做使经典集合论里非此即彼的“排中律”破缺了，但是数学却可用于描述“亦此亦彼”类模糊事物，拓宽了数学的应用范围，使数学能够描述更为实际的现实世界。

现在考虑一个实数域上模糊集合的例子。用模糊集合 A 表示“接近于 4 的数”，则 A 的隶属函数可能是：

$$A(x)=\begin{cases}0 & x<3\\ x+3 & 3\leqslant x\leqslant 4\\ 3-x & 4\leqslant x\leqslant 5\\ 0 & x\geqslant 5\end{cases}$$

很容易把 $A(x)$ 的隶属函数图形画在图 2-3(a) 上。

描述“接近于 4 的数”的 F 集合 A 的隶属函数也可能是：

$$A(x)=\begin{cases}\mathrm{e}^{-k(x-4)^2} & |x-4|<\delta\\ 0 & |x-4|\geqslant\delta\end{cases}$$

这里，$x \in \mathbf{R}$，参数 $\delta > 0$，$k > 0$。当取 $k = 3$ 时，可以把 $A(x)$ 画在图 2-3(b) 中。

由图 2-3 可见，由于“接近于 4 的数”这个概念是模糊的，因此可以用不同的 F 集合，即隶属函数予以描述。虽然“接近于 4 的数”这个概念是模糊的，但是描述它的每个隶属函数却都是清晰而精确的，这就使得描述模糊事物的“语言”不再模糊了。同时可以看出，F 集合和隶属函数是密不可分的，它们之间有着一一对应的关系。也就是说，给出一个 F 集合时，必须有一个唯一的隶属函数与之对应；反之，给出一个隶属函数时，能且仅能表述一个 F 集合。对于“接近于 4 的数”这个模糊概念，上面用了两个不同的隶属函数予以描述，表示着两个不同的 F 集合。为了区分这两个 F 集合，必须用不同的名称表示它们，比如第一个三角形隶属函数用 $A_1(x)$ 表示，而第二个高斯型隶属函数可以选用 $A_2(x)$ 表示。同一个模糊概念可以用不同的 F 集合即隶属函数表述，正是人们主观性的多样性、人类语言模糊性的反映，表现出了模糊数学的精确性。

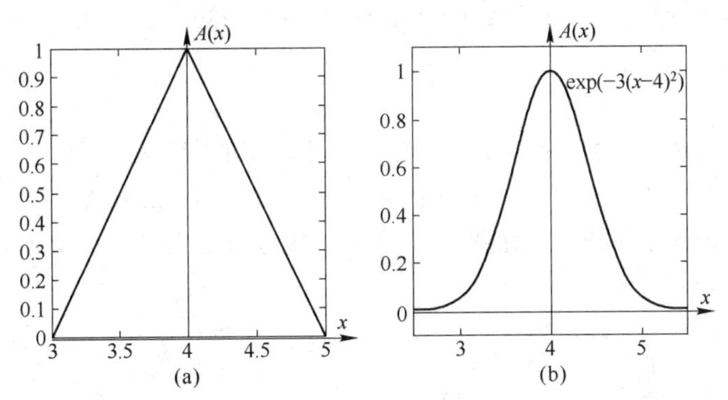

图 2-3　F 集合 A（“接近于 4 的数”）的隶属函数分布

2. 模糊数

为了叙述和研究的方便，首先介绍由 F 集合引申出的几个概念。

1) F 集合的支集、核和正规 F 集

设 $A \in \mathscr{F}(U)$，记集合

$\text{Supp}\,A = \{x \mid x \in U,\ A(x) > 0\}$，称 Supp A 为 F 集合 A 的支集（supporter）；

$\text{Ker}\,A = \{x \mid x \in U,\ A(x) = 1\}$，称 Ker A 为 F 集合 A 的核（kernel）；

把 $\text{Ker}\,A \neq \varnothing$ 的 F 集合 A 称为正规 F 集。

F 集合 A 的支集和核，都是经典集合。

2) 数 λ 与集合 A 的数积

设 $A \in \mathscr{F}(U)$，$\lambda \in [0, 1]$，$x \in U$。据此可以定义一个新的集合“λA”，它满足下述条件：

$$(\lambda A)(x) = \lambda \wedge A(x)$$

称 λA 为数 λ 与集合 A 的数积。

数积的定义也可扩充到数与经典集合的乘积。这时 $A \in \mathscr{P}(U)$，$\lambda \in [0, 1]$，$x \in U$

$$(\lambda A)(x) = \lambda \wedge A(x) = \lambda \wedge 1 = \lambda \quad (\lambda \leqslant 1)$$

这里 A 为非空集合，$A(x)$ 为经典集合的特征函数，因为它只能取 0 或 1，所以 $\lambda \wedge A(x) = \lambda$。

由定义可知，无论 A 是 F 集合还是经典集合，数积 λA 都是 F 集合。

把一个 F 集合 A 的隶属函数 $A(x)$、支集 Supp A、核 Ker A 及它和数 λ 的数积 λA，一

并画在图 2-4 上，从中可以看出它们的意义以及跟 F 集合 A 的关系。

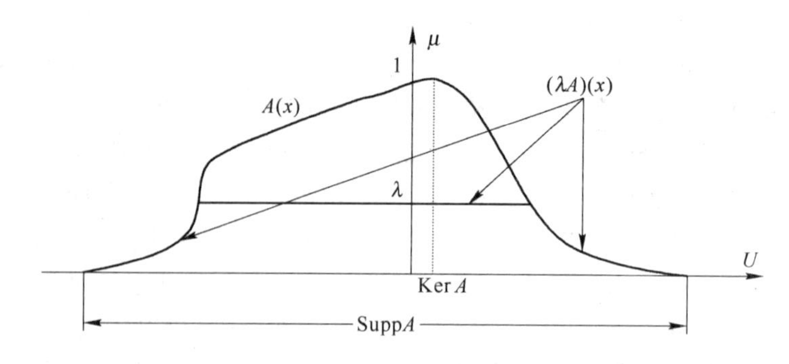

图 2-4 F 集合 A 的隶属函数、支集、核和数积 λA 的图示

由图 2-4 可以看出，一个 F 集合的支集和核（尽管这里是一个点）都是经典集合，而数积总是一个 F 集合。

3）凸 F 集

凸 F 集是经典集合中凸集的推广。经典集合论中凸集的定义是：$A\in\mathscr{P}(U)$，任意两点 x_1，$x_3\in A$ 及 $\forall\lambda\in[0,1]$，连接 x_1 和 x_3 线段上的点 $x_2=\lambda x_1+(1-\lambda)x_3$ 都在 A 中，即 $x_2\in A$，则称集合 A 是凸的，否则是非凸的。如图 2-5 所示，集合 A 是凸的，而集合 B 是非凸的。

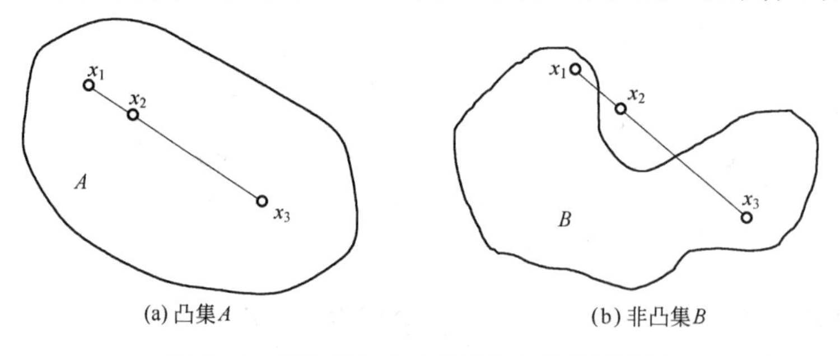

图 2-5 经典集合中的凸集和非凸集示意图

凸 F 集定义：设集合 $A\in\mathscr{F}(\mathbf{R})$，$\mathbf{R}$ 是实数域，若 $\forall x_1$，x_2，$x_3\in\mathbf{R}$，且 $x_1>x_2>x_3$，均有

$$A(x_2)\geqslant\min\{A(x_1),\ A(x_3)\}=A(x_1)\wedge A(x_3)$$

则称 A 是凸 F 集，否则是非凸的。

凸 F 集的实际意义在于它是实数域上满足下述条件的 F 集合：任何中间元素的隶属度，都大于两边元素隶属度中的小者。图 2-6 是典型的凸模糊集和非凸模糊集的示意图。一般凸 F 集的隶属函数曲线形状应该是凸的、单峰的，而不是凹的、双峰的。

4）F 数

在模糊控制中经常用到的是实数域上的模糊集合，模糊数则是常用到的一个概念。我们把实数域上正规的、凸 F 集称为正规实模糊数，简称模糊数，即把以某个实数值为核的、凸 F 集称为 F 数。

F 数是一类特殊的 F 集合，是实数域上的 F 集合，它的性质和一般的 F 集合完全相同。如说“20 岁左右”“1.8 m 上下”“大约一百人”等，都可以用模糊数表示。如果把

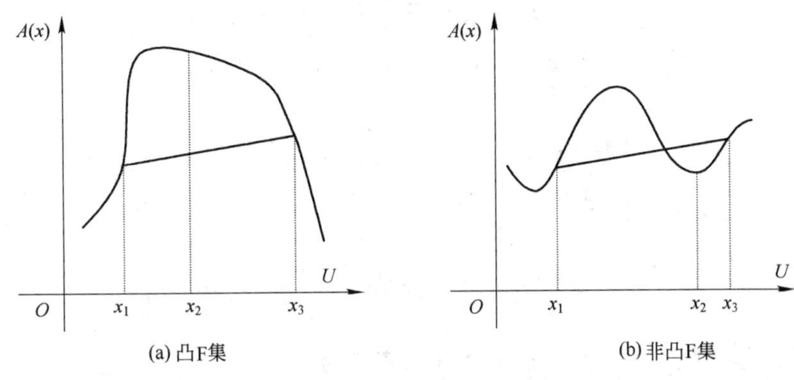

图 2－6　凸 F 集和非凸 F 集示意图

"20 岁左右"这个模糊概念用 F 集合 A 表示，则 $A(20)=1$，即 20 岁就是 A 的核。而无论大于还是小于 20 岁的年龄属于 A 的隶属度都小于 20 岁的隶属度 1，这个 F 集合 A 就是凸模糊集。

模糊数的表示方法也和一般的 F 集合一样，像"F 数 2"和"F 数 3"，在连续论域上可能表示为：

$$2(x)=\begin{cases} x-1 & 1\leqslant x\leqslant 2 \\ 3-x & 2<x\leqslant 3 \end{cases}$$

$$3(x)=\mathrm{e}^{-\frac{(x-3)^2}{0.2}},\quad x\in[1.5,\ 4.5]$$

可把上述的 F 数 $2(x)$ 和 F 数 $3(x)$ 画出，如图 2－7 所示。这里给出的两个 F 数（集合）的隶属函数分别是三角形和高斯型，当然它们的隶属函数也可以取任何其他形式。

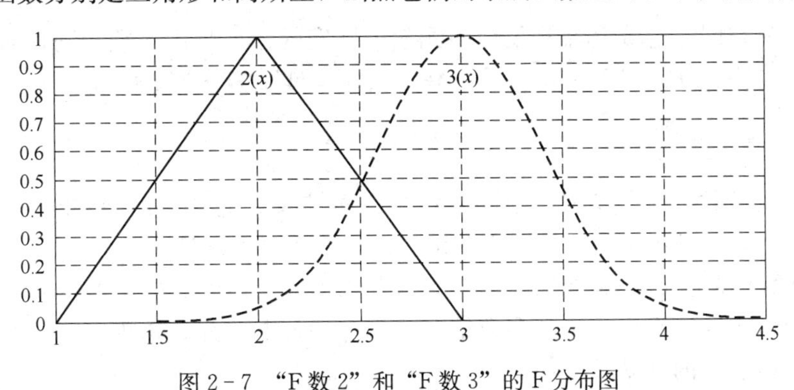

图 2－7　"F 数 2"和"F 数 3"的 F 分布图

3. 模糊集合的表示方法

隶属度表示出论域中某个元素属于 F 集合的程度。谈到一个 F 集合就得给出论域中各元素属于该 F 集合的程度——隶属函数。因此，隶属函数是表示 F 集合的关键概念，通常用隶属函数表示模糊集合的方法有下述几种。

1）*序对法*

当 F 集合的论域 U 为有限集或可数集时，F 集合 A 表示为：

$$A=\{(x_i, A(x_i))|x_i\in U, i=1, 2, \cdots, n\}$$
$$=\{(x_1, A(x_1)), (x_2, A(x_2)), \cdots, (x_n, A(x_n))\}$$

2）扎德法

当论域 U 是有限集或可数集时，F 集合 A 可表示为：

$$A=\sum\frac{A(x_i)}{x_i}$$
$$=\frac{A(x_1)}{x_1}+\frac{A(x_2)}{x_2}+\cdots+\frac{A(x_n)}{x_n}, \quad i=1, 2, \cdots, n$$

如果论域 U 是无限不可数集，F 集合 A 可表示为：

$$A=\int\frac{A(x)}{x}$$

扎德法中的累加号“$\sum$”、加号“+”及积分号“$\int$”，并不表示累加、求和及积分，而是表示在论域上构成 F 集合的全体元素 x 与其隶属度 $A(x)$ 间对应关系的总括；分数线也不表示除法运算，只表示某个元素 x_i 与其隶属度 $A(x_i)$ 的对应关系。

扎德法中可以省去隶属度为零的项。

3）向量法

若论域中的元素有限且有序时，可以把各元素的隶属度类似于向量的分量排列起来表示 F 集合，这样 F 集合相当于一个向量，其分量就是各元素的隶属度取值，故也称 F 集合 A 为 F 向量 $\mathbf{A}$，写成：

$$\mathbf{A}=(A(x_1), A(x_2), \cdots, A(x_n))$$

用向量法时，同一论域上各 F 集合中元素隶属度的排列顺序必须相同，而且隶属度等于零的项不得省略，如 $A(x_j)=0$，则写成 $\mathbf{A}=(A(x_1), A(x_2), \cdots, A(x_{j-1}), 0, A(x_{j+1}), \cdots, A(x_n))$。

4）函数法

当论域 U 是无限不可数集时，根据 F 集合 A 的定义，完全可以用它的隶属函数 $A(x)$ 来表征它，因为隶属函数 $A(x)$ 表示所有元素 x 对于 A 的隶属度。

用 $A=A(x)$ 表示 F 子集 A 时，由于元素处于不同阶段的 $A(x)$ 的形式可能不同，所以表示的函数形式常常不止一个，多数情况下用分段函数表示，前面“F 数 2”的 F 集合 $2(x)$，就是这样表示的（见图 2-7）。

例 2-1 设论域 $U=\{1, 2, 3, 4, 5\}$，A 表示“靠近 4 的数集”，则 A 就是 F 集合。已知论域 U 中各元素隶属于 A 的程度 $A(x_i)$（见表 2-1），试用 F 集合的各种表示方法表示出 F 集合 A。

表 2-1 论域 U 中各元素的隶属于 A 的程度

x_i	1	2	3	4	5	6
$A(x_i)$	0	0.2	0.8	1	0.8	0.2

解 论域 $U=\{1, 2, 3, 4, 5\}$ 是离散的，可以用下述三种方法表示 F 集合 A。

序对法　$A=\{(1,\ 0),\ (2,\ 0.2),\ (3,\ 0.8),\ (4,\ 1),\ (5,\ 0.8),\ (6,\ 0.2)\}$

扎德法
$$A=\frac{0}{1}+\frac{0.2}{2}+\frac{0.8}{3}+\frac{1}{4}+\frac{0.8}{5}+\frac{0.2}{6}$$
$$=\frac{0.2}{2}+\frac{0.8}{3}+\frac{1}{4}+\frac{0.8}{5}+\frac{0.2}{6}$$

向量法
$$\boldsymbol{A}=(0,\ 0.2,\ 0.8,\ 1,\ 0.8,\ 0.2)$$

例 2-2　在实数论域 R 中，F 集合的隶属函数常被称为“模糊分布”。若用 A 表示“比 4 大得多的数集”，A 的隶属函数用函数法可表示为：

$$A(x)=\begin{cases}0 & x\leqslant 4\\ \dfrac{1}{1+\dfrac{100}{(x-4)^2}} & x>4\end{cases}$$

试用扎德法表示出该 F 集合 A，并画出它的模糊分布图线。

解　用扎德法可以写成：

$$A(x)=\int_{x\leqslant 4}\frac{0}{x}+\int_{x>4}\frac{\left(1+\dfrac{100}{(x-4)^2}\right)^{-1}}{x}$$

在 MATLAB 指令窗口中键入：

```
plot([-2, 4], [0, 0]), hold, plot([4, 4], [-0.1, 1], '- -'),...
ezplot('1/(1+ 100/(x- 4)^2)', [4, 70]), grid, axis([-2, 70, -0.1, 1])
```

回车，得出图 2-8。图中左右边界的取值范围［−2，70］是随意选定的。

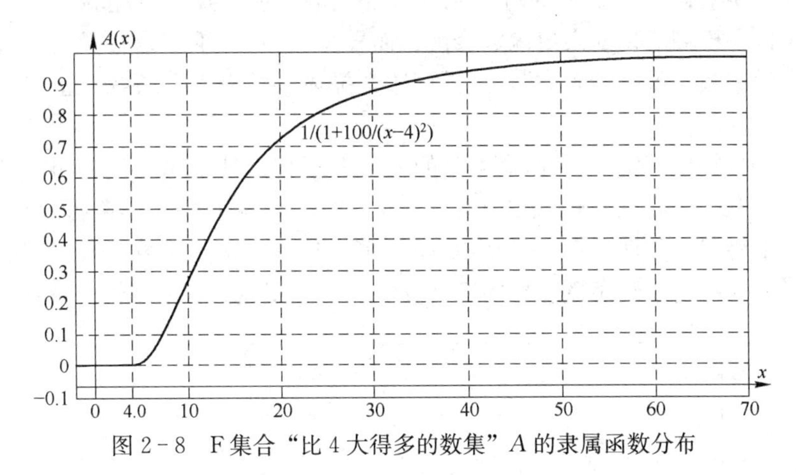

图 2-8　F 集合“比 4 大得多的数集” A 的隶属函数分布

既然 F 数也是 F 集合，其表示方法就与一般的 F 集合完全一样。例如，“F 数 2”和“F 数 3”的函数法可以写成：

$$x\in[1,\ 3],\quad 2(x)=\begin{cases}x-1 & 1\leqslant x\leqslant 2\\ 3-x & 2\leqslant x\leqslant 3\end{cases}$$

$$x\in[2,\ 4],\quad 3(x)=\begin{cases}x-2 & 2\leqslant x\leqslant 3\\ 4-x & 3\leqslant x\leqslant 4\end{cases}$$

若用扎德法为：

$$x\in[1,\ 3],\quad 2(x)=\int_1^2\frac{x-1}{x}+\int_2^3\frac{3-x}{x}$$

$$x\in[2,\ 4],\quad 3(x)=\int_2^3\frac{x-2}{x}+\int_3^4\frac{4-x}{x}$$

若在整数论域（离散论域）上它们可以表示为：

$$n\in\{1,\ 2,\ 3\},\quad 2(n)=\frac{0.4}{1}+\frac{1}{2}+\frac{0.7}{3}$$

$$n\in\{2,\ 3,\ 4\},\quad 3(n)=\frac{0.5}{2}+\frac{1}{3}+\frac{0.6}{4}$$

F 数有很大的实用价值，例如，任何一个实数在不同的精度内代表着不同的数值，像“2”究竟代表“2.0”“2.00”，还是“2.000”？由于精度的不同，其实际取值是不同的，实际上它就是一个 F 数。另外，在 F 控制中测试得到的实验数据，都含有一定的误差，并非是绝对精确的。如果把它们看成 F 数，就更方便于归纳、总结成语言表达的 F 控制规则。

2.2 隶属函数

从 F 集合的定义和表示方法可以看出，隶属函数是 F 集合的核心，F 集合完全由隶属函数所描述。给出一个 F 集合，就是要给出论域中各个元素对于该 F 集合的隶属度。因此，定义一个 F 集合，就是要定义出论域中各个元素对该 F 集合的隶属度。

对于一个模糊事物或模糊概念，不同的人可能选用不同的隶属函数去描述，也就是选用不同的 F 子集去代表它。由于所选 F 子集的不同，论域上的某一个元素对于这不同的 F 子集，其隶属度就大不相同。这正是隶属函数或模糊子集带有很强主观的、人为色彩的表现。隶属函数的这种主观随意性，正好可以用于反映人的智能、技巧、经验、理解等不同的智慧，因此描述同一模糊事物的隶属函数会因人而异。“人的思维和语言具有模糊性，而描述这种模糊性的模糊数学却是精确的”，用模糊数学描述人的思维和语言，正好使这对矛盾事物得到了统一。

在图 2-9 中画出了描述同一模糊事物的三个 F 子集，其隶属函数分布分别为钟形、三角形和梯形。于是同一元素，例如取元素 $a=0.6$ 时，对应于这三个隶属函数（模糊子集）的隶属度则大不相同，分别为 0.08、0.40 和 0.66，这正好是同一数据被不同的人可以转换成不同模糊子集（相当于模糊概念）的客观反映，是模糊性具有主观性的表现。

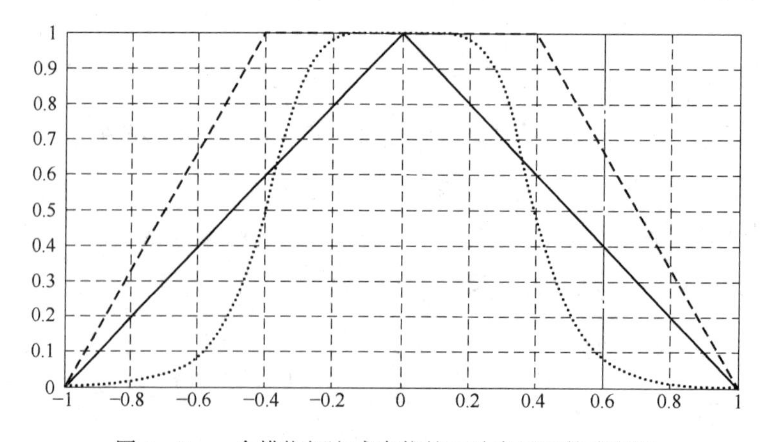

图 2-9　一个模糊概念或事物的三种隶属函数分布图

那么，如何确定描述模糊概念或事物的隶属函数或模糊子集呢？如何使这种带有强烈主观色彩的东西得到客观反映呢？

2.2.1　确定隶属函数的基本方法

因为隶属函数是人为主观定义的一种函数，尽管有人曾给出过许多种确定隶属函数的方法，但是目前还没有一个公认的统一成熟的方法，将来也未必能有，因为它含有太多的人为主观因素。虽然如此，毕竟隶属函数是客观实际的反映，它应该具有一定的客观性、科学性、稳定性和可信度。因此，无论用什么方法确定的隶属函数，都应反映出模糊概念或事物的渐变性、稳定性和连续性。这就要求隶属函数应该是连续的、对称的，一个完整的隶属函数，通常在整体上都取成凸 F 集，即大体上呈现单峰馒头形。

至今为止，确定隶属函数的具体方法大多停留在经验、实践和实验数据的基础上，经常使用的确定隶属函数方法有下述几种。

1）模糊统计法

根据所提出的模糊概念对许多人进行调查统计，提出与之对应的模糊集合 A，通过统计试验，确定不同元素隶属于某个模糊集合的程度。假如进行过 N 次统计性试验，认为 u_0 属于 F 集合 A 的次数为 n，则把 n 与 N 的比值视为 u_0 对 A 的隶属度，记为 $A(u_0)$，即：

$$A(u_0)=\frac{n}{N}$$

2）二元对比排序法

在论域里的多个元素中，人们通过把它们两两对比，确定其在某种特性下的顺序，据此决定出它们对该特性的隶属函数大体形状，再将其纳入与该图形近似的常用数学函数。

3）专家经验法

根据专家和操作人员的实际经验与主观感知，经过分析、演绎和推理，直接给出元素属于某个 F 集合的隶属度。

4）神经网络法

利用神经网络的学习功能，把大量测试数据输入某个神经网络器，自动生成一个隶属函数，然后再通过网络的学习、检验，自动调整隶属函数的某些参数，最后确定下来。

无论哪种方法，都离不开人的主观参与和客观实际的检验。

模糊集合的创始人扎德就曾经通过大量问卷调查，通过模糊统计的方法对数据进行分析处理，得出了“青年”“中年”“老年”三个模糊子集隶属函数的数学公式，现介绍如下。

假设年龄 x 的论域为 $U=[1,\ 100]$，$x\in U$。用 $Q(x)$，$Z(x)$，$L(x)$ 分别表示“青年”“中年”“老年”的隶属函数。扎德曾向大量人群提出不同年龄的人属于“青年”“中年”还是“老年”的问卷调查，对问卷调查结果经过数据分析处理、数字化后，得出这三个模糊概念的隶属函数表达式。

青年

$$Q(x)=\begin{cases}1 & x\leqslant 25\\ \left[1+\left(\dfrac{x-25}{10}\right)^2\right]^{-1} & x>25\end{cases}$$

中年
$$Z(x)=\begin{cases}0 & 1\leqslant x\leqslant 25\\ \left[1+\left(\dfrac{x-50}{18}\right)^4\right]^{-1} & 25<x\leqslant 50\\ \left[1+\left(\dfrac{x-50}{18}\right)^2\right]^{-1} & 50<x\end{cases}$$

老年
$$L(x)=\begin{cases}0 & x\leqslant 50\\ \left[1+\left(\dfrac{x-50}{5}\right)^{-2}\right]^{-1} & x>50\end{cases}$$

这些 F 集合也可用扎德法表示，如“青年”的隶属函数为：

$$Q(x)=\int_{x\leqslant 25}\frac{1}{x}+\int_{x>25}\frac{\left[1+\left(\dfrac{x-25}{10}\right)^2\right]^{-1}}{x}$$

上述关于“青年”“中年”“老年”的隶属函数分布，如图 2-10 所示。

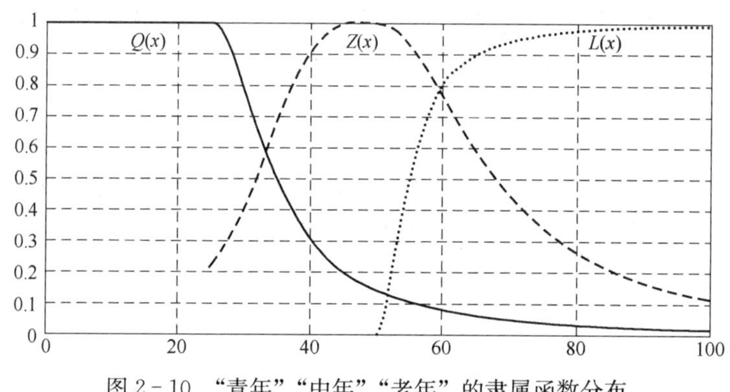

图 2-10 “青年”“中年”“老年”的隶属函数分布

实际工作中经常是根据大量数据的分布情况，初步选用一个粗略的隶属函数，然后用形状与它接近、大家熟悉、容易计算、性质良好的初等函数作为选定的隶属函数，再通过实践检验和不断修改，最终确定实际效果好的函数作为选定的隶属函数。

2.2.2 常用隶属函数

为了满足实际工作的需要，兼顾计算和处理的简便性，经常把不同方法得出的客观数据近似地表示成常用的、大家熟悉的解析函数形式，以便根据实际需求进行选用。

在工程上用得较多、MATLAB 中提供的五种基本隶属函数是：三角形、钟形、高斯型、梯形和 Sigmoid 型。现将它们的解析表达式列在下面，其中 a，b，c，d，σ 均为确定它们形态的重要参数。

① 三角形
$$f(x,\ a,\ b,\ c)=\begin{cases}0 & x\leqslant a\\ \dfrac{x-a}{b-a} & a\leqslant x\leqslant b\\ \dfrac{c-x}{c-b} & b\leqslant x\leqslant c\\ 0 & x\geqslant c\end{cases}$$

要求 $a\leqslant b\leqslant c$。

② 钟形
$$f(x,a,b,c)=\frac{1}{1+\left|\frac{x-c}{a}\right|^{2b}}$$

其中 c 决定函数的中心位置，a、b 决定函数的形状。

③ 高斯型
$$f(x,\sigma,c)=e^{-\frac{(x-c)^2}{2\sigma^2}}$$

其中，c 决定函数中心的位置，σ 决定函数曲线的宽度。

④ 梯形
$$f(x,a,b,c,d)=\begin{cases}0 & x\leqslant a\\ \frac{x-a}{b-a} & a\leqslant x\leqslant b\\ 1 & b\leqslant x\leqslant c\\ \frac{d-x}{d-c} & c\leqslant x\leqslant d\\ 0 & x\geqslant d\end{cases}$$

要求 $a\leqslant b$，$c\leqslant d$。

⑤ Sigmoid 型
$$f(x,a,c)=\frac{1}{1+e^{-a(x-c)}}$$

其中 a，c 决定函数形状，函数图形关于点（a，0.5）是中心对称的。

以这五种基本函数为基础进行不同的组合，又可得出一些新的隶属函数。在MATLAB中提供了十一类常用的隶属函数，并设有专用的函数指令。例如，在主窗口中键入 ezplot gaussmf(x，[z，0.5])，回车就得出一条高斯型函数图线。现把这十一类隶属函数在 MATLAB 中的指令及其相应参数列在表 2-2 中。

表 2-2 MATLAB 中提供的常用隶属函数指令及参数

名称	指令及其参数	名称	指令及其参数
三角形	A(x)=trimf(x，[a，b，c])	S 型	A(x)=smf(x，[a，b])
钟形	A(x)=gbellmf(x，[a，b，c])	Z 型	A(x)=zmf(x，[a，b])
高斯型	A(x)=gaussmf(x，[σ，c])	Π 型	A(x)=pimf(x，[a，b，c，d])
梯形	A(x)=tramf(x，[a，b，c，d])	双高斯型	A(x)=gauss2mf(x，[a_1，c_1，a_2，c_2])
Sigmoid 型	A(x)=sigmf(x，[a，c])	Sigmoid 积型	A(x)=psigmf(x，[a_1，c_1，a_2，c_2])
		Sigmoid 和型	A(x)=dsigmf(x，[a_1，c_1，a_2，c_2])

用五种基本函数组合成新函数的方法也很简单，例如，由两个 Sigmoid 型函数之积，可以构成 Sigmoid 积型隶属函数（指令为 psigmf）；由两个 Sigmoid 型函数之差，可以构成 Sigmoid 和型隶属函数（指令为 dsigmf）；等等。当然，还可以根据实际情况自己进行组合。

这十一类隶属函数的图形画在图 2-11 中，以供选用参考。

使用中经常根据元素 x 的取值情况和经验来选取隶属函数的形状：如果元素 x 数值偏小，可选用 Z 型；x 数值偏大，可选用 S 型、Sigmoid 型；$|x|$ 偏小，可选用像 Π 型、钟形和梯形等对称形隶属函数；$|x|$ 数值偏大时可选用倒梯形等隶属函数；等等。

在模糊控制中受到多种因素的影响，模糊子集隶属函数的选用并没有固定的规则和模式，况且对整个控制系统控制效果的影响，隶属函数的形状远没有论域上各 F 子集的分布及相邻子集隶属函数的重叠交叉情况等影响大。所以考虑到运算方便、性能熟悉等因素，通常多选用三角形、梯形、高斯型和钟形这几种隶属函数，而且常常是从多个标准函数中，各

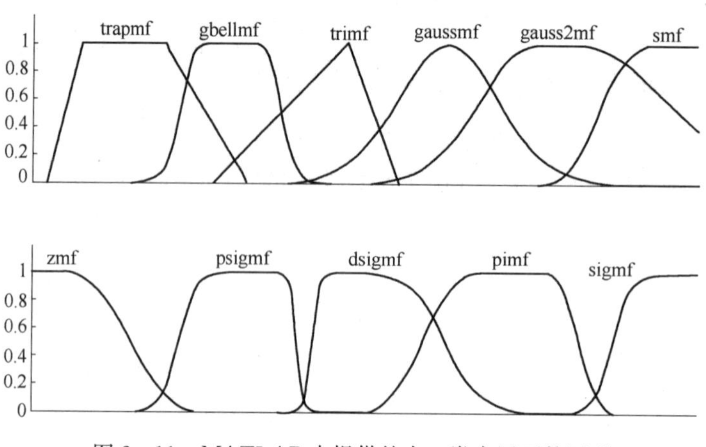

图 2-11　MATLAB 中提供的十一类隶属函数图形

选一部分进行组合去覆盖整个论域。

上述各种类型的隶属函数都可用一个普适隶属函数“$\exp(-|ax-b|^r)$”来概括。当 $a=1$、$b=0$ 时，如图 2-12 所示，由于 r 的不同取值，它可以近似于三角形、梯形或高斯型等函数。

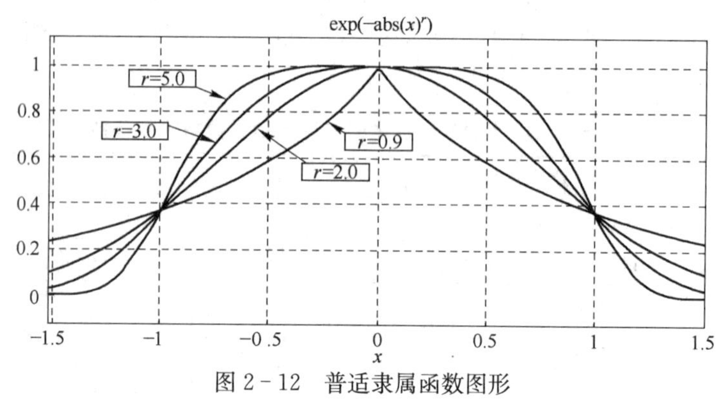

图 2-12　普适隶属函数图形

2.3　模糊集合的运算

前面仅仅介绍了用单一 F 集合就能表示的模糊事物或概念，实际上有不少模糊事物或概念往往需要由多个 F 集合联合才能恰当予以表述。例如，从集合论的角度考虑，“德才兼备”这个模糊概念就相当于两个 F 集合“德”和“才”的交集；“温度不高”相当于 F 集合“高温”的补集；“欧亚大陆”相当于“欧洲”和“亚洲”的并集……可见，通过 F 集合的“运算”能够用 F 集合表示更多的、更为复杂的模糊事物。下面我们介绍 F 集合的基本运算。

2.3.1　模糊集合的基本运算

跟经典集合一样，F 集合也有交、并、补等运算，由于 F 集合是用隶属函数表示的，所以 F 集合间的运算就是对论域中各元素的隶属度进行相应的运算。

1. 模糊全集

设论域为 U，对任何 $x \in U$，均有 $A(x)=1$ 或 $A(x) \equiv 1$，则称 A 为论域 U 上的全集，记作 $A=U$。

2. 模糊空集

设论域为 U，对于任何 $x \in U$，均有 $A(x)=0$，或 $A(x) \equiv 0$，则称 A 为模糊空集，记作 $A=\varnothing$。

从定义可以看出，F 全集和 F 空集都属于经典集合。

3. 模糊集合的相等

设 A，$B \in \mathscr{F}(U)$，对任何 $x \in U$，均有 $A(x)=B(x)$，则称 A 与 B 相等，记作 $A=B$。

4. 模糊集合间的包含

设 A，$B \in \mathscr{F}(U)$，$\forall x \in U$，均有 $A(x) \leqslant B(x)$，则称 A 包含于 B（B 包含 A）或 A 是 B 的子集，记作 $A \subseteq B$。

5. 模糊集合的并集

若 A，B，$C \in \mathscr{F}(U)$，$\forall x \in U$，均有：

$$C(x) \equiv A(x) \vee B(x) = \max[A(x),\ B(x)]$$

则称 C 为 A 和 B 的并集，记作 $C=A \cup B$。上式中的符号“$\vee$”表示对两边的值做取大运算。

6. 模糊集合间的交集

若 A，B，$C \in \mathscr{F}(U)$，$\forall x \in U$，均有：

$$C(x) \equiv A(x) \wedge B(x) = \min[A(x),\ B(x)]$$

则称 C 为 A 和 B 的交集，记作 $C=A \cap B$。上式中的符号“$\wedge$”表示对两边的值做取小运算。

7. 模糊集合的补集

若 A，$B \in \mathscr{F}(U)$，$\forall x \in U$，均有：

$$B(x) \equiv 1 - A(x)$$

则称 B 为 A 的补集，记作 $B=A^{C}$ 或 $B=\overline{A}$。

由于模糊集合完全由其隶属函数确定，所以两个 F 子集的运算实际上就是逐点对其隶属度作相应运算。下面举例说明 F 集合基本运算的具体实施方法。

例 2－3　设 $U=\{u_1,\ u_2,\ u_3,\ u_4\}$，若 A，$B \in \mathscr{F}(U)$，$A=\frac{0.8}{u_2}+\frac{1}{u_3}+\frac{0.6}{u_4}$，$B=(0.5,\ 0.4,\ 0,\ 0.7)$。求 $A \cup B$，$A \cap B$，A^{C}，$A \cup A^{C}$ 和 $A \cap A^{C}$。

解

$$A\cup B=\frac{0\vee 0.5}{u_1}+\frac{0.8\vee 0.4}{u_2}+\frac{1\vee 0}{u_3}+\frac{0.6\vee 0.7}{u_4}=\frac{0.5}{u_1}+\frac{0.8}{u_2}+\frac{1}{u_3}+\frac{0.7}{u_4}$$

$$A\cap B=\frac{0\vee 0.5}{u_1}+\frac{0.8\wedge 0.4}{u_2}+\frac{1\wedge 0}{u_3}+\frac{0.6\wedge 0.7}{u_4}=\frac{0.4}{u_2}+\frac{0.6}{u_4}$$

$$A^{\mathrm{C}}=\frac{1-0}{u_1}+\frac{1-0.8}{u_2}+\frac{1-1}{u_3}+\frac{1-0.6}{u_4}=\frac{1.0}{u_1}+\frac{0.2}{u_2}+\frac{0.4}{u_4}$$

$$A\cup A^{\mathrm{C}}=\frac{0\vee 1.0}{u_1}+\frac{0.8\vee 0.2}{u_2}+\frac{1\vee 0}{u_3}+\frac{0.6\vee 0.4}{u_4}$$

$$=\frac{1.0}{u_1}+\frac{0.8}{u_2}+\frac{1}{u_3}+\frac{0.6}{u_4}\quad（并不为全集）$$

$$A\cap A^{\mathrm{C}}=\frac{0\wedge 0.8}{u_1}+\frac{0.8\wedge 0.2}{u_2}+\frac{1\wedge 0}{u_3}+\frac{0.6\wedge 0.4}{u_4}=\frac{0.2}{u_2}+\frac{0.4}{u_4}\quad（并不为空集）$$

下面通过几个图示帮助读者理解 F 集合运算的意义，图中的 F 子集都是连续数域上的。设 $U=[-4,\ 2.2]$，A，$B\in\mathscr{F}(U)$，$x\in U$。已知 $A(x)=1/[1+2(x+2)^2]$，$B(x)=\exp(-0.2(x-1)^2)$。现将 A、A^{C}、B、B^{C} 和 $A\cup B$、$A\cap B$ 分别画在图 2-13 中，从中可以体会 F 集合基本运算的意义。

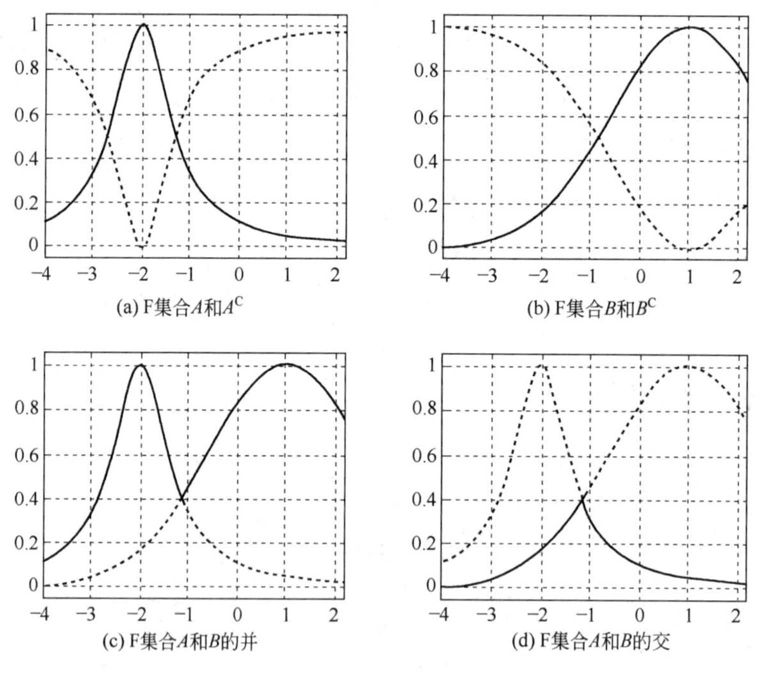

(a) F集合A和A^{C}　(b) F集合B和B^{C}

(c) F集合A和B的并　(d) F集合A和B的交

图 2-13　F 集合 A、B 及它们的补、交和并

另外，在经典集合论中，集合 A 和它的补集 A^{C} 的交集为空集，集合 A 和它的补集 A^{C} 的并集为全集，但是在 F 集合论中却全然不是这样。为了帮助理解这一差异，下面以 F 集合 $A(x)=\dfrac{1}{1+2(x+2)^2}$ 为例，把 A 与其补 A^{C} 的交集 $A\cap A^{\mathrm{C}}$、并集 $A\cup A^{\mathrm{C}}$ 画在图 2-14 中。

由图 2-14 可见，F 集合 A 和 A^{C} 的交集不是空集，它们的并集也不是全集，对此可从理论上证明。

虽然 F 集合运算与经典集合运算有许多相似之处，但是其基本意义是不同的。经典集

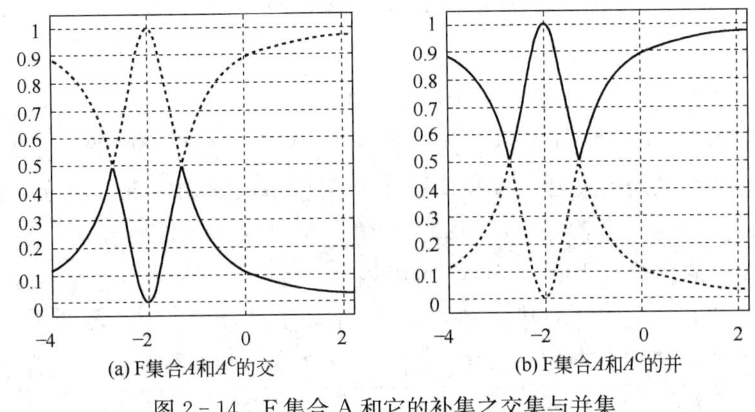

图 2-14　F 集合 A 和它的补集之交集与并集

合运算是对论域中元素的归属进行的一种重新划分；F 集合运算是对论域中元素相对于 F 集合的隶属度进行的一种调整。

2.3.2　模糊集合的基本运算规律

两个 F 集合的运算，实际上就是逐点对其隶属度作相应运算。据此可以得出一些规律，现把它们列在下面，利用这些规律可以简化 F 集合的运算过程。设 A，B，$C\in\mathscr{F}(U)$，则有：

① 分配律

$$A\cap(B\cup C)=(A\cap B)\cup(A\cap C)$$
$$A\cup(B\cap C)=(A\cup B)\cap(A\cup C)$$

② 结合律

$$(A\cap B)\cap C=A\cap(B\cap C)$$
$$(A\cup B)\cup C=A\cup(B\cup C)$$

③ 交换律

$$A\cup B=B\cup A$$
$$A\cap B=B\cap A$$

④ 吸收律

$$(A\cap B)\cup A=A$$
$$(A\cup B)\cap A=A$$

⑤ 幂等律

$$A\cup A=A$$
$$A\cap A=A$$

⑥ 同一律

$$A\cup U=U;\quad A\cap U=A$$
$$A\cup\varnothing=A;\quad A\cap\varnothing=\varnothing$$

U 表示论域全集，$\varnothing$表示空集。

⑦ 对偶律

$$(A\cup B)^C=A^C\cap B^C;\quad (A\cap B)^C=A^C\cup B^C$$

⑧ 双重否定律

$$(A^C)^C=\overline{\overline{A}}=A$$

可见，F集合的运算规律和经典集合几乎一样，只是经典集合中的互补律在模糊集合运算中不再成立。这正是经典集合“排中律”在F集合中破缺的表现：模糊集合中 $A\cup A^C\neq U$，说明 $A\cup A^C$ 不一定完全覆盖论域 U；模糊集合中 $A\cap A^C\neq\varnothing$（见图2-14），正是模糊集合没有明确边界的反映，说明 A 和 A^C 可以相互交叠。

根据F集合的并、交和补的基本定义，可以证明上述性质，下面举两个例子。

例2-4 证明经典集合中的矛盾律：$A\cap A^C=\varnothing$（非此即彼）在F集合中不成立。

证明 设 $A\in\mathscr{F}(U)$，此题要证明 $A\cap A^C\neq\varnothing$，即证明 $A(x)\wedge A^C(x)\neq 0$

用反证法证明。

设 $A(x)=0.3$，则 $A^C(x)=1-A(x)=1-0.3=0.7$，$A(x)\wedge A^C(x)=0.3\wedge 0.7=0.3\neq 0$，可见 $A(x)\wedge A^C(x)\neq 0$，这是因为F集合边界不分明，F集合 A 和 A^C 有交叠部分存在。

例2-5 试证：(1) 交换律 $A\cup B=B\cup A$；(2) 对偶律 $(A\cup B)^C=A^C\cap B^C$。

证明 由于F集合完全取决于它的隶属函数，所以集合性质的证明，是通过它们隶属函数间的关系进行的。

(1) 证明交换律 $A\cup B=B\cup A$，即证明 $(A\cup B)(x)=(B\cup A)(x)$。

根据定义，对任意 x 都有 $(A\cup B)(x)=A(x)\vee B(x)$，$B(x)$和 $A(x)$ 是小于1的数值，数值间的取大是完全可以交换顺序的，故 $A(x)\vee B(x)=B(x)\vee A(x)$，于是得出：

$$A\cup B=B\cup A$$

(2) 证明对偶律 $(A\cup B)^C=A^C\cap B^C$，即证明对于论域 U 中任意 x 都有：

$$1-(A\cup B)(x)=(1-A(x))\wedge(1-B(x))$$

而 $1-(A\cup B)(x)=1-[A(x)\vee B(x)]$，由于 $A(x)$ 和 $B(x)$ 都是小于1的数，所以无非有两种情况：

若 $A(x)>B(x)$，则 $1-[A(x)\vee B(x)]=1-A(x)$；

若 $A(x)<B(x)$，则 $1-[A(x)\vee B(x)]=1-B(x)$。

将两种情况综合，就可以得出：

$$1-[A(x)\vee B(x)]=(1-A(x))\wedge(1-B(x))$$

根据定义，把隶属函数表达式换成F集合表示式，则有：

$$(A\cup B)^C=A^C\cap B^C$$

例2-6 论域由四个人构成，即 $U=\{a, b, c, d\}$，设F集合 A=“高个子”，其隶属函数为：

$$A=\frac{0.9}{a}+\frac{1}{b}+\frac{0.6}{d}$$

F集合 B=“胖子”，其隶属函数为：

$$B=(0.8,\ 0.2,\ 0.9,\ 1)$$

求 $A\cap B$ 和 $A\cup B$，并说明它们的含义。

解 $A\cap B=(0.9\wedge 0.8,\ 1\wedge 0.2,\ 0.6\wedge 0.9,\ 0\wedge 1)$

$$=(0.8,\ 0.2,\ 0.6,\ 0)=\frac{0.8}{a}+\frac{0.2}{b}+\frac{0.6}{c}$$

$A\cap B$ 的意义是“胖高个”，运算结果表明 $(A\cap B)(a)=0.8$，即 a 对模糊集 $(A\cap B)$ 的隶属度为 0.8，a 是个“胖高个”；$(A\cap B)(c)=0.6$，c 跟“胖高个”有点沾边；$(A\cap B)(b)=0.2$，$(A\cap B)(d)=0$，说明 b 和 d 都不属于“胖高个”。

$$A\cup B=(0.9\vee 0.8,\ 1\vee 0.2,\ 0.6\vee 0.9,\ 0\vee 1)$$

$$=(0.9,\ 1,\ 0.9,\ 1)=\frac{0.9}{a}+\frac{1}{b}+\frac{0.9}{c}+\frac{1}{d}$$

$A\cup B$ 表示“高或胖”，运算结果表明他们四个人要么是胖子，要么是高个。

2.3.3　模糊集合运算的其他定义

前边介绍的 F 集合运算定义，多是扎德提出的，它在一定意义上可以有效地处理不少模糊事物。但是，世间的事物缤纷繁杂，有时用上述运算方法处理就不太合适，比如有 a、b 两人，他们对于“德（用 A 代表）”和“才（用 B 代表）”的隶属度分别为：$A(a)=0.9$，$B(a)=0.6$，$A(b)=0.6$，$B(b)=0.6$。若用“德才兼备”标准在其中选用一人，依据扎德算法 $(A\cap B)(a)=0.6$，$(A\cap B)(b)=0.6$，结论是 a 和 b “德才兼备”的水平是一样的，实际上是 a 要好很多。可见，“取大取小”算法往往会遗漏一些信息，并不能全面反映客观实际和人们的认知。

为了克服上述运算的弊病，照顾实践中的不同需求和客观地反映人的认知，按照“实践是检验真理的标准”原则，对 F 集合间的“并”和“交”运算，又提出了许多不同的定义。它们都可看作是经典集合中“并”和“交”运算的推广，用它们可以处理不同的模糊事物。

在表 2-3 中列举出几种 F 集合的“交”和“并”的运算法，以供参考。

表 2-3 中定义的 F 运算定义与扎德的“取大（∨）”“取小（∧）”算法不同，因此所遵从的运算规律也不尽相同，它们在应用中有着独特的地位。如“$\cdot$ 和 $\hat{+}$”“$\odot$ 和 $\oplus$”两组运算都满足交换律、结合律、同一律和对偶律，但都不满足幂等律、吸收律和分配律。而“$\odot$ 和 $\oplus$”却满足补余律，即 $A(x)\odot A^{C}(x)=0$，$A(x)\oplus A^{C}(x)=1$，类似于经典集合论中的排中律和矛盾律。

表 2-3　F 集合“交”和“并”的几种其他运算法定义

名称	符号	F 集合“交”和“并”的算法定义 $(A\cup B)(x)$、$(A\cap B)(x)$
Zadeh 算法	∨，∧	$(A\cup B)(x)=A(x)\vee B(x)=\max\{A(x),\ B(x)\}$ $(A\cap B)(x)=A(x)\wedge B(x)=\min\{A(x),\ B(x)\}$
代数和与积算法	$\hat{+}$，$\cdot$	$(A\cup B)(x)=A(x)\hat{+}B(x)=A(x)+B(x)-A(x)B(x)$ $(A\cap B)(x)=A(x)\cdot B(x)=A(x)B(x)$
有界和与积算法	$\oplus$，$\odot$	$(A\cup B)(x)=A(x)\oplus B(x)=\min\{A(x)+B(x),\ 1\}$ $(A\cap B)(x)=A(x)\odot B(x)=\min\{0,\ A(x)+B(x)-1\}$
Einstein 和与积算法	$\overset{+}{\varepsilon}$，$\dot{\varepsilon}$	$(A\cup B)(x)=A(x)\overset{+}{\varepsilon}B(x)=\frac{A(x)+B(x)}{1+A(x)B(x)}$ $(A\cap B)(x)=A(x)\dot{\varepsilon}B(x)=\frac{A(x)B(x)}{1+(1-A(x))(1-B(x))}$

2.4 模糊关系及其运算

2.4.1 经典关系

客观事物之间往往都有一定的联系，描述这种联系的数学模型称作关系。我们熟悉的函数就是分别处于“定义域”和“值域”中两个元素间的一种定量关系。经典 PID 控制器中，设 t 时刻的输入量为 $e(t)$，输出量为 $u(t)$，它们间就存在着一种定量的关系，这种关系可以表示为：

$$u(t)=f(e(t))=K_{P}e(t)+K_{I}\int_{0}^{t}e(t)\mathrm{d}t+K_{D}\frac{\mathrm{d}e(t)}{\mathrm{d}t}$$

式中 K_P，K_I 和 K_D 分别为输入量的比例、积分和微分项系数。这个公式表明控制器的输出量 $u(t)$ 和输入量 $e(t)$ 之间有着明确的函数关系。经典关系只能取“有”或“无”两种状态，它的特征函数就只能取 0 或 1，如果关系的特征函数为 1，就能用精确的数学函数表示出来。

1. 集合的直积

设任意两个集合 A，$B\in\mathscr{P}(U)$，若从 A、B 中各取一个元素 $x\in A$，$y\in B$，按先 A 后 B 顺序搭配成元素对 (x, y)，称它们为序偶或序对。以所有序偶 (x, y) 为元素构成的集合，称为集合 A 到 B 的直积（或笛卡儿积），记为：

$$A\times B=\{(x, y)\mid x\in A, y\in B\}$$

二元直积是一个以序对为元素的集合，一般情况下，$A\times B\neq B\times A$。

二元直积的概念可以推广到多个集合上。设有 n 个集合 A_1，A_2，…，$A_n\in\mathscr{P}(U)$，则定义：

$$A_1\times A_2\times\cdots\times A_n=\{(x_1, x_2, x_3, \cdots, x_n)\mid x_i\in A_i, i=1, 2, \cdots, n\}$$

为 A_1，A_2，…，A_n 的 n 元直积。n 元直积也是一个集合，这个集合的元素是按一定顺序取自不同集合 $A_i(i=1, 2, \cdots, n)$ 的 n 个元素组成的有序数组。

2. 经典二元关系及其表示方式

下面以二元直积为例，介绍经典关系概念。

二元直积 $A\times B$ 是一个以序对 (x, y) 为元素的集合，它是两个集合元素间无约束的搭配。若给搭配以一定的限制、约束或条件 R，便可形成直积 $A\times B$ 上的一个子集 R，它体现了某种特定的关系，称 R 为 A 到 B 的二元关系。任意序对 $(x, y)\in R$，则称 x 与 y 相关，记为 xRy；否则 $(x, y)\notin R$，即 x 与 y 不相关，记为 $x\overline{R}y$。

经典集合论中，两个集合间或两个元素间要么有关系，要么没关系，界定非常严格清晰。

不同的条件、限制和约束 R，将形成直积 $A\times B$ 上的多个不同子集。二元关系的子集和一般集合一样，可以用穷举法、描述法等方法表示。由于它的元素是序对，对于离散论域的二元关系，还常用表格法、矩阵法和关系图等方法表示，这里只介绍经典二元关系的两种表示方法：表格法和矩阵法。

1）二元关系的表格法

表格法就是画出一张平面表，“列”中写出一个集合的所有元素，“行”中写出另一个集合的元素。若两个元素有关，则在表中它们所在行和列的交叉点上标出数字 1，否则标出数字 0。

例如，一个家庭中有爷爷、奶奶、爸爸、妈妈、哥哥和妹妹六口人，他（她）们之间属于父（母）子（女）关系 R（统称为“父子关系”）与否，可以列在表 2-4 上，列中元素对于行中元素属于“父子关系 R”时，标出数值 1，否则为 0，据此可得出表 2-4。

表 2-4 家庭中父子关系 R 表

R	爷爷	奶奶	爸爸	妈妈	哥哥	妹妹
爷爷	0	0	1	0	0	0
奶奶	0	0	1	0	0	0
爸爸	0	0	0	0	1	1
妈妈	0	0	0	0	1	1
哥哥	0	0	0	0	0	0
妹妹	0	0	0	0	0	0

2）二元关系的矩阵法

两个属于离散论域上集合间的“关系”，也可以用平面矩阵表示。通常对于两个有限集合，若 $A=\{a_1, a_2, \cdots, a_m\}$ 和 $B=\{b_1, b_2, \cdots, b_n\}$，$R$ 为从 A 到 B 的一个二元关系，则可用平面关系矩阵表示，这个二元关系矩阵 $\boldsymbol{R}=[r_{ij}]_{m\times n}$，其中的元素 r_{ij} 按下述规定取值：

$$r_{ij}=\begin{cases}1 & (a_i, b_j)\in R\\ 0 & (a_i, b_j)\notin R\end{cases} \quad (i=1, 2, \cdots, m;\ j=1, 2, \cdots, n)$$

把表示集合间关系的矩阵称为关系矩阵。这类元素只能取 0 和 1 的矩阵，称作布尔矩阵。表示经典二元关系的矩阵都是布尔矩阵。

上述家庭成员的父子关系表，就可以表示成一个平面矩阵 $\boldsymbol{R}$。它的行元素对列元素如果属于“父子关系 R”，则取值为 1，否则为 0。据此可以得出与表 2-4 意义相同的关系矩阵 $\boldsymbol{R}$：

$$\boldsymbol{R}=\begin{bmatrix}0&0&1&0&0&0\\0&0&1&0&0&0\\0&0&0&0&1&1\\0&0&0&0&1&1\\0&0&0&0&0&0\\0&0&0&0&0&0\end{bmatrix}$$

既然二元关系 $R\in A\times B$，R 就是直积 $(A\times B)$ 的一个子集。当 A 和 B 是离散论域上的集合时，直积 $A\times B$ 可用矩阵表示，它的元素就是由 A 的元素和 B 的元素无条件“搭配组合”而成的所有序对。而二元关系 R 的元素，则是直积 $A\times B$ 中满足某种设定限制或约束条件的序对。凡满足约束条件的序对，取值为 1；否则为 0。

根据这一分析，借助“矩阵论”理论，可分三步构建出表示二元关系 $\boldsymbol{R}$ 的矩阵。

第一步，先对代表集合的矩阵 $\boldsymbol{A}$ 进行“按行拉直”运算，记作 $\vec{\boldsymbol{A}}$。

设 $\boldsymbol{A}=(a_{ij})_{m\times n}$，则称下述 $m\times n$ 维列向量为矩阵 $\boldsymbol{A}$ 的按行拉直：

$$\vec{\boldsymbol{A}}=(a_{11},\ \cdots,\ a_{1n},\ a_{21},\ \cdots,\ a_{2n},\ \cdots,\ a_{m1},\ \cdots,\ a_{mn})^{\mathrm{T}}$$

即先将 $\boldsymbol{A}$ 逐行连接成一个行矩阵（行向量），再转置成为列矩阵（列向量）。例如：

设 $\boldsymbol{A}=\begin{bmatrix}1 & 2 & 3\\ 4 & 5 & 6\end{bmatrix}$，则 $\vec{\boldsymbol{A}}=(1,\ 2,\ 3,\ 4,\ 5,\ 6)^{\mathrm{T}}$；设 $\boldsymbol{B}=\begin{bmatrix}7\\ 8\\ 9\end{bmatrix}$（列阵），则 $\vec{\boldsymbol{B}}=\begin{bmatrix}7\\ 8\\ 9\end{bmatrix}=\boldsymbol{B}$；

设 $\boldsymbol{C}=(1,\ 3,\ 5)$（行阵），则 $\vec{\boldsymbol{C}}=\begin{bmatrix}1\\ 3\\ 5\end{bmatrix}=\boldsymbol{C}^{\mathrm{T}}$。

可见，任何一个矩阵“按行拉直”后，就都成为一个列矩阵（列向量）。

第二步，对 $\vec{\boldsymbol{A}}$ 和 $\boldsymbol{B}$ 进行无约束条件的“搭配组合”运算 $\vec{\boldsymbol{A}}\oplus\boldsymbol{B}$，构成直积 $\boldsymbol{A}\times\boldsymbol{B}$。

$\vec{\boldsymbol{A}}\oplus\boldsymbol{B}$ 的运算跟普通矩阵乘法过程一样，只是将元素间的“乘”改为“搭配组合”，从而构成序对。例如，已知：$\boldsymbol{A}=\{a_1,\ a_2,\ \cdots,\ a_m\}$，$\boldsymbol{B}=\{b_1,\ b_2,\ \cdots,\ b_n\}$，则：

$$\boldsymbol{A}\times\boldsymbol{B}=\vec{\boldsymbol{A}}\oplus\boldsymbol{B}=\begin{bmatrix}a_1\\ a_2\\ \vdots\\ a_m\end{bmatrix}\oplus(b_1,\ b_2,\ \cdots,\ b_n)=\begin{bmatrix}(a_1,\ b_1) & (a_1,\ b_2) & \cdots & (a_1,\ b_n)\\ (a_2,\ b_1) & (a_2,\ b_2) & \cdots & (a_2,\ b_n)\\ \vdots & \vdots & & \vdots\\ (a_m,\ b_1) & (a_m,\ b_2) & \cdots & (a_m,\ b_n)\end{bmatrix}$$

第三步，求出满足约束条件的二元关系 $\boldsymbol{R}$ 矩阵。

若某个二元关系 $R\in A\times B$，则可由直积 $A\times B$ 中满足某种条件的元素构成 $\boldsymbol{R}$ 矩阵。为此，将矩阵 $\boldsymbol{A}\times\boldsymbol{B}$ 的元素 $(a_i,\ b_j)$（任意搭配），改写为 $R(a_i,\ b_j)$（满足约束条件 R 的搭配），表示该元素对满足设定条件 R 的程度，即序对 $(a_i,\ b_j)$ 属于关系 R 的特征函数，成为矩阵 $\boldsymbol{R}$ 的元素。于是可以得出：

$$\boldsymbol{R}=\boldsymbol{R}(\vec{\boldsymbol{A}}\oplus\boldsymbol{B})=\begin{bmatrix}R(a_1,\ b_1) & R(a_1,\ b_2) & \cdots & R(a_1,\ b_n)\\ R(a_2,\ b_1) & R(a_2,\ b_2) & \cdots & R(a_2,\ b_n)\\ \vdots & \vdots & & \vdots\\ R(a_m,\ b_1) & R(a_m,\ b_2) & \cdots & R(a_m,\ b_n)\end{bmatrix}$$

然后，按下述规则对 $\boldsymbol{R}$ 中元素 $R(a_i,\ b_j)$ 进行取值：$R(a,\ b)$：$\boldsymbol{A}\times\boldsymbol{B}\rightarrow\{0,\ 1\}$，即：

$$\begin{cases}R(a_i,\ b_j)=1 & (a_i,\ b_j)\in R\\ R(a_i,\ b_j)=0 & (a_i,\ b_j)\notin R\end{cases}$$

如果取值规则 R 为上例中家庭成员间的“父子关系”，把取值后的 $R(a_i,\ b_j)$ 代入 $\boldsymbol{R}(\vec{\boldsymbol{A}}\oplus\boldsymbol{B})$，便可得出与前相同的布尔矩阵 $\boldsymbol{R}$。这种构成二元关系矩阵的方法具有普遍性、通用性，特别适合于集合中元素非常多的情况。

2.4.2 模糊关系

在经典集合论中，如果两个集合中的元素之间存在一定的关系，通常可以用函数表示出其精确的数值关系。若无关系，则两者“井水不犯河水”，毫不相干。经典关系描述的是非常明确清晰的关系，两者之间要么有关系，要么没关系，决不会出现模棱两可、藕断丝连之类的关系。例如，家庭成员间的“父子关系”“兄弟关系”，实数中的“等于关系”“大于关系”等都是如此。相应地，论域中代表两件事物关系的“序对”，要么属于某种关系，要么不属于，二者必居其一，决不含糊。

然而，世间各种事物之间的联系，并不都是如此简单的“有”和“无”，即使有关系，也并不一定都能用精确的数学公式定量地表示出来。例如，“母女俩像得很”“甲很信任乙”“a 比 b 大得多”……这里“像”“信任”“大得多”也是一种关系，就没那么简单，既不能用简单地“有”和“无”回答，也无法用经典关系中的数学函数来刻画。类似“像”“信任”“大得多”这类自然语言中经常表述的模糊关系，就必须用 F 集合来表述。

我们把 F 集合间的一般关系和经典集合间的模糊关系，统称为模糊关系，简写为 F 关系。

经典关系描述了元素之间确定关系的“有”与“无”，而模糊关系表述了元素间关联的程度。模糊关系可以看作是经典关系的推广，它把经典数学只反映关系的“有”与“无”，扩大到了能反映其相关程度的“多”与“少”。经典关系可以看作是模糊关系的特例，当模糊关系达到极致，只剩“有”和“无”时，就变成了经典关系。

1. 模糊关系的定义

设 A，B 是两个非空有限集合，在直积

$$A\times B=\{(x,\ y)\mid x\in A,\ y\in B\}$$

中，若对 A 中元素 x 和 B 中元素 y 的“搭配”施加某种约束、限制，这种限制则体现了 A 和 B 之间的一种特殊关系，称这种关系 R 是 $A\times B$ 的一个子集，如家庭成员之间的“父子关系”、实数中的“大于关系”“相等关系”等。这些子集属于经典集合，这种关系也属于经典关系。如果这种特殊关系不能简单地用“有”和“无”来判断，而是似有若无，就无法用经典关系来刻画了。为此，下面介绍定义在直积 $A\times B$ 上的模糊关系。

设 R 是 $A\times B$ 上的一个模糊子集，简称 F 集，它的隶属函数

$$R(x,\ y):A\times B\rightarrow[0,\ 1]$$

确定了 A 中元素 x 跟 B 中元素 y 的相关程度，则称 $R(x,\ y)$ 为从 A 到 B 的一个二元模糊关系，简称 F 关系。

例如，家庭成员中长相的“相像关系”、同学间的“相好程度”、实数间的“远大于”等之类关系，就不能简单地说“有”或“无”，它们属于模糊关系。

二元模糊关系定义表明，$R(x,\ y)$ 是直积 $A\times B$ 上的一个模糊子集，这个模糊集合的元素是序对，R 确定了从 A 到 B 的一个 F 关系。而 $A\times B$ 中的所有模糊二元关系，可以用表示幂集的方式，表示成 $\mathscr{F}(A\times B)$ 它表示了直积 $A\times B$ 上的所有二元模糊关系，和经典关系一样，也是直积 $A\times B$ 的子集。

跟经典二元关系一样，模糊二元关系也有方向性，一般 $R(x,\ y)\neq R(y,\ x)$。而且，特别要注意，经典二元关系 $R(x,\ y)\in\{0,\ 1\}$，所以它只能反映关系的“有”和“无”两个状态；而模糊二元关系 $R(x,\ y)\in[0,\ 1]$，所以它可以反映关系的无限多个状态。序对和隶属度是决定两个集合间模糊关系的必要因素，也可以说“元素对”“隶属度”“方向性”是模糊二元关系的三大要素。

如果 F 关系中的隶属度取值由 [0，1] 变成 {0，1}，则 F 关系就成了经典关系。可见，F 关系是经典关系的推广，而经典关系是 F 关系的特例。

2. 模糊关系的表示方法

既然 F 关系可以表示成 F 集合，它的表示方法就和一般的 F 集合完全相同。不过，除了前面讲过的 F 集合表示法外，实用中还常用列表法、矩阵法、图示法表示。下面介绍几种常用的二元模糊关系表示方法。

1）二元模糊关系的扎德法

通过一个例子看如何用扎德法表示二元 F 关系。设班上某个小组由三个同学 a_1，a_2，a_3 组成，该小组构成论域 $N=\{a_1, a_2, a_3\}$，设集合 $A=N$。A 中三个人间两两的“信任程度”是一种 F 关系 $R\in\mathscr{F}(A\times A)$。把它用 F 集合的扎德表示法表示时，可写成 $R=\dfrac{R(a_i, a_j)}{(a_i, a_j)}$，$(i, j=1, 2, 3)$，即每一项的分母是两个元素构成的序对 (a_i, a_j)，序对中前一元素 a_i 对后一元素 a_j 的信任程度由相应的分子 $R(a_i, a_j)$ 取值表示。

假设已知：

$$R=\frac{0.9}{(a_1, a_1)}+\frac{0.2}{(a_1, a_2)}+\frac{0.8}{(a_1, a_3)}+\frac{1.0}{(a_2, a_2)}+\frac{0.7}{(a_3, a_1)}+\frac{0.3}{(a_3, a_2)}+\frac{0.5}{(a_3, a_3)}$$

从这个 F 关系的表达式的取值情况，可以看出 a_1 相当自信，a_1 对 a_2 不大相信，a_2 只相信自己，a_3 的自信程度远没有 a_1 高……R 中没有出现的成员组合，如 (a_2, a_1)，(a_2, a_3)，表明 a_2 对 a_1 和 a_3 不信任，信任程度为零。

2）二元模糊关系的列表法

二元 F 关系也可以用列表法表示。如前面提及的三人相互信任的 F 关系，可以做成如表 2-5 所示的平面表格。

表格内的数值表示相应的表头中列元素到行元素的 F 关系。把行和列中元素进行组合配对时，其交叉点上的数值就表示它所处的行元素对列元素的信任程度。例如，表 2-5 中数值 0.8 处于 a_1 行和 a_3 列交叉点上，表明 a_1 对 a_3 的信任程度是 0.8；又如，表 2-5 中 a_3 行和 a_2 列交叉点的数值为 0.3，表明 a_3 对 a_2 的信任程度为 0.3，等等。

表 2-5 a_1，a_2，a_3 间相互信任关系表

列元素到行元素的信任关系 R	a_1	a_2	a_3
a_1	0.9	0.2	0.8
a_2	0	1.0	0
a_3	0.7	0.3	0.5

3）二元模糊关系的矩阵法

对于有限离散论域上集合间的 F 关系，还可以用矩阵表示。二元模糊关系 $R(a, b)\in\mathscr{F}(A\times B)$ 与二元经典关系 $R\in\mathscr{P}(A\times B)$ 极为相似，可将经典二元关系的矩阵表示法移植到这里。

例如，前面提及的三个人两两信任程度的 F 关系，可令 $\mathbf{A}=(a_1, a_2, a_3)$，二元模糊关

系矩阵 $\boldsymbol{R}(a, a) \in \boldsymbol{A} \times \boldsymbol{A}$，于是用“搭配组合”法就能构成 $\boldsymbol{R}(a, a)$，即

$$\boldsymbol{A} \times \boldsymbol{A} = \vec{\boldsymbol{A}} \oplus \boldsymbol{A} = \begin{bmatrix} a_1 \\ a_2 \\ a_3 \end{bmatrix} \oplus (a_1, a_2, a_3) = \begin{bmatrix} (a_1, a_1) & (a_1, a_2) & (a_1, a_3) \\ (a_2, a_1) & (a_2, a_2) & (a_2, a_3) \\ (a_3, a_1) & (a_3, a_2) & (a_3, a_3) \end{bmatrix}$$

$$\boldsymbol{R}(a, a) = \boldsymbol{R}(\vec{\boldsymbol{A}} \oplus \boldsymbol{A}) = \begin{bmatrix} R(a_1, a_1) & R(a_1, a_2) & R(a_1, a_3) \\ R(a_2, a_1) & R(a_2, a_2) & R(a_2, a_3) \\ R(a_3, a_1) & R(a_3, a_2) & R(a_3, a_3) \end{bmatrix}$$

矩阵 $\boldsymbol{R}(a, a)$ 的元素 $R(a_i, a_j)$ 表示成员 a_i 对 a_j 的信任程度，即序对 (a_i, a_j) 属于模糊二元关系 R 的隶属度。这里的 F 关系 $R(a_i, a_j) \in [0, 1]$，而不像经典关系那样属于 $\{0, 1\}$。

将 $R(a_i, a_j)$ 的取值，$R(a_1, a_1)=0.9$，$R(a_1, a_2)=0.2$，…，代入 $\boldsymbol{R}(\vec{\boldsymbol{A}} \oplus \boldsymbol{A})$ 中，得出：

$$\boldsymbol{R}(a, a) = \boldsymbol{R}(\vec{\boldsymbol{A}} \oplus \boldsymbol{A}) = \begin{bmatrix} 0.9 & 0.2 & 0.8 \\ 0 & 1 & 0 \\ 0.7 & 0.3 & 0.5 \end{bmatrix}$$

F 矩阵 $\boldsymbol{R}$ 和表 2-5 一样，都表示 a_1，a_2，a_3 间两两信任程度这个 F 关系。例如，a_3 对 a_1 的信任程度是 $R(a_3, a_1)$，它处于矩阵第 3 行第 1 列，由该元素 $a_{32}=R(a_3, a_2)=0.7$，则可知 a_3 对 a_1 的信任程度为 0.7。

通常把这种每个元素 $R(a_i, a_j)$ 取值都在 0 到 1 间，即元素 $R(a_i, a_j) \in [0, 1]$ 的矩阵，称为 F 矩阵。离散论域上的二元模糊关系，都可以用 F 矩阵表示。

当 F 矩阵元素的取值范围由 [0，1] 变成 {0，1} 时，F 矩阵就变成了布尔矩阵。F 矩阵可以看作是布尔矩阵的推广，而布尔矩阵则是 F 矩阵的特例。

4）二元模糊关系的函数法

当论域是无限不可数集时，它们的 F 关系无法用列表法和矩阵法表示，只能用隶属函数表示。下面用一个例子说明这种情况下 F 关系的表示方法。

设集合 U，$V \in R$（实数），在 $U \times V$ 上的一个 F 子集 R_1 表示“u 远大于 v”的关系：

$$R_1(u, v) = \begin{cases} 0 & u \leqslant v \\ \left[1 + \dfrac{400}{(u-v)^2}\right]^{-1} & u > v \end{cases}$$

若取 u，$v \in [-20, 100]$，令 $x=u-v$，x 表示“u 远大于 v”的程度。在 MATLAB 指令窗中键入：

```
ezplot('(1+400/x^2)^-1', [0, 100]), grid
```

回车，就画出了 $R_1(u-v)$ 的曲线，如图 2-15 所示。

图 2-15 中横坐标 $x=(u-v)$ 表示 u 与 v 的差值。x 取值越大，u 大于 v 的程度就越大，即“u 远大于 v”的程度越高，$(u-v)$ 属于关系 $R_1(u, v)$ 的隶属度也就越大，图中的曲线就越趋向于 1。

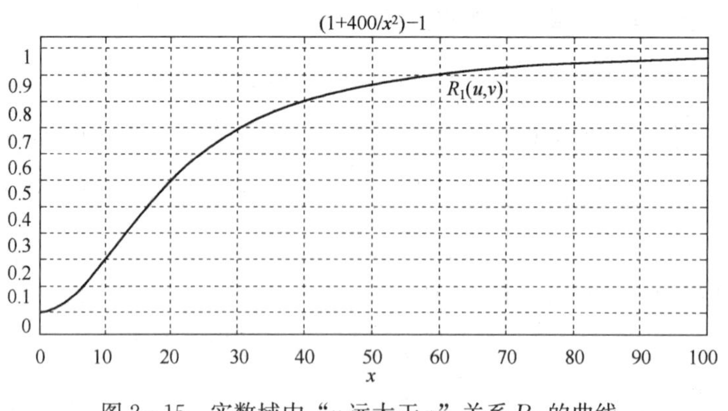

图 2-15　实数域中“u 远大于 v”关系 R_1 的曲线

2.4.3　模糊关系的运算

已知有限离散论域 $U=\{u_1, u_2, \cdots, u_n\}$ 和 $V=\{v_1, v_2, \cdots, v_n\}$，设从 U 到 V 的一个 F 关系 $R(u_i, v_j)$ 可以表示成 F 矩阵 $\boldsymbol{R}=(r_{ij})_{n\times n}$，$r_{ij}$ 为该矩阵的元素，则 F 矩阵 $\boldsymbol{R}$ 确定了一个 F 关系。对于这种 F 关系来说，F 关系的运算就是 F 矩阵的运算。F 矩阵的运算和普通矩阵的运算有所不同，和 F 集合的运算类似。这里只介绍以后经常使用的 n 阶 F 矩阵的运算。

1. F 矩阵的运算

设 $\boldsymbol{A}$ 和 $\boldsymbol{B}$ 都是 n 阶 F 矩阵，$\boldsymbol{A}=(a_{ij})_{n\times n}$，$\boldsymbol{B}=(b_{ij})_{n\times n}$，其中 $i, j=1, 2, \cdots, n$，则定义如下几种运算。

① 相等。若 $a_{ij}=b_{ij}$，即两个 F 矩阵对应元素都相等，则称它们相等，记为 $\boldsymbol{A}=\boldsymbol{B}$。

② 包含。若 $a_{ij}\leqslant b_{ij}$，即 F 矩阵 $\boldsymbol{A}$ 的元素总小于 $\boldsymbol{B}$ 中对应的元素，则称 $\boldsymbol{B}$ 包含 $\boldsymbol{A}$，记为 $\boldsymbol{B}\supseteq\boldsymbol{A}$ 或称 $\boldsymbol{A}$ 包含于 $\boldsymbol{B}$，记为 $\boldsymbol{A}\subseteq\boldsymbol{B}$。

③ 并运算。若 $c_{ij}=a_{ij}\vee b_{ij}$，即 F 矩阵 $\boldsymbol{C}$ 的每个元素总是等于 $\boldsymbol{A}$ 和 $\boldsymbol{B}$ 中对应元素的取大，则称 $\boldsymbol{C}=(c_{ij})$ 为 $\boldsymbol{A}$ 和 $\boldsymbol{B}$ 的并，记为 $\boldsymbol{C}=\boldsymbol{A}\cup\boldsymbol{B}$。

④ 交运算。若 $c_{ij}=a_{ij}\wedge b_{ij}$，即 F 矩阵 $\boldsymbol{C}$ 的每个元素总是等于 $\boldsymbol{A}$ 和 $\boldsymbol{B}$ 中对应元素的小者，则称 $\boldsymbol{C}=(c_{ij})$ 为 $\boldsymbol{A}$ 和 $\boldsymbol{B}$ 的交，记为 $\boldsymbol{C}=\boldsymbol{A}\cap\boldsymbol{B}$。

⑤ 补运算。若 $c_{ij}=1-a_{ij}$，即 F 矩阵 $\boldsymbol{C}$ 的每个元素总是等于 $\boldsymbol{A}$ 中对应元素被 1 减后的值，则称 $\boldsymbol{C}=(c_{ij})$ 为 $\boldsymbol{A}$ 的补，记为 $\boldsymbol{C}=\boldsymbol{A}^{\mathrm{C}}$。

例 2-7　设 $\boldsymbol{A}$，$\boldsymbol{B}$ 均为 F 关系，$\boldsymbol{A}=\begin{bmatrix}0.7 & 0.1\\0.3 & 0.9\end{bmatrix}$，$\boldsymbol{B}=\begin{bmatrix}0.4 & 0.9\\0.2 & 0.1\end{bmatrix}$。

求 $\boldsymbol{A}\cup\boldsymbol{B}$，$\boldsymbol{A}\cap\boldsymbol{B}$ 和 $\boldsymbol{A}^{\mathrm{C}}$。

解

$$\boldsymbol{A}\cup\boldsymbol{B}=\begin{bmatrix}0.7\vee0.4 & 0.1\vee0.9\\0.3\vee0.2 & 0.9\vee0.1\end{bmatrix}=\begin{bmatrix}0.7 & 0.9\\0.3 & 0.9\end{bmatrix}$$

$$\boldsymbol{A}\cap\boldsymbol{B}=\begin{bmatrix}0.7\wedge0.4 & 0.1\wedge0.9\\0.3\wedge0.2 & 0.9\wedge0.1\end{bmatrix}=\begin{bmatrix}0.4 & 0.1\\0.2 & 0.1\end{bmatrix}$$

$$\boldsymbol{A}^{\mathrm{C}}=\begin{bmatrix}1-0.7 & 1-0.1\\1-0.3 & 1-0.9\end{bmatrix}=\begin{bmatrix}0.3 & 0.9\\0.7 & 0.1\end{bmatrix}$$

2. F 矩阵运算的性质

F 矩阵的并、交、补运算具有以下一些性质，利用它们可以简化运算。

设 $\boldsymbol{R}$，$\boldsymbol{S}$，$\boldsymbol{T}$ 都是同阶的 F 关系矩阵，则有以下关系。

① 幂等律　$\boldsymbol{R}\cup\boldsymbol{R}=\boldsymbol{R}$，　$\boldsymbol{R}\cap\boldsymbol{R}=\boldsymbol{R}$

② 交换律　$\boldsymbol{R}\cup\boldsymbol{S}=\boldsymbol{S}\cup\boldsymbol{R}$，　$\boldsymbol{R}\cap\boldsymbol{S}=\boldsymbol{S}\cap\boldsymbol{R}$

③ 结合律　$(\boldsymbol{R}\cup\boldsymbol{S})\cup\boldsymbol{T}=\boldsymbol{R}\cup(\boldsymbol{S}\cup\boldsymbol{T})$，　$(\boldsymbol{R}\cap\boldsymbol{S})\cap\boldsymbol{T}=\boldsymbol{R}\cap(\boldsymbol{S}\cap\boldsymbol{T})$

④ 分配律　$(\boldsymbol{R}\cup\boldsymbol{S})\cap\boldsymbol{T}=(\boldsymbol{R}\cap\boldsymbol{T})\cup(\boldsymbol{S}\cap\boldsymbol{T})$，　$(\boldsymbol{R}\cap\boldsymbol{S})\cup\boldsymbol{T}=(\boldsymbol{R}\cup\boldsymbol{T})\cap(\boldsymbol{S}\cup\boldsymbol{T})$

⑤ 吸收律　$(\boldsymbol{R}\cup\boldsymbol{S})\cap\boldsymbol{S}=\boldsymbol{S}$，　$(\boldsymbol{R}\cap\boldsymbol{S})\cup\boldsymbol{S}=\boldsymbol{S}$

⑥ 复原律　$(\boldsymbol{R}^{C})^{C}=\boldsymbol{R}$

⑦ 对偶律　$(\boldsymbol{R}\cup\boldsymbol{S})^{C}=\boldsymbol{R}^{C}\cap\boldsymbol{S}^{C}$，　$(\boldsymbol{R}\cap\boldsymbol{S})^{C}=\boldsymbol{R}^{C}\cup\boldsymbol{S}^{C}$

3. F 矩阵相等和包含的性质

设 $\boldsymbol{O}$ 为零矩阵，$\boldsymbol{E}$ 为全矩阵（全 1 阵），$\boldsymbol{R}$ 为任一模糊关系矩阵，即：

$$\boldsymbol{O}=\begin{bmatrix}0&0&\cdots&0\\0&0&\cdots&0\\\vdots&\vdots&&\vdots\\0&0&\cdots&0\end{bmatrix}_{m\times n},\quad \boldsymbol{E}=\begin{bmatrix}1&1&\cdots&1\\1&1&\cdots&1\\\vdots&\vdots&&\vdots\\1&1&\cdots&1\end{bmatrix}_{m\times n},\quad \boldsymbol{R}=\begin{bmatrix}r_{11}&r_{12}&\cdots&r_{1n}\\r_{21}&r_{22}&\cdots&r_{2n}\\\vdots&\vdots&&\vdots\\r_{m1}&r_{m2}&\cdots&r_{mn}\end{bmatrix}$$

$$r_{ij}\in[0,1],\quad (i=1,2,\cdots,m;\ j=1,2,\cdots,n)$$

则：　$\boldsymbol{O}\subseteq\boldsymbol{R}\subseteq\boldsymbol{E}$，　$\boldsymbol{O}\cup\boldsymbol{R}=\boldsymbol{R}$，　$\boldsymbol{E}\cup\boldsymbol{R}=\boldsymbol{E}$，　$\boldsymbol{O}\cap\boldsymbol{R}=\boldsymbol{O}$，　$\boldsymbol{E}\cap\boldsymbol{R}=\boldsymbol{R}$

① $\boldsymbol{R}\subseteq\boldsymbol{S}$，$\boldsymbol{R}\cup\boldsymbol{S}=\boldsymbol{S}$ 和 $\boldsymbol{R}\cap\boldsymbol{S}=\boldsymbol{R}$ 三者等价。

② 若 $\boldsymbol{R}_1\subseteq\boldsymbol{S}_1$，$\boldsymbol{R}_2\subseteq\boldsymbol{S}_2$，则：

$$(\boldsymbol{R}_1\cup\boldsymbol{R}_2)\subseteq(\boldsymbol{S}_1\cup\boldsymbol{S}_2),\quad (\boldsymbol{R}_1\cap\boldsymbol{R}_2)\subseteq(\boldsymbol{S}_1\cap\boldsymbol{S}_2)$$

③ $\boldsymbol{R}\subseteq\boldsymbol{S}$ 等价于 $\boldsymbol{R}^{C}\supseteq\boldsymbol{S}^{C}$。

上述性质可由定义直接证明。

布尔矩阵遵从的互补律，在 F 矩阵中不成立，即 $\boldsymbol{R}\cup\boldsymbol{R}^{C}\neq\boldsymbol{E}$，$\boldsymbol{R}\cap\boldsymbol{R}^{C}\neq\varnothing$，$\varnothing$为空矩阵。

例 2-8　设 F 关系矩阵 $\boldsymbol{R}$，$\boldsymbol{S}$，$\boldsymbol{T}$ 分别为：

$$\boldsymbol{R}=\begin{bmatrix}0.7&0.5\\0.9&0.1\end{bmatrix},\quad \boldsymbol{S}=\begin{bmatrix}0.4&0.3\\0.6&0.8\end{bmatrix},\quad \boldsymbol{T}=\begin{bmatrix}0.7&0.6\\0.2&0.8\end{bmatrix}$$

计算 $\boldsymbol{R}\cup\boldsymbol{S}\cup\boldsymbol{T}$，$\boldsymbol{R}\cap\boldsymbol{S}\cap\boldsymbol{T}$，$\boldsymbol{R}\cup(\boldsymbol{S}\cap\boldsymbol{T})$ 和 $(\boldsymbol{R}\cup\boldsymbol{S})\cap(\boldsymbol{R}\cup\boldsymbol{T})$。

解　$$\boldsymbol{R}\cup\boldsymbol{S}\cup\boldsymbol{T}=\begin{bmatrix}0.7\vee0.4\vee0.7&0.5\vee0.3\vee0.6\\0.9\vee0.6\vee0.2&0.1\vee0.8\vee0.8\end{bmatrix}=\begin{bmatrix}0.7&0.6\\0.9&0.8\end{bmatrix}$$

$$\boldsymbol{R}\cap\boldsymbol{S}\cap\boldsymbol{T}=\begin{bmatrix}0.7\wedge0.4\wedge0.7&0.5\wedge0.3\wedge0.6\\0.9\wedge0.6\wedge0.2&0.1\wedge0.8\wedge0.8\end{bmatrix}=\begin{bmatrix}0.4&0.3\\0.2&0.1\end{bmatrix}$$

$$\boldsymbol{R}\cup(\boldsymbol{S}\cap\boldsymbol{T})=\begin{bmatrix}0.7&0.5\\0.9&0.1\end{bmatrix}\cup\left(\begin{bmatrix}0.4&0.3\\0.6&0.8\end{bmatrix}\cap\begin{bmatrix}0.7&0.6\\0.2&0.8\end{bmatrix}\right)=\begin{bmatrix}0.7&0.5\\0.9&0.1\end{bmatrix}\cup\begin{bmatrix}0.4&0.3\\0.2&0.8\end{bmatrix}$$

$$=\begin{bmatrix}0.7&0.5\\0.9&0.8\end{bmatrix}$$

$$(\boldsymbol{R}\cup\boldsymbol{S})\cap(\boldsymbol{R}\cup\boldsymbol{T})=\begin{bmatrix}0.7 & 0.5\\0.9 & 0.8\end{bmatrix}\cap\begin{bmatrix}0.7 & 0.6\\0.9 & 0.8\end{bmatrix}=\begin{bmatrix}0.7 & 0.5\\0.9 & 0.8\end{bmatrix}$$

也可利用分配律 $(\boldsymbol{R}\cup\boldsymbol{S})\cap(\boldsymbol{R}\cup\boldsymbol{T})=\boldsymbol{R}\cup(\boldsymbol{S}\cap\boldsymbol{T})$ 计算。

2.4.4 模糊关系的合成

1. 经典关系合成举例

现有九个苹果，能被两对父子（四个人）整分吗？似乎不行。但若这两对父子中有一定关系，其中一个人既是爸爸又是儿子，这种情况就是可能的。这时爷爷、爸爸和孙子三个人正好是两对父子，正好能整分九个苹果。这是因为祖孙是两个“父子关系”的合成，若用 a，b，c 分别表示爷爷、父亲和孙子，用 R_1 和 R_2 分别表示两个“父子关系”，则 $(a, b)\in R_1$ 且 $(b, c)\in R_2$，祖孙关系 $R_3(a, c)$ 可以认为是 $R_1(a, b)$ 和 $R_2(b, c)$ 的合成，记作：$R_3=R_1\circ R_2$，符号“$\circ$”表示将两边的关系进行合成运算。下面给出合成运算的一般定义。

一般地，设论域 U 上的三个集合 X，Y，$Z\in\mathscr{P}(U)$，P 和 Q 为两个经典关系：$P\in\mathscr{P}(X\times Y)$，$Q\in\mathscr{P}(Y\times Z)$，则由 P 和 Q 合成的关系 $R\in P(X\times Z)$，可记作：

$$R=P\circ Q$$

$$R(x, z)=(P\circ Q)(x, z)=\{(x, z)\mid \exists y, (x, y)\in P, (y, z)\in Q\}$$

式中“$\exists y$”表示对于任意的 y。

可以看出，关系的合成运算就是通过第一个集合 X 到第二个集合 Y 间的关系 P，以及第二个集合 Y 到第三个集合 Z 间的关系 Q，得出第一个集合到第三个集合间的关系 R。这里集合 X 与 Y 存在关系 P，集合 Y 与 Z 存在关系 Q，经过合成运算得出了集合 X 到 Z 的关系 R。

若用集合的特征函数表示出合成关系，就可以导出两个关系进行合成的具体算法：

$$R(x, z)=(P\circ Q)(x, z)=\bigvee_{y\in Y}(P(x, y)\wedge Q(y, z))$$

如果论域 U 是有限离散的，则关系 P，Q，R 都可以用矩阵表示。设 p，q，r 分别为关系矩阵 $\boldsymbol{P}$，$\boldsymbol{Q}$，$\boldsymbol{R}$ 的元素，则它们的元素间存在下述关系：

$$r_{ij}=\bigvee_{k}(p_{ik}\wedge q_{kj})$$

这种运算方法跟两个矩阵的乘积运算方法相比较，可以看出两个关系矩阵的合成运算就像做两个普通矩阵的乘积一样，只是把矩阵乘积运算中元素间的“相乘”改为“取小”，“相加”改为“取大”。通常把这种合成运算称为“取大-取小合成法”，记作“$\vee-\wedge$法”。

由于这里的矩阵都是布尔矩阵，矩阵元素的取值为 1 或 0，两者之间取小和相乘的结果相同，所以有时也把“取小”改为“相乘”，成为合成运算的“取大-相乘合成法”，记作“$\vee-*$”法。

例 2-9 设元素 a，b，c，d，e，f，$g\in R$，已知它们间的“大于关系”如表 2-6 所示。

表 2-6 元素间的大于关系

$a>c$	$b\ngtr c$	$c\ngtr f$	$d>g$
$a\ngtr d$	$b\ngtr d$	$c>g$	$e\ngtr f$
$a>e$	$b>e$	$d>f$	$e\ngtr g$

设$\boldsymbol{U}_1$，$\boldsymbol{U}_2$，$\boldsymbol{U}_3 \in \mathscr{P}(R)$，且$\boldsymbol{U}_1=\{a, b\}$，$\boldsymbol{U}_2=\{c, d, e\}$，$\boldsymbol{U}_3=\{f, g\}$。$R_1$，$R_2$ 和 R_3 均表示“大于”关系，$\boldsymbol{R}_{12} \in \mathscr{P}(\boldsymbol{U}_1 \times \boldsymbol{U}_2)$，$\boldsymbol{R}_{23} \in \mathscr{P}(\boldsymbol{U}_2 \times \boldsymbol{U}_3)$。求$\boldsymbol{R}_{13} \in \mathscr{P}(\boldsymbol{U}_1 \times \boldsymbol{U}_3)$。

解　分两步计算：① 先据题设求出二元关系 $\boldsymbol{R}_{12}$ 和 $\boldsymbol{R}_{23}$。

$$\boldsymbol{R}_{12}=\vec{\boldsymbol{U}}_1 \oplus \boldsymbol{U}_2=\begin{bmatrix} a \\ b \end{bmatrix} \oplus (c, d, e)=\begin{bmatrix} R(a, c) & R(a, d) & R(a, e) \\ R(b, c) & R(b, d) & R(b, e) \end{bmatrix}$$

$\boldsymbol{R}_{12}$的每个元素都表示满足“大于”条件的搭配，如$R(a, c)=1$，$R(a, d)=0$，…

于是得出 $\boldsymbol{R}_{12}=\begin{bmatrix} 1 & 0 & 1 \\ 0 & 0 & 1 \end{bmatrix}$。同理可以得出：

$$\boldsymbol{R}_{23}=\vec{\boldsymbol{U}}_2 \oplus \boldsymbol{U}_3=\begin{bmatrix} c \\ d \\ e \end{bmatrix} \oplus (f, g) \begin{bmatrix} R(c, f) & R(c, g) \\ R(d, f) & R(d, g) \\ R(e, f) & R(e, g) \end{bmatrix}=\begin{bmatrix} 0 & 1 \\ 1 & 1 \\ 0 & 0 \end{bmatrix}$$

② 再用经典关系合成法求出二元关系 $\boldsymbol{R}_{13}$。

$$\boldsymbol{R}_{13}=\boldsymbol{R}_{12} \circ \boldsymbol{R}_{23}=\begin{bmatrix} R(a, c) & R(a, d) & R(a, e) \\ R(b, c) & R(b, d) & R(b, e) \end{bmatrix} \circ \begin{bmatrix} R(c, f) & R(c, g) \\ R(d, f) & R(d, g) \\ R(e, f) & R(e, g) \end{bmatrix}$$

$$=\begin{bmatrix} R(a, f) & R(a, g) \\ R(b, f) & R(b, g) \end{bmatrix}，其中：$$

$$R(a, f)=(R(a, c) \wedge R(c, f)) \vee (R(a, d) \wedge R(d, f)) \vee (R(a, e) \wedge R(e, f))$$
$$R(b, f)=(R(b, c) \wedge R(c, f)) \vee (R(b, d) \wedge R(d, f)) \vee (R(b, e) \wedge R(e, f))$$
$$R(a, g)=(R(a, c) \wedge R(c, g)) \vee (R(a, d) \wedge R(d, g)) \vee (R(a, e) \wedge R(e, g))$$
$$R(b, g)=(R(b, c) \wedge R(c, g)) \vee (R(b, d) \wedge R(d, g)) \vee (R(b, e) \wedge R(e, g))$$

$$即有\boldsymbol{R}_{13}=\begin{bmatrix} (1 \wedge 0) \vee (0 \wedge 1) \vee (1 \wedge 0) & (1 \wedge 1) \vee (0 \wedge 1) \vee (1 \wedge 0) \\ (0 \wedge 1) \vee (0 \wedge 1) \vee (1 \wedge 0) & (0 \wedge 1) \vee (0 \wedge 1) \vee (1 \wedge 0) \end{bmatrix}$$

$$\boldsymbol{R}_{13}=\boldsymbol{R}_{12} \circ \boldsymbol{R}_{23}=\begin{bmatrix} 1 & 0 & 1 \\ 0 & 0 & 1 \end{bmatrix} \circ \begin{bmatrix} 0 & 1 \\ 1 & 1 \\ 0 & 0 \end{bmatrix}=\begin{bmatrix} 0 & 1 \\ 0 & 0 \end{bmatrix}$$

该结果表明 $a \ngtr f$，$a > g$，$b \ngtr f$，$b \ngtr g$。

当 $a=8$，$b=5$，$c=7$，$d=9$，$e=4$，$f=8$，$g=6$ 时满足题设条件，显然也满足计算结果。由于这里“$\ngtr$”的意义并不清晰、不唯一，所以计算结果并不一定适合所有的数组。

2. F 关系合成定义

如果已知两个 F 关系，“a 的品德比 b 好”和“b 的品德比 c 好”，把它们进行合成，便可得出新的 F 关系：“a 的品德比 c 好很多”，可见 F 关系也可以进行合成。把经典关系合成推广到 F 关系中，就可以得到 F 关系合成的定义。

设 $\boldsymbol{P} \in \mathscr{F}(\boldsymbol{X} \times \boldsymbol{Y})$)，$\boldsymbol{Q} \in \mathscr{F}(\boldsymbol{Y} \times \boldsymbol{Z})$，则 F 关系 $\boldsymbol{P}$ 与 F 关系 $\boldsymbol{Q}$ 的合成，就是 $\boldsymbol{X}$ 到 $\boldsymbol{Z}$ 的一个 F 关系，记为 $\boldsymbol{P} \circ \boldsymbol{Q}$。

对于 F 合成关系 $\boldsymbol{P} \circ \boldsymbol{Q}$，应该如何计算呢？通常用下述两种方法。

1）取大-取小合成法（∨-∧法）

把经典关系合成的公式移植到 F 关系里来，定义 $\boldsymbol{P}\circ\boldsymbol{Q}$ 的隶属函数为：

$$(\boldsymbol{P}\circ\boldsymbol{Q})(x,z)=\bigvee_{y\in Y}(\boldsymbol{P}(x,y)\wedge\boldsymbol{Q}(y,z))$$

若论域 U 是离散有限集时，X，Y，$Z\in\mathscr{P}(U)$，则模糊关系 $\boldsymbol{P}$，$\boldsymbol{Q}$ 可用 F 矩阵表示，公式里的 $\boldsymbol{P}(x,y)$，$\boldsymbol{Q}(y,z)$，$(\boldsymbol{P}\circ\boldsymbol{Q})(x,z)$ 不再表示经典关系，而应该是 F 矩阵表示的 F 关系。

若已知 F 关系矩阵 $\boldsymbol{P}=(p)_{m\times k}$ 和 $\boldsymbol{Q}=(q)_{k\times n}$，其合成关系（$\boldsymbol{P}\circ\boldsymbol{Q}$）就是一个 $m\times n$ 阶 F 矩阵。令 $\boldsymbol{R}(x,z)=\boldsymbol{P}(x,y)\circ\boldsymbol{Q}(y,z)=(\boldsymbol{P}\circ\boldsymbol{Q})(x,z)$，则 F 矩阵 $\boldsymbol{R}=(r)_{m\times n}$。

按“取大-取小”定义进行合成运算，合成后 F 关系矩阵 $\boldsymbol{R}$ 的第 i 行、j 列元素为 r_{ij}，则：

$$r_{ij}=\bigvee_{k=1}^{n}(p_{ik}\wedge q_{kj}),\quad r_{ij},\ p_{ik},\ q_{kj}\in[0,1]$$

这个式子表明 $\boldsymbol{R}=\boldsymbol{P}\circ\boldsymbol{Q}$ 的计算跟矩阵的一般乘法一样，只是把矩阵乘法运算中的“相乘”换为“取小”，“相加”换为“取大”。例如，已知两个 F 关系矩阵：

$$\boldsymbol{P}(x,y)=\begin{bmatrix}0.3 & 0.9\\ 1.0 & 0\\ 0.95 & 0.1\end{bmatrix},\quad \boldsymbol{Q}(y,z)=\begin{bmatrix}0.95 & 0.1\\ 0.1 & 0.9\end{bmatrix}$$

则其合成矩阵为：$\boldsymbol{R}(x,z)=(\boldsymbol{P}\circ\boldsymbol{Q})(x,z)=\begin{bmatrix}0.3 & 0.9\\ 1.0 & 0\\ 0.95 & 0.1\end{bmatrix}\circ\begin{bmatrix}0.95 & 0.1\\ 0.1 & 0.9\end{bmatrix}$

$$=\begin{bmatrix}(0.3\wedge 0.95)\vee(0.9\wedge 0.1) & (0.3\wedge 0.1)\vee(0.9\wedge 0.9)\\ (1.0\wedge 0.95)\vee(0\wedge 0.1) & (1.0\wedge 0.1)\vee(0\wedge 0.9)\\ (0.95\wedge 0.95)\vee(0.1\wedge 0.1) & (0.95\wedge 0.1)\vee(0.1\wedge 0.9)\end{bmatrix}$$

$$=\begin{bmatrix}0.3 & 0.9\\ 0.95 & 0.1\\ 0.95 & 0.1\end{bmatrix}$$

2）取大-相乘合成法（∨-*法）

由于 F 矩阵的元素都小于 1，合成时两个元素“取小”和“相乘”的结果相差不大，而乘积的计算更为方便，因此常用“相乘”代替“取小”，得出“取大-相乘合成法”公式：

$$(\boldsymbol{P}\circ\boldsymbol{Q})(x,z)=\bigvee_{y\in Y}(\boldsymbol{P}(x,y)\times\boldsymbol{Q}(y,z))$$

模糊关系 $\boldsymbol{P}$，$\boldsymbol{Q}$ 若在有限离散论域 U 上，它们包含的元素有限，都可用 F 矩阵表示。设已知 F 关系矩阵 $\boldsymbol{P}=(p)_{m\times k}$ 和 $\boldsymbol{Q}=(q)_{k\times n}$，其合成（$\boldsymbol{P}\circ\boldsymbol{Q}$）就是一个 $m\times n$ 阶 F 矩阵。设 $\boldsymbol{R}=\boldsymbol{P}\circ\boldsymbol{Q}$，则 $\boldsymbol{R}=(r)_{m\times n}$，按“取大-相乘合成法”运算，矩阵元素 r 与 p，q 的关系为：

$$r_{ij}=\bigvee_{k=1}^{n}(p_{ik}\times q_{kj})$$

这与矩阵的一般乘法类似，只是把矩阵乘法运算中的“相加”换为“取大”。如对于前面的算例，有：

$$\boldsymbol{R}(x,z)=(\boldsymbol{P}\circ\boldsymbol{Q})(x,z)=\begin{bmatrix}0.3 & 0.9\\ 1.0 & 0\\ 0.95 & 0.1\end{bmatrix}\circ\begin{bmatrix}0.95 & 0.1\\ 0.1 & 0.9\end{bmatrix}$$

$$=\begin{bmatrix}(0.3\times0.95)\vee(0.9\times0.1) & (0.3\times0.1)\vee(0.9\times0.9)\\(1.0\times0.95)\vee(0\times0.1) & (1.0\times0.1)\vee(0\times0.9)\\(0.95\times0.95)\vee(0.1\times0.1) & (0.95\times0.1)\vee(0.1\times0.9)\end{bmatrix}$$

$$=\begin{bmatrix}0.285 & 0.81\\0.95 & 0.1\\0.9025 & 0.095\end{bmatrix}$$

这与用“取大-取小”合成法的计算结果相差不大。

此外，实用中还有“加法-相乘”合成运算法，是上面算法的变形，跟普通矩阵乘法完全一样，只是相加的结果取小于 1 的数，即用有限和代替加法结果。应用中还可以根据实际需求自行定义合成法则，以符合客观实际为准。

F 矩阵的合成运算和普通矩阵运算一样，不遵从交换律，这是关系具有“方向性”的反映，如甲比乙“高得多”，则乙比甲就不能是“高得多”，应是“矮得多”。

例 2－10　已知 F 关系矩阵 $\boldsymbol{A}(x,\ y)=\begin{bmatrix}0.5 & 0.9 & 0.4\\0.2 & 0.7 & 0.8\end{bmatrix}$，$\boldsymbol{B}(y,\ z)=\begin{bmatrix}0.9 & 0.5\\0.4 & 1.0\\0.6 & 0.1\end{bmatrix}$，求 $(\boldsymbol{A}\circ\boldsymbol{B})(x,\ z)$。

解　根据“取大-取小合成法”，设 $\boldsymbol{C}(x,\ z)=(\boldsymbol{A}\circ\boldsymbol{B})(x,\ z)=(c_{ij})$，则：

$$c_{11}=(0.5\wedge0.9)\vee(0.9\wedge0.4)\vee(0.4\wedge0.6)=0.5$$
$$c_{12}=(0.5\wedge0.5)\vee(0.9\wedge1.0)\vee(0.4\wedge0.1)=0.9$$
$$c_{21}=(0.2\wedge0.9)\vee(0.7\wedge0.4)\vee(0.8\wedge0.6)=0.6$$
$$c_{22}=(0.2\wedge0.5)\vee(0.7\wedge1.0)\vee(0.8\wedge0.1)=0.7$$

于是得出：

$$(\boldsymbol{A}\circ\boldsymbol{B})(x,\ z)=\begin{bmatrix}0.5 & 0.9\\0.6 & 0.7\end{bmatrix}$$

例 2－11　某个大家庭中第三代有孙子 a 和孙女 b，第二代有父亲 c 和母亲 d，这两代间的外貌“相像”关系为 $\boldsymbol{R}_1$；第二代的父母与第一代祖父 e 和祖母 f、外祖父 g 和外祖母 h 间的“相像”的关系为 $\boldsymbol{R}_2$。已知 F 关系 $\boldsymbol{R}_1$ 和 $\boldsymbol{R}_2$ 分别为：

$$\boldsymbol{R}_1=\begin{bmatrix}R_1(a,\ c) & R_1(a,\ d)\\R_1(b,\ c) & R_1(b,\ d)\end{bmatrix}=\begin{bmatrix}0.8 & 0.2\\0.1 & 0.7\end{bmatrix}$$

$$\boldsymbol{R}_2=\begin{bmatrix}R_2(c,\ e) & R_2(c,\ f) & R_2(c,\ g) & R_2(c,\ h)\\R_2(d,\ e) & R_2(d,\ f) & R_2(d,\ g) & R_2(d,\ h)\end{bmatrix}=\begin{bmatrix}0.5 & 0.7 & 0.1 & 0.1\\0.1 & 0 & 0.2 & 0.8\end{bmatrix}$$

试问第三代孙子、孙女与祖父母、外祖父母的“相像”程度如何？

解　若用 F 矩阵表示，$\boldsymbol{R}_1=\begin{bmatrix}0.8 & 0.2\\0.1 & 0.7\end{bmatrix}$，$\boldsymbol{R}_2=\begin{bmatrix}0.5 & 0.7 & 0.1 & 0.1\\0.1 & 0 & 0.2 & 0.8\end{bmatrix}$。那么，子女与祖父母、外祖父母的“相像”关系就是 $\boldsymbol{R}=\boldsymbol{R}_1\circ\boldsymbol{R}_2$，即：

$$\boldsymbol{R}=\boldsymbol{R}_1\circ\boldsymbol{R}_2=\begin{bmatrix}R_1(a,\ c) & R_1(a,\ d)\\R_1(b,\ c) & R_1(b,\ d)\end{bmatrix}\circ\begin{bmatrix}R_2(c,\ e) & R_2(c,\ f) & R_2(c,\ g) & R_2(c,\ h)\\R_2(d,\ e) & R_2(d,\ f) & R_2(d,\ g) & R_2(d,\ h)\end{bmatrix}$$

$$=\begin{bmatrix}(R_1(a,\ c)\wedge R_2(c,\ e))\vee(R_1(a,\ d)\wedge R_2(d,\ e))\cdots\\(R_1(b,\ c)\wedge R_2(c,\ e))\vee(R_1(b,\ d)\wedge R_2(d,\ e))\cdots\end{bmatrix}$$

$$=\begin{bmatrix} R_2(a, e) & R_2(a, f) & R_2(a, g) & R_2(a, h) \\ R_2(b, e) & R_2(b, f) & R_2(b, g) & R_2(b, h) \end{bmatrix}$$

$$=\begin{bmatrix} 0.5 & 0.7 & 0.1 & 0.1 \\ 0.1 & 0 & 0.2 & 0.8 \end{bmatrix}$$

结果中 $R(a, f)=0.7$ 和 $R(b, h)=0.8$ 的取值较大，表明儿子较像祖母，女儿更像外祖母。

当模糊关系属于连续论域时，计算方法略显复杂。下面，仅举一个连续论域内 F 关系合成计算的一个例子。

例 2-12 已知 R 为“x 远大于 y”的 F 关系，其隶属函数为：

$$R(x, y)=\begin{cases} 0 & x \leqslant y \\ \left[1+\dfrac{100}{(x-y)^2}\right]^{-1} & x>y \end{cases}$$

合成关系 $\boldsymbol{R} \circ \boldsymbol{R}$ 应为“x 远远大于 y”，求 $(\boldsymbol{R} \circ \boldsymbol{R})(x, y)$ 并作图。

解 按合成关系 $(\boldsymbol{R} \circ \boldsymbol{R})(x, y)=\bigvee_z (R(x, z) \wedge R(z, y))$，即“$x$ 远大于 z”和“z 远大于 y”的合成结果就是“x 远远大于 y”。其中：

$$R(x, z)=\begin{cases} 0 & x \leqslant z \\ \left[1+\dfrac{100}{(x-z)^2}\right]^{-1} & x>z \end{cases}$$

$$R(z, y)=\begin{cases} 0 & z \leqslant y \\ \left[1+\dfrac{100}{(z-y)^2}\right]^{-1} & z>y \end{cases}$$

当 $R(x, z) \leqslant R(z, y)$，即 x 比 y 更接近 z 时，$\bigvee_z (R(x, z) \wedge R(z, y))=\bigvee_z R(x, z)=R(z_0, y)$；

当 $R(x, z) \geqslant R(z, y)$，即 y 比 x 更接近 z 时，$\bigvee_z (R(x, z) \wedge R(z, y))=\bigvee_z R(z, y)=R(x, z_0)$。

可见，合成运算就是求满足 $R(x, z)=R(z, y)$ 的 z_0，即从下面的方程中解出 z，即为 z_0：

$$\left[1+\frac{100}{(x-z)^2}\right]^{-1}=\left[1+\frac{100}{(z-y)^2}\right]^{-1}$$

于是得出 $z_0=(x+y)/2$，将 $z=z_0=(x+y)/2$ 代入 $R(x, z)$ 或 $R(z, y)$ 中，均可得出：

$$(\boldsymbol{R} \circ \boldsymbol{R})(x, y)=\begin{cases} 0 & x \leqslant y \\ \left[1+\dfrac{100}{\left(\dfrac{x-y}{2}\right)^2}\right]^{-1} & x>y \end{cases}$$

根据上述函数可以用 MATLAB 软件画出“x 远大于 y”和“x 远远大于 y”的隶属函数 R 和 $\boldsymbol{R} \circ \boldsymbol{R}$。为此，在指令窗中键入：

```
x1=-20：0.2：0; x2=0.001：0.2：100; plot(x1, x1-x1, x2, (1+100./x2.^2).^-1), hold
plot(x1, x1-x1, x2, (1+100./(0.5* x2).^2).^-1), grid
```

回车得出“x 远大于 y”的隶属函数 R 和“x 远远大于 y”的隶属函数 $(\boldsymbol{R} \circ \boldsymbol{R})$，如图 2-16 所示。

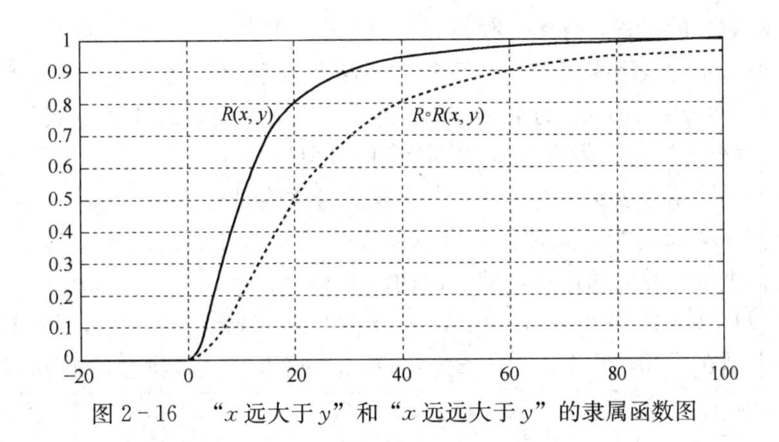

图 2-16　“x 远大于 y”和“x 远远大于 y”的隶属函数图

从下述的几个具体数据中，可以看出上述“x 远大于 y”和“x 远远大于 y”的隶属函数，是符合人们自然语言的含义的。

① 当 $x \leqslant y$ 时，$R(x,\ y)=0$，$(\boldsymbol{R}\circ\boldsymbol{R})(x,\ y)=0$

② 当 $x-y=1$ 时，$R(x,\ y)=\dfrac{1}{1+100}\approx 0.01$，$(\boldsymbol{R}\circ\boldsymbol{R})(x,\ y)=\left(1+\dfrac{100}{0.25}\right)^{-1}\approx 0.0025$

③ 当 $x-y=10$ 时，$R(x,\ y)=\dfrac{1}{1+1}=0.5$，$(\boldsymbol{R}\circ\boldsymbol{R})(x,\ y)=\left(1+\dfrac{100}{25}\right)^{-1}=0.2$

④ 当 $x-y=100$ 时，$R(x,\ y)=\left(1+\dfrac{1}{1+100}\right)^{-1}\approx 0.99$，$(\boldsymbol{R}\circ\boldsymbol{R})(x,\ y)=\left(1+\dfrac{100}{2500}\right)^{-1}\approx 0.96$

2.5　模糊向清晰的转换

用自然语言表述和传达的信息及决策，多数是模糊的，如“迅速降温”“快点左转”等，无论是人或是机器，仅根据这些模糊指令都很难实施具体的操作策略。实际上在进行具体操作时，都需要给出清晰确切的指令，比如把“迅速降温”转换成“马上降温 50℃”、把“快点左转”转换成“立刻左转 45°”就可以进行操作了，这表明最终采取行动时都需要把模糊指令转换成清晰的指令。

这种从模糊到清晰的转换，就是要把模糊集合转换（映射）成经典集合或清晰量，即进行所谓“清晰化”“非模糊化”“反模糊化”处理。下面介绍几种常用的清晰化方法。

2.5.1　模糊集合的截集

模糊集合和经典集合是相互联系、密切相关的，它们之间可以相互转化。转换中的一个重要概念，就是 F 集合的截集合，简称 F 集合的截集。

1. 模糊集合与经典集合间的转换

在对大量考试成绩进行统计时，大量的分数可以构成高斯曲线。若按照考生的考试成绩，把他们分成“优”“良”“中”“差”四个等级，每个等级都是一种集合。但是这四个等级之间的界线是不清晰的、模糊的，因此这四个等级可以算是模糊集合。这种由大量的清晰数据转化成模糊集合的过程，称为“模糊化”。

但是，若对考生的成绩提出一个明确的“及格”分数线，比如说凡是分数大于等于 60 分的为“及格”，而分数小于 60 分的为“不及格”。于是，按照成绩考生被分成“及格”和“不及格”两个集合，这两个集合都是边界清晰的经典集合。

考试成绩的不同划分表明，经典集合与模糊集合之间是可以相互转换的。

经典集合和 F 集合间的相互转化，可以从集合论的角度加以论述。实际上，大量差别很小的经典集合进行“并”的运算，就可以构成 F 集合。

例如，论域 U 上，A_1，A_2，A_3，A_4，$A_5 \in \mathscr{P}(U)$，都属经典集合，设 $A(x) \in \mathscr{F}(U)$，它们的关系可以画在图 2-17 中。由图 2-17 可知，这五个经典集合的并和 F 集合 $A(x)$ 的关系为：

$$A_1 \cup A_2 \cup A_3 \cup A_4 \cup A_5 = \bigcup_{j=1}^{5} A_j \approx A(x),$$

即经典集合的并 $\bigcup_{j=1}^{5} A_j$ 和 F 集合 $A(x)$ 相差不多。若使彼此相差不多的经典集合无限增加，可以推得 $\lim_{n\to\infty} \bigcup_{j=1}^{n} A_j = A(x)$。可见，大量相差很小的经典集合求并，会成为模糊集合；反之，F 集合的截集合可以使 F 集合转化为经典集合。下面介绍 F 集合截集的定义。

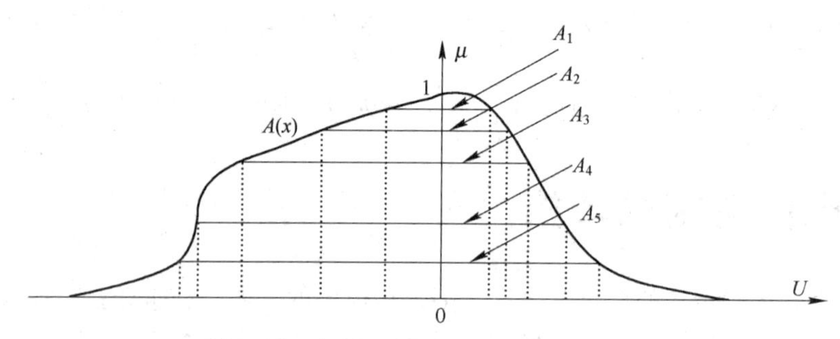

图 2-17　经典集合和 F 集合关系的直观图示

2. 模糊集合的截集

设在论域 U 中，$A \in \mathscr{F}(U)$，$\lambda \in [0,\ 1]$，定义一个新的集合：

$$A_\lambda = \{x \mid x \in U,\ A(x) \geqslant \lambda\}$$

称 A_λ 为 A 的一个 λ-截集，称 λ 为阈值或置信水平。

由定义可知，F 集合 A 的 λ-截集是由 A 中所有隶属度大于、等于 λ 的元素组成的集合。

称集合 $A_\lambda = \{x \mid x \in U,\ A(x) > \lambda\}$ 为 F 集 A 的一个 λ-强截集。F 集合 A 的 λ-强截集是由 A 中所有隶属度大于 λ 的元素组成的集合。

F 集合 A 的 λ-截集和 λ-强截集，都属于经典集合。截集的定义使 F 集合可以转换成经典集合，是模糊向清晰转换的一种方法。

利用“数积”的概念，任何一个模糊集合 A 可以看成是无限多截集 A_λ 的并，即：

$$A = \bigcup_{\lambda \in [0,1]} (\lambda A_\lambda)$$

其中 $A \in \mathscr{F}(U)$，而 $A_\lambda \in \mathscr{P}(U)$。

这就是模糊集合的分解定理。该定理反映了 F 集合与经典集合的相互转化关系。

例 2－13　F 集合 $A=\frac{0.8}{a_1}+\frac{0.3}{a_2}+\frac{0.5}{a_3}+\frac{0.9}{a_4}+\frac{0.2}{a_5}$，求 $\lambda=0.6$，0.2，0.5 时，A 的截集 A_λ。

解　根据定义可得

$$A_{0.6}=\{a_1, a_4\}$$
$$A_{0.2}=\{a_1, a_2, a_3, a_4, a_5\}$$
$$A_{0.5}=\{a_1, a_3, a_4\}$$

$A_{0.6}$，$A_{0.2}$，$A_{0.5}$都是经典集合。

例 2－14　设论域 $U=\{a, b\}$，F 集合 $A=\frac{0.5}{a}+\frac{0.8}{b}$，若 $\lambda=0.6$，求出 $(A_\lambda)^C$ 和 $(A^C)_\lambda$。

解　由定义知 $A_{0.6}=\{b\}$，所以 $(A_{0.6})^C=\{a\}$。

又因为 $A^C=\frac{0.5}{a}+\frac{0.2}{b}$，因此 $(A^C)_{0.6}=\varnothing$。可见，$(A_{0.6})^C\neq(A^C)_{0.6}$。

2.5.2　模糊关系矩阵的截矩阵

F 矩阵是模糊关系的一种数学表示，也是一种 F 集合。把 F 集合的 λ-截集概念推广到 F 矩阵上，可以得出 λ-截矩阵。下面先给出 F 矩阵的 λ-截矩阵定义。

设 F 矩阵 $\boldsymbol{R}=(r_{ij})_{m\times n}$，$\forall\lambda\in[0, 1]$，记 $\boldsymbol{R}$ 的 λ-截矩阵为

$$\boldsymbol{R}_\lambda=(r_{ij}(\lambda))_{m\times n}$$

其中 $r_{ij}(\lambda)$ 是 λ 的函数，它的取值由下式决定：

$$r_{ij}(\lambda)=\begin{cases}1 & r_{ij}\geqslant\lambda\\0 & r_{ij}<\lambda\end{cases}$$

取某个 F 矩阵的 λ-截矩阵，实际上就是以小于 1 的正实数 λ 为界，把 F 矩阵中凡是 $r_{ij}\geqslant\lambda$的元素变为 1，否则取为 0，于是使 F 矩阵（F 关系）变成经典矩阵（经典关系）。由于 F 矩阵 R 的 λ-截矩阵 R_λ 中元素只能取 0 或 1，显然它是布尔矩阵。

F 矩阵的截矩阵，可以使模糊关系转化成经典关系。

例 2－15　设 F 矩阵 $\boldsymbol{R}=\begin{bmatrix}0.8 & 0.6 & 0.9\\0.3 & 0.7 & 0\\1 & 0.2 & 0.5\end{bmatrix}$，求 $\boldsymbol{R}_{0.3}$和 $\boldsymbol{R}_{0.8}$。

解　$\boldsymbol{R}_{0.3}=\begin{bmatrix}1 & 1 & 1\\1 & 1 & 0\\1 & 0 & 1\end{bmatrix}$，$\boldsymbol{R}_{0.8}=\begin{bmatrix}1 & 0 & 1\\0 & 0 & 0\\1 & 0 & 0\end{bmatrix}$

2.5.3　模糊集合转化为数值的常用方法

把模糊集合转化成单个数值，即选定一个清晰数值去代表某个表述模糊事物或概念的模糊集合，这是用途最多的一种模糊到清晰的转化方法，它在模糊控制中几乎是不可或缺的。

一个模糊集合映射成单个数值时，这个数值应该是模糊集合中的点，在某种意义上能代表这个 F 集合。这种转换称为模糊集合的“清晰化”或“反模糊化”（defuzzification）。

清晰化方法有许多种，无论何种方法都应该是言之有理、计算方便，并具有连续性和代表性。下面介绍几种常用的清晰化方法。

1. 面积中心（重心）法（centroid）

面积中心法就是求出模糊集合隶属函数曲线和横坐标包围区域面积的中心，选这个中心对应的横坐标值，作为这个模糊集合的代表值。相当于把该面积视为等厚平板时的重心，称这种方法为面积中心法或重心法。

设论域 U 上 F 集合 A 的隶属函数为 $A(u)$，$u \in U$。假设面积中心对应的横坐标为 u_{cen}，则按照面积中心法的定义，可由下式算出：

$$u_{\text{cen}} = \frac{\int_U A(u)u\,\mathrm{d}u}{\int_U A(u)\,\mathrm{d}u}$$

这个计算过程就像在计算一个均匀平板的重心。如果论域 $U=\{u_1, u_2, \cdots, u_n\}$ 是离散的，u_j 处的隶属度为 $A(u_j)$，则 u_{cen} 可由下式算出：

$$u_{\text{cen}} = \frac{\sum_{j=1}^{n} u_j A(u_j)}{\sum_{j=1}^{n} A(u_j)}$$

这个计算公式就像计算一个多质点平面系统的重心。面积中心法直观合理、言之有据，但计算略显繁杂。

2. 面积平分法（bisector）

面积平分法是先求出模糊集合隶属函数曲线和横坐标包围区域的面积，再找出将该面积等分成两份的平分线对应的横坐标值，用该值代表该模糊集合，故称面积平分法。

设论域 U 上 F 集合 A 的隶属函数为 $A(u)$，$u \in U$。假设隶属函数曲线和横坐标包围区域的面积平分线对应的横坐标为 u_{bis}，设 $u \in [a, b]$，则 u_{bis} 的取值可由下式算出：

$$\int_a^{u_{\text{bis}}} A(u)\,\mathrm{d}u = \int_{u_{\text{bis}}}^b A(u)\,\mathrm{d}u = \frac{1}{2}\int_a^b A(u)\,\mathrm{d}u$$

如果论域 $U=\{u_1, u_2, \cdots, u_n\}$ 是离散的，隶属函数下的面积多数为三角形、梯形或矩形，这时只要求出总面积一半所对应元素的位置即可。

面积平分法由于直观合理、计算简便，在模糊控制器中使用较多。

3. 最大隶属度法（maximum）

通常的模糊集合并非都是正规的和凸的，隶属函数也并非都是一条连续曲线。因此，用隶属度最大点对应的元素值，代表这个模糊集合是一种最简单的方法，称为最大隶属度法。

但是这种方法往往有以偏概全之嫌，没能把隶属函数的全部信息包含进去。况且，有的模糊集合是由多个模糊子集的并形成的，它的隶属函数曲线中有多处的隶属度都取最大值，这就要对这些取最大值的元素进行合理的组合，构建出一个点来代表这个模糊集合。构建该模糊集合代表点的常用方法有下述三种，它们都是在最大隶属度的基础上进行的。

1)（最大隶属度）平均值法（mom）

如果在模糊集合的论域上，有多个点都取最大隶属度值，则取这些点的平均值 u_{mom} 的横坐标作为模糊集合的代表点，这个方法称为（最大隶属度）平均值法。

设 $A(u_j)=\max(A(u))$，$j=1, 2, \cdots, n$，有 n 个点的隶属度都取最大值，则取：

$$u_{\mathrm{mom}}=\frac{\sum_{j=1}^{n}u_j}{n}$$

2)（最大隶属度）最大值法（lom）

如果在模糊集合的论域上，有多个点 u_j 的隶属度都取最大值，可取这些点中坐标绝对值最大的点 u_{lom} 作为模糊集合的代表点，这个方法称为（最大隶属度）最大值法。

设有 n 个点的隶属度都取最大值，即 $A(u_j)=\max(A(u))$，$j=1, 2, \cdots, n$，则取绝对值最大的点 $\max(|u_j|)=|u_k|$ 作为模糊集合的代表点，即：

$$u_{\mathrm{lom}}=u_k$$

3)（最大隶属度）最小值法（som）

如果在模糊集合上有多个点 u_j 的隶属度都取最大值，可取这些点中坐标绝对值最小的点 u_{som} 作为模糊集合的代表点，这个方法称为（最大隶属度）最小值法。

设有 n 个点的隶属度都取最大值，即 $A(u_j)=\max(A(u))$，$j=1, 2, \cdots, n$，则取绝对值最小的点 $\min(|u_j|)=|u_k|$ 作为模糊集合的代表点，即：

$$u_{\mathrm{som}}=u_k$$

例 2-16　现有一个模糊集合 A，它的隶属函数为：

$$A(u)=\begin{cases}0.45u+4.5 & -10\leqslant u\leqslant -8\\ 0.9 & -8\leqslant u\leqslant -2\\ 0.5-0.2u & -2\leqslant u\leqslant 0\\ 0.5 & 0\leqslant u\leqslant 2\\ 1-0.25u & 2\leqslant u\leqslant 3.6\\ 0.1 & 3.6\leqslant u\leqslant 8\\ 0.9-0.1u & 8\leqslant u\leqslant 9\\ 0 & 9\leqslant u\leqslant 10\end{cases}$$

分别应用五种清晰化方法，求出映射成的单个数值，即清晰化的结果。

解　按照题设，把 $A(u)$ 画在图 2-18 中。

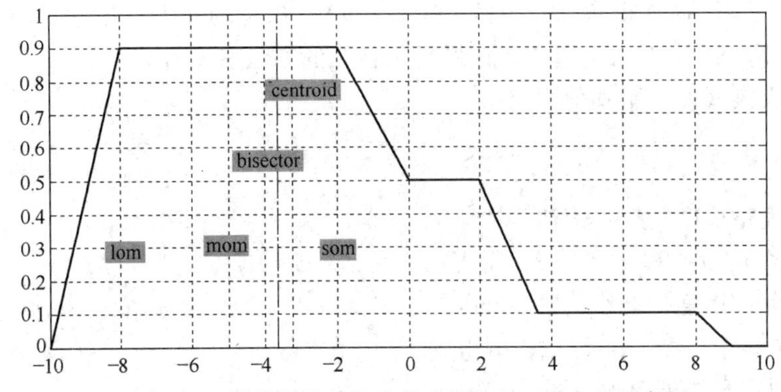

图 2-18　模糊集合转化为单个数值的五种方法示意图

按照讲过的模糊集合清晰化方法，计算如下。

（1）用面积中心法

题中 $A(u)$ 不是连续函数，而是分段函数，所以用 S_j 表示第 j 个分段函数曲线与横轴包围的梯形面积，u_j 表示 S_j 的面积中心，即把 S_j 看成等厚平板时重心的横坐标值。于是，可算出图中最左边三角形的面积 $S_1=0.5\times(0.9+0)\times(-8+10)=0.9$，该三角形重心的横坐标 $u_1=-9$；依次由左向右，可算出：

$S_2=5.4$，　$u_2=-5$；　$S_3=1.4$，　$u_3=-1$；　$S_4=1$，　$u_4=1.0$；　$S_5=0.48$，

$u_5=2.8$；　$S_6=0.44$，　$u_6=5.8$；　$S_7=0.05$，　$u_7=8.5$；　$S_8=0$，　$u_8=9.5$

设 u_{cen} 为图 2-18 上隶属函数和横轴形成总面积中心对应的横坐标值，则据公式：

$$u_{\text{cen}}=\frac{\sum_{j=1}^{n}u_jA(u_j)}{\sum_{j=1}^{n}A(u_j)}$$

可得

$$\begin{aligned}
u_{\text{cen}}&=\frac{S_1\times u_1+S_2\times u_2+S_3\times u_3+S_4\times u_4+S_5\times u_5+S_6\times u_6+S_7\times u_7+S_8\times u_8}{S_1+S_2+S_3+S_4+S_5+S_6+S_7+S_8}\\
&=\frac{0.9\times(-9)+5.4\times(-5)+1.4\times(-1)+1.0\times(1.0)+0.48\times2.8+0.44\times5.8+0.05\times8.5+0\times9.5}{0.9+5.4+1.4+1.0+0.48+0.44+0.05+0}\\
&=(-8.1-27-1.4+1+1.344+2.552+0.425+0)/9.67\\
&=-31.179/9.67
\end{aligned}$$

于是得出：

$$u_{\text{cen}}=-3.2243$$

（2）用面积平分法

据上面的计算，面积总值为 9.67，其一半为 9.67/2=4.835，该值对应的横坐标计算如下：$4.835-S_1=4.835-0.9=3.935$，因为 $S_2=5.4$ 大于 3.935，所以设总面积的平分点为 u_{bis}，则 $u_{\text{bis}}\in[-8,-2]$。S_2 呈矩形，于是由 $(u_{\text{bis}}-(-8))\times0.9=3.935$，可以求出：

$$u_{\text{bis}}=-3.628$$

（3）用最大隶属度法

整个模糊集合上能取得最大隶属度 $\max A(u)=0.9$ 的不是一个点，而是一个区间 $[-8\ \ -2]$。在 $[-8\ \ -2]$ 中选择代表该模糊集合点的方法有三种。

① 用（最大隶属度）平均值法（mom）：

$$u_{\text{mom}}=-8+\frac{-2-(-8)}{2}=-5$$

② 用（最大隶属度）最大值法（lom）：

由 $u=\max(|u_j|)=8$，$u_j=-8$，得出 $u_{\text{lom}}=-8$

③ 用（最大隶属度）最小值法（som）：

由 $u=\min(|u_j|)=2$，$u_j=-2$，可得 $u_{\text{som}}=-2$

以上计算的不同结果都画在图 2-18 上。

由例题计算结果可知，对于同一个模糊集合 A，用不同的清晰化方法得出的最终结果却

大不相同：$u_{cen}=-3.2243$，$u_{bis}=-3.628$，$u_{mom}=-5$，$u_{lom}=-8$，$u_{som}=-2$。其中，最大的 $u_{som}=-2$ 和最小的 $u_{lom}=-8$ 之间相差达 6 之多。究竟用哪个数值作为 F 集合 A 的代表点，完全依赖于应用时的具体情况，根据实际需要确定，在 F 控制中则由控制效果决定取舍。

F 数是 F 集合的特例，所以上面讲过的清晰化方法完全适用于它。对于单个 F 数，经常用其核作为它的清晰化结果，每个模糊数最大隶属度对应的元素值，就是它的核；对于多个 F 数之并构成的 F 集合，可以照上述一般 F 集合的清晰化方法进行计算，根据实际需求决定取舍。

思考与练习题

1. 随机数学和模糊数学在描述不确定性上的差异是什么？它们的诞生使数学的应用范围有了怎样的扩充？

2. 如何理解经典集合和模糊集合的关系、差异？

3. 据经典集合运算的定义，证明经典集合运算的分配律、交换律和双重否定律。

4. 根据书中有关“青年”“中年”“老年”模糊子集的函数表达式，写出“中年”和“老年”模糊子集的扎德表示式。

5. 取论域 $U=\{1, 2, 3, 4, 5, 6, 7, 8, 9, 10\}$，用模糊集 A 表示“小的数”，用模糊集 B 表示“接近 10 的数”。试写出 U 上的模糊集合 A 和 B 的表达式。

6. 已知论域 $[0, 10]$ 上的模糊子集 F，G，H，其隶属函数分别为：

$$F(x)=\frac{x}{x+2},\quad G(x)=2^{-x},\quad H(x)=\frac{1}{1+10(x-2)^2}$$

求下面每个模糊集合隶属函数的数学公式并作出隶属函数的图形：

ⓐF^C，G^C，H^C　ⓑ$F\cup G$，$F\cap H$，$G\cap H$　ⓒ$F\cap H\cap G$　ⓓ$(G^C\cap H)^C$

7. 设论域 R（实数域），$\forall x\in R$，$A(x)=e^{-\left(\frac{x-1}{2}\right)^2}$，$B(x)=e^{-\left(\frac{x-2}{2}\right)^2}$，求：$A^C$，$A\cap B$，$A\cup B$，并作图。

8. 证明经典集合中的互补律：$A\cup A^C=A\cup\overline{A}=U$ 和 $A\cap A^C=A\cap\overline{A}=\varnothing$ 对于模糊集合 A 是不成立的，即“排中律”对于模糊集合不成立。

9. 证明两个凸模糊集的交集是凸模糊集。两个凸模糊集的并集是否为凸模糊集？

10. 在论域 $U=\{a, b, c, d, e\}$ 上有两个 F 集：

$$A=\frac{0.6}{a}+\frac{0.1}{b}+\frac{0.9}{d}+\frac{0.7}{e},\quad B=\frac{0.2}{a}+\frac{0.4}{c}+\frac{0.5}{b}+\frac{0.6}{d}+\frac{0.9}{e}$$

求：$A\cap B$，$A\cup B$，$A\cup A^C$，$A\cap B^C$。

11. 已知集合 $A=\{$红，黑，蓝，黄$\}$，$B=\{$大，中，小$\}$，求二元关系 $A\times B$。

12. 已知两个 F 关系矩阵：

$$\boldsymbol{P}(x, y)=\begin{bmatrix}0.5 & 0.7\\1.0 & 0.6\\0.9 & 0.2\end{bmatrix},\ \boldsymbol{Q}(y, z)=\begin{bmatrix}0.8 & 0.3\\0.6 & 0.7\end{bmatrix}，求其合成矩阵 \boldsymbol{P}\circ\boldsymbol{Q}。$$

13. 确定第 6 题中模糊集合 F，G，H 在 $\lambda=0.2$，$\lambda=0.5$，$\lambda=0.9$，$\lambda=1$ 时的截集。

14. 模糊集$A=\frac{0.2}{a}+\frac{0.5}{b}+\frac{0.6}{c}+\frac{0.7}{d}+\frac{1}{e}$，求截集$A_{0.1}$，$A_{0.5}$，$A_{0.7}$，$A_{0.6}$，$A_1$。

15. 模糊集$A=\int_x \frac{e^{-x^2}}{x}$，求截集$A_{\frac{1}{e}}$，$A_1$，$A_0$。

16. 已知两个模糊关系矩阵：$\boldsymbol{Q}=\begin{bmatrix}0.3 & 0.7 & 0.2\\ 1 & 0 & 0.6\end{bmatrix}$，$\boldsymbol{R}=\begin{bmatrix}0.7 & 0.3\\ 0.1 & 0.8\\ 0.5 & 0.2\end{bmatrix}$。求：$\boldsymbol{Q}_{0.5}$，$\boldsymbol{R}^{C}$，$\boldsymbol{Q}\circ\boldsymbol{R}$。

17. 设$\boldsymbol{R}_1\in F(U\times V)$，$\boldsymbol{R}_2\in F(V\times W)$，$\boldsymbol{R}_1=\begin{bmatrix}0.7 & 0.4 & 0.1 & 1.0\\ 0.8 & 0.3 & 0.6 & 0.3\\ 0.4 & 0.7 & 0.2 & 0.9\end{bmatrix}$，$\boldsymbol{R}_2=\begin{bmatrix}0.6 & 0.5\\ 0.2 & 0.8\\ 0.9 & 0.3\\ 0.8 & 1.0\end{bmatrix}$

求：$\boldsymbol{R}_1\circ\boldsymbol{R}_2$，$\boldsymbol{R}_1\circ\boldsymbol{R}_2^{C}$，$(\boldsymbol{R}_1)_{0.6}\circ(\boldsymbol{R}_2)_{0.6}$。

18. 已知某模糊控制器输出的模糊子集隶属函数$A(u)$为：

$$A(u)=\begin{cases}0.015u^3 & 0\leqslant u<4\\ 0.96 & 4\leqslant u<7\\ 3.06-0.3u & 7\leqslant u<10\end{cases}$$

试用三种清晰化方法计算把F集合$A(u)$转换成数值的结果。

第 3 章　模糊控制的逻辑学基础

随着控制系统规模的变大和复杂性的增加，建立系统的清晰数学模型变得非常困难，有时甚至是完全不可能的。这正像爱因斯坦所说的："So far as the laws of mathematics refer to reality，they are not certain. And so far as they are certain，they do not refer to reality."对于这类繁杂的、庞大的系统，为了对它们进行自动控制，又无法建立清晰的数学模型，只好另辟蹊径。通过长期操作经验的积累，人们发现利用人的知识和智能，可以形成一套自然语言表述的操作规则，按此规则操作机器却能获得满意的控制效果，这样就产生了模糊控制。

自然语言表述的操作规则带有模糊性，不像微分方程那样清晰、精确，而且这些规则的"求解"，必须借助于模糊逻辑推理。把这类根据带有模糊性的语言规则进行的控制，称为模糊逻辑控制，简称模糊控制。

模糊控制是基于模糊集合理论、模糊逻辑推理，并同经典控制理论相结合，用以模拟人类思维方式的一种计算机数字控制方法，它的核心是模糊规则和模糊逻辑推理。模糊规则是由许多"若……则……"之类模糊条件判断语句组成的，它反映了人们的操作经验，其作用就像微分方程组在经典控制中的地位。模糊逻辑推理是在二值逻辑基础上发展起来的一种不确定性推理方法，它以一些模糊判断为前提能推出新的模糊结论。如何让机器代替人，能"识别、理解"模糊规则并进行模糊逻辑推理，最终得出新的结论并实现自动控制，是模糊控制研究的主要内容。

本章在简单介绍二值逻辑基本内容的基础上，着重介绍自然语言的模糊集合表示和模糊逻辑推理等基本知识，为学习模糊控制打下必要的理论基础。

3.1　二值逻辑简介

人类生活、工作、科研和技术活动中，都需要一种正确的思维，是一种确定的、首尾连贯的、互不矛盾的、有根有据的思维，即合乎科学规律的思维。逻辑学就是研究人类正确思维初步规律和基本形式的科学，它是研究概念、判断和推理规律及其形式的一门学科。逻辑学认为，概念是反映客观事物一般性的、本质属性的思维形式，是在感觉、知觉和观念等认知过程的基础上，在人脑中形成的高级思维形式，例如，"三角形""圆""好"等都是概念。判断是概念和概念的联合，例如，"所有的人都是会死的""锅炉水温太高"等都属判断。而推理则是判断和判断的联合，例如，"冬天来了，春天就不再遥远。现已冬末，春天马上就到。""常压下 100℃的水要沸腾，壶中水才 59℃，不会马上开。""妈妈炒菜必放红辣椒，这菜里有红辣椒，肯定是妈妈做的。"这些就是推理。

"逻辑"一词音译自希腊文"logos"，原意是"思维"和"表达思考的言辞"。发展到 17 世纪，德国数学家莱布尼茨开始把数学用于哲学，随之出现了数学与逻辑相结合的产物——数理逻辑。数理逻辑用一套符号代替人们的自然语言进行表述，研究清晰判断和推理的量化方法。它认为任何一个判断在逻辑上只能有“真”或“假”两种可能性，所以也称数理逻辑为二值逻辑。

在研究复杂系统的过程中，逻辑学也在不断发展，以致后来出现了三值逻辑、多值逻辑，直到 1974 年出现了模糊逻辑。二值逻辑排斥真值的中间过渡性，认为事物在形态和类属上是非此即彼的。多值逻辑突破了真值的两极性，承认真值有中间过渡性，但是认为中间状态之间是彼此独立、界线分明的，和二值逻辑一样仍然是一种精确逻辑。而模糊逻辑不仅承认真值的过渡性，还认为事物在形态和类属上具有亦此亦彼、模棱两可性，相邻中间之间是相互交叉和彼此渗透的，其中间状态之间的界线也是不分明的、模糊不清的。

模糊逻辑推理是模糊控制的重要基础之一，它是数理逻辑的推广和发展，因此下面先介绍二值逻辑的一些基本概念和基础理论。

3.1.1 判断

1. 语句、命题和判断

人类语言由各种各样的词语、语句组成，它们是表达人类思维的工具。语句是构成语言的基本单位，它们是由词语或词组按一定语法规则组成的陈述句、疑问句、祈使句和感叹句。例如，“炉温达 480 ℃。”“阀门打开了吗?”“快合上电闸!”“好大的雨啊!”，这些都属于语句。

命题是反映事物情况的思维形态，它用陈述句反映了事物的某种属性、所处情况及与其他事物间的联系等。例如，“人都会死”“月亮会自己发光”“一个偶数可表示成两个素数之和”（哥德巴赫猜想）和“火星上根本没有生命存在”等都属命题。

判断是对事物情况有所断定的思维形式，是被断定者断定了的命题。当前的客观现实无法确定其真假的命题，不能算判断。在上述命题的例句中，“一个偶数可表示成两个素数之和”“火星上没有生命”就不能算是判断。

由语句表达而未被断定的思想是命题，由语句表达而已被断定的思想是判断，命题成为判断会因时因地而异。可见，命题比判断的含义更宽泛，语句、命题和判断间有下述关系：

$$\text{语句} \supset \text{命题} \supset \text{判断}$$

二值逻辑中把意义明确、具有真假特性的语句都归之为命题，认为它们只有“真”和“假”两种结论。命题常用英文大写字母 A，B，…表示，命题的真假叫作它的真值。命题 P 的真值用 $T(P)$ 表示，$T(P)$ 表示命题 P 属于“真”的程度，在二值逻辑中命题 P 的真值 $T(P)\in\{0,1\}$；$T(P)=0$ 时表示命题 P 为假，而 $T(P)=1$ 时表示命题 P 为真，有时也用 F 表示假，用 T 表示真。例如，用 P 表示命题“那本书有 650 页”，若它确实是 650 页，则 $T(P)=1$，否则 $T(P)=0$。

一个命题如不能分解成更为简单的几个命题时，则称其为简单命题或原子命题。例如，“她会唱歌”“她不会英语”“地球是方的”等都是简单命题。

2. 命题连接词及复合命题

为了表达复杂的意思，经常使用一些连接词把简单命题搭配组合在一起，表示命题之间关系而构成意义更加丰富的语句，称为复合命题。通过构成复合命题的方法，可以定义新命题，从而使命题逻辑的内容变得更加丰富多彩。例如，把“她会唱歌”和“她会跳舞”两个简单命题，通过连接词可以构成不同的复合命题，“她既会唱歌又会跳舞”“她要么会唱歌，要么会跳舞”“她既然会跳舞，可能也会唱歌”等，这些复合命题的意义更为广泛。

命题连接词在构成复合命题中起着重要的作用，把逻辑学中经常使用的几个命题连接词，它们的符号、意义列在表 3-1 中，以供学习和查阅。

表 3-1　常用连接词列表（P、Q 均为简单命题）

连接词名称	连接词符号及读法	应用举例	意义解释
取否	$-$，读“否定”	$\overline{P}$	非 P；使原命题 P 的真值逆反：“真”变“假”，“假”变“真”
合取	$\wedge$，读“合取”	$P\wedge Q$	P 且 Q；用“$\wedge$”连接的两个命题有逻辑“与”关系
析取	$\vee$，读“析取”	$P\vee Q$	P 或 Q；用“$\vee$”连接的两个命题有逻辑“或”关系
蕴涵	$\rightarrow$，读“蕴涵”	$P\rightarrow Q$	若 P 则 Q；用“$\rightarrow$”把两个有依存关系的简单命题连接在一起，构成一个复合命题，也常称为“条件命题”
等价	$\leftrightarrow$，读“等值”	$P\leftrightarrow Q$	P，Q 等价；“$\leftrightarrow$”连接的两个命题有“当且仅当”关系

二值逻辑中简单命题的真值，取决于它是否真实地反映了客观事实，复合命题真值往往由组成它的简单命题真值决定。例如，命题 P 为“水温大于 80 ℃”若为真时，则命题 P 的否定命题 $\overline{P}$ 为“水温不大于 80 ℃”就是假，反之亦然；复合命题“鲁迅不仅是文学家也是思想家”为真，因为两个简单命题“鲁迅是文学家”和“鲁迅是思想家”都为真；然而复合命题“鲁迅不仅是文学家也是物理学家”则为假，因为鲁迅虽然是文学家，但不是物理学家；然而复合命题“鲁迅是文学家或者是物理学家”为真，因为鲁迅虽然不是物理学家，但确实是文学家。在逻辑学中对复合命题总是作为一个整体进行真假判断的，逻辑学中“或”的含义是“至少有一个简单命题为真”。

逻辑学中研究命题时，主要是研究命题的形式结构和它们之间真假联系的逻辑关系，并不考虑命题所表达的具体事实和相关情理，所以有时与自然语言的用法会有差异。例如，逻辑学中“合取”的两个命题可以交换位置，即 $P\wedge Q\leftrightarrow Q\wedge P$。但是，自然语言中却不一定能这样做，如“他进屋并脱鞋上炕”，就不能说成“他脱鞋上炕并进屋”。

我们把二值逻辑中简单命题的真值和由它们组成的复合命题的真值，一并列在表 3-2 中。

表 3-2　命题逻辑真值表

$T(P)$	$T(Q)$	$T(\overline{P})$	$T(P\wedge Q)$	$T(P\vee Q)$	$T(P\rightarrow Q)$	$T(P\leftrightarrow Q)$
1	1	0	1	1	1	1
1	0	0	0	1	0	0
0	1	1	0	1	1	0
0	0	1	0	0	1	1

表 3-2 表达出的简单命题和复合命题真值间的关系，也可以用公式表示如下。

设 P，Q 均为简单命题，则有：

$$T(\overline{P})=1-T(P)$$

$$T(P\wedge Q)=\min(T(P),\ T(Q))=T(P)\wedge T(Q)$$

$$T(P \vee Q)=\max(T(P), T(Q))=T(P) \vee T(Q)$$

$$T(P \to Q)=(T(P) \wedge T(Q)) \vee T(\overline{P})=(T(P) \wedge T(Q)) \vee (1-T(P))$$

$$T(P \leftrightarrow Q)=T(P \to Q) \wedge T(Q \to P)$$

公式中的连接词符号“∧”和“∨”，用在简单命题 P，Q 之间时分别表示“合取”和“析取”；若用在数值之间，如用在真值 $T(P)$ 和 $T(Q)$ 之间时，则分别表示“取小”和“取大”。

例 3-1 已知简单命题 P 和 Q 的真值 $T(P)=1$，$T(Q)=0$，用公式求出复合命题 $\overline{P}$，$P \wedge Q$，$P \vee Q$，$P \to Q$ 和 $P \to Q$ 的真值。

解 将 $T(P)=1$，$T(Q)=0$ 代入上述公式可得：

$$T(\overline{P})=1-T(P)=1-1=0;$$

$$T(P \wedge Q)=T(P) \wedge T(Q)=1 \wedge 0=0$$

$$T(P \vee Q)=T(P) \vee T(Q)=1 \vee 0=1$$

$$T(P \to Q)=(T(P) \wedge T(Q)) \vee (1-T(P))=(1 \wedge 0) \vee (1-1)=0$$

$$T(P \leftrightarrow Q)=T(P \to Q) \wedge T(Q \to P)=0 \wedge 1=0$$

这些结论跟表 3-2 内容的第 2 行完全一致。

3. 条件命题

在常用的连接词中，特别要提及的是“蕴涵（implication）”连接词，因为它用得较多，而其用法又与日常语言的用法略有差异。

自然语言中的很多语句，都可以用“若 P 则 Q”（即 $P \to Q$）型蕴涵连接词表述。例如，条件关系，像“若天下大雨，路就湿滑。”因果关系，像“张三感冒，所以发烧。”推理关系，像“三边相等的三角形，其三内角必相等。”时序关系，像“他饿了就吃饭。”跟其他科学研究中要对事物进行抽象一样，二值逻辑从大量表示“若 P 则 Q”的语句中抽象出它们的最基本共性，从而规定不管 P 和 Q 有无事实上的联系，蕴涵关系命题“$P \to Q$”只有一种真假依赖关系：当 P 为真时 Q 为真时，该命题为真；若 P 为真而 Q 为假时，该命题必为假；若 P 为假时无论 Q 为真或为假，该命题都为真。这样规定（或定义）的蕴涵关系“若 P 则 Q”，称为“实质蕴涵”或“真值蕴涵”，以区别于传统形式逻辑中的蕴涵关系。

虽然有时真值蕴涵的定义与某些语言习惯或常理相悖，例如，按真值蕴涵定义，“如果 2+2=5，则雪是白的。”“如果 2+2=5，则雪是黑的。”这两个复合命题都应该是真的。因为这两个句子中“P 为假”，按定义无论 Q 的真假，整个复合命题都应该为真。然而依照常规语言习惯则显得有些蹩脚，很不自然。不过，只要把这两个复合命题的文字略加修饰，变成“即使 2+2=5，雪也是白的”和“如果 2+2=5 是真的，则雪就是黑的”就不会觉得怪异了。可见，真值蕴涵“若 P 则 Q”的定义包含着语言和思维中最基本、最本质的东西，因而具有高度概括性、包容性和科学性，完全能满足逻辑本质要求的普适性和简单性。真值蕴涵不仅适用范围广，而且多数情况下都会给推理带来极大的方便，所以已被众多逻辑学家和数学家所认可，所接受。对于这种不问简单命题有无实质意义、它们间有无实质性关联的真值蕴涵复合命题，我们应该尽量熟悉它，并学会运用它。

例如，“如果室温高于 26 ℃，则打开空调。”若用 P 代表“室温高于 26 ℃”；Q 代表“打开空调”；C 代表条件命题（$P \to Q$）表示的“如果室温高于 26 ℃，则打开空调。”那么有下列 4 种情况。

当 $T(P)=1$ 时，$T(Q)=1$，则 $T(C)=1$；“室温高于 26 ℃，打开空调。”逻辑上是对的。

当 $T(P)=1$ 时，$T(Q)=0$，则 $T(C)=0$；“室温高于 26 ℃，没开空调。”逻辑上是错的。

当 $T(P)=0$ 时，$T(Q)=1$，则 $T(C)=1$；“室温不高于 26 ℃，打开空调。”逻辑上是对的。

当 $T(P)=0$ 时，$T(Q)=1$，则 $T(C)=1$；“室温不高于 26 ℃，没开空调。”逻辑上是对的。

后两种情况下，$T(P)=0$，表明简单命题 P 为假，但这并不能否定简单命题 Q 本身的意义。所以在“室温不高于 26 ℃”时，无论开不开空调整个句子在逻辑上都认为是对的。

又如，“你去教室（P），我则在宿舍（Q）”，当 $T(P)=0$（你没去教室）时，$T(Q)$ 无论等于 0（我不在宿舍）还是等于 1（我在宿舍），整个复合命题 $P\rightarrow Q$ 的真值 $T(P\rightarrow Q)$ 都等于 1，因为命题 P 的假，并不能否定命题 Q 的意义。

两个简单命题 P 和 Q 经蕴涵连接词构成复合命题 $P\rightarrow Q$，被称作“条件命题”。

需要特别强调的是，条件命题不是从一个简单命题 P“逻辑地推出”了另一个新的简单命题 Q，而是反映了两个简单命题 P 和 Q 之间一种事实存在的逻辑关系，是客观事实的真实反映，而不是“推”出来的，所以它们仍属于“命题”，不过是“复合命题”罢了。例如，“如果池水温度低于 10℃，则不可游泳。”“锅炉水位低于标准水位，则予以补水。”这些都是在表述两个简单命题的蕴涵关系，这种关系是客观实际内在联系的反映，并不是由前一个命题经过纯粹理论上的逻辑推理得出了后一个新命题。

4. 两种常用条件命题的基本形式

在各种形式的条件命题中，有两种形式用得最多，许多不同形式的条件命题，都可以由它们组合而成，下面对它们作较详细的介绍。

假设 A，B，C，U 都表示简单命题。

1）若 A，则 U

经常也用英文表示成“if A then U”，并简记作 $A\rightarrow U$。它代表着像“如果室温高于 26℃，则打开空调。”“水温达到 100 ℃，则断开加热电源。”“所有直角都相等。”这类条件命题。

若用 R 表示蕴涵关系 $A\rightarrow U$ 的真值 $T(A\rightarrow U)$，用 $T(A)$ 和 $T(U)$ 分别表示简单命题 A 和 U 的真值，据表 3-2 或相应的公式，则有：

$$R=T(A\rightarrow U)=(1-T(A))\vee(T(A)\wedge T(U))=T(\vec{A})\vee(T(A)\wedge T(U))$$

在二值逻辑中，真值 $T(A),T(U),R\in\{0,1\}$。

2）若 A 且 B，则 U

经常也用英文表示成“if A and B then U”，并简记作 $(A\wedge B)\rightarrow U$。它代表着像“星期天下雨的话，我就在家。”“水温低于 60 ℃而且还在降低，则马上加热。”……这类条件命题。

若用 R 表示真值蕴涵关系 $(A\wedge B)\rightarrow U$ 的真值 $T((A\wedge B)\rightarrow U)$，用 $T(A)$，$T(B)$，

$T(U)$分别表示简单命题A，B，U的真值，根据表3-2或相应的公式，则有：

$$\begin{aligned}R &= T((A\wedge B)\to U)\\ &=(1-T(A\wedge B))\vee(T(A)\wedge T(B)\wedge T(U))\\ &=(1-(T(A)\wedge T(B)))\vee(T(A)\wedge T(B)\wedge T(U))\end{aligned}$$

由于$T(A)$，$T(B)$，$T(U)\in\{0,1\}$，所以$1-(T(A)\wedge T(B))=(1-T(A))\vee(1-T(B))=T(\overline{A})\vee T(\overline{B})$代入上式得出：

$$R=(T(\overline{A})\vee T(\overline{B}))\vee(T(A)\wedge T(B)\wedge T(U))$$

在二值逻辑中，真值$T(A)$,$T(B)$，$T(U)$，$R\in\{0,1\}$。

如果命题形式为“若A且B且……，则U”，可以拆分成“若A则U”“若B则U”“若C则U”……多个条件命题，然后对这多个条件命题用“合取”的方法来处理。

此外，还有一种常见的条件命题“若A则U_1，否则U_2”，它代表着像“如果室温高于26 ℃，则打开空调；否则不开空调。”“如果x黑，则y白；否则y不白。”……这类条件命题。实际上，这类复合条件命题完全可以分解成两个独立的条件命题：“若A则U_1”和“若$\overline{A}$则U_2”，然后再进行“析取”。例如，将上面第一个例句拆解成“如果室温高于26 ℃，则打开空调。”“如果室温低于26 ℃，则不开空调。”将上面第二个例句拆解成“如果x黑，则y白。”“如果x不黑，则y不白。”然后，按两个“$A\to U$”命题句的“析取”处理就可以了。

对于像“若A或B或C或……，则U”，同样可以拆分成“若A则U”“若B则U”……多个条件命题，然后用“析取”的方法来处理。

实际上用自然语言归纳总结控制操作事物的经验时，仔细分析后都能用条件命题“$A\to U$”和“$(A\wedge B)\to U$”的组合搭配表述出来，因此说这是两种最基本的条件命题。

3.1.2 推理

推理就是由已知的一个或几个判断（命题），按一定法则得出一个新判断（命题）的思维过程和方式，是一种由已知条件求出未知结果的思维活动。一个推理构成一个判断系统，它使我们可以获得新的判断，从而使我们增进知识。作为已知的前提判断称为前件，作为结果的新判断常称为后件，前件是判断后件真假的条件，后件是根据前件推理的结果。

清晰推理是以清晰命题为前提，使用严格的推理规则得出新的清晰命题。根据推理思维进程表现出的方向性，可以把推理分为三类：从一般到特殊的演绎推理、从特殊到一般的归纳推理、从特殊到特殊的类比推理。这里只介绍用得较多的演绎推理。

演绎推理就是以一般的原理、原则为前提（前件），得出某个特殊场合中的结论（后件）的推理方法。我们只介绍演绎推理中常用形式之一的三段论或称直言三段论，它是由一个共同概念联系着的两个前提推出结论的逻辑思维方法。即已知某个条件命题（称为大前提）和某个简单命题（称为小前提），推出一个新的简单命题（判断性结论）的方法，通常要求大前提和小前提中必须含有一个共同的概念。例如——

大前提：　平行四边形的对角线互相平分　（条件命题或称假言判断）

小前提：　矩形属于平行四边形　（简单命题）

（大前提和小前提中都含有“平行四边形”）

结论：　　矩形的对角线是互相平分的　　（新命题）

在三段论式推理中，作为小前提的命题，其真值只能取0或1，因此结论就只有“肯定前件”和“否定后件”两种形式。

例如，根据“一月一日是元旦”（大前提）和“今天是一月一日”（小前提），则可推出“今天是元旦”的结论。这里根据条件命题（大前提）和小前提两个判断，以及它们都含有“一月一日”这个共同概念，推出了新命题“今天是元旦”（属“肯定前件”式）。若小前提是“今天是一月二日”，则推出“今天不是元旦”（属“否定后件”式）。

二值逻辑研究的概念、命题和推理都是清晰而精确的，然而它并不能完全适用于现实世界，“秃子悖论”就是一个反例。我们可以提出一条精确的推理规则：“比秃子多一根头发的人仍然是秃子。”如果来了一位比标准秃子多一根头发的人，照上述规则他当然该是秃子。但是，如果来了100万人，每位都比前一位多一根头发，按“理”都应该算是“秃子”，然而最后一位长有100万根头发的人，还算秃子吗？如果承认“精确推理规则”，他应该也是“秃子”，但是现实并不承认这个结论。错误出在哪里呢？“秃子悖论”的错误结论出在“秃子”不是一个精确概念上，对于“秃子”这样的模糊概念，就不能多次重复使用精确推理规则。

哲学家罗素曾经说过，“所有的传统逻辑都习惯地假设使用的符号是精确的，所以它就不能适用于我们的真实世界，只适用于理想中的天堂……”然而现实世界并不是理想天堂。真实世间的事物和人类用于描述客观世界的语言，绝大多数是不清晰、不精确的，而是模糊的。因此，要用模糊概念、模糊判断和模糊推理来进行描述、判断和思维，就要用模糊逻辑。

3.2　自然语言的模糊集合表示

逻辑学是研究人类正确思维的基本形式和初步规律的科学，语言是表达思维的工具，人类主要是根据概念和图像模式，而不是根据数量进行思维的。表达思维的自然语言，其含义往往是模糊的，要让机器部分地代替人的智能，首先必须解决让它识别人类的模糊性语言，能够像人一样进行逻辑思维的问题。数学家莱布尼茨曾经提出：“如果我们能够像用算术表示数字或用几何方法表示线段一样，用适当的特征或符号表示我们所有的思想，那么，我们就能够像在算术和几何中那样完成一切可进行推理的事情了。”因此，要让机器识别人类的语言，像人一样进行逻辑推理，就得设法用符号代替自然语言，用数理逻辑处理命题、判断和推理，即用数学方法处理自然语言和逻辑推理。模糊数学的出现，提供了这种可能性。

3.2.1　一些自然词语的F集合表示

模糊数学诞生之后，我们发现任何一种自然语言，特别是其中表示程度或含有数量意义的许多词语，都可以用模糊集合来表示。这样就能用隶属函数把自然语言跟实数论域联系起来，就有可能用数学方法去处理自然语言。

例如，模糊词语“低”“正好”“高”，可以分别用三个模糊集合表示，若把它们与实数论域（−2　2）按一定方式联系起来，其对应关系可以画成图3-1。图中每个F集合都有几条直线与数轴相连，连线旁边标出的数字，就是数轴上的某个数值隶属于相连的 F 集合的程度（隶属度）。比如，数 0 属于 F 集合“正好”的隶属度为 1；数 0.4 属于 F 集合“正好”的隶属度为 0.6，而属于 F 集合“高”的隶属度为 0.4；数 1 属于 F 集合“正好”的隶属度为 0，但属于 F 集合“高”的隶属度却为 1……于是，论域（−2　2）上的每个数值，都可以通过隶属度分别和“低”“正好”“高”三个 F 集合对应起来；反之，用 F 集合表示的模糊词语“低”“正好”“高”也可以用数字表示出来，假如用 O 表示 F 集合“正好”，则可能写成：

$$O=\frac{0}{-1}+\frac{0.2}{-0.8}+\frac{0.6}{-0.4}+\frac{1.0}{0}+\frac{0.6}{0.4}+\frac{0.4}{0.6}+\frac{0}{1}$$

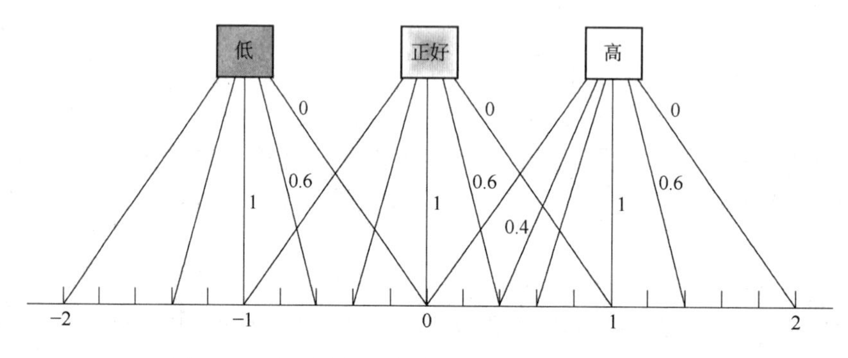

图 3-1　自然语言与论域（−2　2）间的对应关系

这样，任何一个 F 词语就可能像“正好”用 F 集合“O”表示那样，都可以用 F 集合表示出来；反之，（−2　2）中每一个确定的数值，可以映射到多个模糊集合上，它可能既属于这个 F 集，又属于那个 F 集，只是隶属度不同而已。这就表明，用 F 集合表示模糊词语时，就能把自然语言的词语与实数集合联系起来，于是就可以用数学方法来表示、处理了。

通常凡是含有数量、程度概念的词语，诸如“大”“小”，“轻”“重”，“长”“短”，“高”“低”，“快”“慢”，“多”“少”，“冷”“热”等，都可以用 F 集合表示。

3.2.2　模糊算子

具有模糊性的自然语言，有着非常强大的表现能力。在含有数量、程度概念的词语前面加上某些修饰性定语、副词，或者用“或（与）”“且（并）”等连接词把它们搭配组合起来，又可以构成许多新的模糊词语。这些定语、副词和连接词，可以用所谓“模糊算子”表示，把“模糊算子”跟一些原来表示词语的 F 集合相结合，就能表示出新构成的模糊词语。下面介绍几个常用的“模糊算子”及用它们构成新 F 性词语的方法及其表示方法。

1. 否定修饰词

在某些自然词语前面加上否定性修饰词，可以得到含有新意的自然词语，相当于表示原自然语言 F 集合的“非”。

如在表示程度的“大”“老”等词语前面加上否定语“不”“非”之类，就形成“不大”“不老”等新的词语，实际上这只是对“大”“老”的否定。设表示“大”的 F 集合隶属函

数为 $D(x)$，则加上否定词变成新的词语“不大”，它的隶属函数就是 $D(x)$ 的补集 $D^{C}(x)$，即：

$$D^{C}(x)=1-D(x)$$

又如，假设表示“老”的 F 集合隶属函数为：

$$L(x)=\begin{cases}0 & x\leqslant 50\\ \left[1+\left(\dfrac{x-50}{5}\right)^{-2}\right]^{-1} & x>50\end{cases}$$

则“不老”的隶属函数就是：

$$L^{C}(x)=\begin{cases}1 & x\leqslant 50\\ 1-\left[1+\left(\dfrac{x-50}{5}\right)^{-2}\right]^{-1} & x>50\end{cases}$$

假如上述隶属函数的论域为 [40　100]，可以把 $L(x)$ 和 $L^{C}(x)$ 画在同一张图上，如图 3-2所示。由图线可以看出，当 $x=55$ 时 $L(x)=L^{C}(x)=0.5$，即 55 岁属于“老”和“不老”的隶属度均为 0.5，表明这个年龄是由“不老”到“老”的过渡中间点。

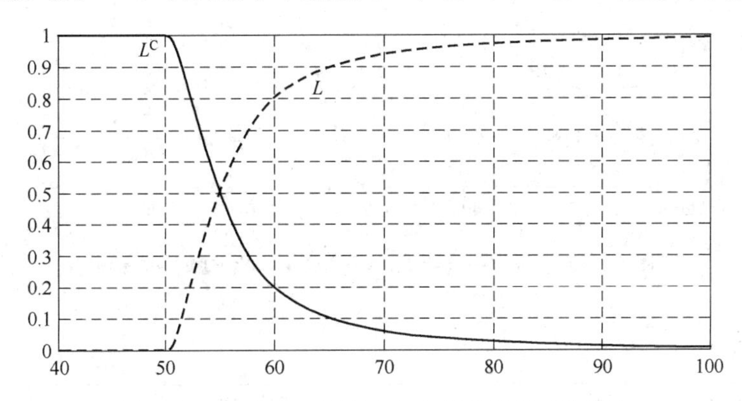

图 3-2　“老”和“不老”的 F 集合隶属函数图线

同理，“不年轻”的隶属函数应该是表示“青年”的 F 集合 $Q(x)$ 的补集 $Q^{C}(x)$；“非中年”应该是“中年”的 F 集合 $Z(x)$ 补集 $Z^{C}(x)$；“非金属”应该是“金属”的 F 集合 $J(x)$ 补集 $J^{C}(x)$ ……

把构成新词语的“非”“不”之类附加词，用 F 集合表示时所加的“^{C}”或“$^{-}$”，称为 F 算子。

2. 连接词“或”“且”

自然语言中的“也”“且”“或”等连词，可以把两个词语连接成一个新词。用 F 集合表示时，相当于把表示原词语的 F 集合，用并“∪”、交“∩”等 F 算子连接成新的 F 集合。

例如，“中青年”就是“中年”和“青年”的并集；“欧亚”是指“欧洲”和“亚洲”的并集；“品学兼优”则是“品德好”和“学习优秀”的交集；西瓜“大又甜”是西瓜个头“大”和味道“甜”的交集；“西北”是指“西方”和“北方”的交集……

以“中老年”为例，它该是“中年”和“老年”两个 F 集合的并集。假设年龄论域为 [20　80]，“中年”和“老年”的 F 集合 $Z(x)$ 和 $L(x)$ 的隶属函数分别为：

$$Z(x)=\left[1+\left(\frac{x-50}{18}\right)^{4}\right]^{-1} \quad 20<x\leqslant 80$$

$$L(x)=\begin{cases}0 & 20<x\leqslant 50\\ \left[1+\left(\frac{x-50}{5}\right)^{-2}\right]^{-1} & 50<x<80\end{cases}$$

则“中老年”的F集合 $ZL(x)=(Z\cup L)(x)=Z(x)\vee L(x)$ 的隶属函数为：

$$ZL(x)=Z(x)\vee L(x)=\begin{cases}\left[1+\left(\frac{x-50}{18}\right)^{4}\right]^{-1} & 20<x\leqslant 61.8\\ \left[1+\left(\frac{x-50}{5}\right)^{-2}\right]^{-1} & 61.8<x<80\end{cases}$$

可以把“中年”“老年”“中老年”三个F集合的隶属函数 $Z(x)$，$L(x)$，$ZL(x)$ 画在同一张图上，如图3-3所示。

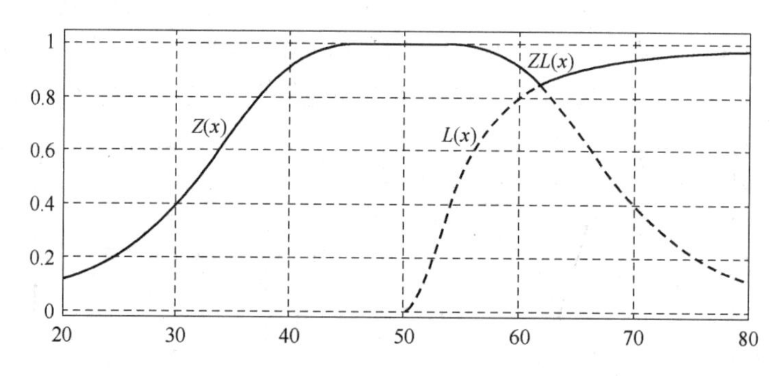

图3-3 表示“中老年”的F集合 ZL 的隶属函数图线

3. 语气算子

一些表示程度类自然语言前面加上“很”“极”“非常”“稍微”“特别”“比较”等形容词或副词，可以调整原来词义的肯定程度，使其语气发生变化，形成一个新词。例如，“大”的前面加上它们就成为新词“很大”“极大”“非常大”……表示这类新词语的F集合，跟原词义F集合的隶属函数之间有一定关联，可以用“语气算子”把它们联系起来。

设表示原词语的F集合隶属函数为 $A(x)$，则表示新词语的F集合隶属函数 $B(x)=A^{\lambda}(x)$，由于 λ 的取值不同，则对原词意进行不同强度的调整，表示不同的修饰意义：

当 $\lambda<1$ 时，使原词义散漫化；

当 $\lambda>1$ 时，使原词义集中化。

常用的语气词语与 λ 的对应关系列在表3-3中。

表3-3 常用的语气词语与 λ 的对应关系列表

语气词	极	很	相当	较	略	稍微
λ	4	2	1.25	0.75	0.5	0.25

这个对应表有相当大的主观随意性，使用中可根据实际情况进行变通修改，以符合实践需求为准。

例 3-2　已知 F 集合“老”的隶属函数为：$L(x)=\begin{cases}0 & x\leqslant 50\\ \left[1+\left(\dfrac{x-50}{5}\right)^{-2}\right]^{-1} & x>50\end{cases}$，计算 $x=60$ 岁属于“很老”和“较老”的隶属度。

解　在原词义的基础上加语气算子 λ 构成新词，与“很”对应的 $\lambda=2$，所以“很老”的隶属函数为：

$$L^2(x)=\begin{cases}0 & x\leqslant 50\\ \left[1+\left(\dfrac{x-50}{5}\right)^{-2}\right]^{-2} & x>50\end{cases}$$

与“较”对应的 $\lambda=0.75$，“较老”的隶属函数为：

$$L^{0.75}(x)=\begin{cases}0 & x\leqslant 50\\ \left[1+\left(\dfrac{x-50}{5}\right)^{-2}\right]^{-0.75} & x>50\end{cases}$$

现将“老年”及以此为基础的“稍老”“很老”“极老”的隶属函数 $L^{0.25}(x)$，$L(x)$，$L^2(x)$，$L^4(x)$ 一并画在图 3-4 中，以分析它们间的关系。

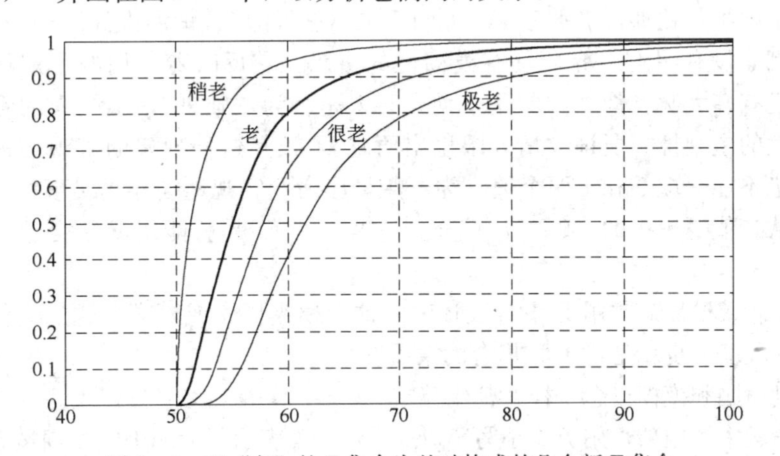

图 3-4　以“老”的 F 集合为基础构成的几个新 F 集合

从图 3-4 及隶属函数公式可知，当 $x=60$ 岁时，属于“老”的隶属度 $L(60)$ 约为 0.8，属于“稍老”的隶属度 $L^{0.25}(60)$ 约为 0.95，属于“很老”的隶属度 $L^2(60)$ 约为 0.64，属于“极老”的隶属度 $L^4(60)$ 仅为 0.4，这跟人们的感觉是基本一致的，比如 60 岁基本属于“较老”，还不能算是“很老”。

此外，还可以在原 F 词语前加上“大约”“似乎”“差不多”等修饰词，使原词义更加模糊，与此对应的有“模糊化算子”；在原 F 词语前加上“倾向于”“多半是”“偏向”之类词语，使原词义变成粗糙模糊的判定，与此对应的有“判定化算子”，以及表示美化、比喻、联想等的算子，由于它们在 F 控制中用得不多，这里不再介绍。

3.3　模糊逻辑和近似推理

前面已经把经典集合的概念成功地推广到了模糊集合，用它完全可以表述具有模糊概念的部分自然语言。现在由二值逻辑推广出模糊逻辑，从而奠定模糊控制的逻辑理论基础。

3.3.1 模糊命题

1. 简单模糊命题及其真值的表示方法

现实世界中的事物并非都能用清晰命题描述，尤其是用语言表述的判断和推理。例如，“他是个大个子”“炉温太高”“老李是个大胡子”……这些语句中的“大个子”“太高”“大胡子”等概念的边界都不清晰，带有很大的模糊性。虽然这些陈述句不属清晰判断，却能传达一些“精确”信息，比如说“老李有一千八百零一根胡子”，远没有说“老李是个大胡子”传达的信息“准确”“完整”和容易被人理解。类似这样的语句，凡是含有模糊概念或带有模糊性的陈述句，统称模糊命题。

与二值逻辑中的命题一样，把不能分解成更为简单的模糊命题，都称为简单模糊命题或原子模糊命题，如上述几个语句就是简单模糊命题。

二值逻辑中命题的真值是指它属于“真”的程度，那里它只能取0或1两个数值。而模糊命题就不同了，比如说“张三是个胖子”“小王很帅”“炉温太高”……这里“胖子”“帅”“高”都是没有明确边界而具有模糊性的概念，它反映着人们的主观认识。那么它们的真实程度有多大呢？像“帅”这个词，某人是否为“帅哥”，不同人的看法会大相径庭，带有很大的主观性，所谓“情人眼里出西施”，正是这种现象的客观描述，所以模糊命题的真值绝不能只取0和1两个值。为了用模糊命题客观地描述真实事物，可以把模糊命题的真值从二值逻辑中的$\{0, 1\}$扩充到$[0, 1]$，于是就能用F集合理论来描述模糊命题了。

把模糊概念或模糊命题用F集合表述时，这个模糊概念或模糊命题的真值，就是它们属于“真”的程度，也就是对于F集合的隶属度。

通常模糊命题和模糊概念一样，都用英文A，B，C等大写字母代表。一般把命题中的主词（逻辑命题中的主项）用英文小写字母a，b，c等表示，命题中的模糊概念用大写字母A、B等表示，模糊命题“a是A”就可用$A(a)$表示。$A(a)$同时也代表这个模糊命题的真值，可以理解为主词a隶属于F集合A的程度，即主词a属于F概念A的隶属度。这里的$A(a)$相当于二值逻辑中的$T(A)$，不过在此$A(a)\in[0, 1]$而不是$\{0, 1\}$。

例如，用a代表“小王”，A代表模糊概念“很帅”，模糊命题“小王很帅”就可以表示为$A(a)$。$A(a)$既表示模糊命题“小王”属于“很帅”这个F概念的程度，也表示“小王很帅”这个模糊命题的真值。如果$A(a)=0.85$，就表明小王确实挺帅，它既表示小王属于“很帅”的程度为85%，又表明“小王很帅”这个命题的真实性达到85%，相当可信。当然，不同的人对同一个F命题会给出不同的真值，不过这也正是用模糊命题表示自然语言时具有“人性”和“智能”的表现。

如果模糊命题的隶属度，即真值$A(a)\in\{0, 1\}$，即它要么为真，要么为假，则这个模糊命题就变成了清晰命题。因此，可以把模糊命题看作是清晰命题的推广，而清晰命题则是模糊命题的特例。

2. 复合模糊命题及其真值

跟二值逻辑一样，也可以用下述五种连接词，把几个简单模糊命题经过组合搭配，构成复合模糊命题。

① 取非，意为“否定”，符号是在简单模糊命题符号上加“—”，或右上角加写指数C；

② 析取，意为“或”，在两个简单模糊命题之间加写符号“$\vee$”；

③ 合取，意为“且”，在两个简单模糊命题之间加写符号“$\wedge$”；

④ 蕴涵，意为“若……，则……”，在两个简单模糊命题之间加写符号“$\rightarrow$”；

⑤ 等价，意为“互相蕴涵”，在两个简单模糊命题之间加写符号“$\leftrightarrow$”。

例如，若用a代表小张，A代表“高个”，B代表“瘦子”，则：

“$\overline{A}(a)$”表示“小张个子不高”，也表示小张属于“个子不高”的隶属度；

“$A(a)\vee B(a)$”表示“小张要么高，要么瘦”，用“$(A\cup B)(a)$”表示小张属于“高个或瘦子”的隶属度；

“$A(a)\wedge B(a)$”表示“小张不仅高，而且瘦”，用“$(A\cap B)(a)$”表示小张属于“瘦高个”的隶属度；

“$A(a)\rightarrow B(a)$”表示“小张若是个大个子，则肯定瘦”，用“$(A\rightarrow B)(a)$”表示小张属于“高个则瘦”的隶属度；

“$A(a)\leftrightarrow B(a)$”表示“小张若是高个则瘦，若是瘦子则肯定高”，用“$(A\leftrightarrow B)(a)$”表示小张属于“若高必瘦，若瘦必高”的隶属度。

自然语言虽然非常复杂，但不少语句都可以用模糊命题加以表述，特别是通过连接词组合搭配成的复合模糊命题，表述能力更强。如果把各种模糊命题进行符号化，则非常有利于机器的辨认和识别，进而可以进行逻辑推理。因此，在归纳、总结、表述人工操作经验时，尽量使用规范的模糊命题，并使其符号化。

用于表述操作经验时用得最多的是蕴涵连接词，通常把用“若……，则……”连接起两个简单模糊命题形成的复合模糊命题，称为模糊条件命题或模糊假言判断。这是构成模糊规则的主要句型，也是进行模糊逻辑推理的主要基础——“大前提”。下面对模糊条件命题作较为详细的介绍。

3.3.2　常用的两种基本模糊条件语句

用$A(a)$和$B(b)$分别代表两个简单模糊命题，如果它们之间有一种模糊依存关系，可表述为“若$A(a)$则$B(b)$”，就称该复合命题为模糊条件命题，也称为模糊条件语句。模糊条件命题在模糊控制中的作用非常重要，就像微分方程在经典控制中的地位，是进行模糊控制的基础。

例如，控制加热炉的炉温时，总结出一条控制规则为“炉温低时，增加燃料”，它表明F简单命题“炉温低”蕴涵着F简单命题“加燃料”。又如“锅炉中的水温太高，就该减火”，这里“水温高低”和“火候大小”之间的联系也是一种蕴涵关系。这类关系无法用精确的数学模型或数学函数表述时，只能用“水温高则减火”这样带有模糊性的自然语言描述。这类语言表述的操作规则，就成为模糊控制的法则、根据，就像经典控制中建立起的方程。

归纳总结人们控制设备的操作经验时，经常使用下面两种基本模糊条件命题，用它们进行组合可以表达各种操作规则。

假设 $A(a)$，$B(b)$，$U(u)$均为 F 命题，下面详细介绍两种常用的基本模糊条件命题。

1. “若 A，则 U”

这是“如果 a 是 A，则 u 是 U”（“If a is A then u is U” 或 “if $A(a)$ then $U(u)$”）语句的缩写，代表诸如“如果水位偏低，则快开阀门”之类 F 条件命题。由于 A 和 U 都是 F 集合，在命题中起着重要的作用，所以也可把这个条件命题缩写为“if A then U”，或用“$A \rightarrow U$”表示。

对于“如果水位偏低，则快开阀门”这类模糊条件命题，可以进一步分析如下。

若用 a 代表“水位”，A 代表水位的“高低”，简单模糊命题“水位偏低”可用 $A(a)$ 表示，同时 $A(a)$ 的取值也表示了水位“高低”的程度，即 a 属于 A 的隶属度；若用 u 代表“阀门”，U 代表开启阀门的“快慢”，简单模糊命题“快开阀门”就可用 $U(u)$ 表示，同样 $U(u)$ 的取值也表示了开启阀门属于“快开”的程度，即 u 属于 U 的隶属度。于是，“如果水位偏低，则快开阀门”及类似的条件命题，都可用“$A(a) \rightarrow U(u)$”或“$A \rightarrow U$”表示，这表明 F 集合 $A(a)$ 和 $U(u)$ 间有一定的蕴涵关系。下面介绍如何由 $A(a)$ 和 $U(u)$ 的真值计算模糊命题“$A(a) \rightarrow U(u)$”的真值（隶属度），即该条件命题的模糊蕴涵关联的程度。

1）模糊蕴涵关系“$A \rightarrow U$”真值的计算

对于“若 A，则 U”这类条件命题，在二值逻辑中曾经给出过它的真值计算公式：

$$R = T(A \rightarrow U) = (1 - T(A)) \vee (T(A) \wedge T(U)) = T(\overline{A}) \vee (T(A) \wedge T(U))$$

我们可以把这个公式移植到模糊逻辑里，当然移植后需要做一些变动。

首先要把二值逻辑中各命题的真值由 $\{0, 1\}$ 变成 $[0, 1]$；其次把二值逻辑中的一些符号进行相应的改变，即把条件命题的真值 R、简单命题 A，U 的真值 $T(A)$，$T(U)$，分别改成 $R(a,u)$，$A(a)$，$U(u)$。于是得出在模糊逻辑里：

$$R(a,u) = (A \rightarrow U)(a,u) = (1 - A(a)) \vee (A(a) \wedge U(u)) = \overline{A}(a) \vee (A(a) \wedge U(u))$$

这个移植公式首先是由扎德提出的，因此把它称为扎德算法。在此基础上他又进行过改进，提出了一个较为简便的“有界和”算法：

$$R(a,u) = (A \rightarrow U)(a,u) = 1 \wedge (1 - A(a) + U(u))$$

二值逻辑中的 R 和模糊逻辑中的 $R(a,u)$，在取值上是不同的：

$$\begin{cases} R = T(A \rightarrow U) \in \{0,1\} & \text{（二值逻辑）} \\ R(a,u) = (A \rightarrow U)(a,u) \in [0,1] & \text{（模糊逻辑）} \end{cases}$$

这种取值的不同是它们表达意义不同的反映：二值逻辑中 $R = T(A \rightarrow U)$ 表示条件命题“$A \rightarrow U$”的真值，即这条命题要么是真，否则为假；而模糊逻辑中 $R(a,u) = (A \rightarrow U)(a,u)$，虽然也秉承有真值的意义，但更深层的意思是反映出两个 F 集合 $A(a)$ 和 $U(u)$ 的模糊相关程度。例如，模糊命题“如果水位 a 偏低，则快开阀门 u”，作为模糊条件命题，它实际上反映了水位 a 和阀门 u 所处状态（分别属于 A 和 U 的程度）之间的关联程度，反映的是集合 A 和 U 间的一种模糊关系。这里 $R(a,u) = (A \rightarrow U)(a,u)$ 的取值大小，直接反映了 $A(a)$ 和 $U(u)$ 间相互关联程度的强弱。于是就把二值逻辑中计算条件命题的真值，变成了模糊逻辑中计算模糊集合间的相关程度，成为一种模糊关系的计算方法。

对于模糊条件命题真值 $R(a,u)$ 的计算方法，由于它是人为定义的，有很大的主观性和可塑性。所以除了上述扎德算法外，在工程实践中还提出过许多计算方法，它们适应于各种不同的具体情况，满足于各种条件和各类用户的不同需求。在众多计算“$A(a)\to U(u)$”模糊蕴涵关系 $R(a,u)$的方法中，有关文献曾经归纳出了 15 种较好的方法。本书仅从其中选出用得较多的 6 种，列在表 3-4 中，以供读者使用时选取。

表 3-4　F 条件命题“$A\to U$”（模糊蕴涵关系）真值的几种算法

F 蕴涵关系算法名称	计算 F 蕴涵关系真值的公式	特点
Zadeh 算法	$R(a,u)=(A\to U)(a,u)$ $=\max((1-A(a)),\min(A(a),U(u)))$ $=(1-A(a))\vee(A(a)\wedge U(u))$	意义明确，是一种最基本的算法
Mamdani 算法	$R(a,u)=(A\to U)(a,u)$ $=\min(A(a),U(u))=A(a)\wedge U(u)$	应用广泛
Larsen 算法	$R(a,u)=(A\to U)(a,u)=A(a)*U(u)$	简单易算（* 表示普通乘法）
有界和算法	$R(a,u)=(A\to U)(a,u)=1\wedge(A(a)+U(u))$ $=\min(1,(A(a)+U(u)))$	简便
Mizumoto-s 算法	$R(a,u)=(A\to U)(a,u)$ $=\begin{cases}1 & A(a)\leqslant U(u)\\0 & A(a)>U(u)\end{cases}$	简明 适用于隶属函数曲线为单调递增或递减的 F 子集
Mizumoto-g 算法	$R(a,u)=(A\to U)(a,u)$ $=\begin{cases}1 & A(a)\leqslant U(u)\\U(u) & A(a)>U(u)\end{cases}$	

在表 3-4 所列的各种算法中，用得最多的是 Mamdani 算法，它计算简单，切实可行，多次被成功地应用于工业模糊控制系统中，在此需要特别加以说明。

2) 模糊蕴涵关系“$A\to U$”的 Mamdani 算法

从模糊蕴涵关系“$A(a)\to U(u)$”的扎德算法 $R(a,u)=(1-A(a))\vee(A(a)\wedge U(u))$中，略去$(1-A(a))$部分，就得到 Mamdani 算法：

$$R(a,u)=A(a)\wedge U(u)$$

公式中的$A(a)$和$U(u)$ 分别是构成复合命题“$A(a)\to U(u)$”的两个简单命题。条件命题“$A(a)\to U(u)$”意味着简单命题 $A(a)$ 蕴涵着 $U(u)$，其中 $A(a)$ 起着重要的基础作用。在扎德算法 $R(a,u)$ 公式中，只有当 $A(a)$ 取值特别小时，$(1-A(a))$ 部分才能起重要作用。但是，如果 $A(a)$ 取值特别小，意味着条件命题“$A(a)\to U(u)$”成立的基础太弱，已经失去了存在的意义。实际上，扎德公式中的$(1-A(a))$ 与 $(A(a)\wedge U(u))$ 相比，后者起着主要作用，因此一定条件下前者可以忽略。

按照模糊蕴涵关系“$A(a)\to U(u)$”的 Mamdani 算法，公式 $R(a,u)=A(a)\wedge U(u)$ 意味着：a 与 u 的关联程度仅取决于简单模糊命题 $A(a)$ 和 $U(u)$ 中真值（隶属度）较小者。这是符合人们思维习惯的，因为 $A(a)$ 和 $U(u)$ “合取”时，其中小者起着重要的作用，它保证了命题成立的最基本条件，就像一个由木条箍成的水桶，盛水的多少只取决于最短的箍桶木条一样。

在进行 $R(a,u)=A(a)\wedge U(u)$ 运算时，由于 $A(a)$ 和 $U(u)$ 所处论域的情况不同，具体步骤会有所差异。下面，分三种情况对 Mamdani 算法作一些具体分析说明。

(1) 如果 $A(a)$ 和 $U(u)$ 都是离散论域中的模糊子集

按 Mamdani 算法，模糊蕴涵关系 $R(a,u)=A(a)\wedge U(u)$，当 A 和 U 都是离散论域中的 F 集合时，$R(a,u)$ 就是直积 $A\times U$ 的一个 F 子集，即 $R(a,u)\in\mathscr{F}(A\times U)$。这时可用 $A(a)$ 和 $U(u)$ 所有元素搭配组合后取小，即元素间"搭配取小"的方法求出模糊关系 $R(a,u)$ 的元素，从而得出所有 a 和 u 间的关联程度。按此分析，若设：论域 $M=(a_1, a_2, a_3, \cdots, a_m)$，$A\in\mathscr{F}(M)$，论域 $N=(u_1, u_2, u_3, \cdots, u_n)$，$U\in\mathscr{F}(N)$，则：$A(a)=(A(a_1), A(a_2), A(a_3), \cdots, A(a_m))$，$U(u)=(U(u_1), U(u_2), U(u_3), \cdots, U(u_n))$。

根据 Mamdani 算法 $R(a,u)=A(a)\wedge U(u)$，模糊关系 $R(a, u)$ 应该反映出 m 个 a_i 和 n 个 u_j 之间的关联程度，这就要用一个 $m\times n$ 维 F 关系矩阵表达。为此，可利用矩阵理论分两步运算。

① 先对 $\boldsymbol{A}(a)$ 进行"按行拉直"运算从而得出 $\vec{\boldsymbol{A}}(a)$，这样运算中能保证它的每个元素 a_i 都能跟 $U(u)$ 中的元素 u_j 进行搭配。

② 对 $\vec{\boldsymbol{A}}(a)$ 和 $\boldsymbol{U}(u)$ 进行"搭配取小"运算 $\vec{\boldsymbol{A}}(a)\circ\boldsymbol{U}(u)$。

"搭配取小"（符号"。"）的具体算法，跟 F 关系合成中"取大-取小"合成法一样，只是这里的 $\vec{\boldsymbol{A}}(a)$ 是列矩阵，不需要"取小"后的"取大"。于是有：

$$\boldsymbol{R}(a, u)=\boldsymbol{A}(a)\wedge\boldsymbol{U}(u)=\vec{\boldsymbol{A}}(a)\circ\boldsymbol{U}(u)=\boldsymbol{A}^{\mathrm{T}}(a)\circ\boldsymbol{U}(u)$$

$$=\begin{bmatrix}A(a_1)\\A(a_2)\\\vdots\\A(a_m)\end{bmatrix}\circ(U(u_1),U(u_2),\cdots,U(U_n))$$

$$=\begin{bmatrix}A(a_1)\wedge U(u_1) & A(a_1)\wedge U(u_2) & \cdots & A(a_1)\wedge U(u_n)\\A(a_2)\wedge U(u_1) & A(A_2)\wedge U(u_2) & \cdots & A(a_2)\wedge U(u_n)\\\vdots & \vdots & \vdots & \vdots\\A(a_m)\wedge U(u_1) & A(a_m)\wedge U(u_2) & \cdots & A(a_m)\wedge U(u_n)\end{bmatrix}$$

令 $R(a_i, u_j)=A(a_i)\wedge U(u_j)$，$(i=1, 2,\cdots, m, j=1, 2, \cdots, n)$，表示 a_i 与 u_j 间的相关程度，即条件命题"$A\to U$"的"真值"的分量。于是可得出：

$$\boldsymbol{R}(a, u)=\boldsymbol{A}(a)\wedge\boldsymbol{U}(u)=\vec{\boldsymbol{A}}(a)\circ\boldsymbol{U}(u)=\begin{bmatrix}R(a_1, u_1) & R(a_1, u_2) & \cdots & R(a_1, u_n)\\R(u_2, u_1) & R(a_2, u_2) & \cdots & R(a_2, u_n)\\\vdots & \vdots & \vdots & \vdots\\R(a_m, u_1) & R(a_m, u_2) & \cdots & R(a_m, u_n)\end{bmatrix}$$

(2) 如果 A 属于离散论域而 U 属于连续论域

设论域 $M=(a_1, a_2, a_3, \cdots, a_m)$，$A\in\mathscr{F}(M)$，$U\in\mathscr{F}(N)$，$N$ 为连续实数域且 $u\in N$，则：

$A(a)=(A(a_1), A(a_2), A(a_3), \cdots,A(a_m))$，$U(u)\in\mathscr{F}(N)$。于是 $R(a, u)=A(a)\wedge U(u)$ 可写成 $R(a, u)=A(a_j)\wedge U(u)$。注意到这里 $A(a_j)$ 是个数值，而 $U(u)$ 是个模糊集合，所以得出：

$$R(a, u)=A(a_j)\wedge U(u)=R(a_j, u)=(A(a_j)U)(u),\ (j=1, 2, 3,\cdots, m)$$

式中 $A(a_j)$ 表示元素 a_j 对于模糊子集 A 的隶属度，也表示模糊命题 $A(a_j)$ 的隶属度或真值；$U(u)$ 是模糊命题，也是 F 子集 U 的隶属函数。"$A(a_j)U$" 是数值 $A(a_j)$ 和模糊子集 U 间的数积。

下面用一个例子说明这种情况下的计算方法。

设论域 $M=(a_1, a_2, a_3, \cdots, a_m)$ 和 $N=[-2.9\ 6.9]$，已知某元素 $a_j\in M$，$u\in N$，且 $A\in\mathscr{F}(M)$ 而 $U\in\mathscr{F}(N)$ 时，$A(a_j)=0.6$，$U(u)=\mathrm{e}^{-\frac{(u-2)^2}{16}}$。若它们间存在模糊蕴涵关系 "$A(a)\rightarrow U(u)$"，则数 a_j 和 F 集合 U 间 F 蕴涵关系的隶属函数可用下式算出：

$$R(a_j, u)=A(a_j)\wedge U(u)=(0.6U)(u)=0.6\wedge U(u)$$

a_j 和 $U(u)$ 的模糊关系 $R(a_j, u)$ 如图 3-5 所示。

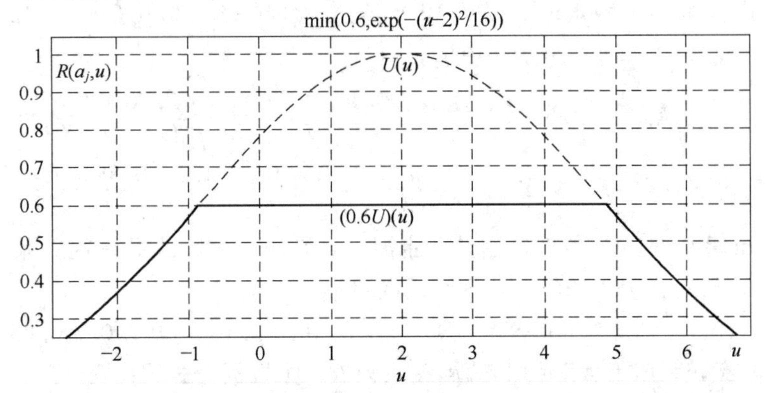

图 3-5　元素 a_0 和模糊子集 $U(u)$ 的模糊关系 $R(a_0, u)$ 隶属函数图

如果让 $R(a_j, u)=A(a_j)\wedge U(u)$ 中的 j 遍取 1，2，…，m，则可得出 m 个模糊关系 $R(a_j, u)$，它反映了离散论域 M 中每个元素跟连续论域 N 上 F 命题 $U(u)$ 间的模糊蕴涵关系。

(3) 如果 A 和 U 都是连续论域中的模糊子集

这时 $R(a, u)=A(a)\wedge U(u)$ 的运算，就是分别取自 A 和 U 中的两个元素 a 和 u，取其中隶属度 $A(a)$ 和 $U(u)$ 较小者作为模糊关系的元素，构成它们的模糊关系集合，实际上相当于 F 集合 $A(a)$ 和 $U(u)$ 的交集。

例 3-3　设某电机的控制电压论域 $U=\{1, 2, 3, 4\}$，转速论域 $X=\{1, 2, 3, 4, 5\}$。若设 $A\in\mathscr{F}(U)$，表示"电压高"；$B\in\mathscr{F}(X)$，表示"转速快"；已知 F 子集 A 和 B 分别为：

$$A=\frac{1}{3}+\frac{0.5}{4},\quad B=\frac{0.5}{4}+\frac{1.0}{5}$$

用 Mamdani 算法求出 F 条件命题"电压高，则转速快"的 F 蕴涵关系 R。

解　按 Mamdani 算法，先将 F 集合 A 和 B 写成向量形式：

$$\boldsymbol{A}=(0\ 0\ 1\ 0.5),\ \boldsymbol{B}=(0\ 0\ 0\ 0.5\ 1.0)$$

再据 Mandani 公式 $\boldsymbol{R}(a, b)=\boldsymbol{A}(a)\wedge\boldsymbol{B}(b)=\vec{\boldsymbol{A}}(a)\circ\boldsymbol{B}(b)$ 可得出：

$$\boldsymbol{R}(a, b)=\vec{\boldsymbol{A}}(a)\circ\boldsymbol{B}(b)=\boldsymbol{A}^{\mathrm{T}}(a)\circ\boldsymbol{B}(b)$$

$$=\begin{bmatrix}0\\0\\1.0\\0.5\end{bmatrix}\circ[0\ 0\ 0\ 0.5\ 1.0]$$

$$=\begin{bmatrix} 0\wedge 0 & 0\wedge 0 & 0\wedge 0 & 0\wedge 0.5 & 0\wedge 1.0 \\ 0\wedge 0 & 0\wedge 0 & 0\wedge 0 & 0\wedge 0.5 & 0\wedge 1.0 \\ 1.0\wedge 0 & 1.0\wedge 0 & 1.0\wedge 0 & 1.0\wedge 0.5 & 1.0\wedge 1.0 \\ 0.5\wedge 0 & 0.5\wedge 0 & 0.5\wedge 0 & 0.5\wedge 0.5 & 0.5\wedge 1.0 \end{bmatrix}$$

$$=\begin{bmatrix} 0 & 0 & 0 & 0 & 0 \\ 0 & 0 & 0 & 0 & 0 \\ 0 & 0 & 0 & 0.5 & 1.0 \\ 0 & 0 & 0 & 0.5 & 0.5 \end{bmatrix}$$

例 3-4 已知某锅炉中水温论域为 $W=[0\ 20\ 40\ 60\ 80\ 100]$(℃)，气压的论域为 $Y=[1\ 2\ 3\ 4\ 5\ 6\ 7]$(10^4 Pa)。它们的模糊子集分别为：

$$\{水温高\}=A\in\mathscr{F}(W),\ A=\frac{0.1}{20}+\frac{0.3}{40}+\frac{0.6}{60}+\frac{0.85}{80}+\frac{1.0}{100}$$

$$\{气压大\}=B\in\mathscr{F}(Y),\ B=\frac{0.1}{2}+\frac{0.3}{3}+\frac{0.5}{4}+\frac{0.7}{5}+\frac{0.85}{6}+\frac{1.0}{7}$$

用 Mamdani 算法求出 F 条件命题“若水温高，则压力大”的 F 蕴涵关系 R。

解 按 Mamdani 算法，先将 A，B 写成向量形式：

$$\boldsymbol{A}(a)=(0\ 0.1\ 0.3\ 0.6\ 0.85\ 1.0),\quad \boldsymbol{B}(b)=(0\ 0.1\ 0.3\ 0.5\ 0.7\ 0.85\ 1.0)$$

设“若水温高，则压力大”的 F 蕴涵关系为 R，则根据公式得出：

$$\boldsymbol{R}(a,b)=\vec{\boldsymbol{A}}(a)\circ\boldsymbol{B}(b)=\boldsymbol{A}(a)^{\mathrm{T}}\circ\boldsymbol{B}(b)$$
$$=[0\ 0.1\ 0.3\ 0.6\ 0.85\ 1.0]^{\mathrm{T}}\circ[0\ 0.1\ 0.3\ 0.5\ 0.7\ 0.85\ 1.0]$$

按照“∘”表示的“搭配取小”进行运算，得出：

$$\boldsymbol{R}(a,b)=\vec{\boldsymbol{A}}(a)^{\mathrm{T}}\circ\boldsymbol{B}(b)=\begin{bmatrix} 0 & 0 & 0 & 0 & 0 & 0 & 0 \\ 0 & 0.1 & 0.1 & 0.1 & 0.1 & 0.1 & 0.1 \\ 0 & 0.1 & 0.3 & 0.3 & 0.3 & 0.3 & 0.3 \\ 0 & 0.1 & 0.3 & 0.5 & 0.6 & 0.6 & 0.6 \\ 0 & 0.1 & 0.3 & 0.5 & 0.7 & 0.85 & 0.85 \\ 0 & 0.1 & 0.3 & 0.5 & 0.7 & 0.85 & 1.0 \end{bmatrix}$$

2. “若 A 且 B，则 U”

这是“如果 a 是 A 且 b 是 B，则 u 是 U”（“if a is A and b is B then u is U”或“if $A(a)$ and $B(b)$ then $U(u)$”）语句的缩写，代表着诸如“如果水位正好而进水流速快，则慢关阀门”之类 F 条件命题。由于命题本质上反映的是 F 集合 A、B 和 U 间的模糊关系，三个 F 集合在命题中起着重要作用，所以可把这个条件命题缩写为“if A and B then U”，或表示为“$A\wedge B\rightarrow U$”。

假设用 a 代表“水位”，A 代表水位的“高低”，简单模糊命题中“水位”可用 $A(a)$ 表示，$A(a)$ 的取值代表水位的高低；用 b 代表“进水”，B 代表进水的“流速”，简单命题“进水流速”可用 $B(b)$ 表示，$B(b)$ 的取值代表进水流速的快慢程度；用 u 代表“阀门”，U 代表关闭阀门，$U(u)$ 的取值代表关闭阀门的速度快慢。于是，“如果水位正好而进水流速快，则慢关阀门”及类似的条件命题，都可以表示为“$A(a)\wedge B(b)\rightarrow U(u)$”，只是其中

$A(a)$，$B(b)$，$U(u)$ 的取值不同而已。这类条件命题大量被用在 F 控制系统中，因为在一般的控制系统中，经常要根据变量和变量的变化率两个输入量确定输出作用量。

1）模糊蕴涵关系“$A\wedge B\to U$”的计算方法

模糊条件命题“$A(a)\wedge B(b)\to U(u)$”，实际上表示着 a，b，u 之间的模糊蕴涵关系，通常用两种方法进行计算。

一种方法是把二值逻辑中的“$A\wedge B\to U$”蕴涵关系 R，即：

$$R=(T(\overline{A})\vee T(\overline{B}))\vee(T(A)\wedge T(B)\wedge T(U))$$

直接移植到模糊逻辑里，只是把其中的符号 R，$T(A)$，$T(B)$，$T(U)$ 相应地变换成 $R(a, b, u)$，$A(a)$，$B(b)$ 和 $U(u)$；同时把它们的取值范围也相应地由 $\{0, 1\}$ 变成 $[0, 1]$。这样就得出“$A\wedge B\to U$”的模糊蕴涵关系扎德算法：

$$R(a, b, u)=((1-A(a))\vee(1-B(b)))\vee(A(a)\wedge B(b)\wedge U(u))$$

另一种方法是略去移植后扎德算法公式中的$(1-A(a))\vee(1-B(b))$部分，从而得出模糊蕴涵关系“$A\wedge B\to U$”的 Mamdani 算法：

$$R(a, b, u)=A(a)\wedge B(b)\wedge U(u)$$

这是因为被略去的部分$(1-A(a))\vee(1-B(b))$，只有当简单命题 $A(a)$ 和 $B(b)$ 的真值很小时才起作用。然而这时在剩余部分 $A(a)\wedge B(b)\wedge U(u)$ 中，$A(a)$ 和 $B(b)$ 都已经起着重要作用，所以在计算模糊条件命题“$(A(a)\wedge B(b))\to U(u)$”时，完全可以忽略掉 $(1-A(a))\vee(1-B(b))$。实际上在工业中应用的双输入模糊控制系统，大多数 F 控制器都使用 Mamdani 算法计算 $R(a, b, u)$，实践证明这样做可以获得满意的控制效果，而且运算简单。

2）模糊蕴涵关系“$A\wedge B\to U$”的 Mamdani 具体算法

根据“$A\wedge B\to U$”的模糊蕴涵关系 $R(a, b, u)=A(a)\wedge B(b)\wedge U(u)$，要计算的 $R(a, b, u)$是三个模糊集合 $A(a)$，$B(b)$，$U(u)$ 各取一个元素按一定约束（这里是取小）构成的，是 F 集合 $A(a)$，$B(b)$，$U(u)$ 三元直积的子集，即 $R(a, b, u)\in\mathscr{F}(A(a)\times B(b)\times U(u))$。因此，F 关系 $R(a, b, u)$ 的 Mamdani 算法，可分下述两种情况予以讨论。

(1) 若 A，B，U 均为有限离散论域中的 F 集合

这时 $A(a)$，$B(b)$，$U(u)$ 都可以用矩阵表示，于是根据 $\boldsymbol{R}(a, b, u)=\boldsymbol{A}(a)\wedge\boldsymbol{B}(b)\wedge\boldsymbol{U}(u)$可知，完全可以用$\boldsymbol{A}(a)$，$\boldsymbol{B}(b)$，$\boldsymbol{U}(u)$ 所有元素“搭配取小”的方法求出$\boldsymbol{R}(a, b, u)$ 的元素。

假设论域 $P=(a_1, a_2, a_3, \cdots, a_p)$，$Q=(b_1, b_2, b_3, \cdots, b_q)$，$N=(u_1, u_2, u_3, \cdots, u_n)$，已知模糊子集 $\boldsymbol{A}\in\mathscr{F}(P)$，$\boldsymbol{B}\in\mathscr{F}(Q)$，$\boldsymbol{U}\in\mathscr{F}(N)$，则可取：

$$\boldsymbol{A}(a)=(A(a_1), A(a_2), A(a_3), \cdots, A(a_p)),$$
$$\boldsymbol{B}(b)=(B(b_1), B(b_2), B(b_3), \cdots, B(b_q)),$$
$$\boldsymbol{U}(u)=(U(u_1), U(u_2), U(u_3), \cdots, U(u_n))$$

于是 $\boldsymbol{R}(a, b, u)=\boldsymbol{A}(a)\wedge\boldsymbol{B}(b)\wedge\boldsymbol{U}(u)=(\boldsymbol{A}(a)\wedge\boldsymbol{B}(b))\wedge\boldsymbol{U}(u)$，其中 $(\boldsymbol{A}(a)\wedge\boldsymbol{B}(b))$ 可用一个 $(p\times q)$ 维 F 矩阵表示，该矩阵的元素是 $\boldsymbol{A}(a)$ 和 $\boldsymbol{B}(b)$ 中元素两两“搭配取小”的结果；而 $(\boldsymbol{A}(a)\wedge\boldsymbol{B}(b))\wedge\boldsymbol{U}(u)$ 应该是 $(\boldsymbol{A}(a)\wedge\boldsymbol{B}(b))$ 的 $(p\times q)$ 个元素和 $\boldsymbol{U}(u)$ 的 n 个元素两两“搭配取小”运算的结果；最终，$\boldsymbol{R}(a, b, u)$ 应该是一个 $((p\times q)\times n)$ 维 F 矩阵。

据此分析，用矩阵理论可按如下方法计算 $\boldsymbol{A}(a)\wedge\boldsymbol{B}(b)\wedge\boldsymbol{U}(u)$。

令 $\boldsymbol{D}(a, b)=\boldsymbol{A}(a)\wedge\boldsymbol{B}(b)=\vec{\boldsymbol{A}}(a)\circ\boldsymbol{B}(b)$，于是 $(\boldsymbol{A}(a)\wedge\boldsymbol{B}(b))\wedge\boldsymbol{U}(u)=\vec{\boldsymbol{D}}(a, b)\circ\boldsymbol{U}(u)$。这

样可以分两步进行计算。

① 计算 $D(a, b)$。

$$\boldsymbol{D}(a, b)=\boldsymbol{A}(a)\wedge\boldsymbol{B}(b)=\vec{\boldsymbol{A}}(a)\circ\boldsymbol{B}(b)=\boldsymbol{A}^{\mathrm{T}}(a)\circ\boldsymbol{B}(b)$$

$$=\begin{bmatrix}A(a_1)\\A(a_2)\\\vdots\\A(a_p)\end{bmatrix}\circ\begin{bmatrix}B(b_1) & B(b_2) & \cdots & B(b_q)\end{bmatrix}$$

$$=\begin{bmatrix}A(a_1)\wedge B(b_1) & A(a_1)\wedge B(b_2) & \cdots & A(a_1)\wedge B(b_q)\\A(a_2)\wedge B(b_1) & A(a_2)\wedge B(b_2) & \cdots & A(a_2)\wedge B(b_q)\\\vdots & \vdots & & \vdots\\A(a_p)\wedge B(b_1) & A(a_p)\wedge B(b_2) & \cdots & A(a_p)\wedge B(b_q)\end{bmatrix}$$

② 将 $\boldsymbol{D}(a, b)$ 代入 $\vec{\boldsymbol{D}}(a, b)\circ\boldsymbol{U}(u)$ 进行计算。

$$\boldsymbol{R}(a, b, u)=\boldsymbol{A}(a)\wedge\boldsymbol{B}(b)\wedge\boldsymbol{U}(u)=\vec{\boldsymbol{D}}(a, b)\circ\boldsymbol{U}(u)\quad(\text{或}\ \boldsymbol{R}(a, b, u)=\overrightarrow{(\vec{\boldsymbol{A}}(a)\circ\boldsymbol{B}(b))}\circ\boldsymbol{U}(u))$$

注意：这里的 $\boldsymbol{D}(a, b)$ 并非行矩阵，故 $\vec{\boldsymbol{D}}(a, b)\neq\boldsymbol{D}^{\mathrm{T}}(a, b)$。

$$\boldsymbol{R}(a, b, u)=\vec{\boldsymbol{D}}(a, b)\circ\boldsymbol{U}(u)=\begin{bmatrix}A(a_1)\wedge B(b_1)\\\vdots\\A(a_1)\wedge B(b_q)\\A(a_2)\wedge B(b_1)\\\vdots\\A(a_2)\wedge B(b_q)\\\vdots\\A(a_p)\wedge B(b_1)\\\vdots\\A(a_p)\wedge B(b_q)\end{bmatrix}\circ\begin{bmatrix}U(u_1) & U(u_2) & \cdots & U(u_n)\end{bmatrix}$$

$$=\begin{bmatrix}A(a_1)\wedge B(b_1)\wedge U(u_1) & A(a_1)\wedge B(b_1)\wedge U(u_2) & \cdots & A(a_1)\wedge B(b_1)\wedge U(u_n)\\\vdots & \vdots & & \vdots\\A(a_1)\wedge B(b_q)\wedge U(u_1) & A(a_1)\wedge B(b_q)\wedge U(u_2) & \cdots & A(a_1)\wedge B(b_q)\wedge U(u_n)\\A(a_2)\wedge B(b_1)\wedge U(u_1) & A(a_2)\wedge B(b_1)\wedge U(u_2) & \cdots & A(a_2)\wedge B(b_1)\wedge U(u_n)\\\vdots & \vdots & & \vdots\\A(a_2)\wedge B(b_q)\wedge U(u_1) & A(a_2)\wedge B(b_q)\wedge U(u_2) & \cdots & A(a_2)\wedge B(b_q)\wedge U(u_n)\\\vdots & \vdots & & \vdots\\A(a_p)\wedge B(b_1)\wedge U(u_1) & A(a_p)\wedge B(b_1)\wedge U(u_2) & \cdots & A(a_p)\wedge B(b_1)\wedge U(u_n)\\\vdots & \vdots & & \vdots\\A(a_p)\wedge B(b_q)\wedge U(u_1) & A(a_p)\wedge B(b_q)\wedge U(u_2) & \cdots & A(a_p)\wedge B(b_q)\wedge U(u_n)\end{bmatrix}$$

这个 $(p\times q)$ 行、n 列的 F 矩阵，就表示条件命题“$\boldsymbol{A}\wedge\boldsymbol{B}\to\boldsymbol{U}$”的模糊蕴涵关系 $\boldsymbol{R}(a, b, u)$。

例 3-5 设论域 $X=\{a_1, a_2, a_3\}$，$Y=\{b_1, b_2, b_3\}$，$Z=\{c_1, c_2, c_3\}$，已知：

$$A(a)=\frac{0.5}{a_1}+\frac{1.0}{a_2}+\frac{0.1}{a_3},\ B(b)=\frac{0.1}{b_1}+\frac{1.0}{b_2}+\frac{0.6}{b_3},\ C(c)=\frac{0.4}{c_1}+\frac{0.6}{c_2}+\frac{1.0}{c_3},$$

它们满足模糊条件命题“$(A\wedge B)\to U$”，试确定它们间的模糊蕴涵关系 $R(a,\ b,\ c)$。

解　这里 $A(a)$，$B(b)$，$C(c)$ 都是离散论域上的F集合，据Mamdani算法有：

$$R(a,\ b,\ c)=A(a)\wedge B(b)\wedge C(c)=(A(a)\wedge B(b))\wedge C(c)$$

令 $\boldsymbol{D}(a,\ b)=\boldsymbol{A}(a)\wedge\boldsymbol{B}(b)$，则有：

$$\begin{aligned}\boldsymbol{D}(a,\ b)&=\boldsymbol{A}(a)\wedge\boldsymbol{B}(b)\\&=\vec{\boldsymbol{A}}(a)\circ\boldsymbol{B}(b)\\&=\begin{bmatrix}0.5\\1.0\\0.1\end{bmatrix}\circ[0.1\ 1.0\ 0.6]\\&=\begin{bmatrix}0.1&0.5&0.5\\0.1&1.0&0.6\\0.1&0.1&0.1\end{bmatrix}\end{aligned}$$

所以 $\boldsymbol{R}(a,\ b,\ c)=\vec{\boldsymbol{D}}(a,\ b)\circ\boldsymbol{C}(c)$

$$\begin{aligned}&=[0.1\ 0.5\ 0.5\ 0.1\ 1.0\ 0.6\ 0.1\ 0.1\ 0.1]^{\mathrm{T}}\circ[0.4\ 0.6\ 1.0]\\&=\begin{bmatrix}0.1&0.4&0.4&0.1&0.4&0.4&0.1&0.1&0.1\\0.1&0.5&0.5&0.1&0.6&0.6&0.1&0.1&0.1\\0.1&0.5&0.5&0.1&1.0&0.6&0.1&0.1&0.1\end{bmatrix}\end{aligned}$$

(2) 若 A，B，U 均为有限连续论域上的F集合

这时模糊条件命题“$(A\wedge B)\to U$”的模糊蕴涵关系 $R(a,\ b,\ u)$，是三元模糊关系 $A\times B\times U$ 的模糊子集 $A\wedge B\wedge U$。由于 A、B、U 均属于连续论域，这几个F子集无法用矩阵表示，其真值表达式 $R(a,\ b,\ u)=A(a)\wedge B(b)\wedge U(u)$，可以用数值和F矩阵的“数积”方法计算。

若已知 $a_i\in a$，其隶属度为 $A(a_i)$；$b_j\in b$，其隶属度 $B(b_j)$；模糊子集 U 的隶属函数为 $U(u)$。则元素 a_i，b_j 和模糊子集 $U(u)$ 的蕴涵关系 $R(a_i,\ b_j,\ u)=((A\wedge B)\to U)(a_i,\ b_j,\ u)$，于是有：

$$R(a_i,\ b_j,\ u)=A(a_i)\wedge B(b_j)\wedge U(u)=(A(a_i)\wedge B(b_j))\wedge U(u)$$

两个隶属度 $A(a_i)$ 和 $B(b_j)$ 的取小，其结果是个数值，令 $\mu_k=(A(a_i)\wedge B(b_j))$，则：

$$R(a_i,\ b_j,\ u)=\mu_k\wedge U(u)=(\mu_k U)(u)$$

$(\mu_k U)(u)$ 就是 a_i，b_j 和模糊子集 $U(u)$ 的蕴涵关系，等于数值 μ_k 与模糊子集 $U(u)$ 的“数积”。

若让 a_i，b_j 分别遍取有限连续论域上的所有元素，就可得出模糊条件命题“$(A\wedge B)\to U$”的模糊蕴涵关系 $R(a,\ b,\ u)$。当 a，b 分别取确定数值 a_i，b_j 时，则模糊蕴涵关系 $R(a_i,\ b_j,\ u)$ 仅是 u 的函数。下面以一个例题说明这种情况下的运算方法。

例3-6　已知 A，B，U 均为连续论域上的模糊子集，它们之间的关系满足模糊条件命题“$(A\wedge B)\to U$”。已知F集合 $A(a)$ 在 a_0 处的隶属度为 $A(a_0)=0.65$，F集合 $B(b)$ 在 b_0 处的隶属度为 $B(b_0)=0.8$，$U(u)$ 为连续论域上的F集合，$U(u)=\dfrac{1}{1+\left|\dfrac{u-2}{3}\right|^2}$，

$u\in[-2.9\ 6.9]$。

求模糊条件命题“$(A(a)\wedge B(b))\to U(u)$”在 $a=a_0$，$b=b_0$ 处的模糊蕴涵关系 $R(a_0,b_0,u)$。

解　由于模糊条件命题$(A\wedge B)\to U$ 的模糊关系$R(a,b,u)=A(a)\wedge B(b)\wedge U(u)$。当$A(a_0)=0.65$,$B(b_0)=0.8$ 时，$R(a_0,b_0,u)=(A(a_0)\wedge B(b_0))\wedge U(u)=0.65\wedge U(u)=(0.65U)(u)$。

于是，模糊蕴涵关系 $R(a_0,b_0,u)=(0.65U)(u)$如图 3－6 所示。

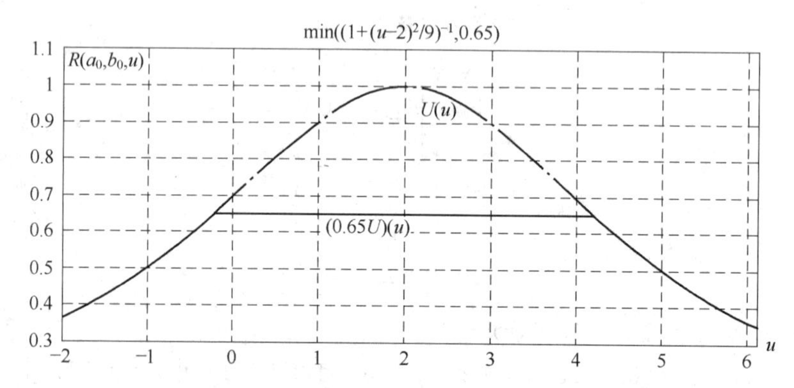

图3－6　元素 a_0、b_0 和模糊子集$U(u)$ 的模糊蕴涵关系 $R(a_0,b_0,u)$ 函数图

3. “若 A 则 U_1，否则 U_2”等其他情况

对于常见的复合条件命题像“若A则U_1，否则U_2”“若A或B或C……，则U”“若A且B且C……，则U”等，都可以由多个上面介绍的两种基本条件命题组合构成。

例如，条件命题“如果 a 是A，则 u 是U_1，否则 u 是U_2”，可以分解成“如果 a 是A，则 u 是U_1”和“如果 a 是A^C，则 u 是U_2”两个“$A(a)\to U(u)$”型条件命题，分别求出它们的模糊蕴涵关系，然后再将它们“并”在一起。因而，它的模糊蕴涵关系 $R(a,u)=(A(a)\wedge U_1(u))\vee(A^C(a)\wedge U_2(u))$，具体运用中视 a 情况而定，可能输出$U_1(u)$，也可能输出$U_2(u)$。

又如，条件命题“如果a是A，或b是B，或c是C……，则u是U”，即“若$A(a)$或$B(b)$或$C(c)$，……则$U(u)$”，可分解成多个“$A(a)\to U(u)$”条件命题，然后进行“并”运算。

对于条件命题“如果 a 是A 且b 是B 且c 是C……，则 u 是U”，即“若$A(a)$且$B(b)$且$C(c)$……，则$U(u)$”，则可分解成多个“$A(a)\to U(u)$”条件命题，然后进行“交”运算。

3.3.3　近似推理及其合成法则

1. 模糊逻辑推理（近似推理）

模糊逻辑推理就是以模糊命题为前提，运用模糊推理规则得出新的模糊命题为结论的思维过程，它是由经典逻辑中的直言三段论推理法则扩充而形成的。

经典逻辑中的“三段论”，是由一个概念联系着的两个前提推出新结论的一种逻辑演绎推理方法。“三段论”由大前提、小前提和结论三部分组成，每部分都是一个命题（判断）。例如：“金属都能导电（大前提），铁是金属（小前提），所以铁能导电（结论）”。推理过程中，大前提是带有普遍性的准则，通常它是经过实践证明的真理，是进行推理的基础和基本出发点，小前提给出一个特殊情况下的具体条件，它应该包含在大前提之中。大前提、小前提里都含有一个共同的概念——这里是“金属”，普遍准则和具体条件相结合，则推出了最后的结论“铁能导电”。三段论推理法则渗透在人们的思维、言行、生活、工作、学习等各个方面。虽然口语中有时会省略大前提，比如说“铜当然会导电!”并没有提及“大前提”，但思维过程必然不会没有“大前提”。

经典逻辑的三段论中，所有的概念、命题都是精确的、清晰的。把二值逻辑三段论推理中包含的精确概念和精确命题，都换成模糊性的，就形成了模糊逻辑推理，也称似然推理。虽然二者使用的概念、命题性质不同，但是连接前提和结论的推理模式完全一样，思路共通。下面就是一个模糊逻辑推理的例子。

大前提：　　西红柿变红时就熟了　　（F 条件命题或 F 假言判断）

小前提：　　这个西红柿有点红　　（F 命题）

（大前提和小前提中都含有西红柿的颜色——“红”）

结论：　　这个西红柿有点熟　　（新 F 命题）

该例中“红”“熟”“有点红”“有点熟”都是外延不清晰的模糊概念，因此大前提（条件命题）、小前提（简单命题）和结论（新命题）都属模糊命题。

把这种含有模糊性概念、模糊命题的“三段论”式逻辑演绎推理，称之为模糊逻辑推理。由于这里联系大前提和小前提的概念是模糊的（“红”和“有点红”），并不完全相同，所以常称这种模糊逻辑推理为近似推理或似然推理。

在传统逻辑推理中，作为小前提的命题和作为结论的命题，只能取“肯定”或“否定”两种结论，即它们的真值只能取 1 或 0。但是在近似推理中，由于大前提、小前提都是模糊命题，它的真值则扩大成了从 0 到 1 间的任意实数值。这一变化明显影响到近似推理的结果，作为结果的新命题就不能只有“肯定”和“否定”两个结论。

那么模糊逻辑推理中，如何根据大前提和小前提的真值来确定新结论——新 F 命题的真值呢?

2. 模糊逻辑推理的合成法则

基于近似推理的基本思想，1973 年，扎德提出了模糊逻辑推理的合成法则。下面用前面关于“西红柿成熟”的例子，说明扎德近似推理“合成法则”的基本思想。

设 a——西红柿的颜色；u——西红柿的成熟度；A——红；U——熟；A^*——有点红；U^*——有点熟。用这些符号可以把上述的近似推理表示如下：

大前提——“$A(a)\to U(u)$”；

小前提——“$A^*(a)$”；

结论——“$U^*(u)$”。

其中，F 集合 A 和 A^* 属于西红柿颜色的论域“红”，F 集合 U 和 U^* 属于西红柿成熟程度的论域“熟”。用 R 表示 F 条件命题“$A(a)\to U(u)$”的蕴涵关系，则 $R(a, u)\in\mathscr{F}(A(a)\times$

$U(u)$)。$R(a, u)$ 表达了西红柿的颜色“红”跟成熟程度“熟”间的一种 F 关系。如果研究的论域是有限离散的（比如说西红柿的红色、成熟的程度可以分成若干档次），则 $A^*(a)$、$R(a, u)$和$U^*(u)$ 都可以用矩阵表示。于是，按照模糊蕴涵关系合成的基本定义，扎德提出了近似推理的合成法则：

$$\boldsymbol{U}^*(u)=\boldsymbol{A}^*(a)\circ\boldsymbol{R}(a, u)$$

合成法则中的符号“∘”表示 F 关系合成中的“合成运算”，运算方法和普通矩阵乘法一样，只是将“相乘”改为“取小”，“相加”改为“取大”。当然运算中要求左边的矩阵 $\boldsymbol{A}^*(a)$ 的列数等于右边矩阵 $\boldsymbol{R}(a, u)$ 的行数，以保证 $\boldsymbol{A}^*(a)$ 中每个元素都能通过 $\boldsymbol{R}(a, u)$ 映射到输出量 $\boldsymbol{U}^*(u)$ 的一个元素。

更为一般的情况下，为保证一般矩阵 $\boldsymbol{A}^*(a)$ 的每个元素都能与 $\boldsymbol{R}(a, u)$ 的元素进行“搭配”，可将 $\boldsymbol{A}^*(a)$“按行拉直”，然后再与 $\boldsymbol{R}(a, u)$ 进行合成。这样可得出近似推理的一般合成法则：

$$\boldsymbol{U}^*(u)=(\overrightarrow{\boldsymbol{A}^*}(a))^{\mathrm{T}}\circ\boldsymbol{R}(a, u)$$

或简写成：

$$\boldsymbol{U}^*=(\overrightarrow{\boldsymbol{A}^*})^{\mathrm{T}}\circ\boldsymbol{R}$$

扎德的合成法则 $\boldsymbol{U}^*(u)=\boldsymbol{A}^*(a)\circ\boldsymbol{R}(a, u)$，可以看作是通用合成法则 $\boldsymbol{U}^*=(\overrightarrow{\boldsymbol{A}^*})^{\mathrm{T}}\circ\boldsymbol{R}$ 的特例。因为当$\boldsymbol{A}^*$ 是行矩阵时，根据“按行拉直”的定义$\overrightarrow{\boldsymbol{A}^*}=\boldsymbol{A}^{*\mathrm{T}}$，于是 $(\overrightarrow{\boldsymbol{A}^*})^{\mathrm{T}}=\boldsymbol{A}^*$。代入通用合成法则公式 $\boldsymbol{U}^*=(\overrightarrow{\boldsymbol{A}^*})^{\mathrm{T}}\circ\boldsymbol{R}$,就可得出扎德的合成法则 $\boldsymbol{U}^*=\boldsymbol{A}^*\circ\boldsymbol{R}$。

近似推理合成法则得出的 $\boldsymbol{U}^*(u)$ 是一个 F 矩阵，它的每个元素就是经过近似推理得出的新结论的真值。

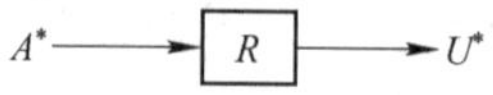

A^* ——→ R ——→ U^*

图 3－7　近似推理过程示意图

模糊逻辑推理合成法则，即近似推理过程如图 3－7 所示。其中 R 是进行近似推理的大前提，是大量实验、观测和经验的总结，是对实践素材的去伪存真、去粗取精后形成的模糊规则，即常说的模糊条件语句，它们是模糊推理中最可靠的出发点和根据；A^* 是小前提，是进行模糊推理的条件。进行模糊推理时，作为根据的大前提和作为条件的小前提，缺一不可。

由近似推理合成法则 $\boldsymbol{U}^*(u)=\boldsymbol{A}^*(a)\circ\boldsymbol{R}(a, u)$可知，模糊逻辑推理过程主要得解决两个问题：确定模糊蕴涵关系 $\boldsymbol{R}$（也称模糊条件语句）和选取恰当的合成算法。

通过怎样的合成运算，才能由 $\boldsymbol{R}$（大前提）和 $\boldsymbol{A}^*(a)$（小前提）得出新命题 $\boldsymbol{U}^*(u)$ 呢？

3. 合成法则的具体算法

扎德提出的模糊逻辑合成法则，使用的是 F 关系合成算法（“∘”）中的“取大-取小”合成法，是一种人为定义的算法，虽然有不少应用实例表明是可行的，但并不是对任何情况都适用。人们在应用、研究模糊控制的实践中，又提出过许多不同的近似推理合成算法。

在介绍 F 关系合成时，曾介绍过“取大-相乘合成法”，它也曾被用作近似推理的合成算法。除此之外，由于近似推理要比 F 关系合成的情况复杂得多，况且由于模糊蕴涵关系 $\boldsymbol{R}$ 就有着许多不同的定义，针对每种定义的 $\boldsymbol{R}$ 又可能提出不同的合成算法，因此，历史上曾提出过许多种不同的合成算法。为了查阅和选用的方便，在表 3－5 中选列了常用的几种近似推理法则的合成算法。

表 3-5　常用的几种近似推理法则的合成算法

复合运算名称	连续论域的表达式 （输入量 $\boldsymbol{A}$，$\boldsymbol{A}^* \in \mathcal{F}(X)$，输出量 $\boldsymbol{U}$，$\boldsymbol{U}^* \in \mathcal{F}(Y)$，$\boldsymbol{R} \in \mathcal{F}(\mathcal{X} \times \boldsymbol{Y})$）
取大-取小（扎德法）	$\boldsymbol{U}^*(u)=(\boldsymbol{A}^* \circ \boldsymbol{R})(a,u)=\bigvee_{a\in A}(\boldsymbol{A}(a)\wedge \boldsymbol{R}(a,u))$
取大-积	$\boldsymbol{U}^*(u)=(\boldsymbol{A}^* \circ R)(a,u)=\bigvee_{a\in A}(\boldsymbol{A}(a)*\boldsymbol{R}(a,u))$
取小-取大	$\boldsymbol{U}^*(u)=(\boldsymbol{A}^* \circ \boldsymbol{R})(a,u)=\bigwedge_{a\in A}(\boldsymbol{A}(a)\vee \boldsymbol{R}(a,u))$
取大-取大	$\boldsymbol{U}^*(u)=(\boldsymbol{A}^* \circ \boldsymbol{R})(a,u)=\bigvee_{a\in A}(\boldsymbol{A}(a)\vee \boldsymbol{R}(a,u))$
取小-取小	$\boldsymbol{U}^*(u)=(\boldsymbol{A}^* \circ \boldsymbol{R})(a,u)=\bigwedge_{a\in A}(\boldsymbol{A}(a)\wedge \boldsymbol{R}(a,u))$
取大-平均	$\boldsymbol{U}^*(u)=(\boldsymbol{A}^* \circ \boldsymbol{R})(a,u)=\frac{1}{2}\bigvee_{a\in A}(\boldsymbol{A}(a)+\boldsymbol{R}(a,u))$
和-积	$\boldsymbol{U}^*(u)=(\boldsymbol{A}^* \circ \boldsymbol{R})(a,u)=f\left\{\sum_{a\in A}(\boldsymbol{A}(a)*\boldsymbol{R}(a,u))\right\}$ $f\{\cdot\}$是取值限制在[0，1]上的逻辑函数

在进行近似推理合成法则的运算中，由于选取的模糊蕴涵关系 $\boldsymbol{R}$ 不同，使用的 F 推理合成算法不同，以及它们的组合不同，所得结果往往会大不一样，这些都需要根据实际情况进行探索筛取。

4. 控制器中的模糊蕴涵关系 $\boldsymbol{R}$

近似推理合成法则 $\boldsymbol{U}^*=(\overrightarrow{\boldsymbol{A}^*})^{\mathrm{T}}\circ\boldsymbol{R}$ 中的模糊蕴涵关系 $\boldsymbol{R}$，是由模糊规则的模糊条件命题构成的，一般模糊控制器中的 $\boldsymbol{R}$，由多条模糊条件命题组成。

设一个模糊控制器中的模糊规则有 n 条，即由 n 个模糊蕴涵关系 $\boldsymbol{R}_1$，$\boldsymbol{R}_2$，$\boldsymbol{R}_3$，…，$\boldsymbol{R}_n$ 组成，则控制器的模糊关系 $\boldsymbol{R}$，就由这 n 个模糊蕴涵关系 $\boldsymbol{R}_j$ 的“并”构成：

$$\boldsymbol{R}=\boldsymbol{R}_1\cup\boldsymbol{R}_2\cup\boldsymbol{R}_3\cup\cdots\cup\boldsymbol{R}_n=\bigcup_{j=1}^{n}\boldsymbol{R}_j$$

将 $\boldsymbol{R}$ 代入近似推理合成法则，得出：

$$\boldsymbol{U}^*=(\overrightarrow{\boldsymbol{A}^*})^{\mathrm{T}}\circ\boldsymbol{R}=(\overrightarrow{\boldsymbol{A}^*})^{\mathrm{T}}\circ\bigcup_{j=1}^{n}\boldsymbol{R}_j=\bigcup_{j=1}^{n}((\overrightarrow{\boldsymbol{A}^*})^{\mathrm{T}}\circ\boldsymbol{R}_j)=\bigcup_{j=1}^{n}\boldsymbol{U}_j^*$$

式中 $\boldsymbol{U}_j^*=(\overrightarrow{\boldsymbol{A}^*})^{\mathrm{T}}\circ\boldsymbol{R}_j$。由此可见，求输出量 $\boldsymbol{U}^*$ 可有两种计算顺序。

算法①　先算出 n 个 $\boldsymbol{R}_j$，求出它们的并 $\bigcup_{j=1}^{n}\boldsymbol{R}_j=\boldsymbol{R}$，代入计算 $\boldsymbol{U}^*$ 的公式得出。

算法②　先算出 n 个 $\boldsymbol{U}_j^*$，再求出它们的并 $\bigcup_{j=1}^{n}\boldsymbol{U}_j^*=\boldsymbol{U}^*$，即可得出。

实际上在某个采样周期内，输入控制器的一个输入变量不可能同时激活所有的模糊蕴涵关系 $\boldsymbol{R}_j$，即任何一个“小前提” $\boldsymbol{A}^*(a)$ 不可能同时与所有的条件命题 $\boldsymbol{R}_j$ 有关（跟某个条件命题有关则称该条件命题被“激活”）。如在图 3-1 上，若某时刻输入的变量 $x_i=0.4$，则只能激活含有“正好”和“高”两个 F 子集的模糊命题，而与含 F 子集“低”的模糊命题无关。通常每个输入的精确量，往往激活的规则数只有 1～3 个，所以一般采用称为“逐条推理法”的算法②进行运算。

假设一个模糊控制器的控制规则有 n 条，某时刻激活了 $m(m<n)$ 条，则可以仅就这 m 条语句逐条进行近似推理，然后对这 m 个结论做“并”运算，没必要先算 n 个 $\boldsymbol{R}_j$ 的并 $\boldsymbol{R}$。如果 m 和 n 都很小或相差不多，则可先求出 $\boldsymbol{R}$，用算法①计算。如果 n 很小，需要计算的输入次数很多，即输入变量 x_i 的数目 i 很大时，可以先算出 $\boldsymbol{R}$，用算法①进行计算。

例 3-7 某燃油锅炉供油阀门的开关程度和锅炉中水温相关，根据操作经验总结出一条模糊规则：“若水温高，则阀门关闭程度大。”设水温 a 的论域 W 和阀门关闭程度 b 的论域 P 都分 5 挡：$W=P=\{1\ 2\ 3\ 4\ 5\}$。现已知：

F 集合 $A(a)$ 代表水温“高”，$A(a)=\frac{0.1}{2}+\frac{0.4}{3}+\frac{0.5}{4}+\frac{0.9}{5}$；

F 集合 $B(b)$ 代表阀门关闭程度“大”，$B(b)=\frac{0.2}{3}+\frac{0.5}{4}+\frac{1.0}{5}$。

求：①“若水温高，则阀门关闭程度大$(A(a)\rightarrow B(b))$”的 F 蕴涵关系 $\boldsymbol{R}(a, b)$；

② 若现在水温“不高”，问阀门关闭程度如何？

解 ① 先求出“若水温高，则阀门关闭程度大”的 F 蕴涵关系 $\boldsymbol{R}$。

把 F 集合 $A(a)$ 和 $B(b)$ 写成向量：

$$\boldsymbol{A}(a)=(0\ 0.1\ 0.4\ 0.5\ 0.9),\ \boldsymbol{B}(b)=(0\ 0\ 0.2\ 0.5\ 1.0)$$

按照 F 蕴涵关系的 Mamdani 算法，模糊蕴涵关系为：

$$\boldsymbol{R}(a, b)=\boldsymbol{A}(a)\wedge\boldsymbol{B}(b)=\vec{\boldsymbol{A}}(a)\circ\boldsymbol{B}(b)=\boldsymbol{A}(a)^{\mathrm{T}}\circ\boldsymbol{B}(b)$$

所以得出 $\boldsymbol{R}(a, b)=\boldsymbol{A}(a)^{\mathrm{T}}\circ\boldsymbol{B}(b)$

$$=\begin{bmatrix}0\\0.1\\0.4\\0.5\\0.9\end{bmatrix}\circ(0\ 0\ 0.2\ 0.5\ 1.0)=\begin{bmatrix}0&0&0&0&0\\0&0&0.1&0.1&0.1\\0&0&0.2&0.4&0.4\\0&0&0.2&0.5&0.5\\0&0&0.2&0.5&0.9\end{bmatrix}$$

② 再计算水温“不高”时阀门关闭的程度 $\boldsymbol{B}^*(b)$。

用 $\boldsymbol{A}^*$ 代表锅炉水温“不高”，则 $\boldsymbol{A}^*(a)=\boldsymbol{A}^{\mathrm{C}}(a)=\frac{1}{1}+\frac{0.9}{2}+\frac{0.6}{3}+\frac{0.5}{4}+\frac{0.1}{5}$，写成向量为 $\boldsymbol{A}^*(a)=(1\ 0.9\ 0.6\ 0.5\ 0.1)$，把它代入近似推理合成法则公式：

$$\boldsymbol{B}^*(b)=(\overrightarrow{\boldsymbol{A}^*}(a))^{\mathrm{T}}\circ\boldsymbol{R}(a, b)=\boldsymbol{A}^*(a)\circ\boldsymbol{R}(a, b)$$

于是得出：

$$\begin{aligned}\boldsymbol{B}^*(b)&=\boldsymbol{A}^*(a)\circ\boldsymbol{R}(a, b)\\&=[1.0\ 0.9\ 0.6\ 0.5\ 0.1]\circ\begin{bmatrix}0&0&0&0&0\\0&0&0.1&0.1&0.1\\0&0&0.2&0.4&0.4\\0&0&0.2&0.5&0.5\\0&0&0.2&0.5&0.9\end{bmatrix}\\&=[0\ 0\ 0.2\ 0.5\ 0.5]\end{aligned}$$

即此时阀门关闭的程度 $\boldsymbol{B}^*(b)=\frac{0.2}{3}+\frac{0.5}{4}+\frac{0.5}{5}$，可见比水温高时阀门关闭得要小。

例 3-8　设论域 X，Y，Z 分别为 $X=\{a_1a_2a_3\}$，$Y=\{b_1b_2b_3\}$，$Z=\{c_1c_2c_3\}$。

已知　$A\in\mathscr{F}(X)$，$A(a)=\frac{1.0}{a_1}+\frac{0.4}{a_2}+\frac{0.2}{a_3}$；$B\in\mathscr{F}(Y)$，$B(b)=\frac{0.1}{b_1}+\frac{0.6}{b_2}+\frac{1.0}{b_3}$；

$$C\in\mathscr{F}(Z),\ C(c)=\frac{0.3}{c_1}+\frac{0.7}{c_2}+\frac{1.0}{c_3}。$$

① 试用 Mamdani 算法确定模糊命题"$A\wedge B\to C$"的模糊蕴涵关系 $R(a,\ b,\ c)$；

② 当 $\boldsymbol{A}^*\in\mathscr{F}(X)$，$\boldsymbol{A}^*(a)=\frac{0.3}{a_1}+\frac{0.5}{a_2}+\frac{0.7}{a_3}$，$\boldsymbol{B}^*\in\mathscr{F}(Y)$，$\boldsymbol{B}^*(b)=\frac{0.4}{b_1}+\frac{0.5}{b_2}+\frac{0.9}{b_3}$时，根据①中得出的 $\boldsymbol{R}(a,\ b,\ c)$，求出相应的 $\boldsymbol{C}^*(c)$。

解　① 根据 Mandani 算法，$\boldsymbol{R}=\boldsymbol{A}\wedge\boldsymbol{B}\wedge\boldsymbol{C}=(\boldsymbol{A}\wedge\boldsymbol{B})\wedge\boldsymbol{C}$，先算出 $\boldsymbol{A}\wedge\boldsymbol{B}$。

已知 $\boldsymbol{A}(a)=(1\ 0.4\ 0.2)$，$\boldsymbol{B}(b)=(0.1\ 0.6\ 1.0)$，令 $\boldsymbol{D}(a,\ b)=\boldsymbol{A}(a)\wedge\boldsymbol{B}(b)$，则：

$$\boldsymbol{D}(a,\ b)=\vec{\boldsymbol{A}}(a)\circ\boldsymbol{B}(b)=\boldsymbol{A}^{\mathrm{T}}(a)\circ\boldsymbol{B}(b)=\begin{bmatrix}1.0\\0.4\\0.2\end{bmatrix}\circ[0.1\ 0.6\ 1.0]$$

$$=\begin{bmatrix}0.1&0.6&1.0\\0.1&0.4&0.4\\0.1&0.2&0.2\end{bmatrix}$$

将算出的 $\boldsymbol{D}(a,\ b)$ 代入蕴涵关系算式 $\boldsymbol{R}(a,\ b,\ c)=(\boldsymbol{A}\wedge\boldsymbol{B})\wedge\boldsymbol{C}=\vec{\boldsymbol{D}}(a,\ b)\circ\boldsymbol{C}(c)$ 中，有：

$$\boldsymbol{R}(a,\ b,\ c)=\vec{\boldsymbol{D}}(a,\ b)\circ\boldsymbol{C}(c)=[0.1\ 0.6\ 1.0\ 0.1\ 0.4\ 0.4\ 0.1\ 0.2\ 0.2]^{\mathrm{T}}\circ[0.3\ 0.7\ 1.0]$$

$$=\begin{bmatrix}0.1&0.3&0.3&0.1&0.3&0.3&0.1&0.2&0.2\\0.1&0.6&0.7&0.1&0.4&0.4&0.1&0.2&0.2\\0.1&0.6&1.0&0.1&0.4&0.4&0.1&0.2&0.2\end{bmatrix}^{\mathrm{T}}$$

② 按照近似推理合成法则，可算出 $\boldsymbol{C}^*=(\boldsymbol{A}^*\wedge\boldsymbol{B}^*)\circ\boldsymbol{R}$

$$令\ \boldsymbol{D}^*=\boldsymbol{A}^*\wedge\boldsymbol{B}^*=\overrightarrow{\boldsymbol{A}^*}(a)\circ\boldsymbol{B}^*(b)=\begin{bmatrix}0.3\\0.5\\0.7\end{bmatrix}\circ[0.4\ 0.5\ 0.9]=\begin{bmatrix}0.3&0.3&0.3\\0.4&0.5&0.5\\0.4&0.5&0.7\end{bmatrix}$$

$$\boldsymbol{C}^*=(\boldsymbol{A}^*\wedge\boldsymbol{B}^*)\circ\boldsymbol{R}=(\overrightarrow{\boldsymbol{D}^*})^{\mathrm{T}}\circ\boldsymbol{R}$$

$$=(\overrightarrow{\boldsymbol{D}^*}(a,\ b))^{\mathrm{T}}\circ\boldsymbol{R}(a,\ b,\ c)$$

$$=[0.3\ 0.3\ 0.3\ 0.4\ 0.5\ 0.5\ 0.4\ 0.5\ 0.7]\circ\begin{bmatrix}0.1&0.1&0.1\\0.3&0.6&0.6\\0.3&0.7&1.0\\0.1&0.1&0.1\\0.3&0.4&0.4\\0.3&0.4&0.4\\0.1&0.1&0.1\\0.2&0.2&0.2\\0.2&0.2&0.2\end{bmatrix}$$

$$=[0.3\ 0.5\ 0.4]$$

于是由 $\boldsymbol{A}^*(a)$，$\boldsymbol{B}^*(b)$ 和 $\boldsymbol{R}(a, b, c)$ 得出 $\boldsymbol{C}^*(c)=\frac{0.3}{c_1}+\frac{0.5}{c_2}+\frac{0.4}{c_3}$。

例 3-9 已知 $A=\frac{1.0}{a_1}+\frac{0.4}{a_2}+\frac{0.1}{a_3}$，$U_1=\frac{0.8}{u_1}+\frac{0.5}{u_2}+\frac{0.2}{u_3}$，$U_2=\frac{0.5}{u_1}+\frac{0.6}{u_2}+\frac{0.7}{u_3}$，若它们满足"if A then U_1 else U_2"的蕴涵关系，求出当 $\boldsymbol{A}^*=\frac{0.2}{a_1}+\frac{1.0}{a_2}+\frac{0.7}{a_3}$ 时的 $\boldsymbol{U}^*$。

解 据题意该系统的总模糊规则 $\boldsymbol{R}$，可由两条规则"if A then U_1"和"if A^C then U_2"的并构成，因此可采用两种方法进行计算。

① 方法 1：

先按公式 $\boldsymbol{R}(a, u)=(\boldsymbol{A}(a)\wedge\boldsymbol{U}_1(u))\vee(\boldsymbol{A}^C(a)\wedge\boldsymbol{U}_2(u))$，求出 $\boldsymbol{R}(a, u)$，再用近似推理合成法则 $\boldsymbol{U}^*(u)=\boldsymbol{A}^*(a)\circ\boldsymbol{R}(a, u)$ 求得 $\boldsymbol{U}^*$。

由于 $\boldsymbol{R}(a, u)=(\boldsymbol{A}(a)\wedge\boldsymbol{U}_1(u))\vee(\boldsymbol{A}^C(a)\wedge\boldsymbol{U}_2(u))$，可令 $\boldsymbol{R}_1(a, u)=\boldsymbol{A}(a)\wedge\boldsymbol{U}_1(u)$ 和 $\boldsymbol{R}_2(a, u)=\boldsymbol{A}^C(a)\wedge\boldsymbol{U}_2(u)$，则 $\boldsymbol{R}(a, u)=\boldsymbol{R}_1(a, u)\cup\boldsymbol{R}_2(a, u)$。

由于 $\boldsymbol{A}(a)=[1.0\ 0.4\ 0.1]$，$\boldsymbol{U}_1(u)=[0.8\ 0.5\ 0.2]$，代入 $\boldsymbol{R}_1(a, u)=\boldsymbol{A}(a)\wedge\boldsymbol{U}_1(u)=\vec{\boldsymbol{A}}(a_i)\circ\boldsymbol{U}_1(u_j)$，有：

$$\boldsymbol{R}_1(a, u)=\vec{\boldsymbol{A}}(a_i)\circ\boldsymbol{U}_1(u_j)=\boldsymbol{A}^T(a_i)\circ\boldsymbol{U}_1(u_j)=\begin{bmatrix}1.0\\0.4\\0.1\end{bmatrix}\circ[0.8\ 0.5\ 0.2]=\begin{bmatrix}0.8&0.5&0.2\\0.4&0.4&0.2\\0.1&0.1&0.1\end{bmatrix}$$

又由于 $\boldsymbol{A}^C(a)=\frac{0.6}{a_2}+\frac{0.9}{a_3}$，写成向量为：$\boldsymbol{A}^C(a)=[0\ 0.6\ 0.9]$，$\boldsymbol{U}_2(u)=[0.5\ 0.6\ 0.7]$，代入 $\boldsymbol{R}_2(a, u)=\boldsymbol{A}^C(a)\wedge\boldsymbol{U}_2(u)=\vec{\boldsymbol{A^C}}(a_i)\circ\boldsymbol{U}_2(u_j)$，可得出：

$$\boldsymbol{R}_2(a, u)=\vec{\boldsymbol{A^C}}(a_i)\circ\boldsymbol{U}_2(u_j)=(\boldsymbol{A}^C(a))^T\circ\boldsymbol{U}_2(u)=\begin{bmatrix}0\\0.6\\0.9\end{bmatrix}\circ[0.5\ 0.6\ 0.7]=\begin{bmatrix}0&0&0\\0.5&0.6&0.6\\0.5&0.6&0.7\end{bmatrix}$$

于是得出：$$\boldsymbol{R}(a, u)=\boldsymbol{R}_1(a, u)\cup\boldsymbol{R}_2(a, u)=\begin{bmatrix}0.8&0.5&0.2\\0.5&0.6&0.6\\0.5&0.6&0.7\end{bmatrix}。$$

代入近似推理合成法则，有：

$$\boldsymbol{U}^*(u)=\boldsymbol{A}^*(a)\circ\boldsymbol{R}(a, u)$$
$$=[0.2\ 1.0\ 0.7]\circ\begin{bmatrix}0.8&0.5&0.2\\0.5&0.6&0.6\\0.5&0.6&0.7\end{bmatrix}=[0.5\ 0.6\ 0.7]$$

于是得出：

$$\boldsymbol{U}^*(u)=\frac{0.5}{u_1}+\frac{0.6}{u_2}+\frac{0.7}{u_3}。$$

② 方法 2：

复合命题"if A then U_1 else U_2"可以视为两个模糊命题："if A then U_1"和"if A^C then U_2"的并。于是，$\boldsymbol{R}_1=\boldsymbol{A}\wedge\boldsymbol{U}_1$，$\boldsymbol{R}_2=\boldsymbol{A}^C\wedge\boldsymbol{U}_2$，$\boldsymbol{U}^*=(\boldsymbol{A}^*\circ\boldsymbol{R}_1)\cup(\boldsymbol{A}^*\circ\boldsymbol{R}_2)$，其中：

$$\boldsymbol{R}_1=\begin{bmatrix}0.8&0.5&0.2\\0.4&0.4&0.2\\0.1&0.1&0.1\end{bmatrix},\quad \boldsymbol{A}^*\circ\boldsymbol{R}_1=[0.2\ 1.0\ 0.7]\circ\begin{bmatrix}0.8&0.5&0.2\\0.4&0.4&0.2\\0.1&0.1&0.1\end{bmatrix}$$

$$= [0.4\ 0.2\ 0.2]$$

$$\boldsymbol{R}_2=\begin{bmatrix}0 & 0 & 0\\0.5 & 0.6 & 0.6\\0.5 & 0.6 & 0.7\end{bmatrix},\quad \boldsymbol{A}^*\circ\boldsymbol{R}_2=[0.2\ 1.0\ 0.7]\circ\begin{bmatrix}0 & 0 & 0\\0.5 & 0.6 & 0.6\\0.5 & 0.6 & 0.7\end{bmatrix}$$

$$= [0.5\ 0.6\ 0.7]$$

由 $\boldsymbol{U}^*=(\boldsymbol{A}^*\circ\boldsymbol{R}_1)\cup(\boldsymbol{A}^*\circ\boldsymbol{R}_2)=[0.4\ 0.2\ 0.2]\cup[0.5\ 0.6\ 0.7]=[0.5\ 0.6\ 0.7]$，于是得出：

$$\boldsymbol{U}^*(u)=\frac{0.5}{u_1}+\frac{0.6}{u_2}+\frac{0.7}{u_3}。$$

本例题的 n 和 m 都不大，且只有一组输入，所以两种算法的繁简程度差别不大。

3.4　T－S 型模糊推理

近似推理得出的结论是个新的模糊命题 $U^*(u)$，模糊集合 U^* 是不能直接用于操作执行机构的，必须把它转换成清晰量，即经过清晰化（F/D），这个过程是非常烦琐的，而且具有很大的随意性，同时对模糊结论进行数学分析也很不方便。为了省去这一转换过程和方便于对系统进行数学分析，在研究开发模糊控制系统中，1985 年日本学者高木（Takagi）和杉野（Sugeno）提出了一种新的模糊推理模型，它特别适用于局部线性、能够分段进行控制的系统，这就是 T－S 型模糊推理模型。

T－S 型模糊推理输出的是清晰值，或者是输入量的函数，不需要经过清晰化过程就可以直接用于推动控制机构，更方便于对它进行数学分析。这个模糊推理模型不仅可以用于模糊控制器，还可以逼近任意非线性系统，适用于一般的模糊系统。由于它的输出是数值函数，能和经典控制系统一样进行数学分析，更方便于对整个系统进行定量研究。

下面重点介绍双输入-单输出的 T－S 型模糊推理系统，并简单介绍多输入-单输出 T－S 型模糊推理系统的原理。

3.4.1　双输入、单输出系统的 T－S 型模糊推理

1. T－S 型模糊推理

根据前面讲过的模糊控制理论，对于双输入、单输出系统，可以用模糊条件语句“If x_1 is A_1 and x_2 is A_2，then u is U”（“大前提”）来描述，若又知道“x_1 is A_1^* and x_2 is A_2^*”（“小前提”），则可使用近似推理合成法则，得出新命题“u is U^*”。这里 U^* 是个 F 集合，不能直接输出到执行机构上进行操作，而必须通过“清晰化（F/D）”这个烦琐的转换过程。

当系统呈现局部线性、能够进行分段控制时，可以对上述近似推理过程进行如下的改造。

设某系统的两个输入分别是清晰变量 x_1 和 x_2，将上述近似推理过程改造为“If x_1 is A_1 and x_2 is A_2，then $u=f(x_1,x_2)$”，其中 A_1 和 A_2 是两个 F 集合，输出量 u 为一个数值函

数 $f(x_1, x_2)$。这个 $f(x_1, x_2)$ 的函数类型、其中的参数都是根据大量实验数据、通过系统辨识确定的。这样改造后，近似推理中用模糊条件命题表述的“大前提”，改成用数值函数 $f(x_1, x_2)$ 表述，“大前提”的内容集中体现在函数的类型和其中的参数上，它是进行推理的基础。每当有一组新的输入（x_1^*，x_2^*）时，相当于有了近似推理中的“小前提”，原来近似推理过程就为函数 $f(x_1^*, x_2^*)$ 的计算所代替，近似推理的模糊集合结论，就换成了这个函数的取值。

这一改造使原先近似推理的“控制规则”，不全用语言表述，推理的结论，也不再是模糊集合，而成了数值函数 $f(x_1^*, x_2^*)$ 的取值。

当函数 $f(x_1, x_2)$ 的类型取成 x_1 和 x_2 的线性函数时，这种推理就称为T－S型模糊推理。

2. T－S型模糊推理系统

1）输出函数 $f(x_1, x_2)$ 的两种形式

T－S型F推理系统中的函数 $f(x_1, x_2)$，经常使用下述两种形式。

① 0阶T－S型模糊推理：if x_1 is A_1 and x_2 is A_2 then $u=k$；

② 1阶T－S型模糊推理：if x_1 is A_1 and x_2 is A_2 then $u=px_1+qx_2+r$。

其中 A_1 和 A_2 是F集合；输出函数中的参数 k，p，q 和 r 均为常数，它们的取值是根据系统的大量输入-输出测试数据，经过辨识确定的。函数 $f(x_1, x_2)=px_1+qx_2+r$ 或 k，相当于前边模糊推理中用操作经验得出的模糊控制规则。

用 n 条T－S型模糊规则描述一个系统时，若具体输入数据为 x_i，它不可能只与一个F子集相关，它会同时与多个F集合 A_j 关联。设一组具体输入的数据 x_i 与 m 条模糊规则有关时，就说它激活了 m 条规则。规定这时该系统的0阶和1阶T－S型F推理形式如下。

对于0阶T－S型F推理，设第 i 条规则为 R^i，则：

$$R^i\text{: if } x_1 \text{ is } A_1^i \text{ and } x_2 \text{ is } A_2^i\text{, then } u_i=k_i \quad (i=1, 2, \cdots, n)$$

对于1阶T－S型F推理，设第 i 条规则为 R^i，可写成：

$$R^i\text{: if } x_1 \text{ is } A_1^i \text{ and } x_2 \text{ is } A_2^i\text{, then } u_i=p_ix_1+q_ix_2+r_i \quad (i=1, 2, \cdots, n)$$

其中 A_1^i，A_2^i 表示第 i 条规则中的两个模糊集合。第 i 条规则中的常数 k_i，p_i，q_i，r_i，都是根据实测数据经过辨识确定的，它们是系统固有特性的反映。

当输入量 x_i 激活 m 条模糊规则时，最终的输出（结论）U 将由这 m 条规则的输出 u_i 决定。

2）计算系统输出 U 的两种方法

假设系统可用 n 条模糊规则描述，第 i 条模糊规则的输出为 u_i。当某个输入激活了 m 条规则($n\geqslant m$)，系统总输出为 U，将根据这 m 个输出 u_i 通过下述两种方法计算得出：

(1) 加权求和法

设第 i 条规则输出的结果为 u_i，它的权重为 w_i，则总输出为：

$$U=\sum_{i=1}^{m} w_iu_i=w_1u_1+w_2u_2+\cdots+w_mu_m$$

式中 w_i 表示第 i 条规则在总输出中所占分量轻重的比例（权重）。

(2) 加权平均法

下式中 u_i 和 w_i 的意义跟（1）中的一样，分别表示第 i 条规则输出的结果及其在总输出中所占分量的轻重比例。

$$U=\frac{\sum_{i=1}^{m} w_i u_i}{\sum_{i=1}^{m} w_i}=\frac{w_1 u_1+w_2 u_2+\cdots+w_m u_m}{w_1+w_2+\cdots+w_m}$$

3) 计算每条规则权重 w_i 的两种方法

在计算总输出 U 时，每条规则的权重起着非常重要的作用。有时为了调节每条规则的权重，计算中常常加入一个称为“认定权重”的人为因子 R_i，表示设计人员认为第 i 条规则在总输出中的权重，对每条规则的权重用 R_i 进行适当的调节。

设第 i 条规则的权重为 w_i，常用下述两种方法求出。

(1) 取小法

$$\begin{aligned} w_i &= R_i \wedge A_1^i(x_1) \wedge A_2^i(x_2) \\ &= R_i \wedge \left(\bigwedge_{j=1}^{2} A_j^i(x_j) \right) \end{aligned}$$

(2) 乘积法

$$\begin{aligned} w_i &= R_i A_1^i(x_1) A_2^i(x_2) \\ &= R_i \prod_{j=1}^{2} A_j^i(x_j) \end{aligned}$$

实际计算中，常取认定权重 $R_i=1$，以使计算方便简捷。

两种计算方法中的 $A_j^i(x_j)$，表示在第 i 条规则中，输入量 x_j 属于 F 集合 A_j^i 的隶属度。

例 3-10 根据某非线性系统输入-输出的大量实测数据，通过辨识已经得出描述它的三条 T-S 型模糊规则，它们分别为 R^1，R^2，R^3，则有：

R^1：if x_1 is mf_1 and x_2 is mf_3 then $y_1=x_1+x_2$；

R^2：if x_1 is mf_2 then $y_2=2x_1$；

R^3：if x_2 is mf_4 then $y_3=3x_2$。

其中模糊集合 mf_1，mf_2，mf_3，mf_4的隶属函数，都可视为简单的直线，分别为：

$$\mathrm{mf}_1(x)=1-x/16;\ \mathrm{mf}_2(x)=x/60;\ \mathrm{mf}_3(x)=1-x/8;\ \mathrm{mf}_4(x)=3x/40$$

试问当测得 $x_1=12$ 且 $x_2=5$ 时，最终输出量 u 为多少？

解 根据题设，把描述该系统的 T-S 模型中输入条件代入各条规则，并列在表 3-6 中。

表 3-6 例 3-10 中 T-S 型 F 推理数据列表

模糊推理规则	前提		结论
	$x_1=12$	$x_2=5$	
R^1	$\mathrm{mf}_1(12)=1-12/16=0.25$	$\mathrm{mf}_3(5)=1-5/8=0.375$	$y_1=x_1+x_2=17$
R^2	$\mathrm{mf}_2(12)=12/60=0.2$		$y_2=2*x_1=24$
R^3		$\mathrm{mf}_4(5)=3*5/40=0.375$	$y_3=3*x_2=15$

为了分析和观察的方便，把 4 个 F 集合的隶属函数以及当 $x_1=12$ 和 $x_2=5$ 时处在被激活 F 集合中的位置，都画在图 3-8 中。

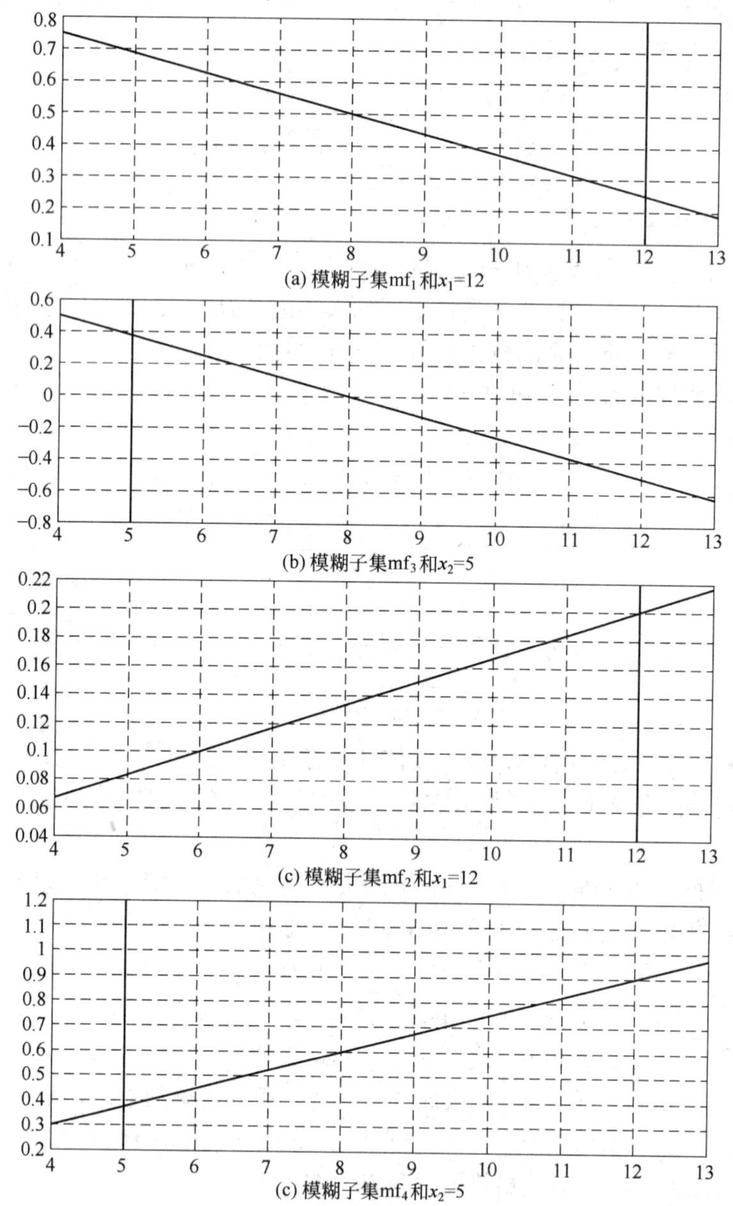

图 3-8　例题 3-10 中输入量及其在各模糊子集中的位置

题设的模糊规则为：R^1——若 x_1 为模糊集 mf_1 且 x_2 为模糊集 mf_3，则 $y_1=x_1+x_2$；

R^2——若 x_1 为模糊集 mf_2，则 $y_2=2x_1$；

R^3——若 x_2 为模糊集 mf_4，则 $y_3=3x_2$；

为了计算出系统的总输出，按首先用两种方法计算出每条模糊规则的输出，由于每条规则的权重又可用两种方法计算，组合结果就有四个不同的结论。为了加以区别，各种组合所得的结果分别用 u_1，u_2，u_3，u_4 表示。

1）按加权求和法计算总输出

（1）按取小法计算每条模糊规则的权重

$w_1=\mathrm{mf}_1(12)\wedge \mathrm{mf}_3(5)=0.25\wedge 0.375=0.25$；$w_2=\mathrm{mf}_2(12)=0.2$；$w_3=\mathrm{mf}_4(5)=0.375$

于是得出总输出为：

$u_1=w_1\times y_1+w_2\times y_2+w_3\times y_3=0.25\times 17+0.2\times 24+0.375\times 15\approx 14.675$

（2）按乘积法计算每条模糊规则的权重

$w_1=\mathrm{mf}_1(12)\times \mathrm{mf}_3(5)=0.25\times 0.375=0.093\,75$；$w_2=\mathrm{mf}_2(12)=0.2$；$w_3=\mathrm{mf}_4(5)=0.375$

于是得出总输出为：

$u_2=w_1\times y_1+w_2\times y_2+w_3\times y_3=0.093\,75\times 17+0.2\times 24+0.375\times 15\approx 12.018\,8$

2）按照加权平均法计算总输出

（1）按取小法计算每条模糊规则的权重

$$w_1=0.25;\quad w_2=0.2;\quad w_3=0.375$$

于是得出总输出为：

$$u_3=\frac{w_1\times y_1+w_2\times y_2+w_3\times y_3}{w_1+w_2+w_3}=\frac{0.25\times 17+0.2\times 24+0.375\times 15}{0.25+0.2+0.375}\approx 17.787\,8$$

（2）按乘积法计算每条模糊规则的权重

$$w_1=\mathrm{mf}_1(12)\times \mathrm{mf}_3(5)=0.093\,75;\quad w_2=\mathrm{mf}_2(12)=0.2;\quad w_3=\mathrm{mf}_4(5)=0.375$$

于是得出总输出为：

$$u_4=\frac{w_1\times y_1+w_2\times y_2+w_3\times y_3}{w_1+w_2+w_3}=\frac{0.093\,75\times 17+0.2\times 24+0.375\times 15}{0.093\,75+0.2+0.375}\approx 17.972$$

选用不同的计算方法得出的结果大不相同：$u_1=14.675$，$u_2=12.018\,8$，$u_3=17.787\,8$，$u_4=17.972$，究竟取哪个值，完全得根据具体情况决定。

3.4.2　MISO 系统的 T－S 模糊推理

假设一个多输入单输出（MISO）系统可以用 T－S 模型描述，该 T－S 模型有 n 条模糊规则。若有 k 个输入 x_1，x_2，…，x_k，只有一个输出 U，在这 n 条规则中，第 i 条规则 R^i 为：

$$\text{if } x_1 \text{ is } A_1^i,\ x_2 \text{ is } A_2^i,\ \cdots,\ x_k \text{ is } A_k^i \text{ then}$$

$$u_i=f(x_1,x_2,\cdots,x_j,\cdots)=p_0^i+p_1^ix_1+p_2^ix_2+p_j^ix_j+\cdots+p_k^ix_k\quad (i=1,2,\cdots,n;\ j=1,2,\cdots,k)$$

输出量 $u_i=f(x_1,x_2,\cdots,x_j,\cdots)$ 是输入量 x_j 的线性函数，函数中各项系数 $p_j^i(j=1,2,\cdots,k)$，是根据实践积累数据通过辨识方法确定的。

这个 T－S 模糊模型不仅可以用于表述控制器，也可以用于描述被控对象，同时还可以用来表示整个闭环系统。如果知道一个闭环系统的 T－S 模型，则可据此来分析这个系统的稳定性。不过，多数情况下是通过分析和辨识把它们用作被控对象模型的，这样可以据此设计控制器。

最终的输出（结论）U，将由 n 条规则的输出结论 u_i 决定，可通过下述两种方法根据各条规则的结论 u_i 经过计算得出。

1. 加权求和法

$$U=\sum_{i=1}^{n} w_i u_i = w_1 u_1 + w_2 u_2 + \cdots + w_n u_n$$

式中的 $w_i(i=1, 2, \cdots, n)$ 为各条模糊规则输出的结果 u_i 在总输出中所占的权重。

2. 加权平均法

$$U=\frac{\sum_{i=1}^{n} w_i u_i}{\sum_{i=1}^{n} w_i}=\frac{w_1 u_1 + w_2 u_2 + \cdots + w_n u_n}{w_1 + w_2 + \cdots + w_n}$$

若输入量激活了 m 条模糊规则，则将上述算式中的 n 都改为 m。未激活模糊规则的输出量应该为零。

3. 每条模糊规则权重 w_i 的计算方法

式中的 w_i 为第 i 条规则的权重，通常按下述两种方法计算确定：一种是取小法，另一种是乘积法。

1）取小法

$$w_i=\left(\bigwedge_{j=1}^{k} A_j^i\right) \wedge R_i = A_1^i(x_1) \wedge A_2^i(x_2) \wedge \cdots \wedge A_k^i(x_k) \wedge R_i$$

即在第 i 条规则中，对输入量 x_j 分属于各 F 集合的隶属度间取小，再和这条规则的认定权重 R_i 取小。

2）乘积法

$$w_i = R_i \prod_{j=1}^{k} A_j^i = R_i A_1^i(x_1) A_2^i(x_2) \cdots A_k^i(x_k)$$

即把第 i 条规则中输入量 x_j 分别属于各 F 子集的隶属度相乘，再和这条规则的认定权重 R_i 相乘。

由于实际计算中乘积法和取小法对最终结果的影响差异不大，而且乘积法容易实现，所以经常用乘积法计算每条模糊规则的权重。此外，认定权重 R_i 是指不受输入量隶属函数影响的情况下，设计人员认为第 i 条规则在总输出中所占的比重，它对该条规则的权重起到一定的调节作用，实用中为了计算简便，经常取 $R_i=1$。

T－S 型 F 推理的结论是个线性函数，其中的系数都是用大量的输入-输出数据，通过辨识算法得出的。由于计算繁杂，经常用神经网络求算。

从 T－S 模糊模型的一般表示式可以看出，它既可以表示控制器的模型，也可以表示被控对象的模型，同时它也可以表示整个闭环系统的模型。实用中，人们常常通过分析和辨识的方法，获得被控对象的模型，然后据此设计出控制器；也经常由此得出整个系统的模型，方便于对系统的定量分析。

思考与练习题

1. 若 $T(A)$，$T(B)$，$T(U)$ 分别表示简单命题 A，B，U 的真值，用 $R=T((A\wedge B)\rightarrow U)$ 表示真值蕴涵关系 $(A\wedge B)\rightarrow U$ 的真值，试推导用 $T(A)$，$T(B)$，$T(U)$ 表示 R 的公式。

2. 设 A，B 为简单命题，已知它们的真值分别为 $T(A)=0$ 和 $T(B)=1$，用公式计算下述命题的真值：$\overline{A}$，$A\wedge B$，$A\vee B$，$A\rightarrow B$，$A\leftrightarrow B$。

3. 设 x 表示转速，y 表示控制电压。转速和控制电压的论域分别是：$X=\{100, 200, 300, 400, 500\}$，$Y=\{1, 2, 3, 4, 5\}$，已知在 X，Y 上的模糊子集为：

$$A=\text{转速低}=\frac{1}{100}+\frac{0.8}{200}+\frac{0.6}{300}+\frac{0.4}{400}+\frac{0.2}{500}$$

$$B=\text{控制电压高}=\frac{0.2}{1}+\frac{0.4}{2}+\frac{0.6}{3}+\frac{0.8}{4}+\frac{1}{5}$$

$X\times Y$ 上的模糊关系为“若转速低，则控制电压高；否则控制电压不很高”，现在转速很低，试求转速很低的模糊集合 A'，并利用 Mamdani 算法确定相应的控制电压 B'。

4. 设 $X=Y=\{1, 2, 3, 4, 5\}$，[轻]$=1/1+0.8/2+0.3/3+0.1/4$，[重]$=0.1/2+0.3/3+0.8/4+1/5$，“若 x 重，则 y 轻”，已知 x 很重，问 y 如何？

5. 设：$X=\{x_1, x_2, \cdots, x_6\}=\{1.5, 1.6, 1.7, 1.8, 1.9, 2.0\}$ 表示某地区男子身高论域，单位为 m，$Y=\{y_1, y_2, \cdots, y_7\}=\{40, 50, 60, 70, 80, 90, 100\}$ 表示该地区男子体重论域，单位 kg。又设该地区对男子来说，“高”的概念集合表示为 [高]$=0.2/1.6+0.7/1.7+0.9/1.8+1/1.9+1/2.0$

“重”的概念表示为：[重]$=0.2/50+0.6/60+0.8/70+0.95/80+1/90+1/100$

求模糊推理句“若 x 很高，则 y 很重”所确定的模糊关系。

6. 若 x 小则 y 大，已知 x 较小，问 y 如何？设：$X=Y=\{1, 2, 3, 4, 5\}$，[小]$=1/1+0.5/2$，[较小]$=1/1+0.4/2+0.2/3$，[大]$=0.5/4+1/5$。

7. 已知年龄论域为 $[0, 150]$，且设“年老”$L(x)$ 和“年轻”$Q(x)$ 两个模糊集的隶属函数分别是

$$L(x)=\begin{cases}0 & 0<x\leqslant 50\\ \left[1+\left(\dfrac{x-50}{5}\right)^2\right]^{-1} & 50<x\leqslant 150\end{cases}$$

$$Q(x)=\begin{cases}1 & 0<x\leqslant 25\\ \left[1+\left(\dfrac{x-25}{5}\right)^2\right]^{-1} & 25<x\leqslant 150\end{cases}$$

试设计“很年轻”$W(x)$，“不老也不年轻”$V(x)$，“极年轻”$X(x)$，“比较年轻”$Y(x)$，“不老”$Z(x)$，“偏老”$K(x)$ 几个模糊集合的隶属函数，并作图。

8. “若 x 小则 y 大，否则 y 不大”，已知 x 很小，问 y 如何？设：$X=Y=\{1, 2, 3\}$，$A=$[小]$=1/1+0.4/2$，$B=$[大]$=0.4/2+1/3$，$C=$[不大]$=1/1+0.6/2$。

9. 已知论域 $X=\{x_1, x_2\}$，$Y=\{y_1, y_2, y_3\}$，$Z=\{z_1, z_2\}$。设当输入模糊集合 $A=0.8/x_1+0.5/x_2$，$B=0.2/y_1+0.5/y_2+1/y_3$ 时，输出模糊集合 $C=0.3/z_1+1/z_2$。试确定由规则“若 x 是 A 且 y 是 B，则 z 是 C”所确定的模糊关系，并计算当输入 $A^*=0.6/x_1+0.1/x_2$，

$B^* = 0.4/y_1 + 0.2/y_2 + 0/y_3$ 时的输出 C^*。

10. 设论域 $X = \{a_1, a_2, a_3\}$，$Y = \{b_1, b_2, b_3\}$，$Z = \{c_1, c_2, c_3\}$，已知 $A = 0.5/a_1 + 1/a_2 + 0.1/a_3$，$B = 0.1/b_1 + 1/b_2 + 0.6/b_3$，$C = 0.4/c_1 + 1/c_2$。试确定 "if A and B then C" 所决定的模糊关系 R，以及输入为 $A_1 = 0.1/a_1 + 0.5/a_2 + 0.1/a_3$，$B_1 = 0.1/b_1 + 1/b_2 + 0.6/b_3$ 时的输出 C_1。

11. T-S 型模糊系统的优点是什么？使用它的具体限制是什么？

12. 通过对某系统测试数据的辨识，已经得出描述该系统的两条 T-S 型模糊规则：

R^1：if x_1 is F_1 and x_2 is F_3 then $y_1 = 0.25 - 3.0x_1 + 2.5x_2$；

R^2：if x_1 is F_2 and x_2 is F_4 then $y_2 = 1.5 + x_1 + 2.0x_2$；

模糊子集 $F_1(x) = 3 - x$，$F_2(x) = x - 2$，$F_3(x) = x - 4$，$F_4(x) = 5 - x$，求当 $x_1 = 2.5$ 且 $x_2 = 4.5$ 时该系统的输出（自行选定确定权重和计算总输出的算法）。

第 4 章　模糊控制器的设计

1974 年，英国学者 E. H. Mamdani 发表的论文 *Application of Fuzzy Algorithms for Simple Dynamic Plant*，介绍了他用模糊条件语句组成的模糊控制器，成功地实现了对锅炉-蒸汽机系统的控制，这标志着模糊控制理论和技术的诞生。此后，模糊控制器便成功地运用于许多领域，在理论和技术上获得了飞速的发展。

综观已有的各种模糊控制系统，可以看出它和经典控制系统最大的差异在于它们的控制器，其他部分的结构都是相同的。因此，在学过自动控制理论之后，学习模糊控制理论的重点，就是学习模糊控制器的原理、结构和设计方法。

本章从比较模糊控制系统和传统控制系统的差异入手，介绍模糊控制系统的核心——模糊控制器的原理、结构、设计思想、设计内容和方法。为此，本章主要讲述使用较多的、极具代表性的 Mamdani 型和 T-S 型模糊控制器，最后对模糊控制器和 PID 控制器的结合做简要介绍。

4.1　模糊控制系统的基本组成

4.1.1　从传统控制系统到模糊控制系统

模糊控制系统跟传统控制系统的基本思想是一脉相承的，它是传统控制系统的延伸和补充，为了说明它们间的关系和差异，先简要介绍传统控制系统。

1. 传统控制系统结构

传统控制系统的三个核心组成部分是控制器、被控对象和反馈传感通道，其基本原理如图 4-1 所示。

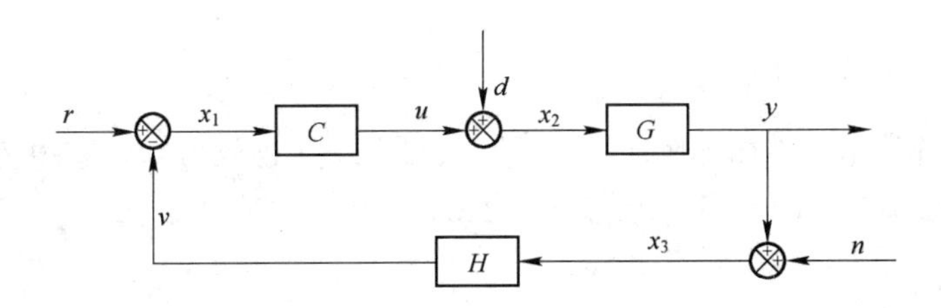

图 4-1　传统控制系统基本组成示意图

图 4-1 中，G 为被控对象，H 为反馈传感通道，C 为控制器。各部分输出信号符号的意义为：r——参考（标准）信号；v——反馈输出信号；u——控制信号；d——干扰信号；y——被控对象输出信号；n——噪声信号。

假设图 4－1 所示系统中各部分的输出都是其输入之和（或差）的线性函数，则有：

$$y=G(x_2)=G(d+u)$$
$$v=H(x_3)=H(y+n)$$
$$u=C(x_1)=C(r-v)$$

由此可以写出各个求和点的方程：

$$\begin{cases}x_1=r-v=r-Hx_3\\ x_2=d+u=d+Cx_1\\ x_3=n+y=n+Gx_2\end{cases}，即 \begin{cases}x_1+Hx_3=r\\ -Gx_1+x_2=d\\ -Gx_2+x_3=n\end{cases}$$

把上述方程组写成矩阵方程：

$$\begin{bmatrix}1 & 0 & H\\ -C & 1 & 0\\ 0 & -G & 1\end{bmatrix}\begin{bmatrix}x_1\\ x_2\\ x_3\end{bmatrix}=\begin{bmatrix}r\\ d\\ n\end{bmatrix}$$

于是可以求得：

$$\begin{bmatrix}x_1\\ x_2\\ x_3\end{bmatrix}=\frac{1}{1+GCH}\begin{bmatrix}1 & -GH & -H\\ C & 1 & -CH\\ GC & G & 1\end{bmatrix}\begin{bmatrix}r\\ d\\ n\end{bmatrix}$$

这是分析设计传统控制系统，特别是设计控制器 C 的主要依据。系统的控制目标就是要通过调节控制输入信号 u，使输出信号 y 达到希望和要求的形式，或者使差值（$r-y$）尽量小，即通过调节 u 使输出 y 尽量接近标准信号 r。自动控制的三个基本问题是建立系统模型、分析模型和设计控制器。因此，首先通过机理分析或实验方式，建立起被控对象 G 的数学模型，然后依据控制目标和约束条件选定合适的控制器。

传统控制系统中有多种形式的控制器，如串联校正、并联（反馈）校正、复合校正等，工业中用得最多的是比例-积分-微分（PID）控制器。确定 PID 控制器的结构和参数时，完全取决于被控对象 G 的数学模型。因此，建立、分析、调试数学模型 G，是经典控制的中心工作。如果无法建立起控制对象的数学模型 G，就很难实现 PID 控制。当然，在不知道控制对象的数学模型 G 时，也可以用齐格勒-尼克尔斯法则根据测试实验数据来调整 PID 控制器，但这毕竟不是一种普遍方法，有一定的局限性。

2. 模糊控制系统的结构

模糊控制系统的基本结构如图 4－2 所示，与图 4－1 比较可知，它跟传统控制系统的主要差异是用模糊控制器 FC 代替了传统控制器 C。

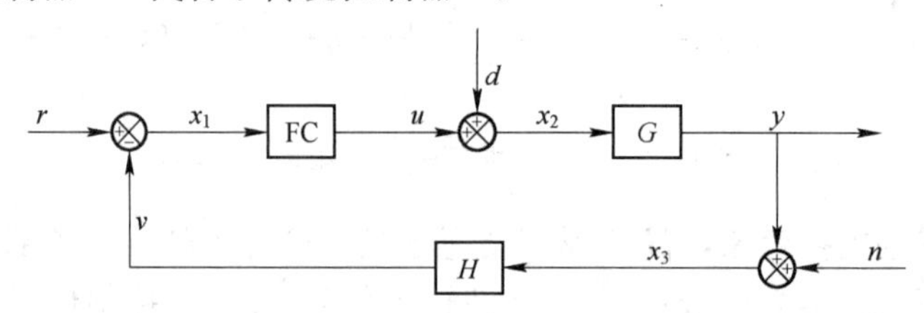

图 4－2 模糊控制系统基本组成示意图

通常把含有模糊控制器 FC 的系统，都称为模糊控制系统。可见，模糊控制器 FC 是模糊控制系统的核心。由于模糊控制系统的其他部分和传统控制系统没有太大差异，而传统控制系统理论在自动控制中已有介绍，所以这里主要讲述模糊控制器的原理和设计步骤，有关其他部分的内容，放在第 5 章讲述模糊系统仿真时，再作相应的介绍。

图 4 - 2 中的 FC（fuzzy controller）是模糊控制器，也称为模糊逻辑控制器（fuzzy logic controller，FLC）。由图 4 - 2 可知，输入模糊控制器 FC 的是标准信号和反馈信号之差 $x_1=r-v$，它输出的是控制信号 u，这些都是清晰值。

FC 的核心任务是通过模糊规则和近似推理得出应有的结论，而这一过程都是在处理模糊集合。所以在 FC 中需要先将输入它的清晰量 x_1 进行模糊化处理，经过近似推理后，再对得出的模糊量进行清晰化处理，最终输出清晰量 u。从清晰量 x_1 到清晰量 u，其间必须经过由清晰到模糊，经过近似推理后再由模糊到清晰这样的变换过程。因此，模糊控制器的主要组成部分，除了其核心——近似推理模块之外，必须设有模糊化模块（D/F）和清晰化模块（F/D），来对变量进行必要的变换。在模糊控制器中，进行变换和处理的都是像自然语言一样带有模糊性的变量。特别是它的模糊规则，更是用模糊条件语句表述的。所以说模糊控制器是一种语言型控制器，因此也称它为模糊语言控制器（fuzzy language controller，FLC）。

传统控制系统的分析和设计，重点是设法通过工作机理分析或系统辨识，建立起被控对象及控制系统的数学模型，以此作为整个控制系统建模、分析、设计的基础。但是，模糊控制系统的分析设计则大不相同，它不太过问被控对象的内部结构、工作机理或数学模型，而是把它看作“黑箱”。分析设计的重点，是充分积累对被控对象这个“黑箱”进行控制的操作经验、策略，或者大量操作时的输入-输出数据，然后分析、理解，进行去粗取精、去伪存真、归纳总结，经过筛选最终用模糊条件语句表述成模糊规则。根据这些规则选定输入、输出物理量，确定控制器的主要变量、选择涵盖这些变量的模糊子集及其恰当的隶属函数，从而确定控制器结构，设计出模糊控制器。设计模糊控制器的主要流程，如图 4 - 3 所示。

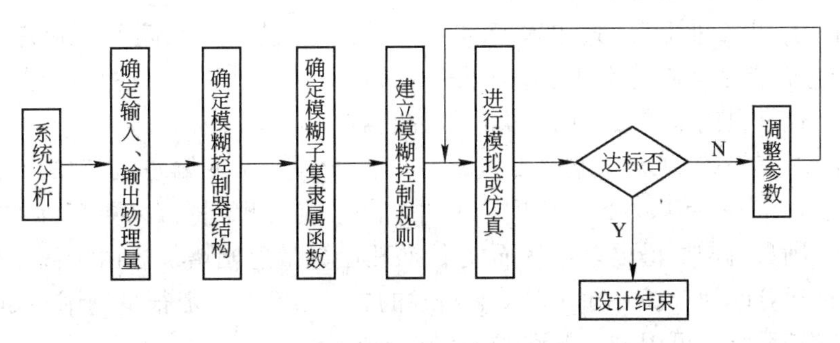

图 4 - 3　设计模糊控制器的主要流程示意图

设计模糊控制系统的核心是设计模糊控制器，在设计模糊控制器的过程中，确定模糊控制器的结构、建立模糊规则并选定近似推理算法是两个核心工作，与之配套的是设计模糊化模块、选择模糊子集的隶属函数、设计清晰化模块并选择清晰化方法。其中根据积累的人工操作经验或测试数据，建立模糊控制规则是设计模糊控制器中最为核心的工作，也是设计模糊控制系统的基本物质基础，就像设计传统控制系统中建立系统数学模型一样重要。

4.1.2 模糊控制器的结构

模糊控制器工作的基本原理，是将输入的数字信号 x_1 经过模糊化（D/F）变成模糊量，送入含有模糊规则的模糊推理模块（$\circ R$），经过近似推理得出结论——模糊集合，然后被清晰化模块（F/D）变换成清晰量 u，再输出到下一级去调节被控对象，使其输出满意的结果。设计模糊控制器的首要任务，是对操作经验或测试数据进行的归纳、总结和分析，确定输入、输出变量，进而确定模糊控制器的结构。

输入模糊控制器的独立变量 x_1，常被看作是向量，其分量的个数称为模糊控制器的维数。例如，若输入模糊控制器的变量为偏差 e 和偏差变化率 $\mathrm{d}e/\mathrm{d}t$，由于它们相互关联并不都是独立变量，故可视它们为 x_1 的两个分量，模糊控制器的维数就是 2。

常用的模糊控制器结构，按维数分为下述几类，如图 4-4 所示。

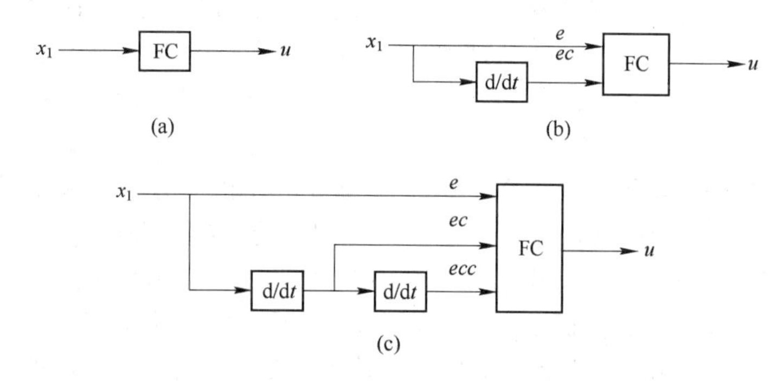

图 4-4 常见的模糊控制器结构

图 4-4(a) 是一维 FC。通常用于一阶被控对象，它的输入变量 x_1 只有一个分量，通常选用偏差 e 一项。由于只用偏差值的变化去进行调控，很难反映过程的动态特性品质，因此，所获得的系统动态性能欠佳。

图 4-4(b) 是二维 FC。其输入变量 x_1 有两个分量，常取偏差 e 和它的变化率 $ec=\mathrm{d}e/\mathrm{d}t$，由于它们能够反映受控过程中输出变量的动态特性，因此在控制效果上要比一维控制器好得多，也是目前采用最多的一类模糊控制器。

图 4-4(c) 是三维 FC。其输入变量 x_1 有三个分量，常取偏差 e、它的变化率 $ec=\mathrm{d}e/\mathrm{d}t$ 和变化率的变化率 $ecc=\mathrm{d}^2e/\mathrm{d}t^2$。从理论上讲，高维数的 FC 将带来更精细的控制，但同时也会使控制规则数目增加得更多，从而使 F 推理运算量急剧增加。由于高维模糊控制器结构复杂，推理运算时间较长，除非对动态特性的要求很高，一般很少选用。如果确需用多个变量去调节被控系统，可用多个二维 FC 控制器进行组合。

图 4-4 中画出的模糊控制器，都只有一个独立的输入变量和输出变量，一般称为单变量模糊控制器（属 SISO 系统）。对于有多个独立输入变量和输出变量的模糊控制器，统称为多变量模糊控制器（属 MIMO 系统）。要直接设计多变量模糊控制器是相当困难的，通常是将它们分解成若干个单变量多输入-单输出的模糊控制器，分别按前面介绍过的方法进行设计，最后再进行组合。由于多变量模糊控制器设计复杂，作为入门的本书不作介绍。

一般设计模糊控制器时首先确定它的变量、维数，根据要求的独立输入和输出变量数目，确定它的结构，然后再进一步进行分析，设计相应的模块。

各种模糊控制器的设计中，最基本的结构单元是单变量二维 F 控制器，它的结构简单、原理明晰、便于组合、应用广泛，而且极具代表性，可以应用于各种复杂情况的模糊控制。根据模糊推理类型的差异，下边仅介绍用得较多、最具代表性的 Mamdani 和 T－S 两种类型的模糊推理控制器原理，它们也是最基本的两种模糊控制器。下面对于应用广泛的二维模糊控制器，结合其原理、结构，对它们的设计方法作较详细的介绍。

4.2　Mamdani 型模糊控制器的设计

1973 年，英国的曼达尼（E. Mamdani）教授在指导博士生阿斯廉（S. Assilian）研究小型锅炉-蒸汽机系统的自动控制时，首次利用扎德提出的“if…then…”模糊语句表述出模糊语言规则，通过模糊逻辑推理成功地实现了对该系统的有效控制，从而宣告了模糊控制的问世。

4.2.1　Mamdani 型模糊控制器的基本组成

阿斯廉研究小型锅炉-蒸汽机系统的自动控制时，想用传统控制方法保持锅炉压力和蒸汽机活塞速度的恒定。但是，由于气压和加热之间、转速和阀门开度之间的关系具有高度非线性，而且锅炉和蒸汽机之间相互耦合并受到其他因素的影响，根本无法建立起它们清晰的数学模型，因此多次实验都无法获得满意的效果。导师曼达尼建议并和他一起，用扎德提出的模糊语言控制规则，通过模糊逻辑推理却成功地实现了这个系统的自动控制。

曼达尼用了两个双输入-单输出 F 控制器：一个 F 控制器输入蒸汽压力及其变化率，用输出去调节锅炉的加热量；另一个 F 控制器输入蒸汽机活塞转速及其变化率，用输出去调节蒸汽机进汽阀门开度，这个开度不仅影响蒸汽机，也影响锅炉的蒸汽压力。联合控制的结果保证了蒸汽机活塞速度的恒定，圆满地完成了控制任务。在研究控制这个系统的过程中，发现这种控制器具有需要信息少、无超调、响应快、出错少等优点，而且这种控制方式具有普遍性，1974 年他们发表了此研究成果，开创了模糊控制应用的先河。

每个 Mamdani 型控制器的基本组成原理都如图 4－5 所示：左边输入清晰值变量 e 及其变化率 $\mathrm{d}e/\mathrm{d}t$（相当于图 4－2 中向量 $\boldsymbol{x}_1$ 的两个分量），右边输出精确值变量 u（与图 4－2 中的 u 一致）。他们使用的 F 控制器是后来用得最广泛、工程应用中获得成功最多的一种 F 控制器，通常称为 Mamdani 型模糊控制器，是一种典型的二维 F 控制器。

图 4－5 中上面“知识库”框内的几个模块 μ、R 和 fd，分别是离线得出的隶属函数、控制规则（近似推理算法）和清晰化算法：μ——隶属函数库，存储把数字量转换成模糊量时使用的隶属函数；R——控制规则库，存储进行近似推理的 F 条件语句及近似推理的算法；fd——清晰化方法库，存储对模糊量进行清晰化处理时使用的算法。

图 4－5 中最左边由 k_e 和 k_{ec} 构成“量化因子”模块；最右边的 k_u 是“比例因子”模块。这两个模块对模糊控制器输入、输出的清晰值信号具有比例缩放作用，是模糊控制器的输入、输出接口，它们除了使其前后模块匹配外，还有改善模糊控制器某些性能的作用。

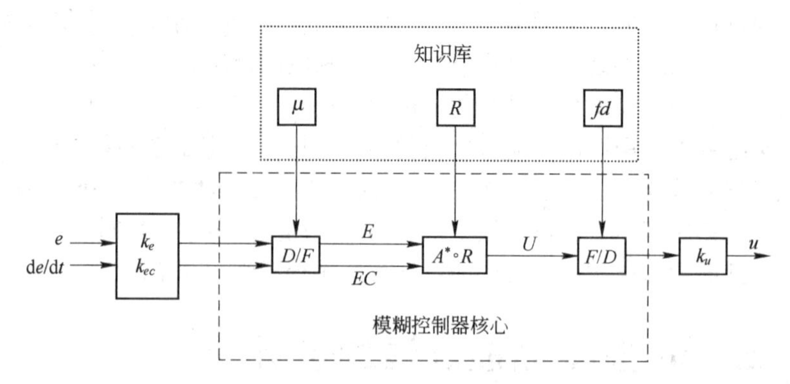

图 4-5 Mamdani 型模糊控制器原理框图

图 4-5 中下面“模糊控制器核心”框内的几个模块 D/F、$A^* \circ R$ 和 F/D 的作用分别是：模糊化模块（D/F）——完成清晰量转换成模糊量的运算；近似推理模块（$A^* \circ R$）——完成根据输入模糊量 A^*（由两个模糊分量 E 和 EC 构成）进行近似推理运算，得出模糊量 U；清晰化（或反模糊化）模块（F/D）——完成把模糊量 U 转换成清晰量的运算。

模糊逻辑控制器由三个核心部分组成：模糊化模块（D/F）、近似推理模块（$A^* \circ R$）和清晰化（或反模糊化）模块（F/D）。为了使它们能跟输入、输出的清晰量相匹配，在模糊化模块之前设有“量化因子”模块，在清晰化模块之后设有“比例因子”模块，下面分别对它们予以介绍。

4.2.2 量化因子和比例因子

“量化因子”模块和“比例因子”模块，都是为了对清晰值进行比例变换而设置的，其作用是使变量按一定比例进行放大或缩小，以便跟相邻模块很好地匹配。当然这种变换，对整个系统的工作性能也会产生一定的影响，后边会作讨论。

1. 量化因子

输入模糊控制器的向量信号 $\boldsymbol{x}_1$，在二维系统中通常由两个分量 e 和 $ec=\mathrm{d}e/\mathrm{d}t$ 组成，它们是通过采样或计算得出的清晰值，都是连续的实数。把 $\boldsymbol{x}_1$ 分量的取值范围称为物理论域（或测量论域、基本论域），例如 $\boldsymbol{x}_1$ 的分量 $e \in X=[-x, x]$，则 X 就是 e 的物理论域。

输入模糊控制器的向量 $\boldsymbol{x}_1$ 的分量都是清晰值，需要经过模糊化（D/F）变换，把它映射到模糊子集 A_k($k=1, 2, \cdots, n$) 上，即变换成模糊量，才能输入到模糊推理模块中进行近似推理。把这所有模糊子集 A_k 的论域 N，称为模糊论域，即 $A_k \in \mathscr{F}(N)$，则 N 为其模糊论域。

物理论域 X 和模糊论域 N 都是连续实数，X 由采样得到的输入变量决定，N 由覆盖输入量的 F 子集可取值的范围确定。为了使用的方便，常把 N 取成整数，也称把变量离散化，或把变量进行分档。

1）量化因子的定义

物理论域 X 和模糊论域 N 可以完全一样。不过由于外部环境的多变，一般希望模糊论域稳定不变（即模糊推理器参数不变），因此多数情况下 X 和 N 是不同的。把清晰值从物

理论域 X，变换（映射）到模糊论域 N 上的变换系数，叫量化因子。这一变换在模糊控制器中的作用，是使输入信号的取值范围放大或缩小，以适应设定的模糊论域要求。

设已知输入变量 $\boldsymbol{x}_1$ 的一个分量 x_j 的物理论域 $X_j=[-x_{j1}, x_{j1}]$ $(x_{j1}>0)$，其模糊论域 $N_j=[-n_j, n_j]$ $(n_j>0)$。则定义从 X 到 N_j 的变换系数 k_j 为量化因子：

$$k_j=n_j/x_{j1}$$

由定义可知，k_j 总取正值，即 $k_j>0$。

设置量化因子 k_j 后，就可以在输入变量的物理论域 X 变化时，只改变量化因子就可使输入量变化后仍能落在原来的模糊论域里，从而可以使模糊控制器的核心部分保持不变。例如，当某输入量 e 的物理论域为 $X_1=[-a, a]$，模糊论域为 $N_j=[-n_j, n_j]$，据定义量化因子为 $k_j=n_j/a$，由此可得 $n_j=ak_j$。假如 e 的物理论域变为 $X_1^*=[-2a, 2a]$，这时只要把量化因子变为 $k_j^*=n_j/2a=k_j/2(\neq k_j)$，于是 $n_j^*=2ak_j^*=ak_j=n_j$。显然，在输入信号 e 的物理论域变化时，只要对量化因子作相应的变更（由 k_j 变成 k_j^*），就能保证输入的清晰量变换后仍处在 N_j 的范围内。这样，一个定型的模糊控制器（模糊论域也被固定），在输入变量论域变化时，只改一下量化因子仍能使用。

2）量化因子的具体用法

（1）应用量化因子 k_j 时的细化规定

运用量化因子 k_j 把 x 变换成 n 时，由于模糊论域 $N_j=[-n_j, n_j]$ 的限制，需要对它做一些细化规定。若某时刻测得的输入变量为 x，用 $n=k_jx$ 公式把 x 变换到模糊论域上时，n 按以下规定取值：

$$n=\begin{cases} n_j & k_jx\geqslant n_j \\ k_jx & |k_jx|<n_j \quad \text{（正常值范围内）} \\ -n_j & k_jx\leqslant -n_j \end{cases}$$

这样无论输入变量 x 在正常值范围内外，总能保证变换后得出的 $n\in N_j=[-n_j, n_j]$，即 $n\leqslant n_j$。

（2）模糊论域 N 为离散值时的取值方法

如果模糊论域为离散的（取值分档），设模糊论域为：

$$N_j=\{-n_j, -n_j+1, \cdots, -1, 0, 1, \cdots, n_j-1, n_j\}$$

通常取 n_j 为 3～7 之间的某个正整数。假设某时刻输入量为 x，若由 $n=k_jx$ 算出 n 正好是整数，就取其为 N_j 中的值；如果算出的 n 不是整数，则可按下式取值：

$$n=\begin{cases} n_j & k_jx\geqslant n_j \\ \operatorname{sgn}(k_jx)\operatorname{int}(|k_jx|+0.5) & |k_jx|<n_j \\ -n_j & k_jx\leqslant -n_j \end{cases}$$

式中符号算子“sgn”，表示取后面括号内数值“k_jx”的正负号；

式中取整算子“int”，表示取后面括号中数值“$(|k_jx|+0.5)$”的整数部分。

这一算式的实际意义为：

① $|k_jx|\geqslant n_j$ 时，取 $n=n_j$；

② $|k_jx|<n_j$ 时，n 等于 $|k_jx|$ 的四舍五入取整；

③ n 的正负号与 x 相同。

实际使用中，它的操作方法就是“按靠近原则，取成整数”。例如，若算得 $k_jx=-6.3$，则取 $n_j=-6$；若算得 $k_jx=7.5$，则取 $n_j=8$。

(3) 物理论域 X 不对称时的变换方法

假如输入量的物理论域不对称，例如，x 的物理论域 $X_j=[a, b]$ 且 $a\neq b$，模糊论域仍为 $N_j=[-n_j, n_j]$，这时量化因子就变为：

$$k_j=2n_j/|b-a|$$

比如某时刻的输入变量 $x\in[a, b]$，则作变换 $y=x-(a+b)/2$，然后用 $n=k_jy$ 的四舍五入取整计算，其正负号与 y 相同。

使用 $k_j=n_j/x_j$ 公式时，对于输入变量分量 e，取下标为 1，即 $k_1=n_1/x_1=n_1/e$；对于输入变量分量 ec，取下标为 2，即 $k_2=n_2/x_2=n_2/ec$；……于是其物理论域 X_j、模糊论域 N_j 和量化因子 k_j 都作相应的变更就可以了。例如，对于输入量 x_1 的分量 ec，它的物理论域 $X_2=[-x_2, x_2]$ $(x_2>0)$，模糊论域 $N_2=[-n_2, n_2]$ $(n_2>0)$，它的量化因子 k_2 的定义方法与 k_1 完全相同：

$$k_2=k_{ec}=n_2/x_2$$

若某时刻测得输入变量为 ec，由上式可得出变换到模糊论域上的取值为：

$$n=\begin{cases} n_2 & k_{ec}ec\geqslant n_2 \\ k_{ec}x_2 & |k_{ec}ec|<n_2 \\ -n_2 & k_{ec}ec\leqslant -n_2 \end{cases}$$

例 4-1 某燃烧炉的温度论域 $X=[440, 560]$（℃），炉温变化率论域 $Y=[-20\sim 20]$（℃/s）。用一个 F 控制器对它进行调节，要求炉温为 (500±60)℃，已知 7 个等分的三角形 F 子集涵盖着温度变化的范围：NB（负大）、NM（负中）、NS（负小）、Z（零）、PS（正小）、PM（正中）、PB（正大），如图 4-6 所示；5 个等分的三角形 F 子集涵盖着温度变化率的范围：NB（负大）、NS（负小）、Z（零）、PS（正小）、PB（正大）。求量化因子 k_e 和 k_{ec} 分别是多少？某时刻测得炉温为 450℃，温变率为 −13℃/s，它们各对应于模糊论域上的哪个模糊子集？

解 根据题设可将炉温的物理论域和模糊论域关系画在图 4-6 中。

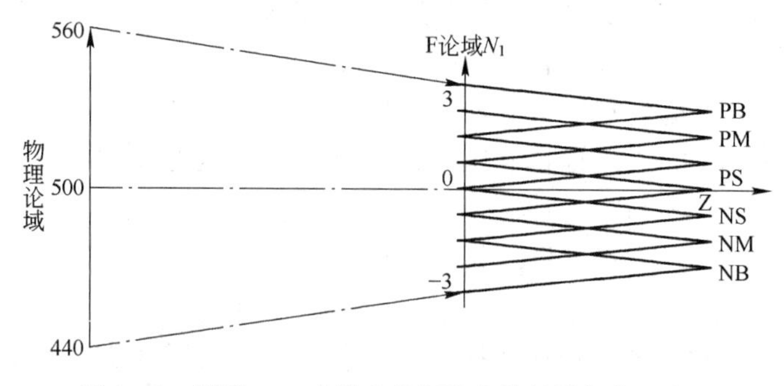

图 4-6 例题 4-1 中输入炉温清晰值的模糊化示意图

在图 4-6 中，模糊论域用 7 个模糊数表示为 $N=\{-3, -2, -1, 0, 1, 2, 3\}$，它们与题设的 7 个模糊子集相对应。于是根据公式可得出量化因子为：

$$k_e=2n_j/|b-a|=2\times 3/(560-440)=6/120=0.05$$

当 $t=450$ s 时，$n=(t-(560+440)/2)k_e=-50\times 0.05=-2.5$，按“四舍五入取整”应该为“−3”；或取整为 $n_1=\text{sgn}(-2.5)\text{int}(|-2.5|+0.5)=-3$，可见属模糊子集为“−3”或“NB”。

温变率的物理论域 $Y=[-20, 20]$，模糊论域用模糊数表示成 $N_2=\{-2, -1, 0, 1, 2\}$，代表了题设的 5 个模糊子集，模糊数 -2、-1、0、1、2 既是模糊集合，也代表 F 集的核。

代入公式有 $k_{ec}=2/20=0.1$，当 $\Delta t=-13$ 时，$n_2=-13k_{ec}=-13/10=-1.3$，四舍五入取整为 -1，可知 $\Delta t=-13$，属模糊子集“-1”或“NS”。

2. 比例因子

经过近似推理模块（$A^*\circ R$）得出的是模糊量，需要经过清晰化模块（F/D）的处理变成清晰量，才能推动后面的执行机构。清晰化处理后的变量虽然是清晰值，但其取值范围是由模糊推理得到的所有 F 子集确定的，覆盖这些 F 子集的数值范围称为模糊论域 N_3。这个模糊论域 N_3 和后面执行机构需求的数值范围——物理论域 U 未必一致，也需要进行论域的变换。

由模糊论域 N_3 到物理论域 U 的变换系数叫比例因子 k_u。

经过清晰化之后，假设输出量的模糊论域 $N_3=[-n, n](n>0)$；后面执行机构要求输入的控制量 u 的物理论域 $U=[-u, u](u>0)$。由模糊论域 N_3 变换到物理论域 U 的比例因子定义为：

$$k_u=u/n$$

若某时刻得到的输出量（清晰量）是 $n_1\in N_3$，经过比例变换后的控制量则为：

$$u_1=n_1k_u\in U$$

在 F 控制器中，量化因子和比例因子的位置及其变换关系如图 4－7 所示，该图也表现出模糊控制器的整个工作流程。可以看出，量化模块和比例模块都不是模糊控制器的组成部分，只是把模糊控制器跟外部设备连接起来的接口，仅仅为了使输入、输出的数据能跟外部匹配。

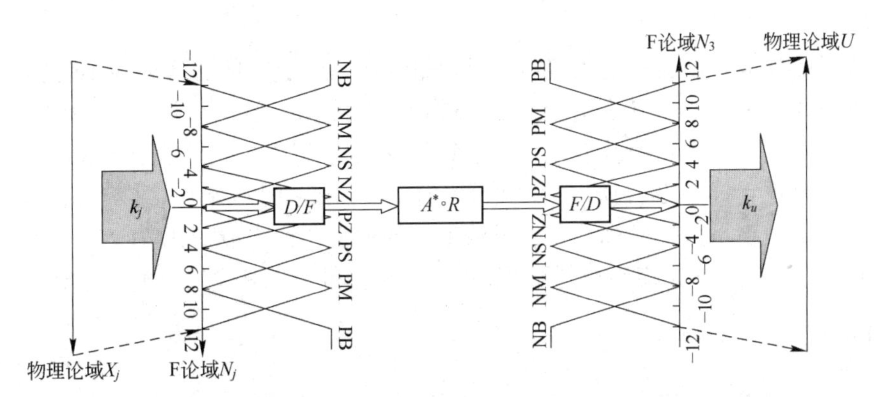

图 4－7　量化因子 k_j 和比例因子 k_u 在模糊控制器中位置及其变换关系

3. 量化因子和比例因子在模糊控制系统中的作用

量化因子和比例因子除了进行论域变换，使前后模块匹配之外，在整个系统中还有一定的调节作用。因为它的变化相当于对实际测量信号的放大或缩小，直接影响着采样信号对系统的调节控制作用。

在 F 控制器设置不变的情况下，由 $k_e = n_1/x_1$ 知，当 $x_1 = e$ 时 $n_1 = k_e e$。可见，增大 k_e 相当于在得到的偏差量 e 不变的情况下，输入 F 化模块的 e 数值 n_1 变大了。这样使系统上升速率变快，从而可能导致系统的超调量增大，使调节时间加长，即系统过渡时间变长，甚至发生振荡乃至使系统变得不稳定；反之，减小 k_e 会使系统上升速率变慢，调节惰性增大。k_e 过小可能影响系统的稳态性能，使稳态精度降低。总之，k_e 的变化可以改变偏差 e 对系统的调控作用。

在控制器设置不变的情况下，由定义 $k_{ec} = n_2/x_2$ 知，当 $x_2 = ec$ 时 $n_2 = k_{ec} ec$。可见，增大 k_{ec} 相当于在偏差变化率 ec 不变的情况下，输入 F 化模块的 ec 数值 n_2 变大了，从而增大了对系统状态变化的抑制能力，增强了系统的稳定性。k_{ec} 太大会使系统上升速率过慢，到达平衡态的过渡时间加长；反之，k_{ec} 过小，会使系统上升速率增快，可能导致系统产生过大的超调，以致使系统发生振荡。可见，改变 k_{ec} 能够改变偏差变化率 ec 对系统的调控作用。

比例模块设在经过近似推理之后，在控制器设置不变且覆盖控制量的模糊子集个数一定情况下，比例因子 k_u 相当于系统的总放大倍数。增大 k_u 会加快系统的响应速度，k_u 过大将导致系统输出上升速率过快，从而使系统产生较大的超调乃至发生振荡或发散；k_u 太小，系统输出上升速率变小，将导致系统稳态精度变差。

在对系统进行调试过程中，系统发散时应大幅度减小 k_u，若系统振荡时可适当减小 k_u；当系统有稳态误差时需适当增大 k_u，同时小幅度增大 k_e；当系统过渡时间太长应略微减小 k_{ec}，而在系统超调过大时则适当增加 k_{ec}。

上述关于 k_e、k_{ec} 和 k_u 对系统影响的论述，只是提出了调整的方向，在对模糊控制系统进行实际调整时，还需结合具体情况综合考虑。

4.2.3 模糊化和清晰化

量化因子是模糊控制器的输入接口，是对输入清晰量进行的放大或缩小变换。为了使这些清晰值能与语言表述的模糊规则相适配，进行近似推理，必须把它们变换成模糊量，即模糊子集。把这些输入的清晰值映射成模糊子集及其隶属函数的变换过程，称为模糊化。

在经过模糊逻辑推理之后输出的结论是模糊量，用它们不能直接推动执行机构进行控制，需要变换成清晰量。把模糊量变换成清晰量的过程，称为清晰化。

模糊化和清晰化模块是模糊控制器的两个重要的部件，尤其模糊化模块是绝不可缺少的。

1. 模糊化

通常经过采样得到的输入量 x_1 都是清晰值，经过量化因子处理相当于进行一次比例变换，映射成模糊论域 N 上的某个实数值。这个实数值可能同时与 N 上的几个模糊子集有关，求出这个实数值隶属于各个相关模糊子集的隶属度，称为把清晰值模糊化。例如，在图 3-1 中，数 0.4 属于 F 集合“正好”的隶属度为 0.6，而属于 F 集合“高”的隶属度为 0.4……把实数值 0.4 属于各个模糊子集的隶属度都找出来，就称把 0.4 模糊化了。

为使每个实时输入变量的清晰值 x_1 都能模糊化，首先需要确定覆盖在模糊论域 N 上模糊子集的数目，然后确定出各个模糊子集的隶属函数，这个过程称为进行模糊分布。

1）模糊子集个数的选定

覆盖模糊论域的 F 子集数目应该适当，较多时虽可提高控制精度，但模糊规则数目相应地会增加得更快，致使运算量大幅增加。例如，一个二维 F 控制器，若覆盖偏差 e 论域的 F 子集个数为 4，覆盖偏差变化率 ec 论域的 F 子集个数为 3，二者搭配的结果模糊规则的数目为 4×3=12 条；当覆盖 e 的 F 子集个数增为 7，覆盖 ec 的 F 子集个数增为 5 时，则模糊规则数目就增加为 7×5=35 条，较前增加了一倍还多。

因此，覆盖模糊论域的 F 子集数目应当取得恰当，根据经验和运算的方便性，一般覆盖整个模糊论域的 F 子集数目以 3～10 个为宜，这样既可以确保一定的控制精度，又可以避免模糊规则数目的过多。

2）模糊子集的分布

在模糊子集的个数确定之后，就要考虑模糊子集的分布，即模糊子集在模糊论域上的散布方式和情况。覆盖整个论域的 F 子集分布，应该具有三个基本特性：

① 完备性，即论域上任意一个元素至少得与一个 F 子集对应；

② 一致性，即论域上任意一个元素不得同时是两个 F 子集的核；

③ 交互性，即论域上任何一个元素不能仅属于一个 F 集合。

此外，两个 F 子集的隶属函数交叉时，交叉点的隶属度值 β 应取得合适，通常取 $\beta=0.2\sim0.7$ 为好。β 值大时，虽然能使系统的控制稳定性变好，变化平缓，但同时也会使系统的灵敏度变差；反之，β 值小时虽使控制灵敏度变好，但却使系统的稳定性变差，容易引起系统波动，若 β 值过小将会使控制器的模糊性变差。

图 4-8 画出了几种在模糊论域［-3，3］上不可取的模糊分布，其原因是：

① 论域中［-1，-0.5］间的数值没被模糊子集涵盖；

② 相邻的模糊子集 B、C 和 D 相互交叠部分过多，致使模糊论域中数值 1，同时以不小的隶属度隶属于 B、C、D 三个模糊子集；

③ 模糊子集 C 和 D 隶属函数交点的隶属度是 0.8，略显大了点。

为了避免上述不合理情况的发生，通常使一个模糊子集的“核”元素属于紧相邻那个模糊子集的隶属度尽量小，最好接近于零。

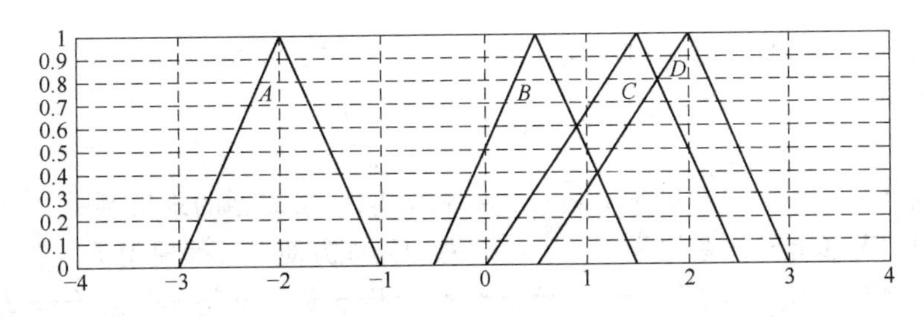

图 4-8　不太合理的模糊分布示例

图 4-9 画出了在论域［-4，4］上模糊子集合理分布的几个典型情况。

这些模糊子集的分布有的是均匀的，如图 4-9(a) 所示；有的是不均匀的，如图 4-9(b)所示。不均匀分布中“零点”左右的模糊子集划分得较细，每个模糊子集占用的论域区段较小，这是因为零点对应于控制系统的工作点。这种分布可使控制器在零点附近的控制动作精确、细腻。

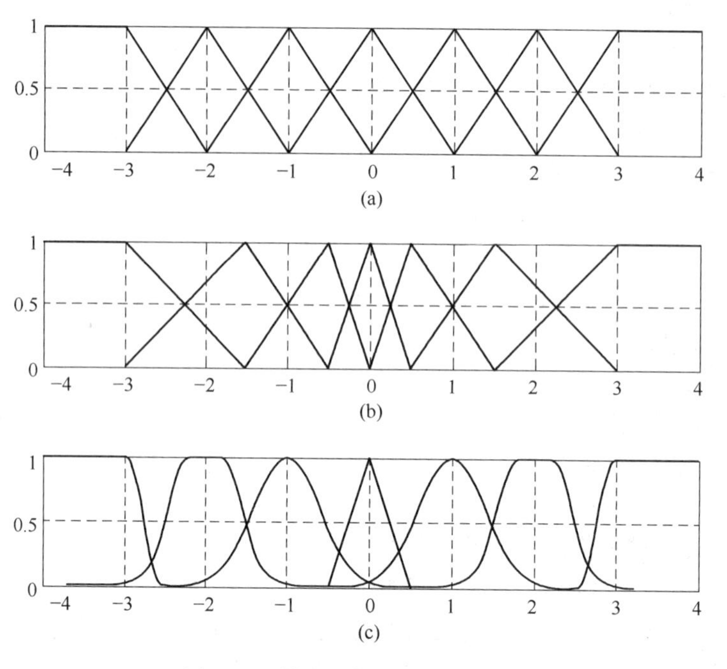

图 4-9 模糊子集分布合理的示例

由图 4-9 可见，模糊子集的隶属函数类型可以取成相同的，如图 4-9(a) 和图 4-9 (b) 中除两个边缘外，所有隶属函数都是三角形的；也可以取成不全相同的，如图 4-9(c) 中从左到右分别为 Z 形、钟形、高斯型、三角形、高斯型、钟形和 S 形。

3）隶属函数类型的选取

确定模糊子集就是确定模糊子集的隶属函数，根据模糊论域的离散性或连续性，隶属函数可以取成离散的或连续函数的形式。

用扎德法，模糊论域取离散值时，隶属函数形式为：

$$A=\sum\frac{A(x_i)}{x_i}=\frac{A(x_1)}{x_1}+\frac{A(x_2)}{x_2}+\cdots+\frac{A(x_n)}{x_n}$$

模糊论域为连续值时，隶属函数形式为：

$$A=\int\frac{A(x)}{x}$$

隶属函数 $A(x)$ 类型的选取没有统一的标准，取什么类型的隶属函数，完全取决于控制对象的不同情况加上设计者的习惯、运算简便和处理方便。一般模糊子集的隶属函数应该是连续函数，除在论域边界处外，都应该是对称的凸 F 集，这是人们思维渐变性的客观反映和实际需要。陡峭的隶属函数将使控制具有较高的分辨率，使控制灵敏度增高；反之，平缓的隶属函数会使控制的灵敏度降低。实用中，远离系统状态平衡点，偏差较大时可用低分辨率隶属函数；接近平衡点，偏差很小时，可采用高分辨率隶属函数，如图 4-9(b) 和图 4-9(c) 中零点附近就是如此。不过，最终都需要根据控制效果进行调整。

隶属函数的选取，包含着许多技术甚至是艺术成分，如何选取得更好，必须在实践中反复试验、探索方可确定，它不是一个纯技术问题，也不是一成不变的。

例如，世界上第一台利用模糊逻辑推理的模糊控制器——Mamdani 等人的锅炉-蒸汽机模糊控制系统中，用了 8 个模糊子集涵盖变量的取值范围，选用的模糊子集及隶属函数不全一样。模糊子集的核，有的是平台（远离平衡点处），有的几乎是个点（平衡点附近）。现把其选用的隶属函数都列在表 4-1 中，以供学习时参考。

表 4-1　Mamdani 等人的锅炉-蒸汽机模糊控制系统中选用的隶属函数

模糊子集名称	子集意义	隶属函数表达式	模糊子集名称	子集意义	隶属函数表达式
NB	负大	$1-\exp[-(0.5/\|6-x\|)^{2.5}]$	PO	正零	$\exp(-5\|x+0.05\|)$
NM	负中	$1-\exp[-(0.5/\|4-x\|)^{2.5}]$	PS	正小	$1-\exp[-(0.5/\|-2-x\|)^{2.5}]$
NS	负小	$1-\exp[-(0.5/\|2-x\|)^{2.5}]$	PM	正中	$1-\exp[-(0.5/\|-4-x\|)^{2.5}]$
NO	负零	$\exp(-5\|x-0.05\|)$	PB	正大	$1-\exp[-(0.5/\|-6-x\|)^{2.5}]$

这些模糊子集的隶属函数形状如图 4-10 所示。

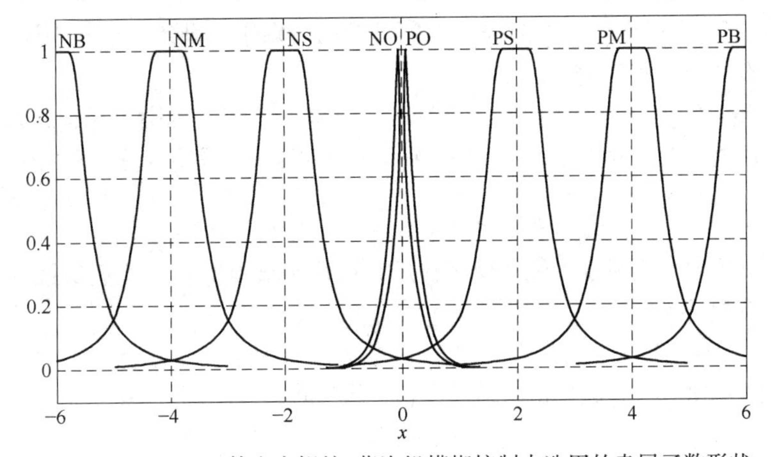

图 4-10　Mamdani 等人在锅炉-蒸汽机模糊控制中选用的隶属函数形状

特别应该注意的是，涵盖变量论域上的模糊子集分布是不均匀的：平衡点附近两个模糊子集隶属函数斜率很大，函数曲线相当陡峭，两个子集的“核”几乎是两个点，而且相当接近；而远离平衡点的模糊子集则大不相同，它们的“核”几乎是平台，彼此相距甚远。这样的分布可以提高平衡点附近的控制精度，又可使系统从远离平衡点处迅速趋向平衡点附近。

2. 清晰化

经过模糊逻辑推理后，输出的是模糊集合，由于它是多条模糊控制规则所得结论的综合，其隶属函数多数是分段、不规则的形状。清晰化的目的就是把它们等效成一个清晰值，即映射（变换）到一个代表性的数值上，这个任务由清晰化模块（F/D）完成。

清晰化的方法就是按照“言之有理、计算方便和具有连续性”的原则，在模糊集合的论域中找一个清晰数值来代表它。在 2.5.3 节已经介绍过具体的清晰化方法，常用的有面积中心法、面积分析法和最大隶属度法，由于最大隶属度法具有直观合理和计算方便的优点，实用中用得较多。

4.2.4　模糊控制规则

模糊控制规则是模糊控制器的核心，它相当于传统控制系统中的校正装置或补偿器（如工业中经常使用的 PID 控制器），是设计控制系统的主要内容。模糊控制规则的生成方法大体上有两种：一种是根据操作人员或专家对系统进行控制的实际操作经验和知识，归纳总结得出的；另一种是对系统进行测试实验，从分析系统的输入-输出数据中，归纳总结出来的。无论用什么方法生成的 F 控制规则，都可以用以下几种形式进行表述。

1. 语言型模糊规则

语言型模糊规则是由一系列的模糊条件语句组成的，即由许多模糊蕴涵关系“若……则……”（if …then…）构成。这些 F 条件语句是大量实验、观测和操作经验的归纳总结，在近似推理中认为它们是可靠的依据，是推理的出发点和得出正确结论的根据和基础，是“三段论”逻辑进行近似推理的大前提。把模糊控制规则用模糊条件语句表述的 Mamdani 型控制器，称为语言型 F 控制器。

每条模糊条件语句都给出一个 F 蕴涵关系 R_i，即一条控制规则。若有 n 条规则，就把它们表达的 n 个 F 蕴涵关系 $R_i(i=1, 2, \cdots, n)$ 做并运算，构成系统总的模糊蕴涵关系 R：

$$R=R_1\cup R_2\cup\cdots\cup R_{n-1}\cup R_n=\bigcup_{i=1}^{n}R_i$$

当采样得出的输入变量 x，经过模糊化后映射成模糊量 X，则按近似推理合成法则，可以得到输出的模糊量为：

$$U=X\circ R=(X\circ R_1)\cup(X\circ R_2)\cup\cdots\cup(X\circ R_{n-1})\cup(X\circ R_n)$$

由于 X 未必能激活每条模糊规则，所以 $(X\circ R_i)(i=1, 2, \cdots, n)$ 中可能有的项为零，求并时不予考虑。

由计算 U 的公式可知，构建语言型模糊控制器的关键，是根据经验总结出模糊规则，离线得出 n 条 F 条件语句，从而求出系统的总模糊蕴涵关系 R，这是进行模糊推理的大前提。当采样得到输入量 x（小前提）时，将它模糊化并送入模糊推理机，经过近似推理，就能算出输出模糊量 U。

二维语言型 F 控制器的结构，如图 4－11 所示。

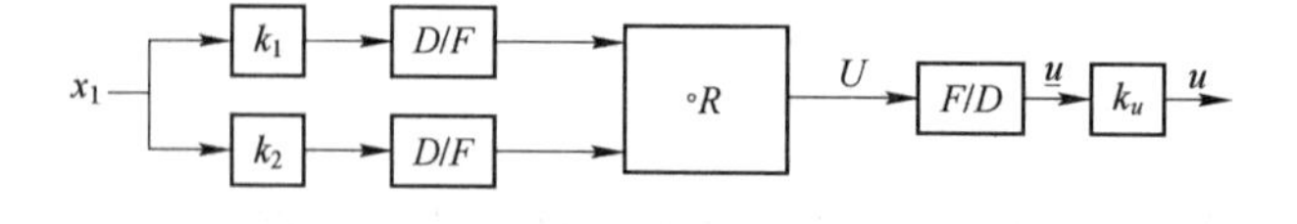

图 4－11　二维语言型 F 控制器结构框图

例如，Mamdani 等人的锅炉-蒸汽机模糊控制系统，用了两个双输入-单输出 F 控制器，以保持锅炉压力和活塞速度的恒定。一个 F 控制器根据蒸汽压力及其变化率，用输出量控制供汽锅炉的加热能源；另一个 F 控制器根据蒸汽机转速及其变化率，用输出量去控制向蒸汽机供气阀门的开度。这里仅对后一个语言型 F 控制器的模糊控制规则作较详细的介绍。

用 SE 表示蒸汽机转速的偏差，用 CSE 表示转速偏差的变化率，用 TC 表示供气阀门的开度。每隔 10 s 进行一次采样，测得输入量偏差 SE 和偏差变化率 CSE，设输出模糊量为 TC，它们的模糊分布归纳如下：

① 用 8 个模糊子集涵盖转速偏差 SE：正大（PB）、正中（PM）、正小（PS）、正零（PO）、负零（NO）、负小（NS）、负中（NM）和负大（NB）；

② 用 7 个模糊子集涵盖转速偏差变化率 CSE：正大（PB）、正中（PM）、正小（PS）、零（O）、负小（NS）、负中（NM）和负大（NB）；

③ 用 5 个模糊子集涵盖用于控制供气阀门开度的输出量 TC：正大（PB）、正小（PS）、正好（O）、负小（NS）和负大（NB）。

根据操作经验总结出如下的语言型模糊控制规则：

① 若偏差是负大且变化率不是负大或负中，则开度为正大；

(if SE=NB and CSE=not(NB or NM)then TC=PB)

② 若转速偏差是负中且转速变化率是正小、正中或正大，则阀门开度为正小；

(if SE=NM and CSE=PS or PM or PB then TC=PS)

③ 若转速偏差是负小且转速变化率是正中或正大，则阀门开度为正小；

(if SE=NS and CSE=PM or PB then TC=PS)

④ 若转速偏差是负零且转速变化率是正大，则阀门开度为正小；

(if SE=NO and CSE=PB then TC=PS)

⑤ 若转速偏差是负零或正零且转速变化率是负小、零或正小，则阀门开度为负小；

(if SE=NO or PO and CSE= NS or O or PS then C=NS)

⑥ 若转速偏差是正零且转速变化率是正大，则阀门开度为负小；

(if SE=PO and CSE=PB then TC=NS)

⑦ 若转速偏差是正小且转速变化率是正中或正大，则阀门开度为负小；

(if SE=PS and CSE=PM or PB then TC=NS)

⑧ 若转速偏差是正中且转速变化率是正小、正中或正大，则阀门开度为负小；

(if SE=PM and CSE=PS or PM or PB then TC=NS)

⑨ 若转速偏差是正大且转速变化率不是负中或负大，则阀门开度为负大。

(if SE=PB and CSE=not(NM or NB)then TC=NB)

这些语言型模糊规则，使用的都是两种典型的基本模糊条件句型：“if A then U”或“if A and B then U”。有的初看似乎不属于这两种之一，如 ① 为“若偏差是负大且变化率不是负大或负中，则开度为正大”，但仔细分析它可以看成“若偏差是负大且变化率不是负大，则开度为正大”和“若偏差是负大且变化率不是负中，则开度为正大”两者的“析取”。9 个句子中，有的比较简单，如④、⑥就属于“if A and B then U”句型；虽然多数较为复杂，但都可以分解成多个基本模糊条件语句，如②、③、⑤、⑦、⑧、⑨。这些语句都具有模糊性，不够清晰，远没有传统控制的微分方程精确。但是 Mamdani 就是用这样的模糊语言规则，实现了锅炉-蒸汽机系统保持恒定转速的自动控制，完成了世界上第一台模糊逻辑控制系统这样的开创性工作。

2. 表格型模糊规则

由操作经验归纳总结出的模糊规则，用自然语言表述具有直观和易于理解的优点，但显得烦琐，在输入机器时并不方便，尤其是输入单片机时。不过，它们也可以转换成一个表格，使之具有直观简单、查算方便、快速简捷等优点，这类“表格型”控制规则尤其受到小型控制器的青睐。

此外，模糊规则表还可以直接由归纳总结测试时的操作数据得出，这种方法花费时间少，客观性强，生成过程简单，对于控制规则较多或很难用语言表述的控制规则更为实用，在工程上是一种非常有效的方法，自从 1992 年提出之后，已经广为流传。

1）把语言型模糊规则转换成模糊规则表

用语言表述的模糊规则，可以换成表格的形式。例如，上面的锅炉-蒸汽机的 9 项模糊规则，就可以表示成表 4－2 的形式，它包含着 28 条模糊规则：表头“列”的内容是覆盖偏差 SE 的模糊子集；表头“行”的内容是覆盖偏差变化率 CSE 的模糊子集；表芯所列的模糊子集是与“列”和“行”输入模糊子集对应的输出模糊子集 TC。例如，当偏差 SE＝NS 且偏差变化率 CSE＝PM 时，从表中可查得与这组输入对应的输出量 TC 为 PS，即 SE 中 NS 一行和 CSE 中 PM 一列交叉点的取值，它就表示此时输出量 TC 应为 PS（正小）。

表 4－2　锅炉-蒸汽机模糊规则表

TC　CSE SE	NB	NM	NS	O	PS	PM	PB
NB			PB	PB	PB	PB	PB
NM					PS	PS	PS
NS						PS	PS
NO			NS	NS	NS		PS
PO			NS	NS	NS		NS
PS						NS	NS
PM					NS	NS	NS
PB			NB	NB	NB	NB	NB

每个控制系统的模糊规则表，都是事先做好的，相当于“语言控制规则”的模糊条件语句。只要将该表存入机器，使用中通过查表即可得出应有的输出，不必在控制过程中进行推理运算，非常简便。

2）用测试数据生成模糊控制规则表

模糊规则表 4－2 是从语言控制规则转换来的，建立它首先需要把操作经验总结成“if…then…”语言型模糊规则，这类工作往往需要有经验的技术工人或专家经过长时间的操作、观察和积累经验方可得出。这种积累、总结有下述困难：①虽然技术人员能够很好地操作被控系统，但却未必能用清晰的语言表述成合格的模糊规则；②由于语言表述的控制规则具有模糊性，往往不够完整和充分，致使其他技术工人按文操作却达不到技术要求；③如果模糊规则太多，靠人工很难总结出来；④使用语言型模糊规则时，每个采样周期内都要进行近似推理合成运算，对于实时性很强的系统很难完成。于是人们又开发出一些新的产生模糊规则的方法，王立新等人在 1992 年提出根据输入-输出数据组，经过分析、归纳、总结生成 F 控制表的方法，这种方法的实用性很强，下面简单介绍其原理和方法。

让有经验的专家对系统进行实际操作，对操作过程的输入-输出数据进行测试和记录，得出的大量输入-输出数据组中隐含着专家的经验、知识，可以用它们总结出控制规则来。

仍以双输入-单输出系统为例，设输入量为 e 和 ec，输出量为 u，已测试出 n 个数据组：

$$(e^p,\ ec^p,\ u^p),\ p=1,\ 2,\ \cdots,\ n$$

p 为测量的批次，e^p，ec^p 和 u^p 组成第 p 次测试得出的一个数据组。根据这 n 个数据组，可以按下述步骤生成该系统的模糊控制规则。

(1) 根据测量数据的取值范围确定变量的模糊论域，并选定覆盖模糊论域的模糊子集及其隶属函数

假设某系统的输入量为 e 和 ec，输出量为 u，已知它们的取值范围，即论域分别为：

$$e\in[-10,\ 10],\quad ec\in[-4,\ 4],\quad u\in[-3,\ 3]$$

对于每个论域，都用 $2N+1$ 个完备模糊子集覆盖它，正整数 N 可以因论域而异。为简单起见，其隶属函数都取成三角形。

按下述方法选取 N 后，做出如图 4-12 所示的模糊子集及隶属函数分布。

① 对于变量 e，取 $N=2$，即用 5 个 F 子集覆盖 e，F 子集分别为 S_2（负大）、S_1（负小）、ZO（零）、B_1（正小）和 B_2（正大）。如图 4-12(a) 所示。

② 对于变量 ec，取 $N=3$，即用 7 个模糊子集涵盖 ec，F 子集分别为 S_3（负大）、S_2（负中）、S_1（负小）、ZO（零）、B_1（正小）、B_2（正中）和 B_3（正大）。如图 4-12(b) 所示。

③ 对于变量 u，取 $N=3$，用 7 个模糊子集涵盖 u，F 子集分别为 S_3（负大）、S_2（负中）、S_1（负小）、ZO（零）、B_1（正小）、B_2（正中）和 B_3（正大）。如图 4-12(c) 所示。

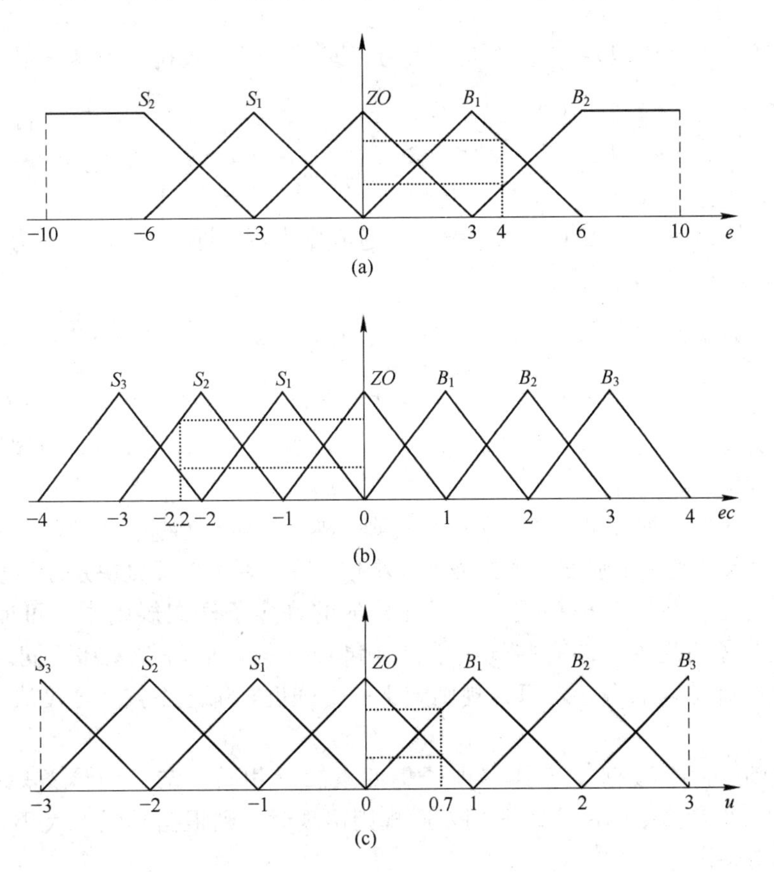

图 4-12　模糊子集分布及其隶属函数图

根据图 4－12，很容易写出各隶属函数的数学表达式。例如，根据图 4－12(b)，可以写出其中的 $ZO(ec)$ 表达式；根据图 4－12(c)，可以写出其中的 $S_2(u)$ 表达式，它们分别为：

变量 ec 的一个 F 子集 $ZO(ec)=\begin{cases} ec+1 & -1\leqslant ec<0 \\ -ec+1 & 0\leqslant ec<1 \end{cases}$

变量 u 的一个 F 子集 $S_2(u)=\begin{cases} u+3 & -3\leqslant u<-2 \\ -u-1 & -2\leqslant u<-1 \end{cases}$

利用图 4－12 和各模糊子集的隶属函数表达式，可以很容易地求出一个变量属于某个模糊子集的隶属度，这在下面将会用到。

(2) 用每组数据构成一条模糊规则

对于每组数据，求出它们与之对应 F 子集的隶属度，选出隶属度最大的模糊子集，用于构成模糊控制规则。

假设已知 e、ec 和 u 分别为 $e=4$，$ec=-2.2$，$u=0.7$，如图 4－12 中竖直虚线所示，用这组数据可按下述方法构成一条模糊规则。

① 对于变量 $e=4$，代入：

$$B_1(e)=\begin{cases} \dfrac{e}{3} & 0\leqslant e<3 \\ -\dfrac{e}{3}+2 & 3\leqslant e<6 \end{cases},\quad B_2(e)=\begin{cases} \dfrac{e}{3}-1 & 3\leqslant e<6 \\ 1 & 6\leqslant e \end{cases}$$

可以算出 $B_1(4)=\dfrac{2}{3}>B_2(4)=\dfrac{1}{3}$。选其中大者，即用 $B_1(e)$ 去构成模糊规则。

② 对于变量 $ec=-2.2$，代入：

$$S_3(ec)=\begin{cases} ec+4 & -4\leqslant ec<-3 \\ -ec-2 & -3\leqslant ec<-2 \end{cases},\quad S_2(ec)=\begin{cases} ec+3 & -3\leqslant ec<-2 \\ -ec-1 & -2\leqslant ec<-1 \end{cases}$$

可以算出 $S_3(-2.2)=0.2<S_2(-2.2)=0.8$。选其中大者，即用 $S_2(ec)$ 去构成模糊规则。

③ 对于变量 $u=0.7$，代入：

$$ZO(u)=\begin{cases} u+1 & -1\leqslant u<0 \\ -u+1 & 0\leqslant u<1 \end{cases},\quad B_1(u)=\begin{cases} u & 0\leqslant u<1 \\ -u+2 & 1\leqslant u<2 \end{cases}$$

可以算出 $B_1(0.7)=0.7>ZO(0.7)=0.3$。选其中大者，即用 $B_1(u)$ 去构成模糊规则。

通过上述计算、选择，用数据组 $e=4$，$ec=-2.2$，$u=0.7$ 构成一条模糊规则："if e is B_1 and ec is S_2 then u is B_1"。

按此办法，每组数据都可构成一条模糊规则，然后再进行筛选。

(3) 赋予每条规则一个强度，根据强度大小按"去小留大"原则决定矛盾规则的去留

每组数据都能构成一条模糊规则，但在构成的许多条模糊规则中，可能由于测量误差等原因会出现矛盾现象，即有些规则前件 e 和 ec 一样，而后件 u 却不同。为了对矛盾的模糊规则进行筛选、取舍，对每条规则定义一个强度，筛选中按其强度决定取舍，如下所述。

把构成规则的每个数据属于其模糊子集的隶属度相乘，定义为该条规则的"强度" $G(k)$，括号中的 k 为规则的序号。遇到矛盾规则出现时，则根据其强度大小，按"去小留大"原则决定取舍。

例如，假设刚才得出的第 5 条规则为"if e is B_1 and ec is S_2 then u is B_1"，按照刚才定

义的强度，有 $G(5)=B_1(e)\times S_2(ec)\times B_1(u)$。若代入 e，ec，u 的取值，有：

$$G(5)=B_1(e)\times S_2(ec)\times B_1(u)=B_1(4)\times S_2(-2.2)\times B_1(0.7)=\frac{2}{3}\times 0.8\times 0.7=\frac{28}{75}\approx 0.373$$

则认为该条规则的强度 $G(5)=0.373$。

如果另有一组数据 $e=4$，$ec=-2.2$，$u=0.4$。据此可以构成第 8 条规则“if e is B_1 and ec is S_2 then u is ZO”，它的前件与第 5 条规则的一样，显然第 8 条规则与第 5 条规则是矛盾的。而第 8 条规则的强度为：

$$G(8)=B_1(e)\times S_2(ec)\times ZO(u)=B_1(4)\times S_2(-2.2)\times ZO(0.4)=\frac{2}{3}\times 0.8\times 0.6=0.32<0.373$$

于是按“去小留大”原则，保留第 5 条规则“if e is B_1 and ec is S_2 then u is B_1”。

为了强调专家意见，有时在每条规则的“强度”计算中，可以乘以由专家提出的“认定强度”。

(4) 确定模糊规则表

由于覆盖变量 e 有 5 个 F 子集、覆盖变量 ec 有 7 个 F 子集，测得的数据经过以上处理后最多可得出 35 条控制规则，据此可以制出表 4－3。

表 4－3　待填充的模糊规则表

e \ u \ ec	S_3	S_2	S_1	ZO	B_1	B_2	B_3
S_2							
S_1							
ZO							
B_1		B_1					
B_2							

表 4－3 左侧的列表头表示覆盖偏差 e 的模糊子集；表格上面的行表头表示覆盖偏差变化率 ec 的模糊子集；表芯的每个方格则填入与所在行和列对应输出量 u 的模糊子集。例如，我们前面确定的一条控制规则是“if e is B_1 and ec is S_2 then u is B_1”，则在表 4－3 中找出变量 e 为 B_1 一行和变量 ec 为 S_2 一列交汇的方格里填上 B_1，……。如果数据足够多，就可以填满表 4－3 中所有空格。如此把所有得出的控制规则都填入表中，就得到该系统的完整模糊规则表。

这样的模糊规则表，包含着操作人员的智慧、经验、技巧和推理，它替代了语言型模糊规则和近似推理过程。由数据归纳的模糊规则表，比人工总结的模糊条件语句更客观、公正，更方便于他人和机器使用。

一个二维表格型模糊控制器的结构，如图 4－13 所示。

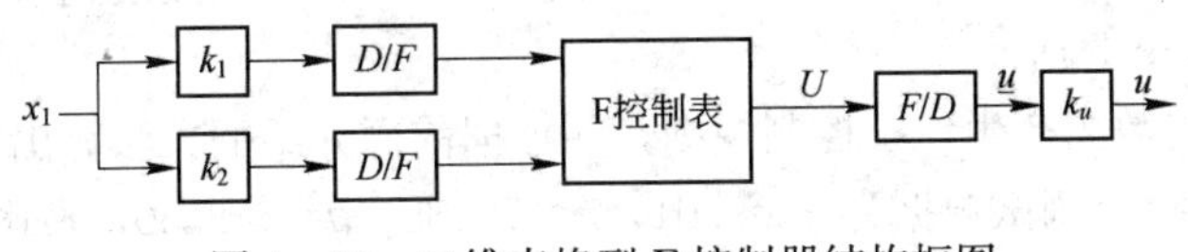

图 4－13　二维表格型 F 控制器结构框图

由结构框图可知，实时采样得到的数据经过模糊化处理后输入机器，通过查询模糊规则表便可得到应有的输出模糊量，从而避免了近似推理过程。实际应用中，特别是在控制系统较为简单而采用单片机控制时，常常采用这种查表法。例如，设某时刻测得的输入量为 e 和 ec，经过模糊化处理后分别映射成模糊量 B_1 和 S_2，计算机只需根据输入数据，从表 4-5 中查出相应的输出量 u 为 B_1，就可把 B_1 输入到下一级清晰化模块（F/D），用于去操作被控对象。

例 4-2 如图 4-14 所示，某卡车（图中对“卡车”做了放大）所处位置由三个状态变量确定：卡车位置的坐标 x、y 和卡车前行方向与 X 轴的夹角 φ。已知 $x\in[0, 20]$，$\varphi\in[-90°, 270°]$。为使它倒入预留车位，即达到状态 $(x, \varphi)=(10, 90°)$，某熟练司机用“匀速后退”行驶，仅靠“控制方向盘”的操作完成了这一任务，方向盘的转角 $\theta\in[-40°, 40°]$。

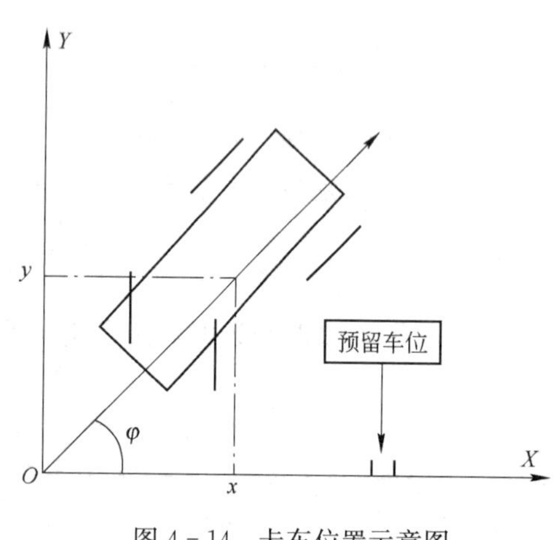

图 4-14 卡车位置示意图

对司机倒车入位的操作过程进行了等时间间隔记录，把输入 (x, φ) 及输出 θ 的数据经过反复试验筛选和整理，得出有代表性的部分数据，如表 4-4 所示。

根据这些数据设计一个模糊控制器，使其功能可以代替司机的倒车入位操作。

表 4-4 某司机倒车输入-输出部分数据表

次第	输入量		输出量	次第	输入量		输出量
	x	φ	θ		x	φ	θ
0	1.00	0.00	−19.00	9	8.72	65.99	−9.55
1	1.95	9.37	−14.95	10	9.01	70.85	−8.50
2	2.88	18.23	−16.90	11	9.28	74.98	−7.45
3	3.79	26.57	−15.85	12	9.46	80.70	−6.40
4	4.65	34.44	−14.80	13	9.59	81.90	−5.34
5	5.45	41.78	−13.75	14	9.72	84.57	−4.30
6	6.18	48.60	−12.70	15	9.81	86.72	−3.25
7	7.48	54.91	−11.65	16	9.88	88.34	−2.20
8	7.99	60.71	−10.60	17	9.91	89.44	0.00

解 根据这些数据，定义五个 F 子集覆盖输入量 $x\in[0, 20]$；定义七个 F 子集覆盖 $\varphi\in[-90°, 270°]$；定义七个 F 子集覆盖输出量 $\theta\in[-40°, 40°]$，假设这些 F 子集都取成三角形隶属函数，如图 4-15 所示。

由每组输入-输出数据产生一条控制规则，并根据前面介绍的方法算出相应的强度。例如，对于表 4-4 中第 11 批次测试数据为 $x=9.01$，$\varphi=70.85$，$\theta=-8.50$，按图 4-15 的模糊子集分布，可以算出 $CE(9.01)>S_1(9.01)$，$S_1(70.85)<CE(70.85)$，$S_1(-8.5)>CE(-8.5)$，据此可得出一条控制规则：“if x is CE and φ is CE then θ is S_1”。

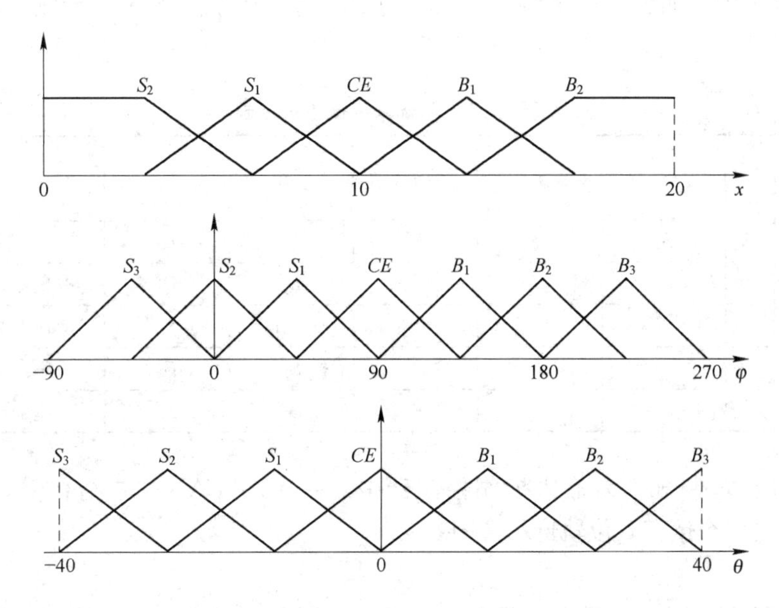

图 4-15　倒车控制中的隶属函数分布

由于 $CE(x)=\frac{x}{3}-\frac{7}{3}, CE(\varphi)=\frac{\varphi}{45}-1, S_1(\theta)=-\frac{3}{40}\theta$，于是得出这条规则的强度为：

$$CE(x)\times CE(\varphi)\times S_1(\theta)=CE(9.01)\times CE(70.85)\times S_1(-8.5)$$

$$=0.67\times 0.574\times 0.6375\approx 0.246$$

对每条规则都可以算出它的强度，经过筛选、整理后得出表 4-5。

表 4-5　根据表 4-4 中的数据组产生的 F 控制语句及其强度

输入量		输出量	强度	输入量		输出量	强度
x	φ	θ		x	φ	θ	
S_2	S_2	S_2	1.00	S_1	S_1	S_1	0.60
S_2	S_2	S_2	0.92	CE	S_1	CE	0.16
S_2	S_2	S_2	0.35	CE	CE	CE	0.32
S_2	S_2	S_2	0.12	CE	CE	CE	0.45
S_2	S_2	S_2	0.07	CE	S_1	S_1	0.35
S_1	S_2	S_1	0.08	CE	S_1	S_1	0.21
S_1	S_1	S_1	0.18	CE	CE	CE	0.54
S_1	S_1	S_1	0.53	CE	CE	CE	0.88
S_1	S_1	S_1	0.56	CE	CE	CE	0.92

根据上述数据表，可以得出六条模糊规则：“$S_2(x)\wedge S_2(\varphi)\rightarrow S_2(\theta)$”“$S_1(x)\wedge S_2(\varphi)\rightarrow S_1(\theta)$”“$S_1(x)\wedge S_1(\varphi)\rightarrow S_1(\theta)$”“$CE(x)\wedge S_1(\varphi)\rightarrow S_1(\theta)$”“$CE(x)\wedge S_1(\varphi)\rightarrow CE(\theta)$”“$CE(x)\wedge CE(\varphi)\rightarrow CE(\theta)$”。综合更多的试验数据，可以总结出 35 条规则，列入“倒车入

位模糊规则表”中，如表 4－6 所示，实际只有 27 条。表中加“ * ”者为刚才得出的，抛弃了其中的第 5 条。

表 4－6 倒车入位模糊规则表

x \ θ \ φ	S_3	S_2	S_1	CE	B_1	B_2	B_3
S_2	S_2	* S_2	B_1	B_2	B_2		
S_1	S_3	* S_1	* S_1	B_2	B_3	S_3	
CE		S_3	* S_1	* CE	B_2	B_3	
B_1		S_3	S_3	S_2	B_1	S_3	S_3
B_2			S_2	S_2	S_1	B_2	B_2

把这张模糊控制规则表嵌入模糊控制器中，在 MATLAB 中进行仿真，可以得出如图 4－16所示的一个倒车入位轨迹示意图。

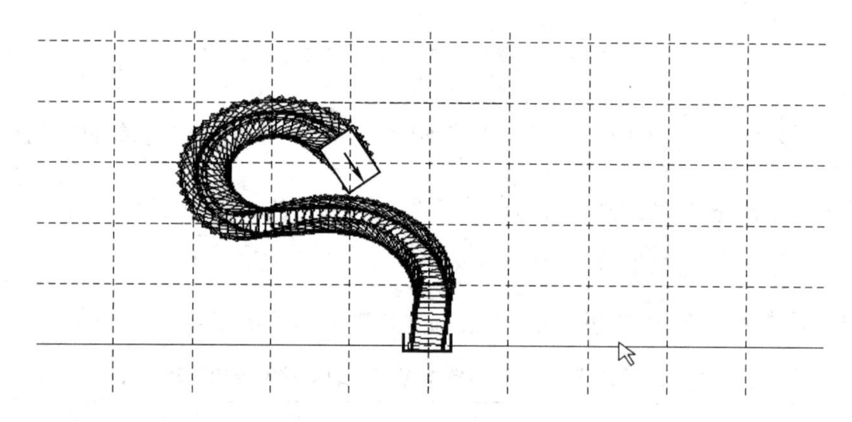

图 4－16 采用 F 控制仿真的倒车入位轨迹示意图

这里只介绍了一种根据输入-输出数据组设计 F 控制系统的方法，它是一种简单启发式方法，其中隶属函数是预先确定的，并没有根据输入-输出数据组进行优化。还有一些根据输入-输出数据组设计 F 控制系统的方法，比如梯度下降法、递推最小二乘法、聚类法等，可以根据输入-输出数据组对 F 控制系统中的部分参数进行优化、修正调整，诸如优选隶属函数参数、控制器结构、控制规则数目等。对此这里不作介绍，有兴趣的读者可查阅文献[14]。不过现在更多的是利用神经网络方法，根据数据自动生成模糊规则。

3. 公式型模糊规则

语言型模型规则和表格型模糊规则一旦存入模糊控制器，很难进行实时修改，这给环境和条件经常变化的实际生产将带来许多不便。于是有人提出用公式表述模糊规则，这种方法称公式型模糊规则表述法。设已知某双输入-单输出模糊规则基础表如表 4－7 所示。

表 4-7　一个双输入-单输出模糊规则基础表

E \ EC （U）	NB	NS	ZE	PS	PB
NB	NB	NB	NS	NS	ZE
NS	NB	NS	NS	ZE	PS
ZE	NS	NS	ZE	PS	PS
PS	NS	ZE	PS	PS	PB
PB	ZE	PS	PS	PB	PB

为了便于对模糊规则进行实时修改，把表中的“模糊子集”换成“模糊数”，模糊数也是模糊子集，所以这种替换可以看成模糊子集名称的变更。例如，把表 4-7 中的 F 子集“*NB*、*NS*、*ZE*、*PS* 和 *PB*”分别换成模糊数“−2、−1、0、1 和 2”，于是就可以得出表 4-8。特别注意，表 4-8 中的“数值”并非是“整数”，而是模糊数，它们的隶属函数可以自己定义。

表 4-8　一个双输入-单输出模糊数规则表

E \ EC （U）	−2	−1	0	1	2
−2	−2	−2	−1	−1	0
−1	−2	−1	−1	0	1
0	−1	−1	0	1	1
1	−1	0	1	1	2
2	0	1	1	2	2

仔细分析可以看出，表 4-8 完全可以用下面的公式代替：

$$U=\langle (E+EC)/2 \rangle$$

公式中的 U、E 和 EC 都代表某个“模糊数”；$\langle\ \rangle$ 为取整运算符，表示将其中数值的绝对值四舍五入取整，正负号与 $\langle\ \rangle$ 中数值的符号相同。比如，$(E+EC)/2=-3.2$，则 $\langle (E+EC)/2\rangle=\langle -3.2\rangle=-3$；若 $(E+EC)/2=1.7$，则 $\langle (E+EC)/2\rangle=\langle 1.7\rangle=2$。当赋予模糊数 E 和 EC 不同的数值时，由公式就可以算出对应的 U。如，取 $E=-1$，取 EC 分别为 −2、−1、0、1、2，代入公式就可以得出表芯第二行的内容：−2、−1、−1、0 和 1。

为了扩大上述公式的使用范围，进行如下的变换：

$$U=\langle (E+EC)/2\rangle=\langle 0.5E+(1-0.5)EC\rangle$$

再用 α 代替 0.5 便可写成 $U=\langle \alpha E+(1-\alpha)EC\rangle$。把 α 的取值由 0.5 扩充为 0 到 1 之间的任何实数值，则变成一个普遍公式：

$$U=\langle \alpha E+(1-\alpha)EC\rangle,\ \alpha\in[0,\ 1]$$

称 α 为“修正因子”，这个公式被称为“F 规则公式”。当赋予 α 一个确定值时，就得出一张 F 规则表。如取 $\alpha=0.2$ 和 $\alpha=0.7$，就分别得出表 4-9 和表 4-10。

表 4-9　取 $\alpha=0.2$ 时，由 $U=\langle \alpha E+(1-\alpha)EC \rangle$ 得出的模糊数规则表

EC / U / E	−2	−1	0	1	2
−2	−2	−1	0	0	1
−1	−2	−1	0	1	1
0	−2	−1	0	1	2
1	−1	−1	0	1	2
2	−1	0	0	1	2

表 4-10　取 $\alpha=0.7$ 时，由 $U=\langle \alpha E+(1-\alpha)EC \rangle$ 得出的模糊数规则表

EC / U / E	−2	−1	0	1	2
−2	−2	−2	−1	−1	−1
−1	−1	−1	−1	0	0
0	−1	0	0	0	1
1	0	0	1	1	1
2	1	1	1	2	2

由 F 规则公式可以看出，当修正因子 $\alpha=0.5$ 时，偏差 E 和偏差变化率 EC 对输出 U 的权重相同，都为 0.5。一旦 α 偏离了 0.5，则它们对输出 U 的影响就不再相等：$\alpha>0.5$ 时，偏差 E 的权重大于偏差变化率的权重；$\alpha<0.5$ 时，则正好相反。

通过仿真方法可以研究修正因子对系统性能的影响。一般来说，减小修正因子 α 时，偏差变化率的权重增大，系统响应速度变慢；增大 α 时系统的上升时间变短、超调量变大、调整时间变长。使用时，根据被控对象的特点及控制指标，选取合适的修正因子 α 数值。

使用公式法，只需变更修正因子 α 的大小，就可以改变整个控制器的模糊规则，给实际工作带来许多方便。有些系统要求在不同的工作状态下，偏差和偏差变化率的权重应该有所不同。比如偏差大时，控制器的主要任务是快速消除偏差影响，这时应取较大的 α 值，以便加强偏差的权重，提高系统的响应速度。反之，偏差较小时，控制器的任务是使系统尽快趋于稳定，应取较小的修正因子 α 值，以便增大偏差变化率的权重，提高系统的稳定性。可见，利用这些修正因子的变化，就能改善系统的动态特性。

为了使调整方便灵活，可引入多个修正因子。下面列出带两个和四个修正因子的模糊规则公式，以供参考。涵盖偏差论域的模糊子集用模糊数 0、±1、±2 和±3 表示，其中 α_1，α_2，α_3，α_4 均为 0 到 1 中间的实数，通常取 $\alpha_1<\alpha_2<\alpha_3<\alpha_4$。

$$\alpha_j\in[0,1],\ j=1,2\text{ 时},\ U=\begin{cases}\langle \alpha_1E+(1-\alpha_1)EC\rangle, & E=\pm1,0\\ \langle \alpha_2E+(1-\alpha_2)EC\rangle, & E=\pm2,\pm3\end{cases}$$

$$\alpha_j\in[0,1],\ j=1,2,3,4\text{ 时},\ U=\begin{cases}\langle \alpha_1E+(1-\alpha_1)EC\rangle, & E=0\\ \langle \alpha_2E+(1-\alpha_2)EC\rangle, & E=\pm1\\ \langle \alpha_3E+(1-\alpha_3)EC\rangle, & E=\pm2\\ \langle \alpha_4E+(1-\alpha_4)EC\rangle, & E=\pm3\end{cases}$$

公式型二维 F 控制器的基本结构，如图 4-17 所示。它与表格型 F 控制器结构框图基本一样，只是把表格型 F 控制器中的“F 控制表”模块换成了这里的 F 控制公式模块“$U=\langle \alpha E+(1-\alpha)EC \rangle$”，特别需要注意，这里的偏差 E 和偏差变化率 EC 都是模糊数。

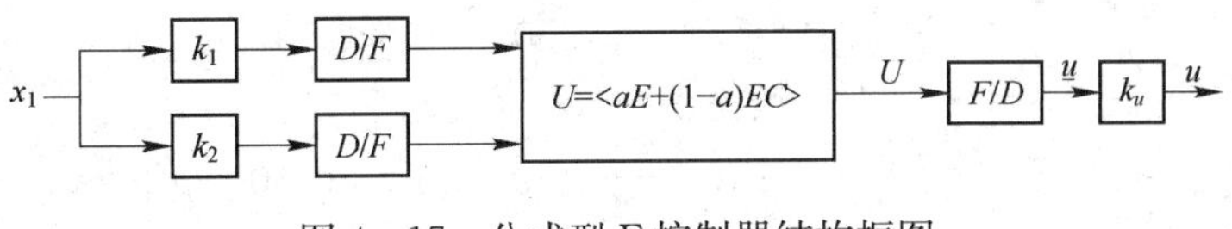

图 4-17　公式型 F 控制器结构框图

4.2.5　模糊自动洗衣机的设计

1990 年日本松下电器首先设计生产了模糊洗衣机，这是世界上第一个应用模糊控制器的消费产品。它根据洗涤衣物的种类、油腻和脏污程度，利用模糊控制系统自动选定洗涤时间和水流旋转强度。作为设计模糊控制器的实际例子，下面介绍经过简化的模糊自动洗衣机控制器的设计原理，只考虑洗涤时间的自动选定。

1. 确定模糊控制器的结构

洗衣机利用分光光度计传感器，通过检测洗涤液的透明程度等方法，测出洗涤液中的污泥含量 $x\in[0,100](\%)$ 和油脂含量 $y\in[0,100](\%)$。模糊控制器则根据 x 和 y 的数据，选定洗涤时间 $t\in[0,60]$(min)。因为只考虑洗涤时间，可以用双输入-单输出模糊控制器完成任务。

2. 定义输入、输出量的模糊分布

为了讲述的简便，所有模糊子集都选取三角形隶属函数。

① 选定三个模糊子集：污泥少（SD）、污泥中（MD）和污泥多（LD），用于涵盖输入量 x 的论域 [0，100]，它们的隶属函数如下，其分布如图 4-18 所示。

$$SD(x)=(50-x)/50 \quad 0\leqslant x\leqslant 50$$

$$MD(x)=\begin{cases} x/50 & 0\leqslant x\leqslant 50 \\ (100-x)/50 & 50< x\leqslant 100 \end{cases}$$

$$LD(x)=(x-50)/50 \quad 50< x\leqslant 100$$

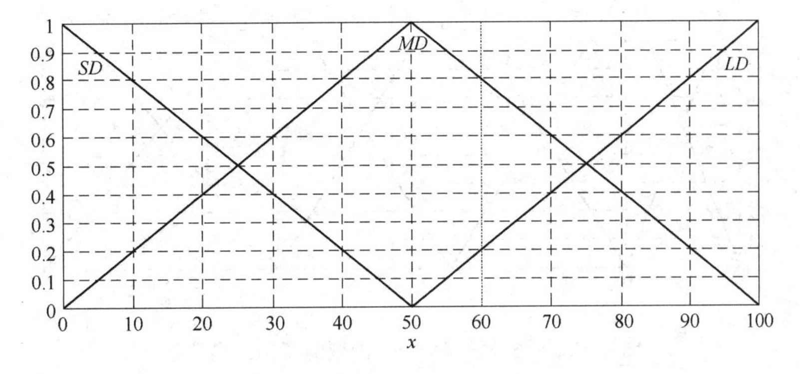

图 4-18　覆盖污泥含量 x 论域的模糊子集分布

② 选定三个模糊子集：油脂少（NG）、油脂中（MG）和油脂多（LG），用于涵盖输入量 y 的论域［0，100］，它们的隶属函数如下，其分布如图 4-19 所示。

$$NG(y)=(50-y)/50 \quad 0\leqslant y\leqslant 50$$

$$MG(y)=\begin{cases} y/50 & 0\leqslant y\leqslant 50 \\ (100-y)/50 & 50< y\leqslant 100 \end{cases}$$

$$LG(y)=(y-50)/50 \quad 50< y\leqslant 100$$

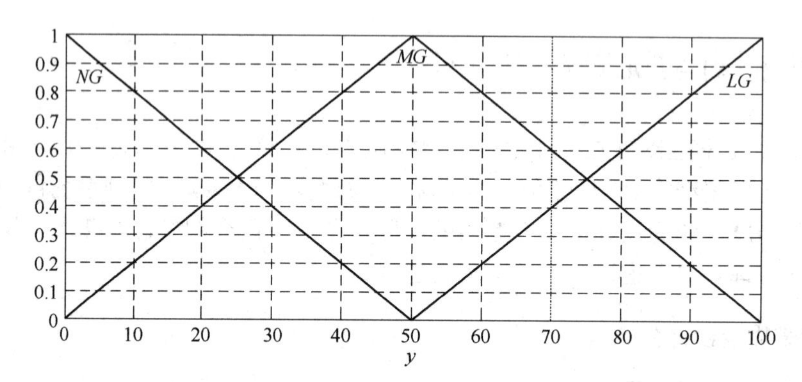

图 4-19　覆盖油脂含量 y 论域的模糊子集分布

③ 选定五个模糊子集涵盖输出量 t 的论域［0，60］：很短（VS）、短（S）、中等（M）、长（L）和很长（VL），它们的隶属函数如下，其分布如图 4-20 所示。

$$VS(t)=(10-t)/10 \quad 0\leqslant t\leqslant 10$$

$$S(t)=\begin{cases} t/10 & 0\leqslant t\leqslant 10 \\ (25-t)/15 & 10< t\leqslant 25 \end{cases}$$

$$M(t)=\begin{cases} (t-10)/15 & 10\leqslant t\leqslant 25 \\ (40-t)/15 & 25< t\leqslant 40 \end{cases}$$

$$L(t)=\begin{cases} (t-25)/15 & 25\leqslant t\leqslant 40 \\ (60-t)/15 & 40< t\leqslant 60 \end{cases}$$

$$VL(t)=(t-40)/20 \quad 40< y\leqslant 60$$

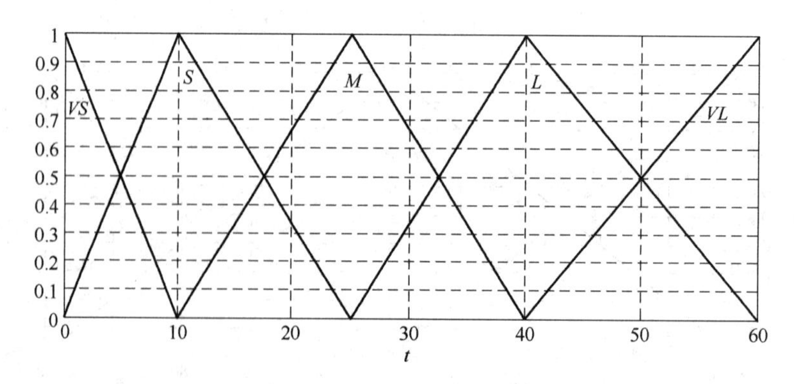

图 4-20　覆盖洗涤时间 t 论域的模糊子集分布

3. 建立模糊规则

根据人的操作经验可以归纳总结出下述三条模糊规则：

“污泥越多，油脂越多，洗涤时间就越长”；

“污泥适中，油脂适中，洗涤时间就适中”；

“污泥越少，油脂越少，洗涤时间就越短”。

污泥和油脂各分三档，进行组合搭配后，可设立九条模糊控制规则，如表 4-11 所示。

表 4-11　模糊洗衣机的洗涤控制规则表

x \ t \ y	NG	MG	LG
SD	$VS(1)$	$M(4)$	$L(7)$
MD	$S(2)$	$M(5)$	$L(8)$
LD	$M(3)$	$L(6)$	$VL(9)$

注：表中的（1），（2），…，（9），是九条规则的序号。

表 4-11 中，每条模糊规则都给出一个 F 蕴涵关系 $R_i(i=1, 2, \cdots, 9)$，这九个 F 蕴涵关系 R_i 的并，就构成系统总的模糊蕴涵关系 R，即：

$$R=R_1\cup R_2\cup\cdots\cup R_8\cup R_9=\bigcup_{i=1}^{9}R_i$$

4. 近似推理

根据 3.3.3 节的理论，近似推理总输出为：

$$U^*=(\vec{A}^*)^{\mathrm{T}}\circ\bigcup_{j=1}^{9}R_j,\quad 或\quad U^*=\bigcup_{j=1}^{9}((\vec{A}^*)^{\mathrm{T}}\circ R_j)=\bigcup_{j=1}^{9}U_j$$

虽然总的蕴涵关系 R 由九个模糊蕴涵关系 R_i 构成，但是每次的输入量并不能把它们全部激活。这样，为了减少计算量，可以不必先求出总 R，即不用前一公式计算，而是按后一公式计算。根据测得的即时输入量，只用被激活的控制规则 R_j 进行近似推理，不必计算从 1 到 9 的全部 U_j，只算出被激活的几个。

例如，某时刻测得的清晰输入量为 $x=60$，$y=70$，则根据图 4-18 可知，清晰量 $x=60$ 模糊化后只映射到模糊子集 $MD(x)$ 和 $LD(x)$ 上；根据图 4-19，清晰量 $y=70$ 经过模糊化后只映射到模糊子集 $MG(y)$ 和 $LG(y)$ 上。从模糊规则表 4-11 可知，这样的输入量只能激活 4 条模糊规则，现将它们及其序号（i）列在下面，并写出了相应的蕴涵关系 R_i：

if x is MD and y is MG then t is $M(5)$，$R_5(t)=MD(x)\wedge MG(y)\wedge M(t)$；

if x is MD and y is LG then t is $L(8)$，$R_8(t)=MD(x)\wedge LG(y)\wedge L(t)$；

if x is LD and y is MG then t is $L(6)$，$R_6(t)=LD(x)\wedge MG(y)\wedge L(t)$；

if x is LD and y is LG then t is $VL(9)$，$R_9(t)=LD(x)\wedge LG(y)\wedge VL(t)$。

下面计算由上述每条规则推得的输出模糊量 $U_i(t)$。

① 对于控制规则（5）“if x is MD and y is MG then t is M”，其输出为 $U_5(t)$。

由于 $MD(60)=0.8$，$MG(70)=0.6$，于是输出

$U_5(t)=(\vec{A}^*)^{\mathrm{T}}\circ R_5=(MD(60)\wedge MG(70))\circ R_5(t)$

$=MD(60)\wedge MG(70)\wedge M(t)=(MD(60)\wedge MG(70))\wedge M(t)=0.6\wedge M(t)=(0.6M)(t)$

$(0.6M)(t)$ 是数值 0.6 和模糊子集 $M(t)$ 的数积，依然是个模糊子集，如图 4-21 所示。

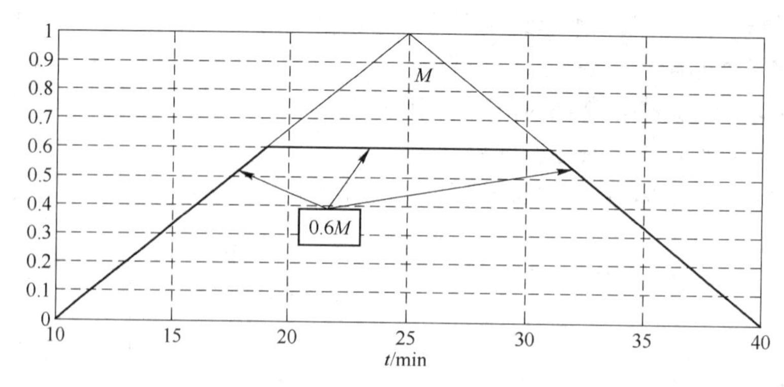

图 4-21　模糊控制规则（5）近似推理结果示意图

② 对于控制规则（8）“if x is MD and y is LG then t is L”，其输出为 $U_8(t)$。

由于 $MD(60)=0.8, LG(70)=0.4$，所以输出

$U_8(t)=(\vec{A}^*)^{\mathrm{T}}\circ R_8=(MD(60)\wedge LG(70))\circ R_8(t)=0.4\wedge L(t)==(0.4L)(t)$，$(0.4L)(t)$ 是 0.4 和 $L(t)$ 的数积。

③ 对于控制规则（6）“if x is LD and y is MG then t is L”，其输出为 U_6。

由于 $LD(60)=0.2, MG(70)=0.6$，所以输出

$U_6(t)=(\vec{A}^*)^{\mathrm{T}}\circ R_6=LD(60)\wedge MG(70)\wedge L(t)=0.2\wedge L(t)=(0.2L)(t)$，$(0.2L)(t)$ 是 0.2 和 $L(t)$ 的数积。

④ 对于控制规则（9）“if x is LD and y is LG then t is VL”，其输出为 $U_9(t)$。

由于 $LD(60)=0.2, LG(70)=0.4$，所以输出

$U_9(t)=(\vec{A}^*)^{\mathrm{T}}\circ R_9=LD(60)\wedge MG(70)\wedge L(t)=0.2\wedge VL(t)=(0.2VL)(t)$，$(0.2VL)(t)$ 是 0.2 和 $VL(t)$ 的数积。

最后总输出的模糊子集 $U(t)$，是 4 个模糊子集 $U_5(t)$、$U_8(t)$、$U_6(t)$ 和 $U_9(t)$ 的并：

$$U(t)=U_5(t)\cup U_8(t)\cup U_6(t)\cup U_9(t)$$
$$=(0.6M)(t)\cup(0.4L)(t)\cup(0.2L)(t)\cup(0.2VL)(t)。$$

把这四个结论都画在图 4-22 上。

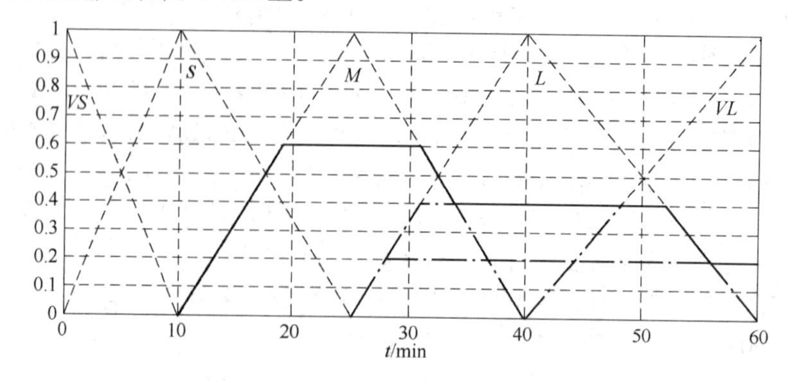

图 4-22　经近似推理输出的模糊子集

由图4-22可以看出，总输出是个模糊子集，它的隶属函数是一个覆盖10～60(min)的不规则形状。要想直接用它去控制驱动系统控制洗涤时间，显然是不可能的，必须对它进行清晰化（F/D）处理，即寻求一个清晰值代表这个模糊集合。

5. 输出模糊量$U(t)$的清晰化

模糊量清晰化方法有很多，这里用最大隶属度方法计算。

1）用（最大隶属度）最小值法（som）

由图4-22可知，在论域［10，60］上，最大隶属度为0.6，与其对应的时间点设为$[t_1, t_2]$。它们应满足$M(t_1)=M(t_2)=0.6$，由隶属函数

$$M(t)=\begin{cases}(t-10)/15 & 10\leqslant t\leqslant 25\\(40-t)/15 & 25<t\leqslant 40\end{cases}$$

可得方程（$t_1-10)/15=0.6$和（$40-t_2)/15=0.6$，解这两个方程得出

$$t_1=19(\mathrm{min}),\ t_2=31(\mathrm{min})$$

所以最大隶属度对应时间段为从19min到31min一段。

于是可知（最大隶属度）最小值法的洗涤时间为$t=t_1=19(\mathrm{min})$。

2）用（最大隶属度）最大值法（lom）

$$t_2=31(\mathrm{min})$$

3）用（最大隶属度）平均值法（mom）

平均值法洗涤时间为

$$t=\frac{t_1+t_2}{2}=\frac{19+31}{2}=25(\mathrm{min})$$

上述设计过程，虽然是对一个简化的洗衣机模糊控制器进行的，但包含了设计任何模糊控制器的主要步骤，具体如下。

① 归纳总结对被控对象进行成功控制的操作经验或输入-输出数据。这是设计模糊控制器的物质基础，没有这一步就根本无法进行模糊控制器的设计。

② 确定模糊控制器的结构，即确定模糊控制器的输入量和输出量。

③ 选择覆盖输入量的模糊子集及其隶属函数，这是对输入量进行模糊化的必要步骤。

④ 建立模糊控制规则，这是进行模糊控制器设计的核心。

⑤ 选取清晰化方法，这是模糊控制器与后继驱动设备连接的必经步骤。

4.3　T-S型模糊控制器的设计

前面介绍的Mamdani型模糊控制器，推理的结果是模糊量，必须进行清晰化处理才可用于驱动被控对象，同时它也不便于对含有模糊量的系统进行数学分析。为此，在研究开发模糊控制系统时，日本学者高木和杉野提出了一种模糊推理的新模型——T-S型模糊推理模型。这种模型特别适用于“分段线性系统”的模糊控制，同时也可用作一般系统的模糊模型，非常方便于定量研究和进行数学分析。

把T-S型模糊模型用作模糊控制器时，主要的工作是根据被研究系统（控制器或被控

对象）的大量输入-输出数据，进行结构辨识和参数辨识，建立起系统的 T－S 模型。

4.3.1 T－S 型模糊模型

1. T－S 型模糊模型概述

关于动态系统的 T－S 型模糊模型，基本原理在第 3 章中已经作过介绍。现在只介绍在控制器的 MATLAB 仿真中用得最多的 T－S 型模糊模型的线性形式。

① 设某个单输入-单输出系统，其清晰输入量为 e，清晰输出量为 u，已知 A 为 F 子集。

在 0 阶 T－S 型模糊模型中：

$$\text{if } e \text{ is } A \text{ then } u=k \quad (k\text{ 为常数})$$

在 1 阶 T－S 型模糊模型中：

$$\text{if } e \text{ is } A \text{ then } u=ae+k$$

其中，a，k 均为与 F 集合 A 有关的常数。

② 设某个双输入-单输出系统，其两个清晰输入变量为 e 和 ec，一个清晰输出量为 u，已知 A_1 和 A_2 为 F 子集。

在 0 阶 T－S 型模糊推理中：

$$\text{if } e \text{ is } A_1 \text{ and } ec \text{ is } A_2 \text{ then } u=k \quad (k\text{ 为常数})$$

在 1 阶 T－S 型模糊推理中：

$$\text{if } e \text{ is } A_1 \text{ and } ec \text{ is } A_2 \text{ then } u=pe+qec+k$$

其中，p，q，k 是与 F 集合 A_1，A_2 有关的常数。

T－S 型模糊模型不仅可以表示控制器，还可表示被控系统，同时它也能表示任何闭环系统。用 T－S 模型表示某个系统时，必须拥有该系统的大量输入-输出测试数据，通过对这些数据进行结构辨识和参数辨识，才能建立起它的 T－S 模型。所谓结构辨识，就是通过对大量数据的分析、处理，确定出代表该系统的最佳输入、输出变量；而参数辨识，就是通过对大量数据的分析、处理，确定出表示系统输出变量表达式中的系数。对一个系统的结构辨识和参数辨识，往往是先固定参数进行结构辨识，或者反之，往返几次以便达到最佳效果。

对于一、二维模糊控制器来说，主要进行的工作是参数辨识，特别是结论参数的辨识。就是根据系统的大量输入、输出数据，用“最小二乘”等方法，确定出满足 T－S 关系式的常数 p，q，k 的取值。若用 MATLAB 软件，可以使用数据拟合指令“polyfit”等完成任务。

2. T－S 型模糊模型结论参数辨识举例

T－S 型模糊模型的参数辨识，分为前提参数辨识和结论参数辨识两个内容。对于二维模糊控制器，前提参数就是优选 F 子集 A_1 和 A_2 的隶属函数，一般都取为三角形或梯形，比较简单，或用神经网络通过对数据的辨识得出。这里只举例介绍结论参数辨识的原理。

下面以单输入-单输出系统为例，介绍 T－S 型模糊模型后件参数辨识的基本思路。

若已知某个一维单输入-单输出系统，测得它的输入 e 和输出 u 的 60 组数据，如表 4－12 所示。

表 4-12　某一维系统输入 e 和输出 u 测试数据

e	u	e	u	e	u	e	u	e	u
0.0100	2.5020	0.6100	2.6220	1.2100	2.7420	1.8300	3.3300	2.4900	3.9900
0.0600	2.5120	0.6600	2.6320	1.2600	2.7520	1.8850	3.3850	2.5450	4.0450
0.1100	2.5220	0.7100	2.6420	1.3100	2.7620	1.9400	3.4400	2.6000	4.1000
0.1600	2.5320	0.7600	2.6520	1.3600	2.7720	1.9950	3.4950	2.6550	4.1550
0.2100	2.5420	0.8100	2.6620	1.4100	2.7820	2.0500	3.5500	2.7100	4.2100
0.2600	2.5520	0.8600	2.6720	1.4600	2.7920	2.1050	3.6050	2.7650	4.2650
0.3100	2.5620	0.9100	2.6820	1.5000	3.0000	2.1600	3.6600	2.8200	4.3200
0.3600	2.5720	0.9600	2.6920	1.5550	3.0550	2.2150	3.7150	2.8750	4.3750
0.4100	2.5820	1.0100	2.7020	1.6100	3.1100	2.2700	3.7700	2.9300	4.4300
0.4600	2.5920	1.0600	2.7120	1.6650	3.1650	2.3250	3.8250	2.9850	4.4850
0.5100	2.6020	1.1100	2.7220	1.7200	3.2200	2.3800	3.8800	3.0400	4.5400
0.5600	2.6120	1.1600	2.7320	1.7750	3.2750	2.4350	3.9350	3.0950	4.5950

为了形象直观，用 MATLAB 软件可以把它们画在图上，在主窗口键入：

```
e=[0.0100,…,0.5600,0.6100,…,1.1600,1.2100,…,1.7750,1.8300,…,2.4350,2.4900,…,3.0950];
u=[2.5020,…,2.6120,2.6220,…,2.7320,2.7420,…,3.2750,3.3300,…,3.9350,3.9900,…,4.5950];
plot(e,u,'*'),grid
```

回车得出图 4-23。

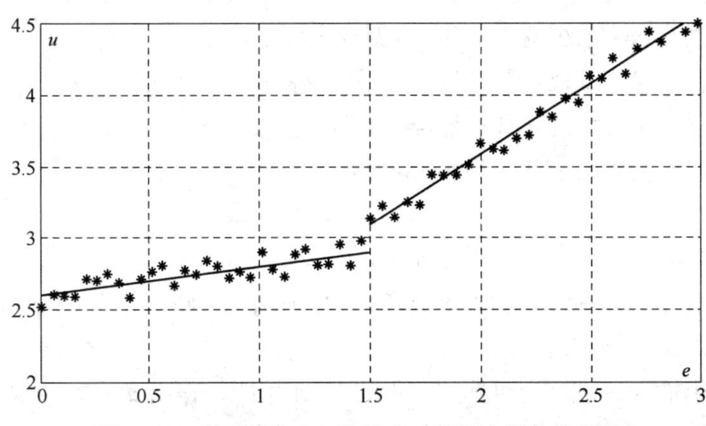

图 4-23　某系统输入 e 与输出 u 数据之间的关系图

上述命令中的“…”表示省略的数据，实际上在 MATLAB 主窗口键入时，必须把表 4-12 中的数据全部录入。

由图 4-23 可以看出，大体是两段线性函数，只是 $e\in[0,\ 1.5)$ 时和 $e\in[1.5,\ 3.1)$ 时直线的斜率不等。

在 1 阶 T-S 型模糊模型中，输出量 $u=ae+k$，不同的 u 无非就是系数不同，即 a 和 k 不同。

① 当 $e\in[0,\ 1.5)$ 时，设 $u_1=a_1e+k_1$，在 MATLAB 中，用 polyfit 指令进行一次多项

式“拟合”，键入：

```
e1=[0.0100,…,0.5600,0.6100,…,1.1600,1.2100,…,1.4600],
u1=[2.5020,…,2.6120,2.6220,…,2.7320,2.7420,…,2.7920],
p1=polyfit(e1,u1,1)
```

回车得出：

```
p1=
  0.2000    2.5000,
```

这个结果表明，$a_1=0.2$，$k_1=2.5$，即 $e\in[0, 1.5)$ 时，$u_1=0.2e_1+2.5$；

② 当 $e\in[1.5, 3.1)$ 时，设 $u_2=a_2e_2+k_2$；

在 MATLAB 中，用 polyfit 指令进行一次多项式“拟合”，键入：

```
e2=[1.5000,…,1.7750,1.8300,…,2.4350,2.4900,…,3.0950],
u2=[3.000,…,3.2750,3.3300,…,3.9350,3.9900,…,4.5950],
p2=polyfit(e2,u2,1)
```

回车得出：

```
p2=
  1.0000    1.7000,
```

这个结果表明，$a_2=1.0$，$k_2=1.7$，即 $e\in[1.5, 3.1)$ 时，$u_2=e_2+1.7$。

拟合指令 polyfit 是根据“最小二乘法”原理计算的，使直线各点取值与相同 e 的最近测试值之差的平方和达到最小。

把 u_1 和 u_2 也画在图 4-23 上，是两条斜率不同的直线，它们和数据取向完全一致。

于是可以建立起这个系统的 1 阶 T-S 型模糊模型：

当 $e\in[0, 1.5)$ 时，可视 e 属 F 集合“小”，$u_1=0.2e_1+2.5$；

当 $e\in[1.5, 3)$ 时，可视 e 属 F 集合“大”，$u_2=e_2+1.7$。

这些结论可以归纳为两条 T-S 型模糊规则，即：

R^1——若 e 属小，则 $u=0.2e+2.5$；

R^2——若 e 属大，则 $u=e+1.7$ 。

假设某时刻测得一个输入 $e=0.8$，可知“e 属小”，则由 R^1，得出 $u=0.2\times0.8+2.5=2.66$；

若测得另一个输入 $e=2.6$，可知“e 属大”，则由 R^2，得出 $u=2.6+1.7=4.3$。

如果某个系统是二维的，有两个清晰输入变量 e 和 ec，它们分别属于模糊子集 A_1 和 A_2 时，则按 1 阶 T-S 型模糊模型，输出的清晰变量 $u=pe+qec+k$，常数 p，q，k 需根据大量实验数据经辨识得出。求法类似于一维系统 1 阶 T-S 模型中确定系数 a 和 k 的方法，只是过程更为复杂。因为这时 $u=f(e, ec)$ 是一个二元函数，MATLAB 中没有直接得出 $f(e, ec)$ 表达式的指令，只能据已知数据画出一个空间网格图。这个三维空间图，表示出输入 e，ec 和输出 u 之间的非线性关系，如果已知某时刻的 e^*，ec^*，从图上可以找出与它们对应的 u^* 的大体位置。当然，对于大量数据可用神经网络处理。

4.3.2　T－S型模糊系统设计要点

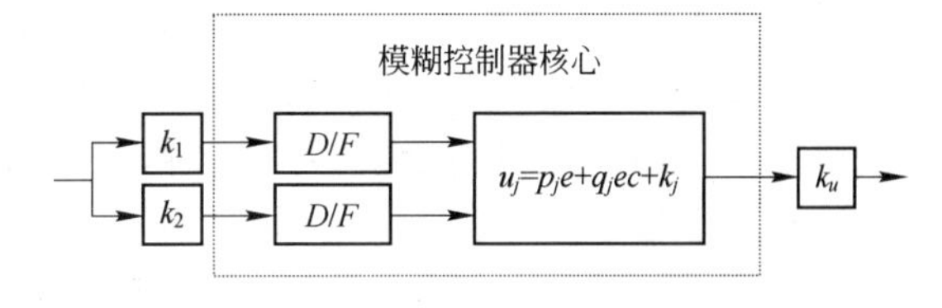

图4－24　二维T－S型F控制器原理框图

图4－24画出了一个二维T－S型模糊系统或控制器结构示意图，它是一个双输入、单输出的模糊系统。它和Mamdani型控制器的最大不同是没有清晰化模块，这是因为它的推理结论是清晰值。同时，用清晰的输出函数 $u_j=p_je+q_jec+k_j$ 代替了Mamdani型控制器中模糊蕴涵关系“$\circ R$”（或“F控制表”或“$U=\langle aE+(1-a)EC\rangle$”模块）。

对于二维T－S型模糊系统，其前件和后件的结构，即变量 e，ec，u 都已确定。实际需要进行的设计工作是根据大量输入-输出数据，确定前件的参数，即各模糊子集的隶属函数 $A_j(x)$ 和后件的参数 p，q，k。不借助计算机设计时，前件的参数 $A_j(x)$ 大都取三角形或梯形等较为简单类型的隶属函数。所以设计T－S型F控制器的重点，是对实测数据的收集、整理、分析和处理，进行结论参数的辨识。由于实测数据量很大，T－S型模糊控制器的设计多数需借助计算机完成。

当然，对于复杂的多维系统，还需要进行结构辨识，即确定输入和输出的最佳变量，以及参数辨识，并确定和优化输入、输出变量的参数。这些工作都涉及大量的数据处理问题，手工演算根本无法完成任务，除了必须用计算机外，有时还需要借助神经网络理论，对此可参考相关专业书籍。

4.4　F控制器和PID控制器的结合

虽然模糊控制器具有能适应被控对象非线性和时变性的优点，而且鲁棒性较好，但是它的稳态控制精度较差，控制欠细腻，难以达到较高的控制精度，尤其在平衡点附近。同时，它也缺少积分控制作用，不宜消除系统的静差。为了弥补这些缺陷，实用中经常把基本模糊控制器跟其他控制器相结合，充分发挥它们各自的优点，以使控制效果更加完美，满足工业中各种不同的需求。下面举例介绍一些简单混合型控制器原理。

4.4.1　F－PID复合控制器基本原理

常规二维模糊控制器以误差和误差变化率为输入量，它具有比例-微分控制作用。比例控制可以加快系统响应速度，减小系统稳态误差，提高控制精度；微分控制可以使系统超调量减小，稳定性增加，但对干扰同样敏感，会降低抑制干扰的能力。模糊控制器缺少积分作用，从而使它消除系统误差性能欠佳，难以达到较高的控制精度。

1. 模糊控制在平衡点附近的盲区

下面以离散论域上的二维F控制器为例，说明模糊控制器在平衡点附近存在的盲区。

如前所述，当偏差信号 e 的物理论域 $X=[-a, a]$，模糊论域为 $N=\{-n_j, -n_j+1, \cdots, -1, 0, 1, \cdots, n_j-1, n_j\}$ 时，由量化因子定义 $k=n_j/a$ 可知，把输入偏差清晰值 e 转换成离散模糊论域 N 中的分档数值 n 时，在 $|ke|<n_j$ 情况下，n 由取整公式

$$|n|=\text{int}(|ke|+0.5)$$

算出，即 n 等于 ke 的四舍五入取整，其正负号与 e 的符号相同。如果处于平衡点附近，即当 $n=0$（可以看作是模糊数“零”）时，并不对应于输入量 $e=0$。因为由 $0=\text{int}(|ke|+0.5)$ 可以推出：

$$|ke|<0.5\text{，即}\quad |e|<0.5/k=0.5a/n_j$$

式中 a 是偏差 e 可取的最大值。通常 n_j 取 5～7，若取 $n_j=7$，则 $|e|<0.5a/n_j=0.5a/7\approx 7a(\%)$。这表明，只要 $|e|$ 小于最大偏差 a 的 7%，模糊控制器就视偏差输入 e 为零。因此，模糊控制器无法消除 $|e|<0.07a$ 时稳态误差。

通常把平衡点附近的这个 $0.07a$ 区域，叫作平衡点附近的盲区或死区。

盲区是由模糊控制器固有性质决定的，因为多数模糊子集不会只涵盖一个点，因此依靠模糊控制器本身是无法消除盲区的。当然也可以像世界第一台模糊控制器那样，如图 4-10 所示，Mamdani 设置的隶属函数分布避开了零点。但是即便这样，零点左右两个相邻模糊子集的核之间，仍有一定的“空白”区，平衡点附近依然存在着死区。

2. F-PI 复合控制器

二维模糊控制器的输入变量 x_1 通常有两个分量：偏差和偏差变化率。这就相当于有了 PID 控制器中的比例和微分两个环节，缺少积分环节。

积分控制可以消除稳态误差，这正是模糊控制器所缺少的环节。只是积分控制的动态响应较慢，不过这可以用动态响应快的比例控制环节弥补。如果把比例、积分控制联合起来，组成 PI 控制环节，既能获得较高的稳态精度，又能具有较快的动态响应。为了弥补 F 控制器在平衡点附近出现的盲区缺陷，可以引入 PI 控制环节，与模糊控制器联合构成 F-PI（或 PID）复合控制器。它的原理如图 4-25 所示。

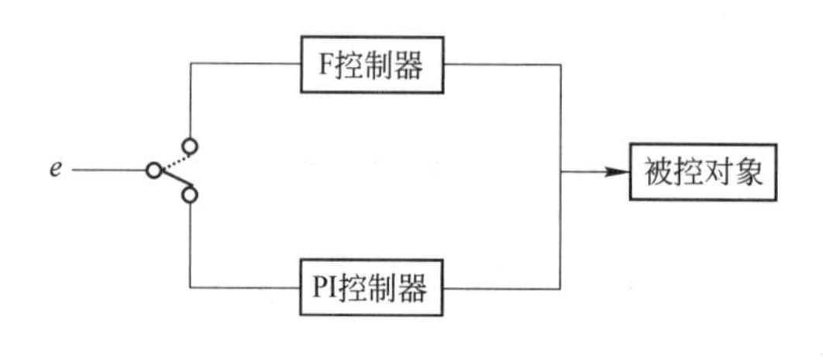

图 4-25　F-PI 复合控制器原理示意图

理论上讲，PI 控制器可以使系统的稳态误差为零，有着很好的消除稳态误差的作用。由图 4-25 可知，在输入信号 e 之后，设置了一个带阈值的模态（每种控制方式称为一种模态）转换器，根据阈值与 e 的比较结果确定模态：当 e 大于阈值时，让信号传输到 F 控制器，以获得良好的瞬态性能；若 e 小于阈值，则让信号传输到 PI 或 PID 控制器，以获得良好的稳态性能。这种 F-PI 复合控制器，比单个的模糊控制器具有更高的稳态精度，消除了盲区；而比经典的 PI 或 PID 控制器具有更快的动态响应特性，使系统能更快地趋向平衡点。

4.4.2　F-PID 复合控制器的其他形式

类似的复合控制器还有许多种，出发点都是利用 PID 控制的特点，提高基本模糊控制

器的控制精度和跟踪性能，或者利用模糊控制器的优点弥补 PID 控制器的缺陷。

设计复合控制器的基本思想是对控制论域进行分段，在不同的分段区内采用不同的控制方式：在需要提高系统响应速度、加快响应过程的论域段上，采用比例控制；在需要提高系统阻尼性能，减少响应过度超调的论域段上，采用模糊控制；在平衡点附近，希望减小稳态误差，消除小振幅振荡，可采用含有积分控制的 PI 控制，……这类多模态分段控制的混合控制器，综合利用了比例、模糊、积分和微分控制的各自优点，使控制器具有较快的响应速度、较小的超调，同时鲁棒性好，精度高。实际使用中可根据具体情况进行选择组合。

图 4-26 画出了一种 P-F-PI 三模态复合控制器。

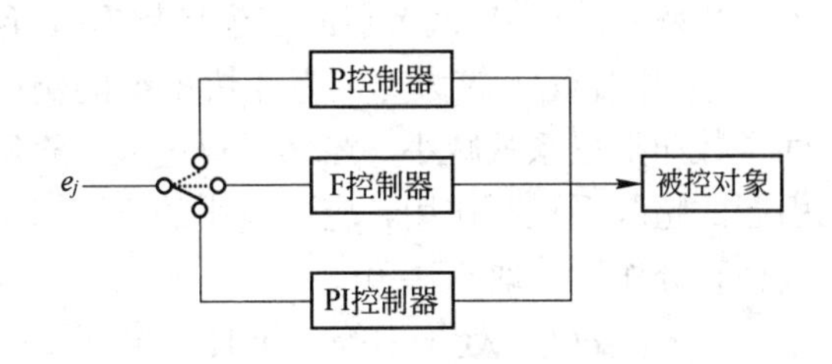

图 4-26　P-F-PI 三模复合控制器示意图

早在 1988 年就有人做过 F-PID 复合控制的数字仿真研究，比较了对同一被控对象用 F-PID 复合控制和 PID 控制的控制效果。仿真结果表明它们的稳态精度相同，而 Fuzzy-PID 控制比 PID 控制的动态响应更快，超调更小，其稳态精度要比单纯的 F 控制器提高了很多。设计复合控制器时可以对多种控制器分别进行，设计的关键是选好模态转换的阈值。F 和 P 控制器的切换阈值太大，会过早进入模糊控制，虽然有利于减小系统的超调，却影响系统的响应速度；阈值太小，可能会出现较大的超调。F 和 PI 控制器的切换阈值，一般都选在模糊论域的“零”点，这样才能避免 F 控制器的“死区”出现，发挥 PI 控制器的能消除静态误差的优点。

4.4.3　用模糊控制器调节 PID 控制器的参数

1. PID 控制器的参数

常规 PID 控制器具有算法简单、稳定性好、可靠性高的特点，加之设计容易、适应面宽，是过程控制中应用最广泛的一类基本控制器，它对于各种线性定常系统的控制，都能够获得满意的控制效果，尤其适用于被控对象参数固定、非线性不很严重的系统。

但是，工业生产过程中被控对象的负荷多变、干扰因素复杂，要获得满意的控制效果，就需要对 PID 的参数不断地进行在线调整。有时由于这些参数的变化无常，往往没有确定不变的数学模型和规律可循，利用模糊控制器调节它们不失为一种实用、简便、可行的选择。模糊控制器能充分利用操作人员进行实时非线性调节的成功实践操作经验，充分发挥 PID 控制器的优良控制作用，使整个系统达到最佳控制效果。

设 PID 控制（调节）器的输出量为 $u(t)$，输入量为 $e(t)$，它们之间的关系是：

$$u(t)=K_{\mathrm{P}}e(t)+K_{\mathrm{I}}\int_0^t e(\tau)\mathrm{d}\tau+K_{\mathrm{D}}\frac{\mathrm{d}e(t)}{\mathrm{d}t}$$

式中，K_{P} 为 比例增益，K_{I} 为积分增益，K_{D} 为微分增益。为获得满意的控制效果，这三个参数需要根据系统状态进行实时调节。在知道被控对象数学模型的情况下，常常通过在线辨识方法完成这一任务。但是，对于干扰多变、负荷变化无常的系统，很难用在线辨识的方法进行实时调整。不过用模糊控制器调节它们，却是方便可行的实用办法。

通过积累的大量操作经验知道，这三个系数与输入控制器的偏差量 $e(t)$、偏差变化率 $\mathrm{d}e(t)/\mathrm{d}t$ 之间，存在着一种非线性关系。这些关系虽然无法用清晰的数学表达式描述，却可以用模糊语言表述。

2. 调节 PID 控制器三个参数的模糊规则

通过多次操作的经验总结或多次操作的数据处理，结合理论分析可以归纳出偏差 e、偏差变化率 ec 与 PID 调节器的三个参数 K_P，K_I，K_D 之间，存在如下关系。

① 当 $|e(t)|$ 较大时，为加快系统的响应速度，应取较大的 K_P，这样可以使系统的时间常数和阻尼系数减小。当然不得过大，否则会导致系统不稳定；为避免系统在开始时可能引起的超范围控制作用，应取较小的 K_D，以便加快系统响应；为避免出现较大的超调，可去掉积分作用，取 $K_I=0$。

② 当 $|e(t)|$ 处于中等大小时，应取较小的 K_P，使系统响应的超调略小一点；此时 K_D 的取值对系统较为关键，为保证系统的响应速度，K_D 的取值要恰当；此时可适当增加一点 K_I，但不得过大。

③ 当 $|e(t)|$ 较小时，为使系统具有良好的稳态性能，可取较大的 K_P 和 K_I；为避免系统在平衡点出现振荡，K_D 的取值应恰当。

基于以上总结出的输入变量 e 与三个参数 K_P，K_I，K_D 之间的定性关系，结合工程技术人员的分析和实际操作经验，考虑偏差变化率 $|ec(t)|$ 的影响，综合得出表 4-13～表 4-15。这些就是调节 PID 调节器三个参数的模糊规则。

表 4-13 调节 K_P 的模糊控制规则

ΔK_P ($|ec|$ \ $|e|$)	L	M	S	ZO
L	M	S	M	M
M	L	M	L	L
S	L	M	L	L
ZO	L	M	L	ZO

表 4-14 调节 K_I 的模糊控制规则

ΔK_I ($|ec|$ \ $|e|$)	L	M	S	ZO
L	ZO	S	M	L
M	ZO	S	L	L
S	ZO	Z	L	L
ZO	ZO	Z	L	Z

表 4-15　调节 K_D 的模糊控制规则

ΔK_D \ $\|e\|$ / $\|ec\|$	L	M	S	ZO
L	S	M	ZO	ZO
M	M	M	S	ZO
S	L	L	S	S
ZO	L	L	S	ZO

在表 4-13～表 4-15 中，$|e|$ 和 $|ec|$ 分别表示偏差 e 和偏差变化率 ec 的绝对值；L，M，S，ZO 分别表示覆盖变量的模糊子集大、中、小、零，也可以换用模糊数表示。表 4-13～表 4-15 中的 ΔK_P，ΔK_I，ΔK_D，分别为对系统 PID 控制器原来设计参数 K_P，K_I，K_D 的修正值，系统实时的参数取值应该分别为 $K_P+\Delta K_P$，$K_I+\Delta K_I$，$K_D+\Delta K_D$。

这些模糊子集的论域及其隶属函数，需要根据系统大量数据的分析得出，F 子集的隶属函数常取简单的三角形和梯形，视具体情况而定。

3. 调节 PID 控制器三个参数的模糊控制器

根据上述控制规则，可以设计一个模糊控制器，它和 PID 控制器的连接如图 4-27 所示。

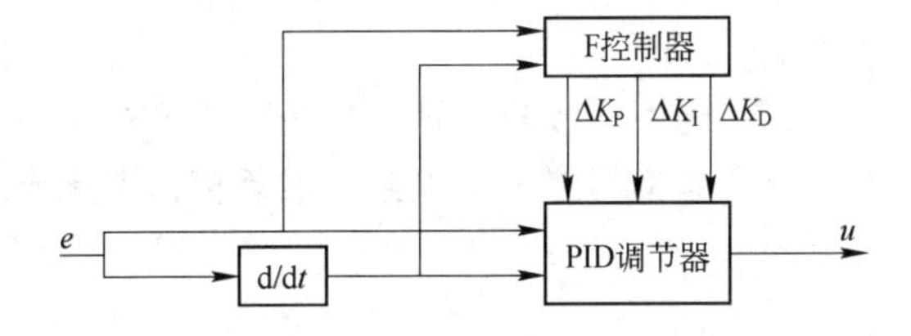

图 4-27　用 F 控制器修正 PID 调节器参数原理图

由图 4-27 可以看出，它的原理是把输入 PID 调节器的偏差 e 和偏差变化率 ec 同时输入到模糊控制器中。图中的 F 控制器实际上是由三个分模糊控制器组成的，分别对三个参数 K_P，K_I，K_D 进行调节，然后分别经过模糊化、近似推理和清晰化后，把得出的修正量 ΔK_P，ΔK_I，ΔK_D 分别输入 PID 调节器中，对三个系数进行实时在线修正。

思考与练习题

1. 自动控制所要解决的基本问题是什么？传统控制系统和模糊控制系统主要的差异在哪里？设计模糊控制器 FC 和 PID 控制器的根本区别是什么？它们各自的物质基础是什么？

2. 模糊控制器的维数与变量数是否一致？能否认为图 4-4(c) 所示的三维模糊控制器是多变量模糊控制器？为什么？曼达尼的锅炉-蒸汽机系统的模糊控制，是属于“SISO”还是属于“MISO”？

3. 某时刻输入模糊控制器的变量 $e\in[100, 350]$℃，其模糊论域 $N=[-2, -1, 0, 1, 2]$，求量化因子。

4. 经过量化因子变换后的量，是清晰值还是模糊值？

5. 说“int(a) 就是把 a 四舍五入取整”对吗？为什么？若 $a=2.58$，1.89，2.01，3.01，4.88，分别求出这时的 int(a)。

6. 量化因子和比例因子在模糊控制器和模糊控制系统中的作用是什么？

7. 在Mamdani型控制器中，模糊化和清晰化各有什么作用？

8. 在设计Mamdani型控制器过程中，对输入量的模糊化、模糊子集的分布应满足哪些基本特性？为什么？

9. 据图4-12(a)，(b)，(c)，写出F子集$S_1(e)$，$B_2(e)$，$S_2(ec)$，$B_3(ec)$，$S_3(u)$的数学表达式。

10. 取$\alpha=0.3$，由$U=<\alpha E+(1-\alpha)EC>$得出一个模糊数控制规则表，$E$、$EC\in\{-2, -1, 0, 1, 2\}$。

11. 把公式$U=<aE+(1-a)EC>$中的E和EC看作整数和模糊数有什么差异？应该看作什么数？为什么？

12. 表4-11为表格型控制规则，把它转换成语言型控制规则。

13. 根据图4-22，分别用面积中心（重心）法或面积平分法，计算当$x=60$，$y=70$时，模糊控制洗衣机的洗涤时间。

14. 设计模糊控制器的主要步骤有哪些？能利用模糊控制器进行控制的基础是什么？

15. T-S型模糊模型的输入和输出都是清晰值，为什么把它归类为模糊模型？

16. T-S型模糊控制器和Mamdani型模糊控制器有什么异同？

17. 建立T-S型模糊模型中的结构辨识和参数辨识是什么意思？它们的物质基础是什么？

18. 比例、微分、积分控制器各有什么特点？

19. 靠模糊控制器本身，能否消除平衡点附近的“盲区”？为什么？

第5章　模糊控制系统的 MATLAB 仿真

要想掌握模糊控制的基本原理，必须要参与实践，只有通过理论学习和工程实践的反复过程，才能深刻理解模糊控制的精髓，掌握它的核心内容，然而对于初学者的实践机会并不多得。不过，当今计算机仿真技术的发展和普及，已经可以弥补这一缺憾，部分代替工程实践，成为学习模糊控制的最便捷、实用方法，也是进行工程设计，特别是进行模糊控制系统设计的必经之路和重要手段。

仿真是以相似性原理、控制论、信息技术及相关知识为基础，以各种物理设备和计算机为工具，借助系统模型对真实系统进行试验研究的一门综合技术。系统模型分为实体模型和数学模型，计算机仿真是以仿真系统数学模型为基础的。计算机仿真首先把对系统的原始数学描述，即数学模型，转换成适合计算机特点、方便于计算机演算的仿真数学模型，再将这个模型转换成计算机程序。最后通过计算机擅长的数值运算，分析数据结果，从而达到对真实系统进行试验研究的目的。

在众多的计算机仿真语言和仿真软件中，MATLAB 以其模块化计算方法，可视化与智能化的人机交互功能，丰富便捷的矩阵运算、图形绘制、数据处理及模块化图形组态的系统辅助工具包 Simulink，成为最受控制系统设计和仿真领域欢迎的软件系统。MATLAB 中的 Simulink 是专门用于仿真的软件包，它的名称是 simulation（模拟仿真）和 link（连接）的组合词。Simulink 可以提供研究对象的建模、仿真和分析等各种动态系统，是进行交互仿真环境的优秀集成软件。

5.1　Simulink 仿真入门

MATLAB 语言是以强大的数值计算见长的，它的 Simulink 是一个专门用于对各种动态系统进行建模、仿真和分析的软件包，其中包括许多专业工具箱。它使用图形化的系统模块对系统进行描述，每个模块像实验室中的一台仪器，实际上进行的是数学变换。模块是仿真的基石，这些模块相连构成系统，可以对动态系统进行描述、编程、求解，运行结果可以用图形显示出来，整个仿真过程非常简洁、方便、直观。

例如，要想比较一个正弦波在实行微分前后的差异，可按下述步骤进行仿真。

① 在 MATLAB 主窗口中单击菜单条下的 Simulink 快捷小图标 。

② 在弹出的 Simulink Library Browser（仿真库浏览器）窗口中，单击 Create a new model（新建模型）快捷小图标 ，便弹出 Create a new model 窗口。

③ 从相关模块库中依次把 Signal Generator（信号源）、Derivative（微分）、Mux（合成）和 Scope（显示器）几个模块点住并拖入 Create a new model 窗口中。最后连接成图 5-1 所示的仿真模型图。

这样就完成了仿真前的准备工作，相当于在实验室中按图接好了线路，于是可以进行仿真、测试和观察。

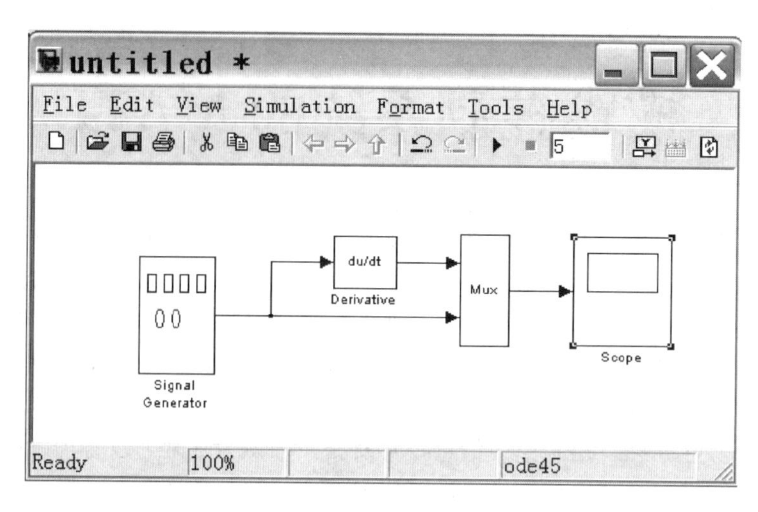

图 5-1　比较信号微分前后变化的仿真模型图

双击图 5-1 界面中显示器模块 Scope，屏幕上便显现出如图 5-2 所示的示波器显示屏。在图 5-1 界面上单击菜单下的开始仿真快捷按钮 ▶，或在模型编辑器上选择 Simulation | Start，示波器显示屏上就出现正弦信号微分前后的比较图线。波幅大者为原正弦波信号，波幅小者为经过微分后的波形。

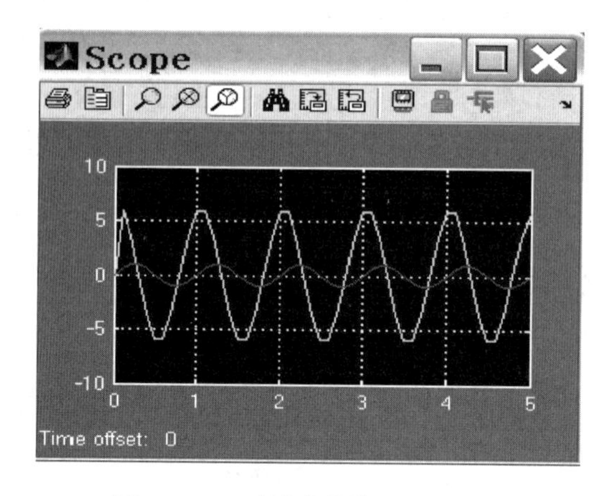

图 5-2　正弦波微分前后图线比较

可见，使用 Simulink 建模、仿真非常简洁、方便，仿真结果直观、可信。为了建立仿真模型图，首先需要熟悉仿真模型图的基石——仿真模块。这些模块就像实验室中的仪器、仪表，它们存放在相当于实验室仪器库的仿真模块库中，下面先介绍仿真模块库的内容。

5.1.1　MATLAB 中的仿真模块库

在 MATLAB 主窗口中键入 Simulink 指令后回车，或单击主窗口上菜单下面的快捷小图标 (Simulink)，就会弹出 Simulink Library Browser（仿真模块库浏览器）。模块库浏览器展现了系统的所有内置模块，并对它们进行了有效的分类、组织和管理。使用模块库浏览器，能够方便地按库名类别查找、选用各种模块，获得各个模块的简单功能、参数说明。表 5-1 列出的是所有仿真模块库的中英文名称。

表 5-1　所有仿真模块库的中英文名称

模块库名称	模块库名称
Simulink（仿真）	Signal Processing Blockset（信号处理模块）
Control System Toolbox（控制系统）	Simulink Control Design（仿真控制设计）
Fuzzy Logic Toolbox（模糊逻辑）	Simulink Extras（附加补充仿真）
Image Acquisition Toolbox（图像获取）	Simulink Parameter Estimation（参数预估仿真）
Instrument Control toolbox（仪器控制）	Simulink Response Optimization（响应优化仿真）
Link for ModelSim（模型仿真连接）	Simulink Verification and Validation（检验和确认仿真）
Model Predictive Control Toolbox（模型预测控制）	
Neural Network Toolbox（神经网络）	Stateflow（状态流图）
OPC Toolbox（操作控制）	Video and Image Processing Blockset（视频图像处理）
Real-Time Workshop（实时工作空间）	
Report Generator（报告生成器）	Virtual Reality Toolbox（虚拟现实）

表 5-1 中的公共模块库 Simulink（仿真），是仿真中用得最多的模块库，也是我们要重点介绍的内容，它含有 15 个模块子库。在仿真模块库浏览器界面里，双击左边的目录名“Simulink”，就得出其子库目录（再双击一次它，可使子库目录名隐去）。现将 Simulink 子库目录的中英文名称列在表 5-2 中。

表 5-2　Simulink（仿真）子库目录和中英文名称

序号	子 库 名 称	序号	子 库 名 称
①	Commonly Used Blocks（通用）	⑨	Model-Wide Utilities（模型扩充）
②	Continuous（连续系统）	⑩	Ports & Subsystems（接口和子系统）
③	Discontinuites（不连续系统）	⑪	Signal Attributes（信号特性）
④	Discrete（离散系统模块）	⑫	Signal Routing（信号路径）
⑤	Logic and Bit Operations（逻辑和位运算）	⑬	Sinks（接收器）
⑥	Lookup Tables（查表）	⑭	Sources（信号源）
⑦	Math Operations（数学运算）	⑮	User-Defined Functions（自定义函数）
⑧	Model Verification（模型检验）	⑯	Additional Math & Discrete（数学和离散扩充）

表 5-2 中每个模块子库都包含着许多模块，单击子库名称，就能使子库内容显现在屏幕右侧。为了方便查找，把 16 个模块子库包含的所有模块都列在表 5-3 中。

表 5-3 Simulink 模块库 16 个模块子库所含模块图标及其名称列表

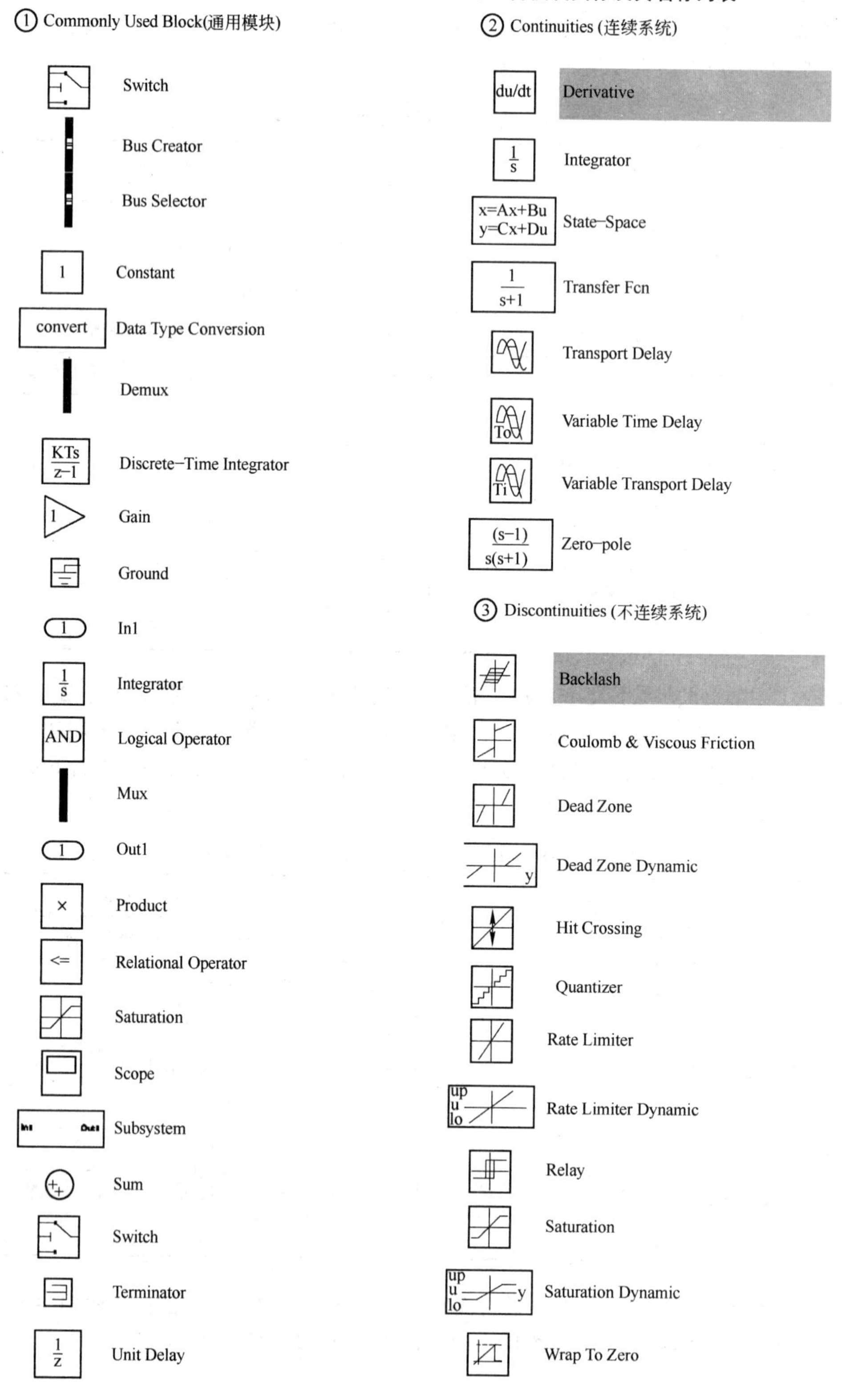

续表

④ Discrete (离散系统)

模块图标	名称
$\frac{z-1}{z}$	Difference
$\frac{K(z-1)}{Tsz}$	Discrete Derivative
$\frac{1}{1+0.5z^{-1}}$	Discrete Filter
	Discrete State–Space
$\frac{1}{z+0.5}$	Discrete Transfer Fcn
$\frac{z-1}{z(z-0.5)}$	Discrete Zero–pole
$\frac{KTs}{z-1}$	Discrete–Time Integrator
	First–Order Hold
z^{-4}	Integer Delay
	Memory
4 Delays	Tapped Delay
$\frac{0.05z}{z-0.95}$	Transfer Fcn First Order
$\frac{z-0.75}{z-0.95}$	Transfer Fcn Lead or Lag
$\frac{z-0.75}{z}$	Transfer Fcn Real Zero
$\frac{1}{z}$	Unit Delay
	Weighted Moving Average
	Zero–Order Hold

⑤ Logic and Bit Operations (逻辑和位运算)

模块图标	名称
Clear bit0	Bit Clear
Set bit0	Bit Set
Bitwise AND 0xD9	Bitwise Operator
	Combinatorial Logic
<=3	Compare To Constant
<=0	Compare To Zero
U~=U/z	Detect Change
U<U/z	Detect Decrease
U<0 & NOT U/Z<0	Detect Fall Negative
U<=0 & NOT U/Z<=0	Detect Fall Nonpositiv
U>U/z	Detect Increase
U>=0 & NOT U/Z>=0	Detect Rise Nonnegativ
U>0 & NOT U/Z>0	Detect Rise Positive
Extract Bits Upper Half	Extract Bits
	Interval Test
up u lo	Interval Test Dynamic
AND	logical Operator
<=	Relational Operator
VY–VI"2"–8 QY–QI>>8 EY–EI	Shift Arithmetic

⑥ Lookup Tables(查表)

模块图标	名称
cos(2'p'rl)	Cosine
n–D T(k)	Direct Lookup Table (n–D)
n–D T(k,l)	Interpolation (n–D) using PreLookup
	Lookup Table
	Lookup Table(2–D)
n–D T(l,l)	Lookup Table(n–D)
x Xdat y ydat	Lookup Table Dynamic
u k f	PreLookup Index Search

续表

Block	Name
sli(2'pl'1)	Sine

⑦ Math Operations (数学运算)

Block	Name
|u|	Abs
+ +	Add
Solve 1(Z) 1(Z)=0 z	Algebraic Constraint
U1->Y U2->Y(E) Y	Assignment
u+0.0	Bias
|u| ∠u	Complex to Magni tude-Angle
Re(u) Im(u)	Complex To Real-Imag
× ÷	Divide
·	Dot Product
1	Gain
|-| ∠	Magnitude-Angle to Complex
e^u	Math Function
	Matrix Concatenate
min	MinMax
u min(u.y)y R	MinMax Running Resettable
P(u) O(P)=5	Polynomial
×	Product
∏	Product of Elements
Re Im	Real-Imag to Complex
U(:)	Reshape
floor	Rounding Function
	Sign
t	Sine Wave Function
1	Slider Gain
+	Subtract
+ +	Sum
∑	Sum of Elements
sin	Trigonometric Function
−u	Unary Minus
	Vector Concatenate
u+Ts	Weighted Sample Time Math

⑧ Model Verification (模型检验)

Block	Name
	Assertion
	Check Discrete Gradient
	Check Dynamic Gap
	Check Dynamic Lower Bound
	Check Dynamic Range
	Check Dynamic Upper Bound
	Check Input Resolution
te	Check Static Gap
	Check Static Lower Bound
	Check Static Range
	Check Static Upper Bound

续表

图标	名称
⑨ Model-Wide Utilities(模型扩充)	
Block Suppot Table	Block Support Table
DOC Text	Doc Block
Model Info	Model Info
T=1	Timed -Based Linearization
	Trigger-Based Linearization
⑩ Ports & Subsystems(接口和子系统)	
	Configurable Subsystem
In1 Out1	Atomic Subsystem
In1 Out1	Code Reuse Subsystem
	Enable
In1 Out1	Enabled and Triggered Subsystem
In1 Out1	Enabled Subsystem
In1 for{...} Out1	For Iterator Subsystem
fO	Function-Call Generator
function() In1 Out1	Function-Call Subsystem
u1 if(u1 > 0) else	If
Ir{} II1 OIt1	If Action Subsystem
1	Inl
	Model
1	Outl
In1 Out1	Subsystem
Subsystem Examples	Subsystem Examples
u1 case[1] default	Switch Case
case:{} In1 Out1	Switch Case Action Subsystem
	Trigger
In1 Out1	Triggered Subsystem
In1 while{...} Out1	While Iterator Subsystem
⑪ Signal Attributes (信号属性)	
Convert	Data Type Conversion
CoIME IT I Y	Data Type Conversion Inheri ted
Same DT	Data Type Duplicate
Ref1 Ref2 Prop	Data Type Propagation
Data Type Propagation Examples	Data Type Propagation Examples
Scaling Strip	Data Type Scaling Strip
[1]	TC
W:0, Ts:[0 0], C:0, D:0, F:0	Probe
	Rate Transition
	Signal Conversion
IIIerlt	Signal Specification
Ts	Weighted Sample Time
0	Width
⑫ Signal Routing(信号路径)	
Bus Bus :=signal	Bus Assignment
	Bus Creator

续表

	Bus Selector
A	Data Store Memory
A	Data Store Read
A	Data Store Write
	Demux
Sim Out RTW	Environment Controller
[A]	From
[A]	Goto
{A}	Goto Tag Visibility
	Index Vector
	Manual Switch
Merge	Merge
	Multiport Switch
	Mux
	Selector
	Switch

⑬ Sinks (接收器)

	Display
	Floating Scope
1	Outl
	Scope
STOP	Stop Simulation
	Terminator
untitled.mat	To File
simout	To Workspace
	XY Graph

⑭ Sources(信号源)

	Band-Limited White Noise
	Chirp Signal
	Clock
1	Constant
	Counter Free-Running
lim	Counter Limited
12:34	Digital Clock
untitled.mat	From File
Simin	From Workspace
	Ground
1	Inl
	Pulse Generator
	Ramp
	Random Number
	Repeating Sequence
	Repeating Sequense Interpolated
	Repeating Sequence Stair
signal	Signal Builder
	Signal Generator

续表

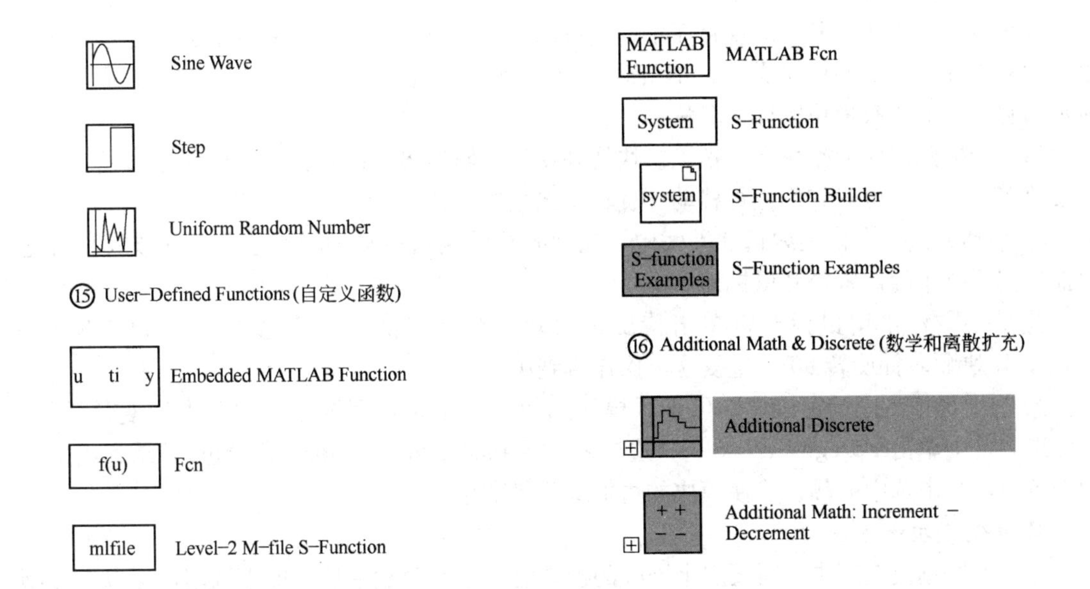

5.1.2　仿真模型图的构建

1. 用 Simulink 构建仿真模型图的基本方法

在 Simulink 中，依据系统“原理图”按下述步骤构建仿真“模型图”。

1）打开模型编辑器界面

在 MATLAB 主窗口中，单击菜单条下的快捷按钮 ，弹出“Simulink Library Browser（仿真模块库）”界面，在该界面上单击新建模型快捷按钮 ，或在 MATLAB 主窗口中，选择 File | New | Model，则弹出如图 5－3 所示的模型编辑器界面。界面上的“untitled”为模型文件临时名称，界面上的菜单和快捷按钮，与文字处理软件“Microsoft Word”中的类似，不再赘述。

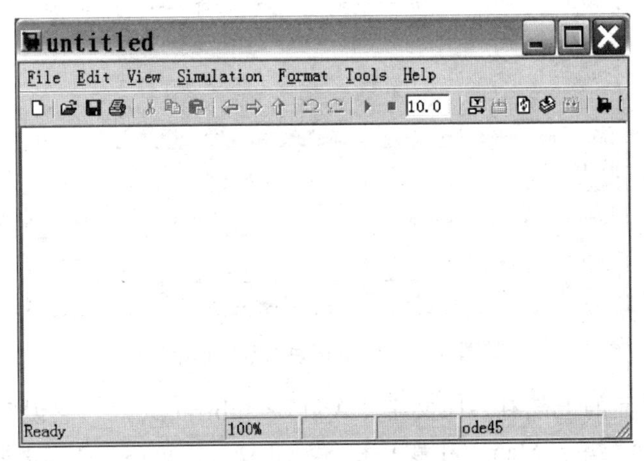

图 5－3　Simulink 中模型编辑器界面

2）移入模块并予以合理布局

这一步相当于从实验室的仪器库中取出待用仪器、仪表，并在实验台上进行排布。根据原理图初步确定需要的模块类别，单击 Simulink 下面相应的模块子库名称，则在屏幕右边显示出它包含的所有模块图标和名称。

移动光标到需要的模块上，把该模块拖到模型编辑器界面中，松开鼠标则选调成功。为使模块布局合理，可对它们进行移动、旋转或选色等操作。

① 移动方法：在模型编辑器界面中，先把光标移到待移动的模块上，选择该模块并把它拖到需要放置的位置松开鼠标即可。

② 旋转方法：用鼠标右键单击待旋转模块，在弹出的菜单中选择 Format | Rotate Block，模块顺时针旋转 90°，重复这一操作直到满意为止。

③ 为增加模型图的可读性，可设置模块颜色，方法是：用鼠标右键单击待变色模块，在弹出菜单中单击 Foreground color（边框色）或 Background color（背景色），从弹出的各种颜色中，单击选中的颜色，使模块的边框或背景变色。

3）复制模块的方法

在一个仿真模型图中，需要多个同样的模块时，不必都从模块子库中调用，可以在模型编辑器中复制：选中被复制的模块后，选择快捷按钮 Copy | Paste，就可复制出一个同样的模块；也可以把光标移到该模块上，单击鼠标右键，在弹出的菜单中选择 Copy | Paste。

2. 编修模块参数、名称和形状的方法

1）模块参数的编修

每个仿真模块的属性都由许多参数确定，可以根据需要对这些参数进行编修。编修方法是：双击“模型编辑器”中的模块，弹出相应的对话框“Function block Parameters:...”，框里列出了该模块的特性指标参数，根据具体情况修改或填写。

例如，双击调入模型编辑器里的 Sum（求和）模块，则弹出如图 5-4 的对话框。

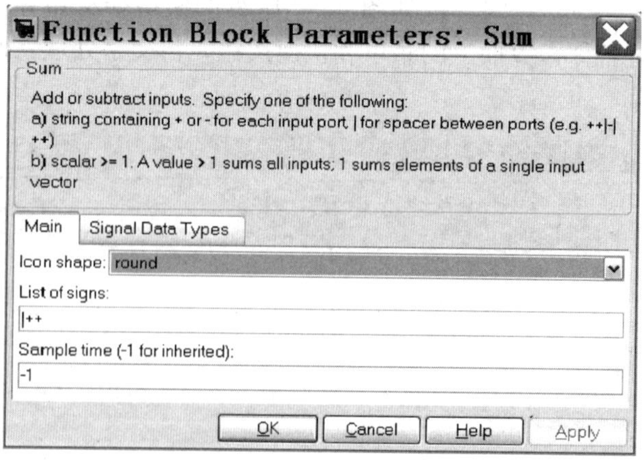

图 5-4　Sum 模块参数对话框

图 5-4 所示界面的上部有一段文字“Add or subtract...”，它说明这个模块的功能；界面下部，列有两个菜单：Main（主题）和 Signal Data Types（数据类型）。

选中 Main 菜单时，列出几项参数：

①“Icon shape（图标外形）”，单击右侧编辑框内 ，下拉出 Round（圆）和 Rectangular（方），再单击选中的图标外形；

②“List of signs（符号列表）”，可填入“+”“−”或“|”，分别表示输入变量取正、负或零；

③“Sample time（取样时间）”。

选中 Signal Data Types 菜单时，给出对输入、输出信号数据类型的参数选项。

2）模块名称和形状的编修

① 编修模块名称：拖到模型编辑器里的模块，下侧有一个暂定名称，根据设计需求可以重新命名。方法是单击名称所在区域，出现光标线时就可以进行编修，键入新名称。

② 移动模块名称位置：名称可以移到模块的其他边侧，选择模块名称，拖到模块的其他侧面。

③ 改变模块外形大小：选中模块并点住它的一角，拖拉移动使它变大或缩小，直到满意时为止。

3. 连接各模块

1）连接各模块的方法

① 连接模块的方法：把光标移到一个模块的输出接口“|>”上，拖动到另一模块的输入接口“>”或某连线中间，则连接成功。

② 连接分支线的方法：要在一条连线中间画出分支线，有两种方法。

方法一是将光标移到预定的分支点上，按下右键微微移动，出现“+”符号为止，然后从这个“+”符号开始，把分支线接往其他模块上。

方法二是如果分支线是接往另一模块的输入接口，则将光标移到该模块的输入接口上，点住并由此逆向移到预设分支点上，松开鼠标即可。

2）插入模块方法

在已经接好连线的某条连线中间，想插入一个模块时，有两种方法。

① 可先删除该连线，放入新模块后重新连线。

② 如果插入的模块是单输入单输出的，只要把新模块移到连线中间要插入的地方，便可自动将该模块插入，并连接好连线。

4. 小系统的封装

像把分立元件组成集成块一样，可以把若干模块组成的小系统，定义成一个新的模块，构成自定义模块，称为小系统的封装。封装后的模块便于移动，不易被错改、误删。

1）封装方法

要把若干模块构成的小系统封装成一个较大模块，分两步进行。

① 选中被封装的模块。

方法一是在模型编辑器界面上，按住鼠标左键并拉出一个虚线方框，把被封装的所有模块包围起来。

方法二是按住 Shift 键，逐个单击待封装的模块，使它们都被选中。

② 进行封装，构成小系统（自定义模块）。

方法一，在模型编辑器界面上选择 Edit | Create Subsystem。

方法二，单击鼠标右键，在弹出的子菜单中，单击 Create Subsystem。

2）自定义模块的编修

先选中封装好的模块，在模型编辑器界面上选择 Edit | Edit Mask，则弹出如图 5-5 所示的 Mask editor（封装编辑器）对话框。

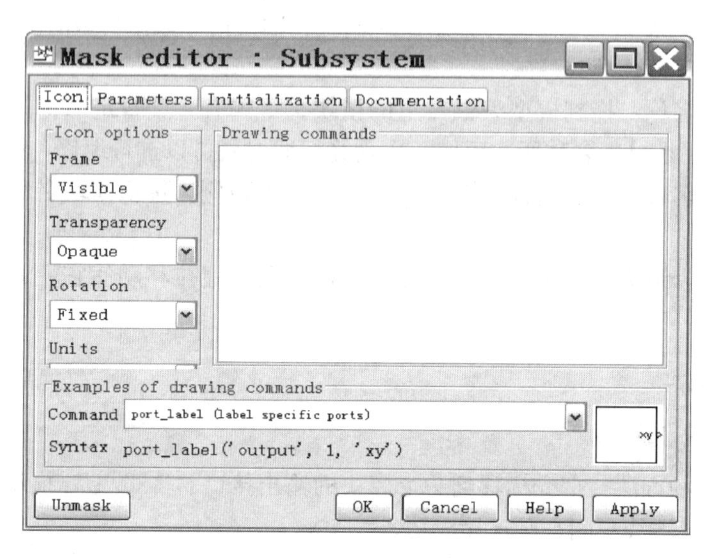

图 5-5 封装编辑器对话框

封装编辑器上部有四个菜单：Icon（图标）、Parameters（参数）、Initialization（初始化）和 Documentation（文档），单击它们可以打开相应的对话框界面，进行编修。其功能分别介绍如下。

（1）Icon（图标）对话框

图 5-5 界面是封装模块编辑器的默认状态，菜单 Icon 已被激活，显示出图标编辑对话框。界面左边的 Icon Options（图标选项），是修饰封装模块图标用的，可根据需要对其下的 4 项内容进行编修：模块的 Frame（边框）、图标的 Transparency（透明度）、图标的 Rotation（旋转性）和 Units（单位），每项都含有可供选择的细目，列在表 5-4 中。

表 5-4 图标对话框选项

主项名称	可选细目名称	主项名称	可选细目名称
Frame （边框）	Visible（直观） Invisible（非直观）	Rotation （旋转性）	Fixed（固定） Rotates（可旋转）
Transparency （透明度）	Opaque（不透明） Transparent（透明）	Unite （单位）	Autoscale（自动标定） Pixels（像素）Normalized（归一化）

图 5-5 所示图标对话框界面右边为 Drawing commands（绘图指令）编辑栏，可以输入 MATLAB 指令，以便在图标上绘制图形、图像或填写文字。具体操作指令列在表 5-5 中，它们都是 MATLAB 中的基本指令，可查阅文献 [18]。

表 5－5　封装模块的图标编辑指令表

内容类别	内容细目	使用指令	注　释
文字类	文字	disp（'文字'）	与 MATLAB 基本文字显示指令用法相同
	字符串	text（x，y，'字符串'）	在坐标 x、y 标示的位置上，写出字符串内容
函数类	多项式型	dpoly（num，den，'s 或 z '）	num、den 分别为分子、分母多项式系数向量
图像类	图形	plot（　）	与 MATLAB 基本绘图指令用法相同
	图像	image（　）	括号内填入图像文件名

例如，若在 Drawing commands 下面的编辑栏内写入"disp（'PID\nController'）"，则封装模块上就分两行显示出"PID"和"Controller "；若写入"dpoly（[1，3]，[2，5，1]，'s'）"，则封装模块上就显示出"$\frac{s+3}{2s^2+5s+1}$"；若写入画图指令"plot（[0，1]，[5，5]，[1，0]，[5，1]，[0，1]，[1，1]）"，则封装模块上就显示像大写"Z"字的图线。

（2）Parameters（参数）对话框

在封装编辑器界面上，单击菜单 Parameters，就打开 Parameters 对话框。它下设有 Dialog parameters（提示内容）编辑框，供填写模块的 Prompt（提示）、Variable（变量）、Type（类型）、Evaluate（评价）、Tunable（调谐）等资料的表格，单击该界面左边的选择小图标、、和，做增添、删减和上下移动，用于编修。

（3）Initialization（初始化）对话框

在封装编辑器界面上，单击菜单 Initialization，就打开 Initialization 对话框，它提供一个 Initialization commands 编辑栏，可供填写初始化指令。

（4）Documentation（文档）对话框

在封装编辑器界面上，单击菜单 Documentation 就打开 Documentation 对话框。它设有两个编辑栏：Block description（模块描述）和 Block help（模块帮助），用于填写服务性资料等辅助内容。

每编辑完一项，单击下面的OK按钮，就表示认可，即编辑成功。

3）自定义模块的查看

要想查看已封装的自定义模块，双击它即可。这时可以用该模块的参数设置对话框进行重新编修。想了解模块的内部结构，在模型编辑器界面里，先选中该自定义模块，用鼠标右键单击它，在弹出子菜单中单击 Look Under Mask（打开封装模块）；或在模型编辑器界面上，选择 Edit | Look Under Mask，即可。

例 5－1　按照图 5－6 的 PID 控制系统原理图，构建出它的仿真模型图。被控对象为二阶

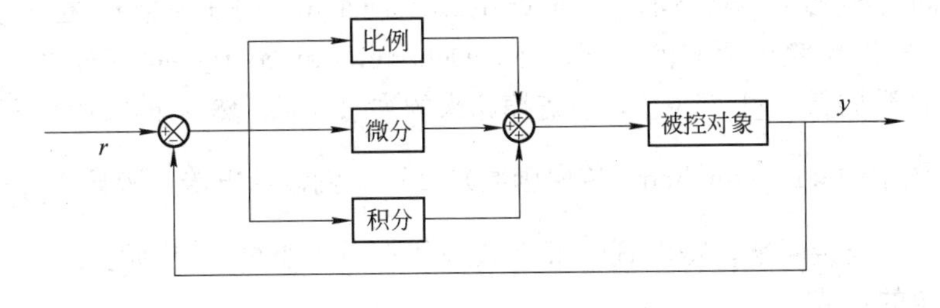

图 5－6　PID 控制系统原理框图

系统，其传递函数 $P(s)=\frac{133}{s^2+25s}$，比例增益 $K_P=60$，积分增益 $K_I=1$，微分增益 $K_D=3$。

解 （1）打开模型编辑窗。

启动MATLAB，调出Simulink界面，单击新建模型快捷按钮 🗋，弹出“模型编辑器界面”。

（2）把需要的模块从模块子库中拖到模型编辑器界面中。

① 从Commonly Used Blocks模块子库中调出“Gain（增益）”“Mux（合成，使输入的多个信号成为向量的分量）”“Scope（显示器）”“Integrator（积分）”“Sum（求和，使输入信号相加）”模块。

② 从Continuous模块子库中调出“Transfer Fcn（函数变换）”“Derivative（微分）”模块。

③ 从Sources模块子库中调出“Signal Generator（信号源）”。

（3）调整、复制模块，编修模块形状、接口和参数。

① 系统需要两个求和模块“Sum”，可在模型编辑窗中复制出另一个。为满足题设要求，修改Sum模块接口：双击左边的Sum模块，打开参数对话框，将它的输入接口改为一正一负；双击右边的Sum模块将它的外形改为方形，输入接口改为三个。

② 复制一个Gain模块，将它的增益按题设改为60，模块下面的名称改为“Proportional”（比例）。把下边的Gain模块增益修改成3，将其与微分模块连接。

③ 写入传递函数：双击 Transfer Fcn（函数变换）模块，打开它的参数对话框，如图5-7所示。

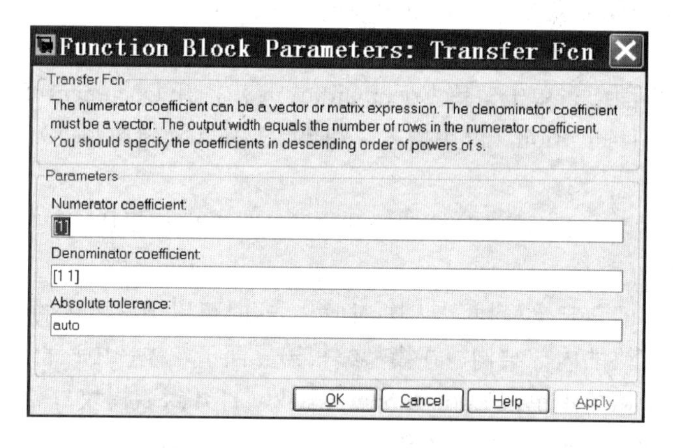

图5-7 传递函数模块参数对话框

在Parameters（参数）项下的“Numerator coefficient（分子系数）”栏内填上分子多项式系数向量“133”覆盖掉原来的“1”，在“Denominator coefficient（分母系数）”栏内填上分母多项式系数向量“[1 25 0]”，覆盖掉原来的“[1 1]”。然后单击对话框下面的“OK”按钮，则模型图中的Transfer Fcn（传递函数）模块上就显示出传递函数“$\frac{133}{s^2+25s}$”。

（4）把各模块连接起来，得出Simulink模块仿真图，如图5-8所示。

（5）子系统的封装。

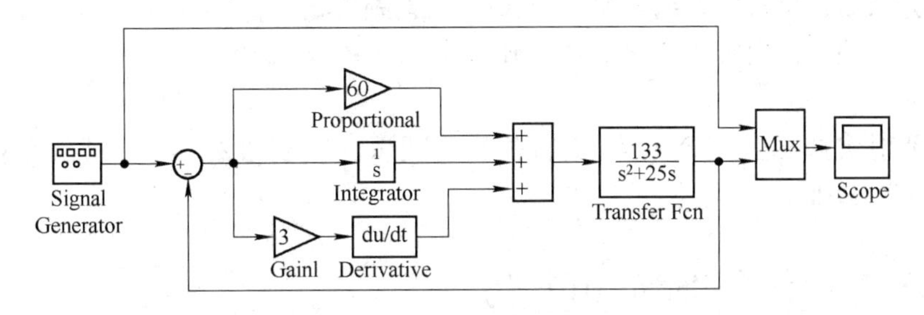

图 5-8　Simulink 模块仿真图

为了防止子系统被错改、误删，并为今后修改调用方便，可把 PID 部分封装成一个自定义模块。为此，可按下述步骤进行。

① 选定自定义模块的内容。

按住鼠标左键拖出一个虚线方框，使方框中包括“Gain1”“Derivative” “Integrator” “Proportional” 和右边的 “Sum” 及与它们相关的部分连线。

② 封装。

在编辑器上选择 Edit | Create Subsystem，或单击弹出子菜单，再单击子菜单 Create Subsystem，于是虚线框内部分就被封装成自定义模块。

也可以按住 Shift 键，选中 ① 中虚线框内的所有模块，再行封装。

③ 命名。

单击自定义模块下方的临时名称 “subsystem”，改写成 “PID Controller”。

④ 写图标。

为了写上自定义模块的图标，可选中该模块，在编辑器中顺序单击菜单 Edit→Edit Mask；或用鼠标右键单击弹出菜单中的 Edit Mask，就出现 Mask Editor 对话框。

在 Mask Editor 对话框的 Drawing Commands 下的编辑栏内填入 “disp(‘PID\nController’)”，然后单击界面下边的 “OK” 按钮，则封装模块上就把原来的 “in 1 out 1” 改成分两行写出的 “PID Controller” 图标。

至此就完成了给出 PID 控制系统的仿真模型图，如图 5-9 所示。

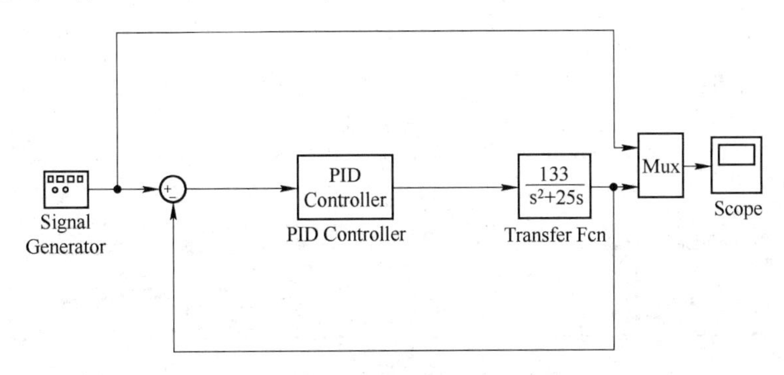

图 5-9　PID 控制系统仿真模型图

(6) 保存。

编好的系统仿真模型图，应予保存以备后用。

保存的方法是：单击模型编辑器上的保存快捷按钮 （保存），在弹出的保存对话框下面的“文件名”编辑框内键入文件名称，比如填入“PID_0612”，然后单击右侧的“保存”按钮即可。

以后需要对仿真模型PID_0612进行仿真、调试、修改和重编时，可从保存文件中以“PID_0612”为名调出。

5.1.3　动态系统的Simulink仿真

在Simulink中，可以对已构建成功的仿真模型进行仿真。仿真前先要对模型图中的一些模块参数进行编修设置。

前面已经介绍了一些简单模块的参数设置方法，在此要特别对“信号源”和“显示器”两个通用的重要模块加以说明，介绍它们的结构、功能及参数设置的方法。这两个模块使用频繁，是常用的通用“设备”，而且内部需要设置的参数较多。下边先对它们做些详细的介绍，然后再介绍用仿真模型图进行仿真的具体操作方法。

1. 信号源

在Sources（信号源）模块子库中有许多不同特性的信号源，其中用得最多的是“Signal Generator（信号发生器）”模块，它相当于多用信号发生器。

为了对它做较多的了解以便进行参数设置，首先把信号源子库中的信号发生器模块拖入模型编辑器，双击它就可以打开它的参数对话框（Source Block Parameters：Signal Generator），如图5-10所示。

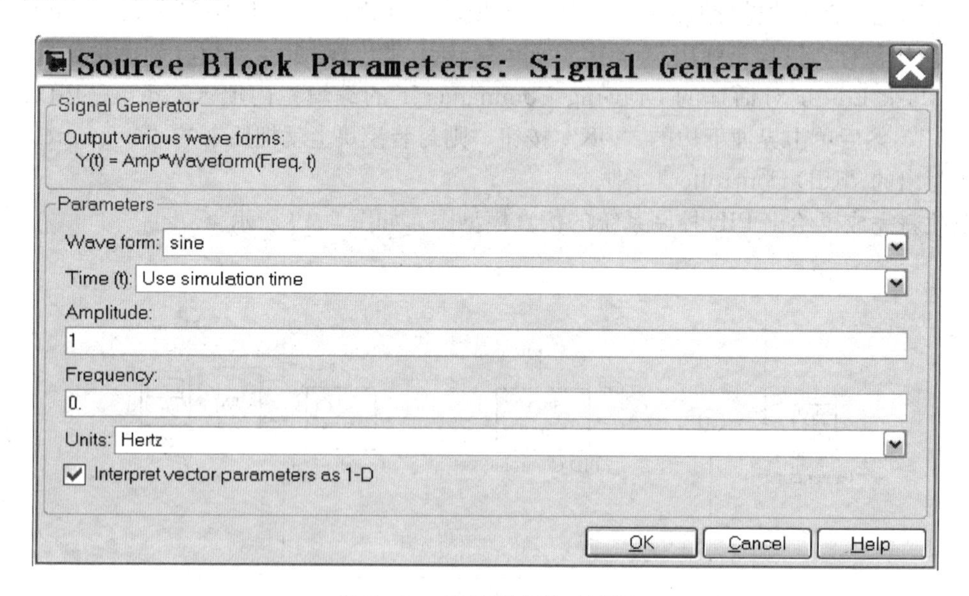

图5-10　信号源参数对话框

该参数对话框界面的最上部，“Signal Generator（信号发生器）”之下写着“Output various wave forms：（输出波形）”，其下写出了波形表达式“Y(t)=Amp * Waveform（Freq，t）”。

它的中部“Parameters（参数)”之下，有待设置的五项内容，它们可以在其右侧的编辑框内填入，或从其右侧列出的可选项细目中选定，把这五项内容及其细目都列在表 5-6 中。

表 5-6　信号源参数选项

信号源参数项	可选参数及意义
Wave form（波形）	sine（正弦波）、square（方形波）、sawtooth（锯齿波）、random（随机波）
Time（仿真时间）	Use simulation time（由仿真模型确定时间）、Use External signal（由外部信号确定时间）
Amplitude（波幅）	自行设定后填入
Frequency（频率）	自行设定后填入
Units（频率单位）	Hertz（赫兹）和 rad/sec（弧度/秒）

其中 Wave form（波形）、Time（仿真时间）和 Units（频率单位）有可供选择参数内容的细目，只要单击其右侧编辑框内的小图标，即拉出可供选择的各项细目名称，然后单击选中的项目。其他两项“自行设定后填入”的内容，由键盘输入具体数值，波幅为相对单位。

2. 显示器

Scope（显示器）是在 Sinks（接收器）模块子库中用得最多的一个模块，其作用相当于示波器。对模型进行仿真前，首先双击仿真模型图上的 Scope 模块，使它的显示屏显现在屏幕上，如图 5-11 所示。仿真结果的图形、图线就能显示在屏幕上，以便观察其输出的动态波形。

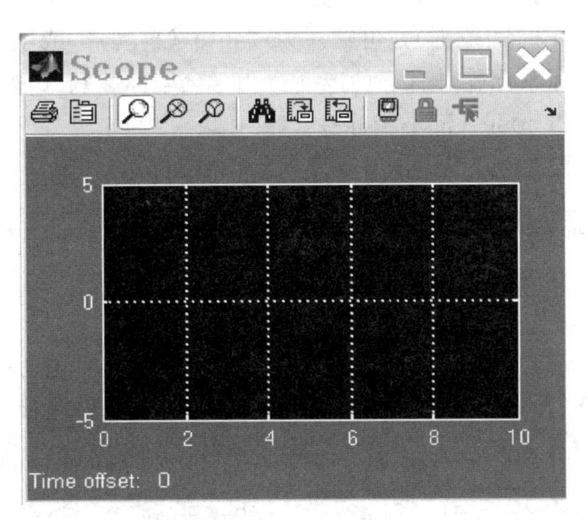

图 5-11　Scope 的显示屏

点住 Scope 显示屏最上边缘的任何一处，可将它拖到屏幕上的最佳位置；点住该界面边界出现“↔”或“↕”时，可以拉大或缩小显示屏界面。

Scope 显示屏上方有一排快捷按钮，其图标及其功能列在表 5-7 中。

表 5－7　Scope 显示屏上的快捷按钮图标及其功能

快捷按钮图标	名称、功能	快捷按钮图标	名称、功能
	Parameters （参数设置）		Save current axes settings （保存坐标设置）
	Zoom （视图整体缩放）		Restore saved axes settings （恢复已存坐标设置）
	Zoom X-axes （X 轴方向缩放）		Floating scope （浮动显示器开关）
	Zoom Y-axes （Y 轴方向缩放）		Unlock axes selection （解除坐标选择）
	Autoscale （视频自动缩放）		Signal selection （信号选择）

在表 5－7 列出的快捷按钮中，“Parameters（参数设置）”和“Autoscale（视频自动缩放）”用得较多，下面详细介绍这两个按钮。

1）“参数设置”快捷按钮

单击参数设置快捷按钮，弹出“‘Scope’parameters（显示器参数）”对话框，如图 5－12 所示。它有两个菜单：General（通用）和 Data history（数据史）。

在 General 菜单下，界面如图 5－12 所示，其中 Axes（坐标）之下的几项内容如下。

① Number of axes（坐标系数目），可设置成输出多个信号的界面。

右侧的“floating scope（浮动显示器）”选择框和表 5－7 中列出的“浮动显示器开关”快捷按钮作用相同，可使显示器设置成“浮动”（☑）或“不浮动”（☐）状态。显示器成为浮动状态时，不用把它与其他模块连接，只要放在系统模型图里，单击模型编辑器中“浮动信号选择”快捷按钮，打开其对话框“Signal Selector:...（信号选择器）”，在“List contents（选项列表）”下的栏中选择需要显示的信号，图形就可显示在“浮动显示器”屏幕上。

② Time range（显示时间范围），可默认为“auto（自动）”或填入具体时间值。

③ Tick labels（坐标系标签）有三种选择：all（全用标签）、bottom axis only（只有最后一个坐标系用标签）和 none（都不用标签）。

单击 Data history 菜单，弹出如图 5－13 所示参数对话框，界面介绍如下。

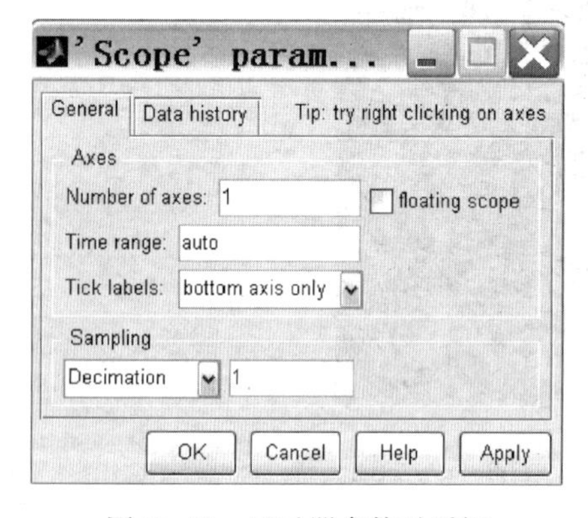

图 5－12　显示器参数对话框

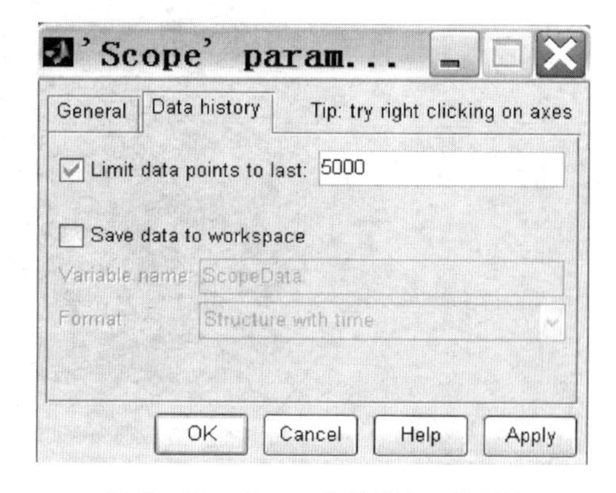

图 5－13　Scope 参数设置对话框

① 第一行写着“Limit data points to last:（限定的数据点数）”，如果选中它，即左侧为☑，则可把设置限定信号的点数填入右侧编辑框内，如此处填入了“5000”；否则不填。

② 第二行为 Save data to workspace，确定是否把数据存至工作空间，在左侧空格中单击成☑，即为存至工作空间，否则不存。

2）视频自动缩放按钮

用它可以自动调整屏幕显示的范围，以适应系统仿真输出信号的动态变化。若用前面建立的系统仿真模型图进行仿真时，显示器屏幕上就显示出方波经过该系统前后的变化图像，如图 5－14 所示。为了放大图像便于观察，可单击“视屏自动缩放”快捷按钮 ，则视屏变成图 5－15。显然，波形的显示效果更好，更有利于观察分析。

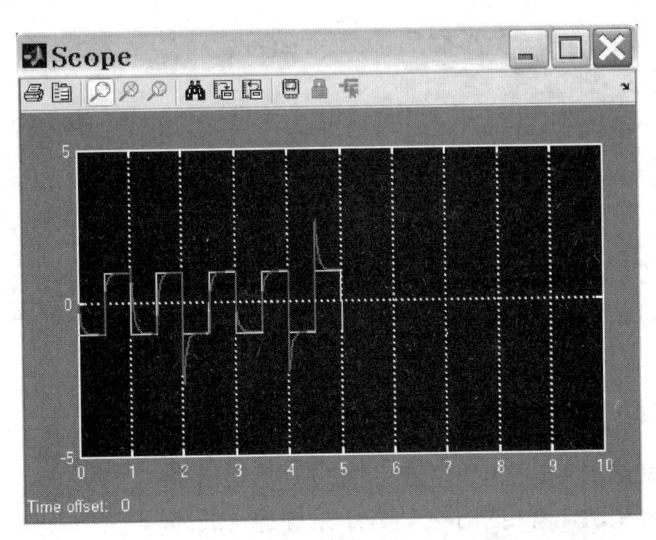

图 5－14　使用视频自动缩放按钮前的图线

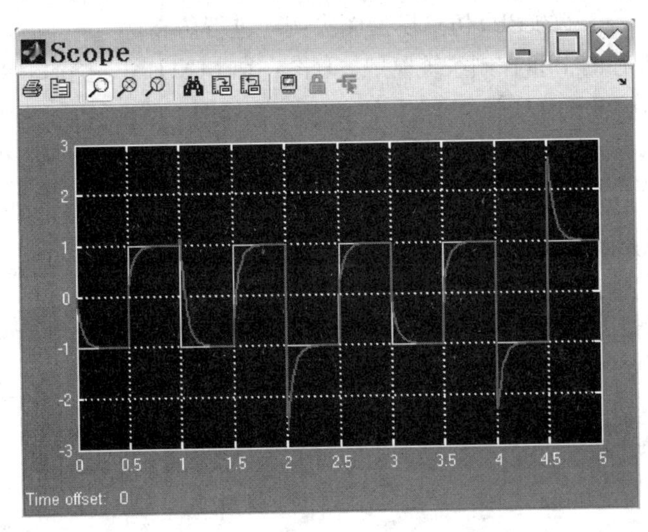

图 5－15　使用视频自动缩放按钮后的图线

此外，也可自行设定屏幕的显示范围，具体方法是：用鼠标右键单击显示器的黑屏，再单击弹出的菜单“Axis properties...”就出现坐标特性对话框，如图 5－16 所示。该对话框界面上写着：Y-min 和 Y-max，它们右侧的编辑框中可以分别填入 Y 坐标的最小值和最大值范围。

图 5－16 界面上“Title（'%<SignalLabel>'replaced by signal name)：”，(用信号名称替

换‘%<Signal Label>’)，可覆盖掉“标题编辑框”中的“%<Signal Label>”，写入图形的信号名称。如写入“方波波形”覆盖掉“%<Signal Laabel>”，则显示器黑屏上方就出现“方波波形”。

例如，将图 5-16 中 Y-min 和 Y-max 编辑框中数字分别改为“−3”和“3”，将 Title（标题）编辑框填入“方波波形”，单击“OK”按钮后，则对话框变成图 5-17。这时若进行仿真，显示器屏幕“Scope”的坐标值会发生相应变化：由 [−5，5] 将变成 [−3，3]；同时，屏幕黑色图形框上方将显现出新标题“方波波形”。

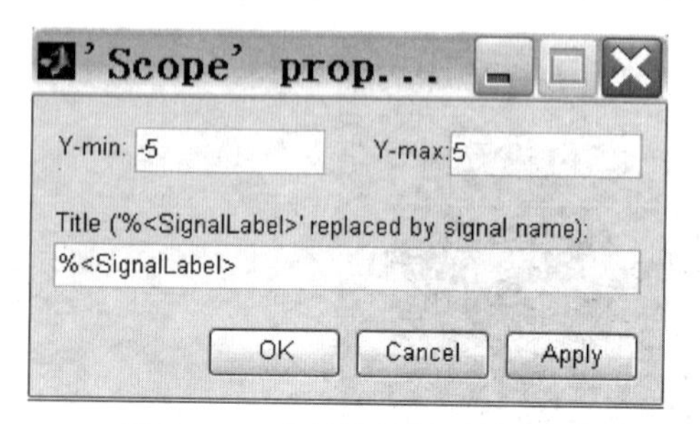

图 5-16　坐标特性对话框（1）

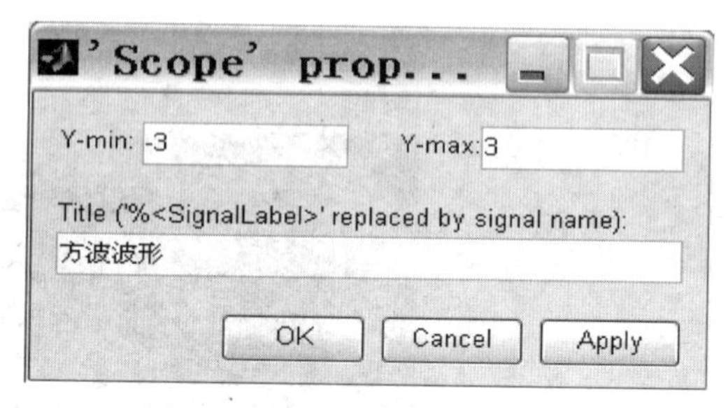

图 5-17　坐标特性对话框（2）

3. 控制系统的 Simulink 仿真

用计算机仿真就像在实验室中做实验，首先要搭建出系统线路。在“仿真模型编辑器”界面构建出的系统模型图，就相当于搭建好了系统的“线路”，然后可以对设计好的系统进行各种性能指标测试，根据测试结果对原来的设计做进一步的调试修改。

下面以例题 5-1 编好的 PID 仿真模型图为例，进行仿真。

首先调出已经保存的 PID 控制系统模型仿真图：在 MATLAB 主窗口中单击仿真快捷按钮，弹出“Simulink Library Browser（仿真模块库）”界面，单击界面上的快捷按钮（open a model），打开“open”对话框，双击保存时的文件名“PID_0612”，便弹出如图5-18 所示的 PID 控制系统仿真模型图。

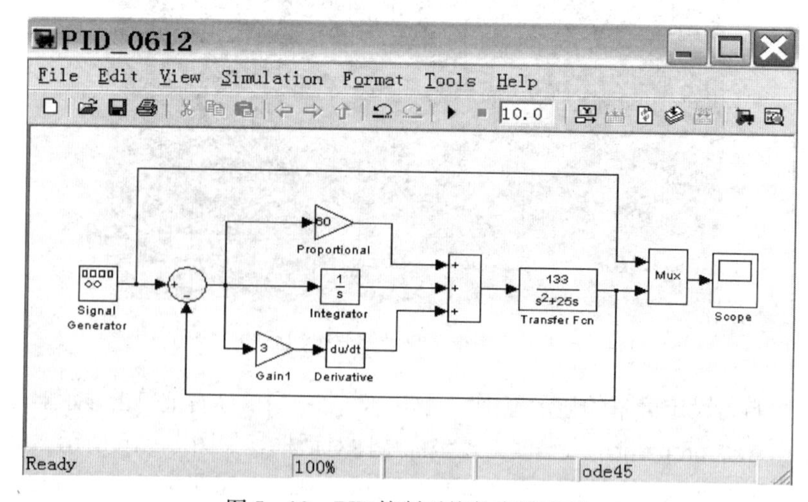

图 5-18　PID 控制系统仿真模型图

图 5-18 所示的模型编辑器界面上的主菜单中，用得最多的是菜单“Simulation（仿真)”。单击它可弹出三个子菜单：Start（仿真开始)、Stop（仿真结束）和 Configuration Parameters...（结构参数列表)。把三个菜单列在表 5-8 中。

表 5-8 Simulation（仿真）菜单的子菜单列表

子菜单名称	快捷按钮图标	功　　能	使 用 方 法
Start	▶	开始仿真	单击子菜单或快捷按钮
Stop	■	结束仿真	单击子菜单或快捷按钮
Configuration Parameters...		结构参数列表	单击子菜单

选择 Simulation | Configuration Parameters...，弹出“Configuration Parameters：PID...（PID...性状参数)”对话框，如图 5-19 所示。单击对话框界面左边“select（选项)”下的任意一项，则界面右侧显示出相应的内容，供查看、编修和设置参数。图 5-19 所示的是选项为“Data Import/Export（输入-输出数据)”时的参数性状界面。

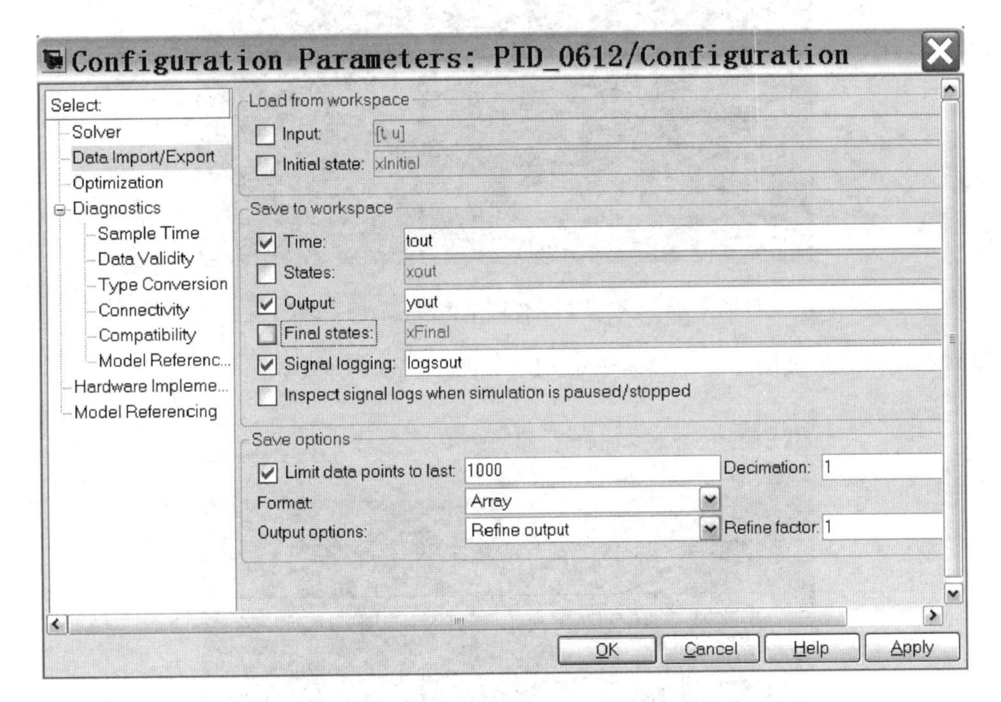

图 5-19 PID 控制系统性状参数对话框

在图 5-18 所示的“PID_0612”仿真模型图上，按下述操作步骤进行仿真。

1）调整信号源的有关参数

首先双击图中的 Signal Generator 模块，弹出如图 5-10 那样的信号源参数对话框（Source Block Parameters：Signal Generator)。在该对话框中，按照设计要求，依次选用正弦和方形两种波形进行观测；取它们的波幅为 1，频率为 0.20Hz。

2）调出显示器的显示屏

双击模型图中 Scope 模块，使显示器的显示屏出现在桌面上。根据需求移动位置，拉大屏幕，调整显示范围、坐标等参数，使其便于观察。开始仿真后显示器视屏将显示出经过控制系统前、后的两个波形。它们分别是信号源输出信号的波形和经过系统后信号的波形，只是经过合成模块 Mux 合成为一个向量的两个分量，然后输送到显示器上。比较它们的差异，可以了解设计出的控制器跟随信号的能力，提供调试、改进原有设计方案的依据。

3）开始仿真

在仿真模型图界面上，选择 Simulation | Start，或单击快捷按钮 ▶，则开始仿真。显示器屏幕上出现黄色（原波）、红色（变换后）两个波形。

信号源输出正弦波时，显示器屏幕显示出如图 5-20 的正弦波。

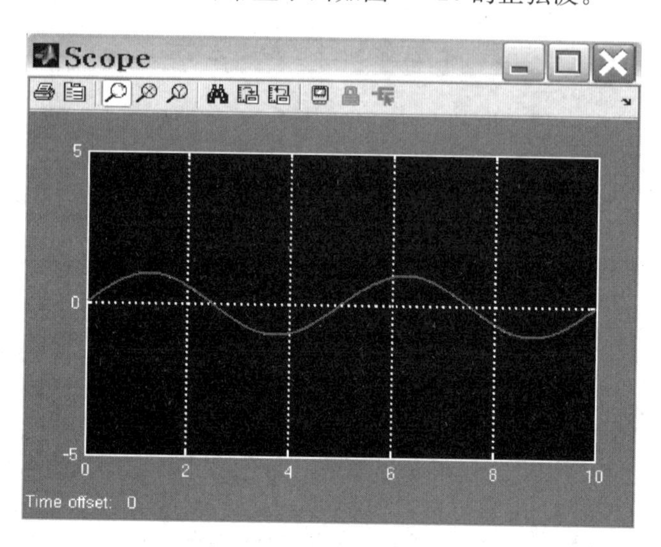

图 5-20 经过 PID 控制系统前、后的正弦波

信号源输出方形波时，显示器屏幕显示出如图 5-21 所示方波。

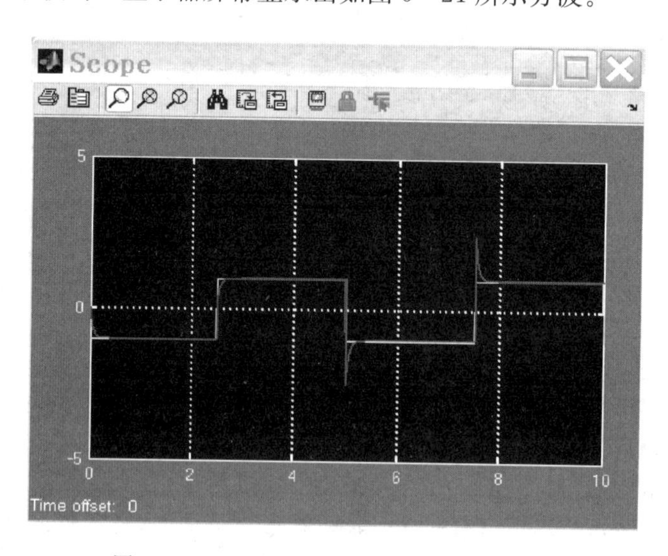

图 5-21 经过 PID 控制系统前、后的方波

比较图 5-20 和图 5-21 显示的波形可知，这个系统跟随正弦波的能力尚好，但跟随方波的性能欠佳，在方波的陡沿处有尖峰出现，这就提供了改进系统线路设计的依据和方向。

观察波形时可根据需求调整显示器的显示范围和坐标尺寸，把波形放大，仔细进行分析、研究。比如，可单击视频自动缩放按钮 使图形变大。

4）停止仿真

在仿真模型图界面上，选择 Simulation | Stop，或单击快捷按钮 ，则停止仿真。快捷按钮 右侧的数字是设定的仿真时间，若中途不输入停止仿真指令，则按此设定时间运行到底。

5.2　模糊推理系统的设计与仿真

模糊控制系统和经典控制系统的总体结构是雷同的，尤其是和 PID 控制系统之间，只是控制器不同而已。模糊控制器是模糊控制系统的核心，是一个典型的模糊推理系统。本节首先介绍用 MATLAB 中 Simulink 对模糊控制器进行仿真的技术，5.3 节再介绍对模糊控制系统的仿真技术。在熟悉 5.1 节内容的基础上，只要把 PID 控制系统中的 PID 控制器，换成模糊控制器就可以进行模糊控制系统的仿真了。有关模糊控制器外部接口（如量化因子、比例因子等）的仿真方法，都放在讲述模糊控制系统仿真时介绍。

MATLAB 的 Simulink Library Browser（仿真模块库）中，设有专用的模糊逻辑工具箱（Fuzzy Logic Toolbox），它提供了用于模糊逻辑系统的命令行（在 Command Window 中使用）和图形用户界面（Graphical User Interfaces，GUI）两种仿真方式。两者都可以方便地建立、编辑、观察、分析和设计模糊推理系统（Fuzzy Inference System，FIS），进行模糊推理系统的仿真。模糊控制器可以说是一类用途特殊的模糊推理系统，它是在模糊系统中用作控制器的模糊推理系统。如 T－S 型模糊推理系统不仅可以用作模糊控制器，而且可以逼近任意非线性系统，适用于任意模糊系统。因此，本节名称为“模糊推理系统的设计与仿真”，它比“模糊控制器的设计与仿真”含义更广泛，更有代表性。

GUI 是由窗口、光标、键盘、菜单、文字说明构成的用户界面，由于它使用方便、操作简单，而且形象直观，便于掌握，作为模糊控制方面的入门书，我们只介绍用 GUI 进行模糊推理系统仿真的方法。如果需要对系统模型做更深入的分析、操作、控制与编修等高级设计，可以从其他参考书，如文献［16］等专门讲述仿真的书籍中学习 Simulink 命令行仿真技术及编程分析方法。

5.2.1　模糊推理系统的图形用户界面简介

在 MATLAB 中，模糊推理系统的 GUI 是进行模糊系统仿真的重要工具，尤其是设计、建立、仿真和分析模糊控制器，用它显得特别简捷、直观和经济。模糊推理系统的 GUI 由五个界面组成，如图 5－22 所示。

在 FIS 的 GUI 五个界面中，三个是可以互动的编辑器：

① FIS Editor（模糊推理系统编辑器）；

② Membership Function Editor（隶属函数编辑器）；

③ Rule Editor（模糊规则编辑器）。

用户在这三个编辑器中，可以完成 Mamdani 型和 Sugeno 型两类模糊推理系统的结构编

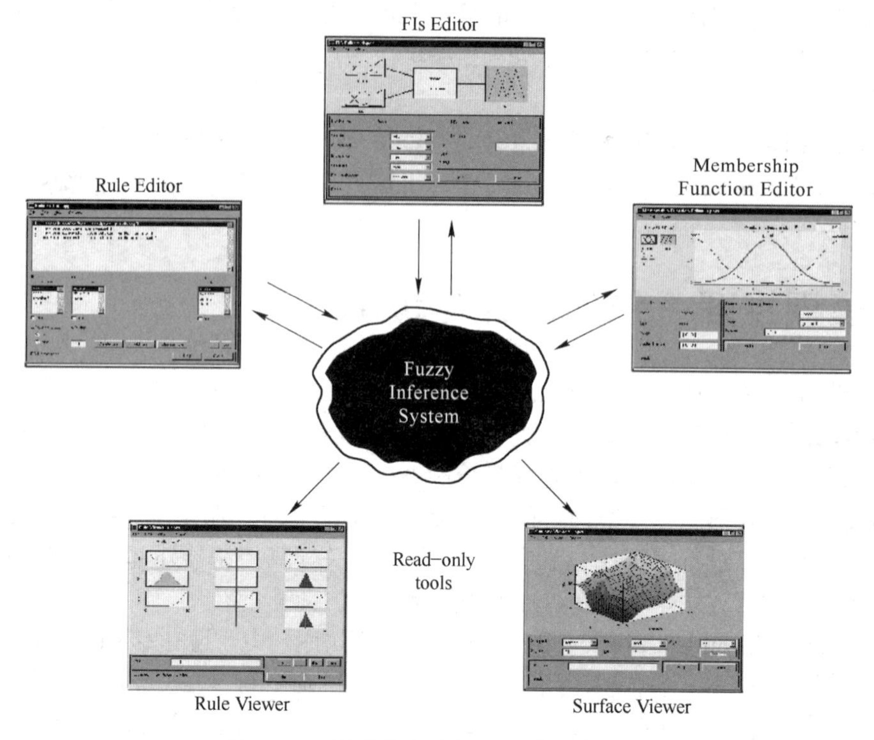

图 5-22 模糊推理系统 GUI 的五个界面

辑、模糊子集的隶属函数及其分布的选定、模糊规则的建立等主要设计任务，以及控制效果的仿真观测和设计参数的调试。这三个编辑器是可以互动的，用户随时可以打开任何一个编辑器进行删改、编修、调试、观测和保存。同时，这三个编辑器又是联动的，只要在一个编辑器中进行编修，另外两个就会自动作出相应的变更。

另外两个界面属于只读工具，提供的是只供查看用的观测窗：

① Rule Viewer（模糊规则观测窗）；

② Surface Viewer（输出量曲面观测窗）。

在前三个编辑器内完成的编辑工作，其效果可以在后两个观测窗中查看，根据显示情况进行分析、研究，提出修缮意见，重返编辑器进行改进。虽然每个界面的功能不尽相同而且是相对独立的，却又相互关联而动态连接着，在任何一个窗口界面上更改参数或性态，打开其他几个窗口界面时，相关参数和性态都会自动地做相应的变更。

5.2.2 模糊推理系统编辑器

在三个编辑器中，模糊推理系统编辑器（FIS Editor）是关乎模糊系统框架、主体结构等总体大局设计的编辑器，它可以编辑、设计、修改整个系统架构，增减系统输入、输出变量的个数，调整模糊系统的维数。我们介绍的 Mamdani 型和 Sugeno 型模糊推理系统，其基本结构是相同的，都可以在这里完成。因此，设计任何模糊系统，都应该先用 FIS 编辑器设计完成系统的总体架构之后，再分别进行细目编辑与设计，最终再返回来修改、调整和完善。

启动 MATLAB 后，在命令窗口中键入 fuzzy 回车，屏幕上就会显现出如图 5-23 所示的“FIS Editor”界面，即模糊推理系统编辑器。

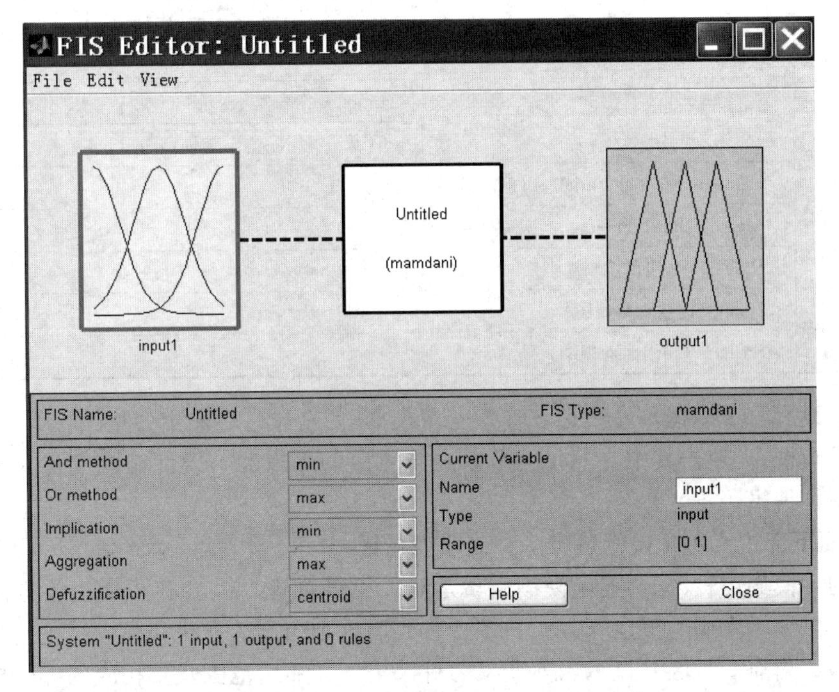

图5-23　“FIS Editor”界面（Mamdani型）

1. FIS编辑器界面简介

FIS编辑器是设计模糊推理系统的重要辅助工具，它的界面分为上、下两部分。

① 界面上部设有菜单条和模框区，利用它们可以编辑模糊推理系统的输入、输出变量和模糊控制规则。

菜单条有三个主菜单，分别是“File（文件）”“Edit（编辑）”“View（视图）”。

单击FIS编辑器上任何一个主菜单，可以打开该主菜单下属的子菜单。利用这些菜单，配合模框可以设计FIS的模糊推理类型、模糊系统的结构、维数、变量数目等内容。为了查阅方便，现把这些主菜单及其下属子菜单的名称及功能都列在表5-9中。

表5-9　FIS Editor主菜单及其下属子菜单名称及功能

主菜单名称	子菜单名称	下一级子菜单名称
File（文件）	New FIS...（新建模糊推理系统类型）	Mamdani（曼达尼型）
		Sugeno（T-S型）
	Import（调入）	From Workspace...（由工作空间调入）
		From Disk...（由磁盘调入）
	Export（输出）	To Workspace...（输出到工作空间）
		To Disk...（输出到磁盘）
	Print（打印）	注：“工作空间”像临时舞台，关机即逝；“磁盘”泛指软盘、光盘、U盘或机器硬盘，可以长期保存
	Close（关闭该窗口）	

续表

主菜单名称	子菜单名称	下一级子菜单名称
Edit（编辑）	Undo（撤销刚才的操作）	
	Add Variable...（增添变量）	Input（增添输入变量）
		Output（增添输出变量）
	Remove Selected Variable（删除选中的变量）	
	Membership Function...（编辑隶属函数）	
	Rules...（编辑控制规则）	
View（视图）	Rules（控制规则视图）	
	Surface（输出曲面视图）	

模框区设有三个模框，左边是“输入变量模框”，右边是“输出变量模框”，中间是“模糊规则编辑模框”。双击其中之一，就可以打开相应的编辑器，设计输入变量、输出变量和进行模糊规则编辑。

② 界面下部主要包含模糊逻辑区和当前变量区。

左边的“模糊逻辑区”，显示模糊逻辑运算、模糊推理、综合和清晰化等方法。利用下设的条目可以编辑模糊逻辑运算方法、综合各控制规则结论的方法和模糊结论清晰化方法。

右边的“当前变量区”显示当前变量名称、类型、显示范围及其相应的编辑框。利用该区的项目可以编辑输入、输出变量的名称、类型、显示范围。

当前变量区下边，左侧设有“Help”（提供帮助）和“Close”（关闭当前界面）两个按钮。单击“Help”，可以查寻界面内任何内容的帮助说明，单击“Close”则关闭窗口。

上、下部之间有一行是“系统状态显示行”，图5-23界面上显示：“FIS Name untitled FIS Type：mamdani（FIS名称 未定 FIS类型 曼达尼）”，表明当前系统的状态。

FIS编辑器界面最下一行为系统“结构显示行”，图5-23界面上显示：“System ‘Untitled’：1 input，1 output，0 rules（系统‘未定’：1个输入，1个输出，0条规则）”，显示出当前系统的结构。

2. FIS推理类型的编辑

利用FIS编辑器界面上的菜单，可以设计有关模糊推理系统的各项架构性内容。

MATLAB中设有两种类型的模糊逻辑推理：Mamdani（曼达尼）和Sugeno（苏杰瑙，即T-S）。当前推理类型显示在“模糊规则编辑模框”中，在图5-23中为“(mamdani)”，表明当前属曼达尼型模糊推理，这是系统默认的模糊推理类型。

要想把模糊推理类型改为T-S（Sugeno）型，可在FIS编辑器界面上选择File | New FIS... |Sugeno，这样就弹出如图5-24所示的T-S型FIS Editor，中间模糊规则编辑模框内显示有“(sugeno)”。

比较图5-24和图5-23可知，Sugeno型和Mamdani型FIS编辑器的界面结构大体相同，它们的主菜单、输入量模框、模糊逻辑区的And、Or方法是完全一样的。但是，Sugeno型的模糊逻辑区和输出量模框，与Mamdani型有很大差异，输出量显示的不是模糊子集而是函数f(u)。差异更大的是模糊逻辑区的“Implication（蕴涵）”和“Aggregation（综合）”两

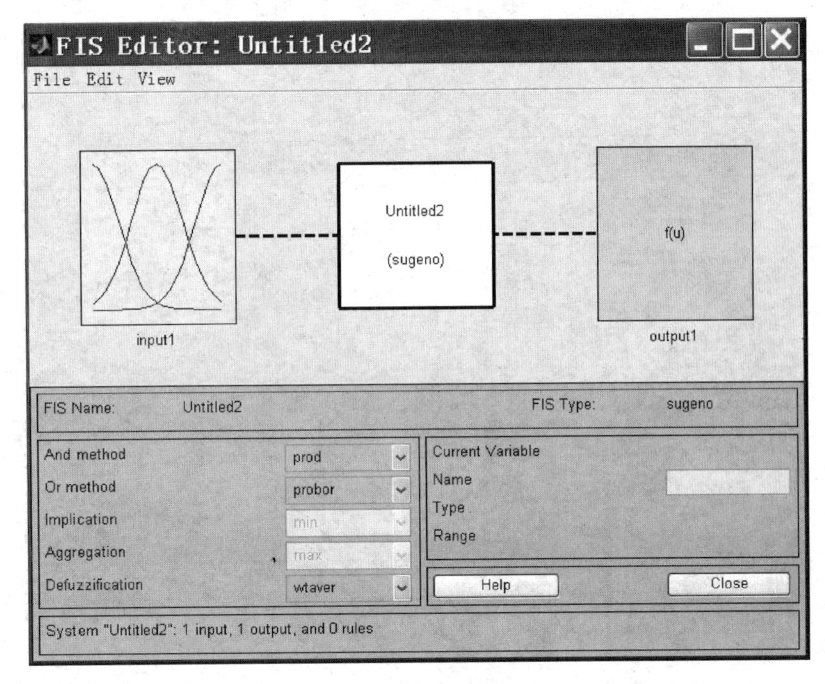

图 5-24　“FIS Editor”界面（Sugeno 型）

项内容，Sugeno 型的这两个编辑框内不允许填入内容，因为它输出的结论是函数而不是模糊量。Sugeno 型的“Defuzzification（清晰化）”相当于 Mamdani 型推理中“Implication”“Aggregation”“Defuzzification”三者的综合结果，所以编辑框内的预设选项跟 Mamdani 型的也大不相同，仅为“wtaver（加权平均）”和“wtsum（加权求和）”。

3. 编辑 FIS 的维数

图 5-23 和图 5-24 显示的都是单输入-单输出（SISO）一维模糊推理系统。工业上应用最多的是二维模糊控制器，即同时把一个变量和它的变化率输入控制器，去调节输出量。下面介绍增、减控制器维数的方法。

① 在 FIS 编辑器界面（Mamdani 型或 Sugeno 型）上，选择 Edit | Add Variable... | Import，就变成 SISO 二维模糊推理系统。

当这个操作在图 5-23 的 FIS 编辑器（Mamdani 型）界面上进行时，就会弹出如图 5-25 所示的 SISO 二维 Mamdani 型模糊系统。

当这个操作在图 5-24 的 FIS 编辑器（Sugeno 型）界面上进行时，就会弹出如图 5-26 所示的 SISO 二维 Sugeno 型模糊系统。

比较图 5-25 和图 5-26 界面可知，它们的差异依然在输出变量模框和模糊逻辑区上。

② 要想增添一个输出变量，选择 Edit | Add Variable... | Output。

③ 如果想删去一个已有的输入或输出变量，可先选中待删减变量的模框，再选择 Edit | Remove Selected Variable（移去选定的变量），即可。

多次重复上述增、减输入、输出变量的操作，可使控制器的维数不断变化，直到满足设计要求。

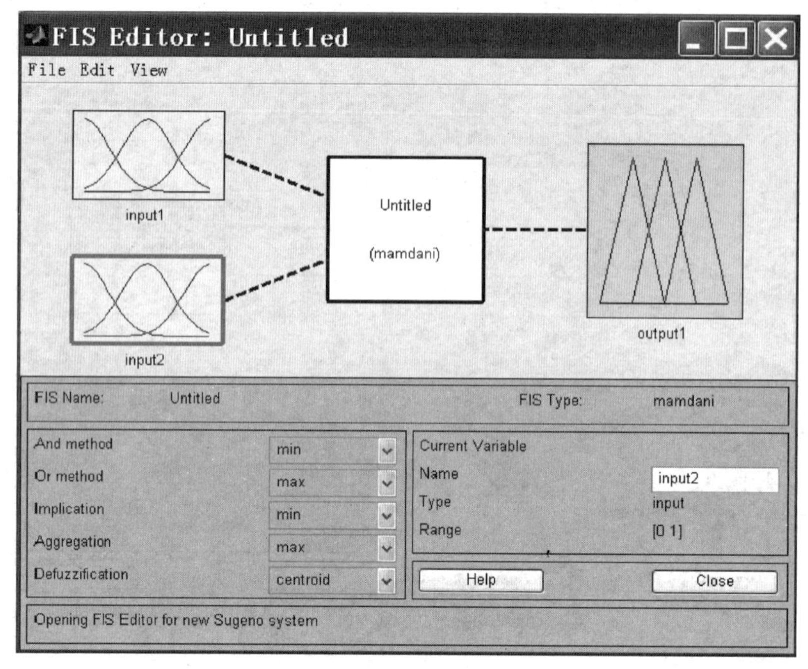

图5-25 双输入-单输出模糊推理编辑器（Mamdani型）

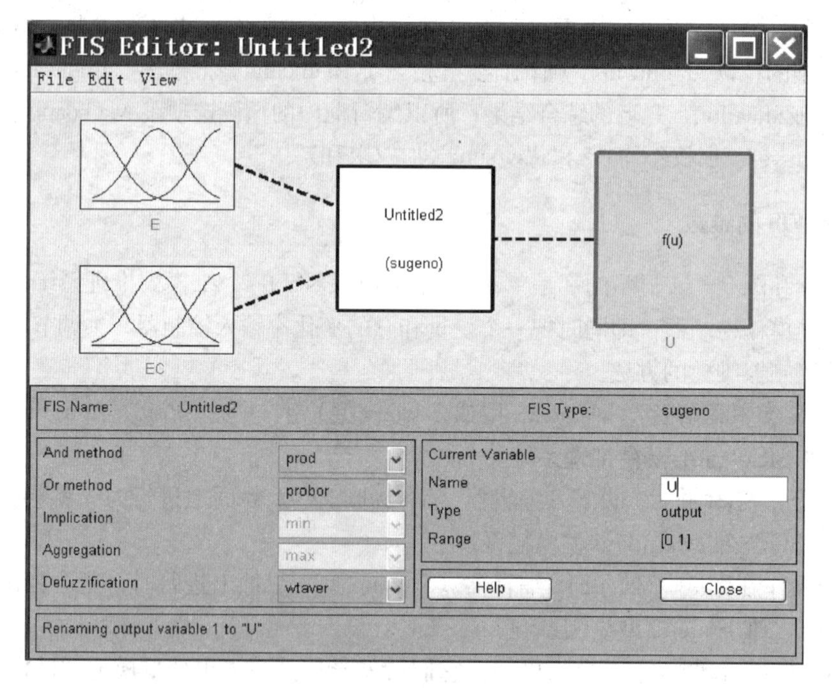

图5-26 双输入-单输出模糊推理编辑器（Sugeno型）

4. 编辑FIS输入、输出量的名称

新打开的FIS编辑器上，各个输入、输出变量的名称都是临时的暂用名，例如，input1、output2等。在针对具体模糊推理系统的设计时，需要更改它们。具体步骤是：

① 在 FIS 编辑器界面上，单击需要重新命名变量的模框，使它的边框线变粗、变红；

② 在 FIS 编辑器界面的当前变量区“Current Variable（当前变量）”，单击“Name”右侧编辑框，从键盘输入新名称覆盖临时暂用名，回车，上部相应变量模框下的名称也跟着被更改。

图 5-26 中 FIS 编辑器界面上输入、输出量名称，已用这个方法分别改成 E、EC 和 U。

5. 编辑 FIS 的名称

图 5-23～图 5-26 界面中间“系统状态显示行”的显示表明，这四个 FIS 都未被命名。命名的方法是：选择 File | Export | To Disk...，弹出“Save FIS（保存 FIS）”界面，如图 5-27 所示。

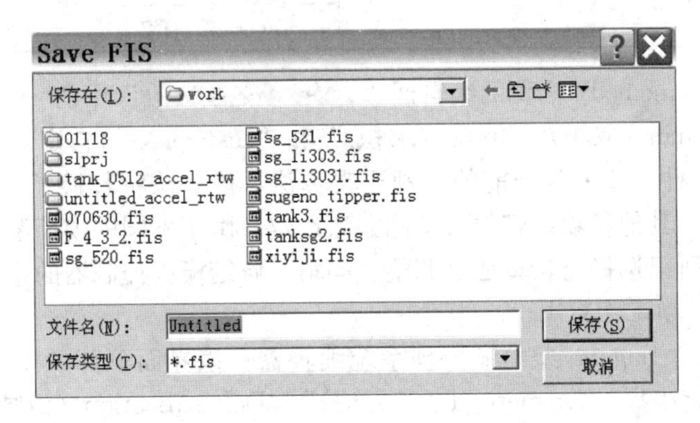

图 5-27　Save FIS 界面

在该界面下部“文件名”右侧的编辑框内，填入 FIS 的新名称覆盖掉“Untitled”，再单击界面右下角的功能按钮“保存”。文件就以新的名称被保存在“work”子目录中，当然，也可以存入其他子目录或自己的移动 U 盘中。

6. 编辑模糊逻辑推理的具体算法

在选定模糊推理类型 Mamdani 或 Sugeno 之后，还需选择每种推理类型中模糊逻辑的具体算法。这些编辑工作主要在 FIS 编辑器下部“模糊逻辑区”内进行。由于不同类型模糊逻辑推理的具体算法不尽相同，下面分别予以介绍。

1) Mamdani 型模糊逻辑算法

图 5-25 是一个 Mamdani 型模糊逻辑推理系统编辑器。该界面下部模糊逻辑区中，设有“And（与）”“Or（或）”“Implication（蕴涵）”“Aggregation（综合）”“Defuzzification（清晰化）”五项模糊逻辑运算方面的内容。前三项都是构成复合模糊命题的连接词；第四项“Aggregation”是多条模糊规则结论被“合并综合”时用的算法；第五条是清晰化方法。每项内容的右侧都有一个“编辑框”，单击任意一项编辑框，就下拉出预先设置的具体逻辑算法，这些算法在第 2、3 章中都曾介绍过，现把它们列在表 5-10 中，以便查阅。

表 5－10　Mamdani 型模糊推理中的模糊逻辑算法

模糊逻辑词语	可选算法
And Method（“与”算法）	min（取小）
	prod（求积）
	custom...（自定义）
Or Method（“或”算法）	max（取大）
	probor（代数和）
	custom...（自定义）
Implication（“蕴涵”算法）	min（Mamdani 取小）
	prod（Larsen 求积）
	custom...（自定义）

模糊逻辑词语	可选算法	
Aggregation（综合）	max（各条规则结果的模糊子集取“并”）	
	sum（有界和，$\max(1, A_1(x)A_2(x)\cdots A_n(x))$）	
	probor（代数和，$A_1(x)+\cdots+A_n(x)-A_1(x)\cdots A_n(x)$）	
	custom...（自定义）	
Defuzzification（清晰化）	centroid（面积中心法）	
	bisector（面积平均法）	
	最大隶属度法	mom（最大隶属度的平均值）
		lom（最大隶属度中取大）
		som（最大隶属度中取小）
	custom...（自定义）	

假如单击“And method”右侧的编辑框“min”中的▾，便下拉出三种具体模糊逻辑算法：“min（取小）”“prod（求积）”和“custom...（自定义）”（如表 5－10 所列）。单击其中的一种，选定为当前的模糊逻辑算法，该算法将替换了原来的算法“min”，而出现在编辑框中。其他各项内容都可按此办法选定。由于不同的模糊逻辑算法，对模糊推理结果影响较大，所以选择逻辑算法是调整、编辑、修缮模糊控制器的主要内容之一。

2）Sugeno 型模糊逻辑算法

图 5－26 是一个 Sugeno 型模糊推理系统编辑器。该界面下部的模糊逻辑区中，含有“And method（与方法）”“Or method（或方法）”“Defuzzification（清晰化）”三项模糊逻辑运算方面的内容。每一项的右侧都有一个“编辑框”，单击它们会下拉出几种备选模糊逻辑算法，现把它们列在表 5－11 中，以供参阅。

表 5－11　Sugeno 型模糊推理中的一些模糊逻辑算法

模糊逻辑词语	算法名称	算法意义	模糊逻辑词语	算法名称	算法意义
And method（“与”算法）	min	取小法	Or method（“或”算法）	max	取大法
	prod	求积法		probor	代数和法
	custom...	自定义算法		custom...	自定义算法
Defuzzification（清晰化）	wtaver	加权平均法	注：这里没有“蕴涵”和“综合”两项，而“清晰化”内容也与 Mamdani 型推理的大不相同		
	wtsum	加权求和法			

表 5－11 中的模糊逻辑词语里，没有表 5－10 中的 Implication（“蕴涵”）和 Aggregation（综合）两项内容，而且这里“清晰化”的意义也与表 5－10 中不同。这里的“清晰化”是对多条 T－S 型模糊推理结论的“综合”方法。

5.2.3　隶属函数编辑器

1. MF 编辑器界面简介

在 FIS 编辑器界面上，双击输入量或输出量模框中的任何一个，都会弹出 Membership

Function Editor（隶属函数编辑器），简称 MF 编辑器。若在图 5－25 所示界面上进行这一操作，就得出图 5－28。

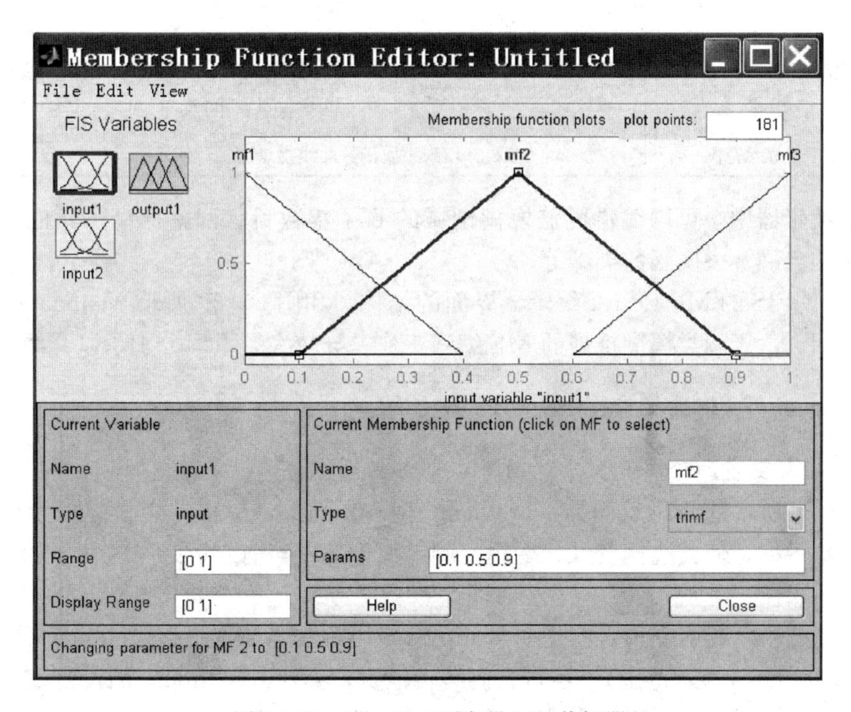

图 5－28　Mamdani 型变量 MF 编辑器

① MF 编辑器上有三个主菜单。其中，File（文件）和 View（视图），与 FIS 编辑器中的功能、用法完全一样，不再重复介绍。另一个主菜单 Edit（编辑）之下有七个子菜单，它们的主要功能都与编辑隶属函数有关，其中子菜单 Undo 的功能是撤销刚才的操作，跟其他编辑器中的功能、用法完全一样。现将其他六个子菜单的功能列在表 5－12 中。

表 5－12　MF 编辑器主菜单 Edit 下属子菜单功能列表

子菜单名称	功　能	子菜单名称	功　能
Add MFs...	添加隶属函数	Remove All MFs	删除所有隶属函数
Add Custom MFs...	添加自定义隶属函数	FIS Properties	调出 FIS 编辑器
Remove Selected MFs	删除选定的隶属函数	Rules...	调出模糊控制规则编辑器

② MF 编辑器界面上部左侧为"变量模框索引区"，右侧为"图形函数区"。单击模框索引区中任何一个小模框，都会使它的边框变红、变粗，同时图形函数区内显示出相应的函数图形或函数名称。

例如，图 5－28 界面上，模框索引区中输入变量 input1 的边框已变红且粗，图形函数区内显示的就是覆盖输入变量 input1 的模糊子集分布及隶属函数图线。

③ MF 编辑器界面下部左侧为"Current Variable（当前变量区）"，界面下部右侧为"Current MF（当前隶属函数区）"。它们之下预设有许多选项，一并列在表 5－13 中。

表 5-13 MF 编辑器（Sugeno）界面上当前变量区和当前隶属函数区项目名称及意义

Current Variable（当前变量区）	Current MF（当前隶属函数区）	
Name（变量名称）	Name（隶属函数名称）	
Type（变量类型）	Type（隶属函数类型）	预设有：trimf、trapmf、gbellmf、gaussmf、gauss2mf、sigmf、dsigmf、pdimf、pimf、smf、zmf 十一类
Range（变量取值范围）		
Display Range（变量显示范围）	Params（参数，填入隶属函数曲线拐点的参数值）	

在 MF 编辑器中，可以编辑覆盖模糊论域的 F 子集数目、调整模糊子集的分布、选定各模糊子集的名称及隶属函数类型等。

Sugeno 型 FIS 的 MF Editor 编辑器界面的结构，和图 5-28 所示 Mamdani 型的一样，不再另作介绍。由于两类模糊推理的 MF 编辑工作差异较大，下面分别予以介绍。

2. Mamdani 型 FIS 中隶属函数（MF）的编辑

1）编辑输入变量的论域和显示范围

在图 5-28 所示的 MF 编辑器（Mamdani 型）界面上，单击“变量模框索引区”中待编辑变量的小模框，使其边框变红、变粗，则界面下部“当前变量区”内就显示出该变量的性态，以供编辑。

比如，图 5-28 界面上选定的是变量 input1，便可在当前变量区“Range（取值范围）”和“Display Range（显示范围）”各自右侧编辑框里，分别填入 input1 的设定值，覆盖掉原有数值。回车后“图形函数区”中发生相应变更，显示出新添入的坐标值。取值范围指的是变量的模糊论域，不同于物理论域，一般可按“取值范围”≥“显示范围”填入数值。

2）增加覆盖输入量模糊子集的数目

新打开的 MF 编辑器界面上，“图形函数区”显示有三个默认的模糊子集（隶属函数），覆盖着设定的显示范围，根据设计需求可以增添覆盖变量论域的模糊子集个数。增添的方法是在 MF 编辑器上，选择 Edit | Add MFs（或 Edit | Add Custom MF...），则弹出如图 5-29 所示的 MF 编辑器对话框。

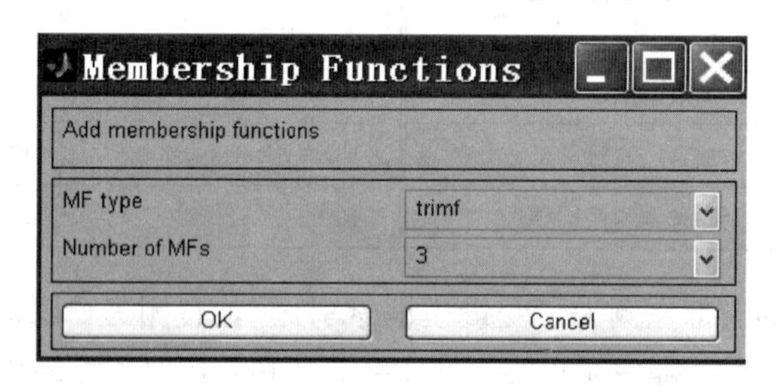

图 5-29 MF 编辑器对话框

图 5-29 界面上第一行显示出该对话框的功能“Add membership functions（添加隶属函数）”，编辑 MF 的数量和类型。界面中间有两项可编选的内容：“MF type（MF 类型）”和“Number of MFs（隶属函数的数目）”，可按下述方法分别在其中进行编辑。

（1）编辑 MF 类型（MF type）

单击“MF type”右侧编辑框，则下拉出预先设置的十一类隶属函数（见表 2-2）；单击选中的 MF 类型，即可替换原有的 MF 类型“trimf”（三角形）。

（2）编辑隶属函数的数目（Number of MFs）

单击“Number of MFs（隶属函数个数）”右侧编辑框，则下拉出默认的 10 个数字，选中需要增加的个数，即可替换原有的增添 MF 数量“3”。

上述两项内容编修完成后，在图 5 - 29 所示对话框中，单击下面的“OK”按钮，则该对话框隐去，图 5 - 28 上的 MF 编辑器中图形函数框内，就按添加后的数目和类型增加了新的隶属函数曲线。

3）编修隶属函数曲线

初步设定的覆盖模糊论域隶属函数个数、类型，在编修中经常需进一步的细化修缮。如对隶属函数名称的重新命名、函数类型的异化和筛选、位置的排布等编修工作。

（1）MF 的命名

为了方便调用和管理，对每个隶属函数（模糊子集）都可以赋予新的名称。具体方法是在如图 5 - 28 所示的 MF 编辑器中界面上，单击图形函数区中需重新命名的隶属函数曲线，如 mf2，使其变粗、变红。然后在界面下部“当前隶属函数区”项目“Name”右侧的编辑框内，填入新名称覆盖掉原来的“mf2”，回车后则图形函数区中图线上的 mf2，就跟着变成新名称。

（2）细化 MF 的类型

原先默认的或新增添的 MF，即覆盖变量的所有模糊子集的 MF 都是同一种类型的函数。若需要改变它们的隶属函数类型使之各不相同，就需逐条细化设计，进行编修。编修的方法是：首先单击要编修的隶属函数图线，使其变粗、变红。再在“当前隶属函数区”中，单击“Type（类型）”右侧编辑框，下拉出十一种已设置的隶属函数名称，单击选中的函数类型，回车后图形函数区中变粗、变红的隶属函数曲线就变成新的函数曲线类型。

（3）非标准函数型 MF 的编修

有时为了特殊需求，可以采用拖动法或参数法，编修出非标准函数型的隶属函数，它是标准函数曲线的变形。

拖动法是点住图形窗中待编修隶属函数图线上的拐点，拖动曲线使其形状变成所需形状，再松开即可。

参数法就是按需要修改“当前隶属函数区”下“Params（参数）”编辑框中的“参数值”，编修之后回车，图形窗中曲线就发生相应变化。这些参数值一般都是函数曲线的关键拐点取值，反复调整其取值，观察曲线变化情况，直到满意为止。

拖动法直观，参数法便于分析，通常都是把两种方法结合在一起使用。

4）编修模糊子集位置

模糊子集在变量论域上的分布，即散布方式，必须按完备性、一致性和交互性进行排布。用鼠标可以移动模糊子集在显示范围中的相对位置，移动方法也是用拖动法或参数法。无论用哪种方法，都是设法改变隶属函数的核及其子集在显示范围中的相对位置。

例如，在图 5 - 28 所示的 MF 编辑器图形框中，模糊子集 mf2 是三角形隶属函数，拐点的参数为 [0.1 0.5 0.9]。改变这个模糊子集的相对位置，主要是变动隶属函数的核或取值最大点的位置，这里就是要变动 0.5。当然，有时为了某种特殊需求，也要改变隶属函数支集端点 0.1 和 0.9 的位置。

5）删除模糊子集的方法

修改设计中，常常需要删除已有的模糊子集，可按下述步骤进行。

① 单击要删除的模糊子集隶属函数曲线，使其变红、变粗。

② 在MF编辑器界面上，选择Edit | Remove selected MF...，该曲线则被删掉，相应地，模糊子集也被删掉。也可以在选中隶属函数后，按Delete键删除。

对于Mamdani型FIS中输出变量的模糊子集（隶属函数），编修方法跟上述的编修输入量模糊子集的方法完全一样，不再赘述。

3. Sugeno型FIS中隶属函数（MF）的编辑

Sugeno型模糊推理和Mamdani型模糊推理，其输入量的模糊化处理方法完全一样，所以覆盖输入量隶属函数的编辑工作也相同，编辑模糊子集的论域、显示范围、模糊子集数的添减等方法也完全相同，这里不再赘述。

两种类型推理的输出结论大不相同，Mamdani型模糊推理输出的是模糊子集，而Sugeno型模糊推理输出的是线性函数。下面介绍在Sugeno型模糊推理中，输出函数的编辑方法。

1）进入二维Sugeno型FIS编辑器

在双输入-单输出FIS编辑器（Sugeno型）界面上，将输入、输出变量的名称分别改为E、EC和U，如图5-26所示。

2）调出Sugeno型MF编辑器

在如图5-26所示的Sugeno型FIS编辑器界面上，双击任何一个变量模框，就会弹出Sugeno型MF编辑器，再在模框索引区中单击输出量模框，就得出Sugeno型输出量MF编辑器界面，如图5-30所示。

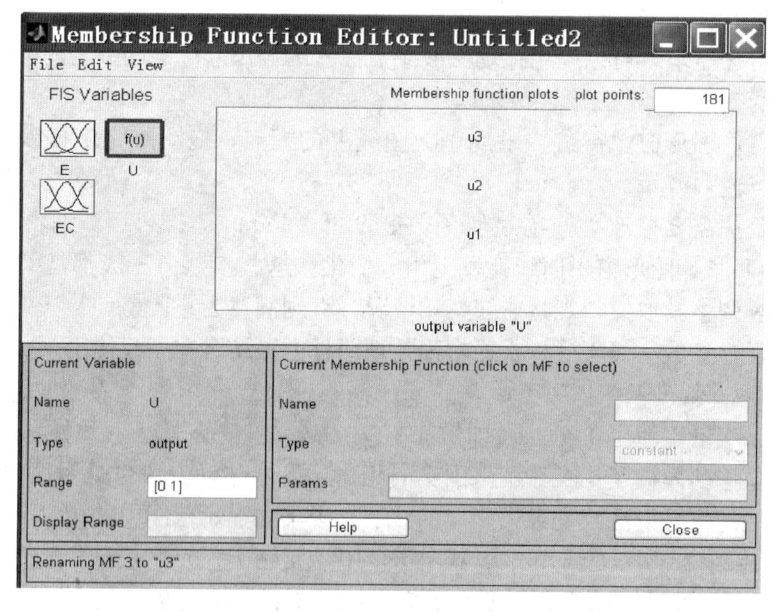

图5-30 Sugeno型MF（输出量）编辑器界面

对图5-30所示的Sugeno型MF（输出量）编辑器界面，简单介绍如下。

① 该界面上有三个主菜单，它们的功能、用法与Mamdani型的完全一样，不再赘述。

② 该界面上部左侧为“变量模框索引区”，右侧为“图形函数区”。索引区中输出变量 U 模框的边框变红、变粗，图形函数区内显示的就是输出量 U 的函数。该变量 U 的三个预置函数为 u1、u2 和 u3，它们各自表示一条 T－S 模糊规则的输出结论。

③ 图 5－30 所示界面下部左侧为“Current Variable（当前变量区）”，右侧为“Current MF（当前隶属函数区）”。它们之下有许多选项，把它们及其选项都列在表 5－14 中，以便查阅。

表 5－14　MF 编辑器（Sugeno 型）界面上当前变量区和当前隶属函数区项目名称及意义

Current Variable（当前变量区）	Current MF（当前隶属函数区）	
Name（变量名称）	Name（隶属函数名称）	
Type（变量类型）	Type（隶属函数类型）	constant（常数）
Range（变量取值范围）		linear（线性）
Display Range（变量显示范围）	Params（参数）：Type 选“constant”时，填入常数 k_i； Type 选“linear”时，填入多项式系数向量［p_m^i，p_{m-1}^i，…，p_2^i，p_1^i，p_0^i］	

表 5－14 中所列各项右侧都设有编辑框，可填入新内容或选取预先设置的内容。在“隶属函数区”内“Type”项下选择“constant（常数）”，就相当于选用“零阶T-S”型模糊推理，在“Params”编辑框内只能填入 k_i（第 i 条模糊规则输出的常数），这时$u_i=k_i$；若“Type”项下选择“linear（线性）”，就相当于选用“一阶 T-S”型模糊推理，在“Params”编辑框内填入［p_m^i，p_{m-1}^i，…，p_2^i，p_1^i，p_0^i］（第 i 条模糊规则输出线性函数的系数向量），这时第 i 条模糊规则的输出为：$u_i=p_m^i x_m+p_{m-1}^i x_{m-1}+\cdots+p_2^i x_2+p_1^i x_1+p_0^i$。

5.2.4　模糊规则编辑器

模糊规则就是输入量和输出量间的模糊蕴涵关系 R，只是用 F 条件命题对它们进行了表述。编辑模糊规则之前，必须首先完成模糊系统的结构、模糊推理的类型和输入变量的模糊化编辑。下面介绍用模糊规则编辑器编辑模糊规则的方法。

1. 模糊规则编辑器界面简介

Sugeno 型和 Mamdani 型模糊规则编辑器界面的结构形式是一样的，这里仅以 MATLAB 中的模糊模型仿真示例“tank”为例，介绍 Mamdani 型 FIS 的模糊规则编辑器。

在 MATLAB 主窗口中，键入 ruleedit 回车，或者在 GUI（tank）的任何一个编辑器界面上，选择 Edit | Rules... 弹出如图 5－31 所示的 Rule Editor：tank（模糊规则编辑器）界面，简称 Rule 编辑器。

1）Rule 编辑器上的主菜单

Rule 编辑器界面上有四个主菜单，其中 File（文件）和 View（视窗）与 FIS 编辑器、MF 编辑器中的设置内容、功能完全相同，这里不再重复介绍。

其他两个主菜单 Edit（编辑）和 Options（选项）及其子菜单的功能、意义列在表 5－15 中，以供查阅。

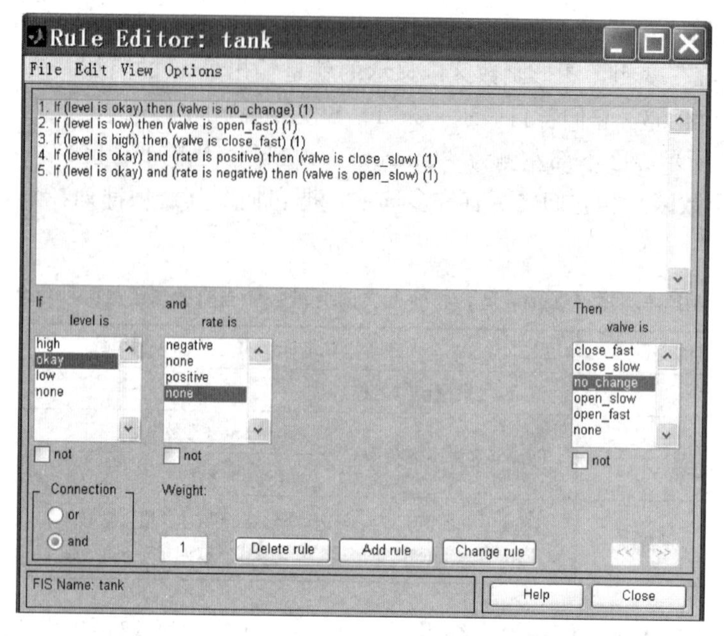

图 5-31　Mamdani 型 FIS 的模糊规则编辑器界面

表 5-15　Rule 编辑器主菜单 Edit 和 Options 及其子菜单的功能、意义

Edit（编辑）	Options（选项）	
Undo（撤销刚才的操作）	Language（语种）	Format（格式）
FIS Properties...（调出 FIS 编辑器）	English（英语）	Verbose（语言型）
Membership Functions...（调出 MF 编辑器）	Deutsch（德语）	Symbolic（符号型）
Anfis...（调出 Anfis 编辑器）	Francais（法语）	Indexed（索引型）

注：子菜单 Anfis...（神经网络模糊推理系统）只出现在 Sugeno 型 Rule 编辑器的主菜单 Edit 之下。

2）Rule 编辑器上的“显示区”和“编辑区”

Rule 编辑器界面上有一个较大的模糊规则“显示区”，显示所有编辑出来的模糊规则。

Rule 编辑器界面下部是模糊规则“编辑区”：左侧是“输入变量区”，右侧是“输出变量区”。变量区内列出了覆盖该变量的所有模糊子集名称。

每个“变量区”之下，都有一个“取否”小图标 ☐not。单击它，变成 ☑not 时表明其上变量区中背景变暗的模糊子集被否定。如图 5-31 界面上，输入变量 level 下的模糊子集“okay”的背景变暗，若选中其下的“否定小图标”使其变成 ☑not，则模糊子集 okay 就被取“否”，成了 okay 的“非”，即“$okay^C$”。

编辑区下面右侧“Connection（连接）”之下预设有“or”和“and”两个连接词，为编辑两个输入模糊变量（这里是 input1 和 input2）间的连接关系而用。

“Connection”右侧“Weight（权重）”，表示这条规则在被“综合”时所占的比重，下面对应的编辑框内可填入小于 1 的正实数。

3）Rule 编辑器上的“显示带”

Rule 编辑器界面上，“显示区”和“编辑区”之间有一条可读的“显示带”，把图 5-31 界面上的“显示带”截取下来，如图 5-32 所示。

图5-32　显示区和编辑区之间的当前规则显示带

“显示带”上的内容与“变量区”中背景变暗的模糊子集连在一起，构成一条模糊命题。例如，“显示带”上左边的内容“If level is”与其下面背景变暗的模糊子集“okay”连在一起，就构成“If level is okay”，表示模糊命题“level（okay）”。把这条显示带上显示的内容，包含箭头指向的、背景发暗的模糊子集联系在一起，可以读出一条模糊规则：“If level is okay and (rate is none) Then valve is no change”。这是一条正在编辑的模糊规则，也就是规则显示区中背景变暗的那条模糊规则。其中“and”是由“编辑区”中“Connection”之下选取“or”或“and”决定的，由于“rate is none”，故可省掉。

4) Rule 编辑器上的编辑功能按钮

Rule编辑器界面下边，与“Weight”并列设有三个“编辑功能按钮”：Delete rule（删除规则）、Add rule（添加规则）和Change rule（变更规则）。这是编辑模糊规则必须用到的，当一条模糊规则被选中、背景变暗时，单击它们，可以被删除、增添或变更。

2. 表述模糊规则的语言和格式编辑

模糊规则可以说是用“语言”表述的“微分方程”。因此，模糊规则的编辑中离不开“语言”编辑，Rule编辑器中预先设置三种表述模糊规则的语言。通常在Rule编辑器界面上，首选的默认语种是“英语”，通常不用德语和法语，不必再行编辑。

Rule编辑器中预先设置三种模糊规则的表述格式，见表5-15。它们各有优劣，可以自动转换。在Rule编辑器界面上，选择Options | Format，就弹出表述模糊规则的三种格式，再单击选用的格式，就成为当前表述模糊规则的格式。

为了便于学习和理解三种表述模糊规则格式间的异同，把图5-31中的两条模糊规则用不同格式表述出来，列在表5-16中：“如果液位正好，则阀门开度不变（If level is okay then valve is no change)”和“如果液位正好而流速慢，则逐渐增大阀门开度（If level is okay and rate is negative then valve is open slow)”，从中可以看出它们之间的差异和关系。

表5-16　三种模糊规则的表述格式对照表

类　别	模糊规则例句1	模糊规则例句2
规　则	If level is okay then valve is no change（如果液位正好，则阀门开度不变）	If level is okay and rate is negative then valve is open slow（如果液位正好而流速慢，则逐渐增大阀门开度）
语言型	If (level is okay) then (valve is no_change)(1)	If (level is okay) and (rate is negative) then (valve is open_ slow) (1)
符号型	(level==okay)=>(valve=no _ change) (1)	(level==okay) & (rate==negative)=> (valve=open _ slow) (1)
索引型	2 0，3 (1)：1	2 1，4 (1)：1

下面对编辑模糊规则时的三种格式，逐一介绍。

1）语言型

比较表 5－16 中模糊规则的“英语”叙述句和“语言型”表述可知，它们之间相差极小。“语言型”模糊规则和英语叙述句的表述形式非常接近，仅仅多了些小括号和下划线。

每个小括号“()”内的内容表示一个模糊命题。比如，模糊命题“a is A”，即 A(a)，编辑成“语言型”模糊规则时，就写成“(a is A)”。

下划线“_”是形容词、副词和动词之间的连接符。比如英语叙述句中的“open slow”“no change”，编辑成“语言型”模糊规则时，就写成“open_slow”“no_change”。

在用“语言型”编辑模糊规则时，每条规则写成一行，每行末尾必须写上“(k)”，k 的取值为 $0<k\leqslant 1$，表示该条规则在各条规则被“综合”时它所占的权重。

模糊规则的“语言型”表述，跟自然语言（英语）非常接近，具有直观、标准、详细的特点，容易理解，但较烦琐。

2）符号型

比较表 5－16 中英语叙述句和“符号型”表述的模糊规则可知，它们的主词都是相同的，每个模糊命题都置于一个小括号内，形容词、副词跟动词之间仍用连接符下划线连接。它们的差异主要在于连接词、系词和副词都换成符号表示，使表述更简捷。现将符号型中这些换用的符号、英文用词及意义列于表 5－17 中，以供使用参考。

表 5－17　符号型表述中各符号、英文用词及意义

符　号	英文用词	模糊逻辑意义
==	is	连接元素与模糊集合构成模糊命题，用于前提
=	is	连接元素与模糊集合构成模糊命题，用于结论
&	and	和取“∧”，连接词“且”，用于构成模糊复合命题
|	or	析取“∨”，连接词“或”，用于构成模糊复合命题
=>	then	蕴涵“→”，连接词“则”，用于构成模糊条件命题
_	/	连接符，用于词间的连接

在 Rule 编辑器中使用“符号型”表述模糊规则时，把用英语陈述句表述中的系词、连接词和副词换以相应的“符号”，每个模糊命题置于小括号之内。如表 5－16 中的例句 2，“英语”叙述句为“If level is okay and rate is negative then valve is open slow”，用符号型表述则为“(level==okay)&(rate==negative)=>(valve=open_slow)”。

模糊规则的“符号型”表述，跟自然语言（英语）比较接近，具有简捷、明快的特点。

3）索引型

在模糊规则的表述格式中，索引型是最为简短的形式，它的表达形式中只有数字、逗号、冒号和括号。“索引型”表述是建立在输入、输出量的模糊子集分布完全确立的基础上，显示的数字是模糊子集在输入、输出变量中的位置排列序号。两个标点符号把一个模糊命题“if A and B then C”整体分成三个部分：逗号之前部分表示命题 A 与 B；逗号之后、冒号之前部分表示命题 C，括号内数字表示该条规则的权重；冒号之后的数字代表连接 A 和 B 的连接词，“1” 代表 “and”，“2” 代表 “or”。现将各部分数字的意义列于表 5-18 中。

表 5-18　索引型中各部分数字的意义

所处位置	逗号之前	逗号之后、冒号之前		冒号之后
显示形式	空格分开的若干数字	数字	(k)	1 或 2
意　义	模糊子集在各输入量中的排列序号	模糊子集在输出量中的排列序号	k 为该条规则的权重，$0<k\leqslant 1$	1：表示 “and” 2：表示 “or”

例如，表 5-16 中引自图 5-31 的模糊规则例句 2：“If level is okay and rate is negative then valve is open slow”，用 “索引型” 表述为 “2 1，4 (1)：1”。各数字的意义如下：“2” 表示第 1 个输入变量 (level) 取覆盖它的模糊子集中排序第 2 的模糊子集 (okay)；“1” 表示第 2 个输入变量 (rate) 取覆盖它的模糊子集中排序第 1 的模糊子集 (negative)；“4” 表示输出量取覆盖它的模糊子集中排序第 4 的模糊子集 (open slow)；(1) 表示这条规则在被 “综合” 时的权重是 “1”；冒号之后的 “1” 表示两个输入量间是 “与” 关系。

模糊规则的 “索引型” 表述，是三种表述形式中最简短的，但是读起来费时、费事。

3. 模糊规则的编辑方法

虽然模糊规则有多种表述形式，但是编辑时并不需要我们熟记，在 Rule 编辑器上只需我们按照预先设计的模糊规则，单击相关输入、输出变量的模糊子集名称，再用编辑功能按钮操作就行了。

1) 编辑一条新模糊规则的方法

编辑模糊规则必须在模糊规则编辑器中进行，并且必须事先完成覆盖输入量、输出量模糊子集隶属函数的编辑。以图 5-31 所示的 Rule 编辑器界面为例，介绍如下。

在图 5-31 所示的 Rule 编辑器界面上，已经编辑好了覆盖输入量 level、rate 和输出量 valve 的模糊子集，若想加入一条新的模糊规则：“If level is okay and rate is positive then valve is close slow”，则按下述步骤操作：

① 单击输入变量 level 中的模糊子集 okay，使其背景变暗成为okay，构成关于第 1 个输入变量的模糊命题 “level is okay”；

② 单击输入变量 rate 中的模糊子集 positive，使其背景变暗成为positive，构成关于第 2 个输入量的模糊命题 “rate is positive”；

③ 由于两个模糊命题之间是 “and” 关系，单击编辑区下面右侧 “Connection (连接)” 之下的 “and”；

④ 单击输出变量 valve 中的模糊子集 close slow，使其背景变暗成为close slow，构成关于输出量的模糊命题 “valve is close slow”；

⑤ 单击界面下部的编辑功能按钮 “Add rule”，这条规则就编辑完成，显示在界面的模糊规则 “显示区” 中。

2) 修改模糊规则

要修改某条已经编辑完成的模糊规则，在 “显示区” 中先单击该条模糊规则，使其背景变暗；然后像编辑新规则一样，调整需要修改的地方；修改完成后单击界面下部的编辑功能按钮“Change rule”，编修后的“新”规则就代替了原来的规则。

3）删除编好的模糊规则

要删除某条模糊规则，先单击该规则，使其背景变暗；再单击界面下部的功能按钮“Delete rule”，这条模糊控制规则就被删除，从“显示区”中消失。

例5-2 某个液位控制系统的液体容器中，液体的流出量变化无常，无法建立起数学模型，只能通过控制进液阀门开度调节液位，使容器中的液位保持恒定。根据积累的操作经验，归纳总结出使液体容器液位保持恒定的下述几条操作规律（这是设计模糊控制器的重要物质基础和依据）：

① 如果液位正好，则阀门开度不变；

If level is okay then valve is no change

② 如果液位偏低，则增大阀门开度；

If level is low then valve is open fast

③ 如果液位偏高，则减小阀门开度；

If level is high then valve is close fast

④ 如果液位正好而进液流速快，则逐渐减小阀门开度；

If level is okay and rate is positive then valve is close slow

⑤ 如果液位正好而进液流速慢，则逐渐增大阀门开度。

If level is okay and rate is negative then valve is open slow

根据上述模糊规则，编辑这个“液位模糊控制器”的仿真模型。

解 （1）确定模糊控制器的结构

据题设该系统是根据液位（level）和进液流速（rate）确定控制量，去推动阀门的开启大小和速度，因此属二维模糊控制器：两个输入、一个输出。

在MATLAB主窗口中键入fuzzy，回车；在弹出界面上选择Edit | Add Variable... | Input，得到二维Mamdani型FIS编辑器界面，在此FIS编辑器界面原始界面图上，做如下一些编辑。

在FIS编辑器界面上，单击输入量input1模框，使其边框变红变粗，再在“Current Variable（当前变量）”区中“Name（名称）”编辑框里，填入“level”覆盖掉“input1”，回车，使输入变量input1得到新命名。

同样方法用新名“rate”覆盖掉“input2”；用新名“valve”覆盖掉“output”。

最终得出图5-33所示的液位FIS编辑器界面。

在“模糊逻辑区”中，单击各项编辑框，从下拉出的项目中，按表5-19所示的逻辑算法，编辑它们的选项。

（2）编辑输入变量“level”和“rate”

输入变量level和rate的编修内容包括取值范围、显示范围、覆盖取值范围模糊子集的个数及分布、隶属函数类型等。为此，在图5-33所示的FIS编辑器中，双击level模框，弹出MF编辑器，以该界面为基础，做如下的编辑修改。

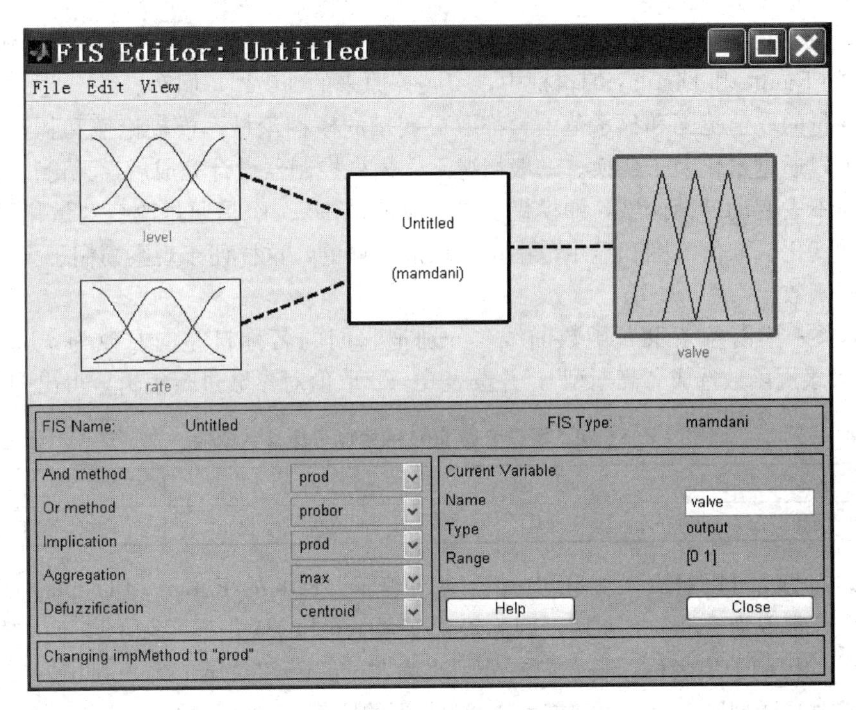

图 5-33　液位 FIS 编辑器界面

表 5-19　模糊逻辑区填写内容列表

模糊逻辑类	Add method	Or method	Implication	Aggregation	Defuzzification
逻辑算法	prod（求积）	probor（代数和）	prod（Larsen 积）	max（取大）	centroid（面积中心）

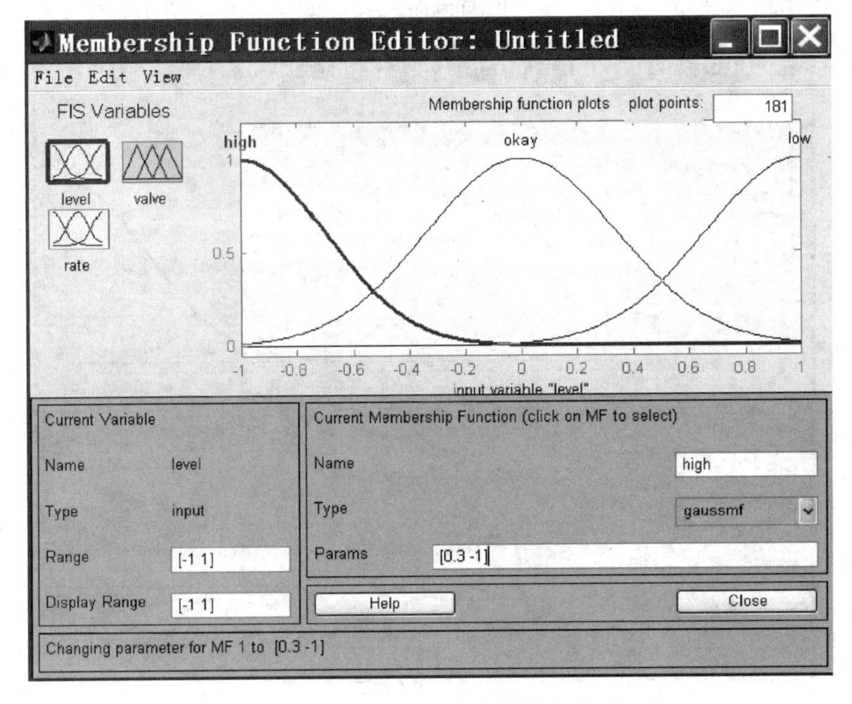

图 5-34　液位 FIS 的 MF 编辑器界面（level）

首先，在 MF 编辑器界面的“当前变量区”中，通过键盘把 [−1 1] 分别输入到当前变量 level 的 Range 和 Display 编辑框中，覆盖掉原来的 [0 1]，回车。

通常变量的取值范围和显示范围，都取成变量的模糊论域。模糊论域和物理论域不同，它们之间可以通过量化因子变换。一般情况下，模糊控制器设计完成后，无论物理论域如何变化，轻易不去变动模糊论域，即模糊变量“取值范围”；而是通过改变“量化因子”适应系统的这种变化。取值范围和显示范围可以取成一样的，这样便于观察模糊子集的分布，利于编修隶属函数。

其次，逐一单击各条隶属函数曲线，分别把它们的名称自左向右改为“high”“okay”“low”，将其隶属函数选成“高斯型”，并按表 5-20 取值对参数进行编辑，得出图 5-34。

表 5-20 覆盖变量 level 的模糊子集参数取值

模糊子集名称	high	okay	low
Params 取值	[0.3 −1]	[0.3 0]	[0.3 1]

同样的方法，可以对输入变量“rate”进行编辑。rate 的 Range 和 Display 两项范围取值不能很大，都取为 [−0.1 0.1]，因为输入变量 level 的变化率实际上是不大的。覆盖输入变量 rate 的模糊子集名称，自左向右分别改为“negative”“okay”“positive”；它们的隶属函数选成“高斯型”，参数调整成表 5-21 所列的取值。

表 5-21 覆盖变量 rate 的模糊子集参数取值

模糊子集名称	negative	okay	positive
Params 取值	[0.03 −0.1]	[0.03 0]	[0.03 0.1]

于是，得出输入变量“rate”的 MF 编辑器界面，如图 5-35 所示。

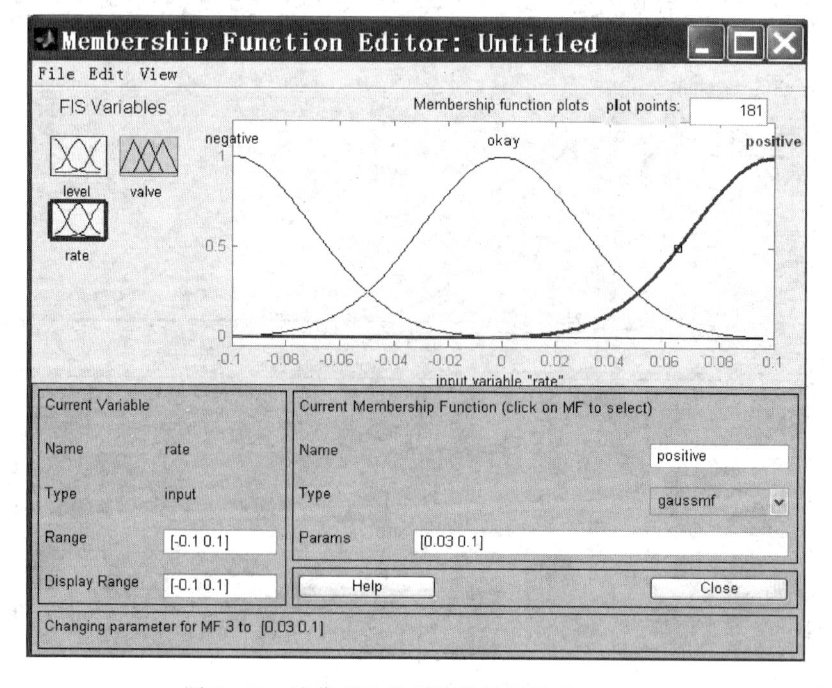

图 5-35 液位 FIS 的 MF 编辑器界面（rate）

(3) 编辑输出量“valve”

在图 5 - 35 所示的 MF 编辑器上，单击变量模框索引区中的 valve 模框，弹出 MF（valve）编辑器界面，做如下的编辑修改。

首先，编辑“取值范围”和“显示范围”。在 MF（valve）编辑界面上，在当前变量区的“取值范围”和“显示范围”的编辑区内，分别填入输出变量 valve 的模糊论域［−1 1］，覆盖掉原来的数值［0 1］，回车后将使图形函数区中的横坐标按此更改。

其次，增添模糊子集的数目。原来默认的是三个三角形隶属函数，再增加两个 F 子集；在 MF 编辑器中，选择 Edit | Add MFs...，弹出 MF 对话框，将“Number of MFs”编辑框中的数字改为 2，再单击按钮“OK”，则图形函数区中就显示出五个三角形隶属函数图线。

再次，编修模糊子集的名称。逐一单击这些图线，在“当前变量区”下的 Name 编辑框内，分别给予新的名称，自左向右分别为：“close fast”“close slow”“no change”“open slow”“open fast”（注意，每给一个新名称后必须要回车一次）。

最后，调整模糊子集的分布。在“当前隶属函数区”下修改“Params（参数）”编辑框中的“参数值”，使输出量的模糊子集参数，分别取成表 5 - 22 所列的数值。每调完一个模糊子集的参数，回车一次，使其图形函数区中的图线按新函数显示，得出图 5 - 36。

表 5 - 22　输出量 valve 取值范围数值表

模糊子集名称	close fast	close slow	no change	open slow	open fast
取值范围	[−1 −0.9 −0.8]	[−0.6 −0.5 −0.4]	[−0.1 0 0.1]	[0.2 0.3 0.4]	[0.8 0.9 1]

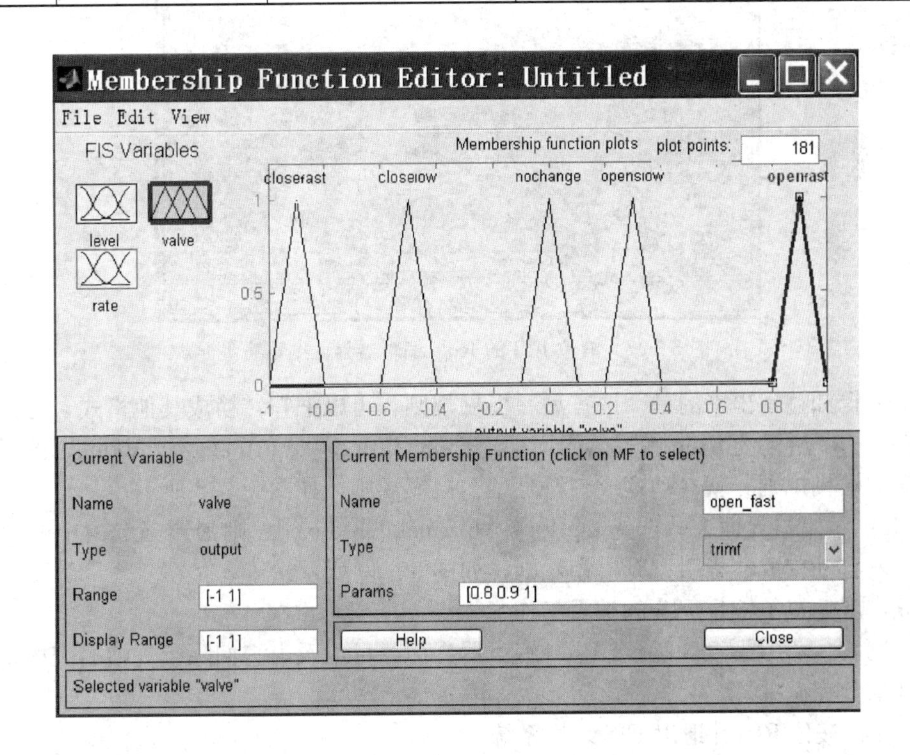

图 5 - 36　液位 FIS 的 MF 编辑器界面（valve）

(4) 编辑模糊规则

在任何一个编辑器界面上，选择 Edit | Rules...，或在 FIS 编辑器界面上，双击模糊规则模框，都可弹出模糊控制规则编辑器界面。

得出的 Rule Editor（规则编辑器）界面上，“编辑区”内的“输入变量区”“输出变量区”中，已列出覆盖输入、输出变量模糊子集的名称。按照题设的模糊规则，逐次单击相应的模糊子集名称，再单击编辑功能按钮，就可以编辑出模糊规则。

例如，题设的第一条模糊规则为：“If level is okay then valve is no change”，单击输入变量“level”里的模糊子集“okay”、输入变量“rate”里的“none”和输出变量“valve”里的模糊子集“no change”，使它们的背景变暗；再单击编辑功能按钮“Add rule”，界面上部的显示区就显示出这条规则：“If(level is okay)then(valve is no_change)(1)”。一条模糊规则中没有某个变量时，就得选中该变量模糊子集排列中的“none”，使其背景变暗成为“none”。这条模糊规则中的“rate”就属这种情况。

按照这样的方法，把五条模糊规则都编辑进规则显示区中，于是得出液位 FIS 的 Rule 编辑器界面，如图 5-37 所示。

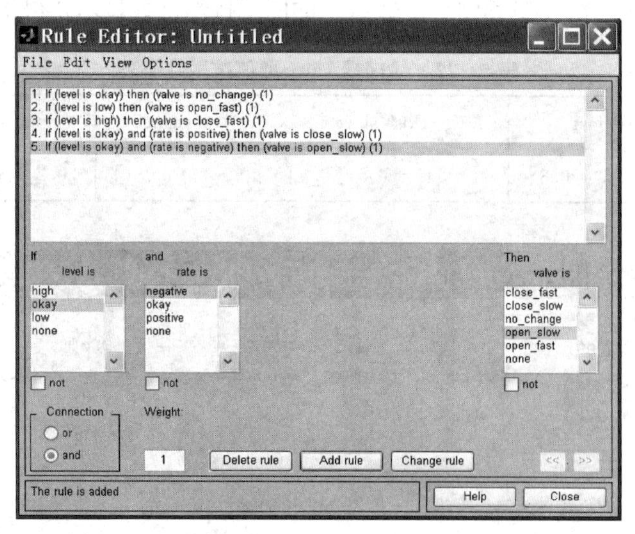

图 5-37　液位 FIS 的 Rule 编辑器界面（语言型）

这里编辑和显示出来的是“语言型”模糊规则，可以把它转换成其他格式，方法如下。

在图 5-37 所示的 Rule 编辑器界面上，选择 Options | Format | Symbolic，图形函数窗中的语言型模糊规则，就自动变成“符号型”模糊规则，如图 5-38 所示。

在 Rule 编辑器界面上，选择 Options | Format | Indexed，则图形函数窗中的语言型模糊规则，就自动变成“索引型”模糊规则，如图 5-39 所示。

至此，就完成了液位 FIS 的编辑工作。

比较图 5-37～图 5-39 三个 Rule 编辑器界面，可以看出它们除了规则的表述格式不同外，其他部分完全一样。

(5) 保存液位 FIS 并退出 FIS 编辑系统

逐一关闭 GUI 的界面，当关闭最后一个界面时会出现图 5-40 所示的 FIS 编辑器保存对话框。

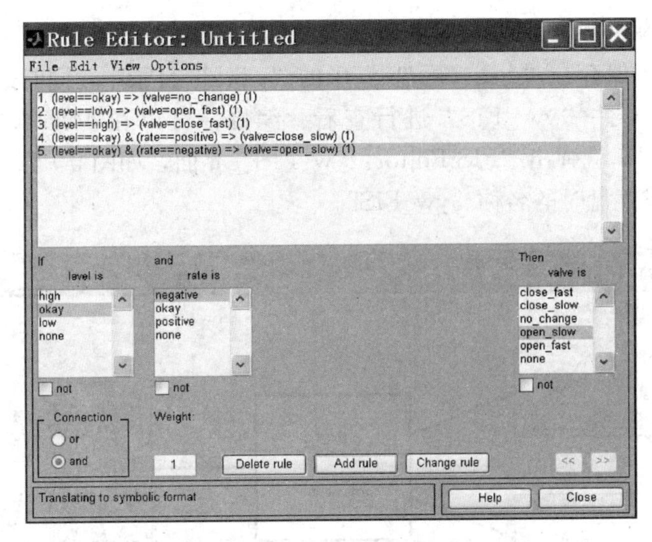

图 5 - 38　液位 FIS 的 Rule 编辑器界面（符号型）

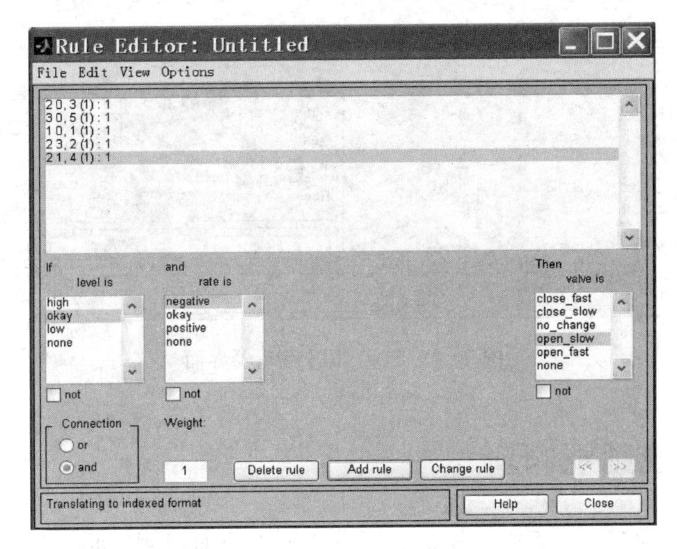

图 5 - 39　液位 FIS 的 Rule 编辑器界面（索引型）

单击图 5 - 40 界面上按钮“Yes”，弹出图 5 - 41 所示的“Save FIS”对话框。

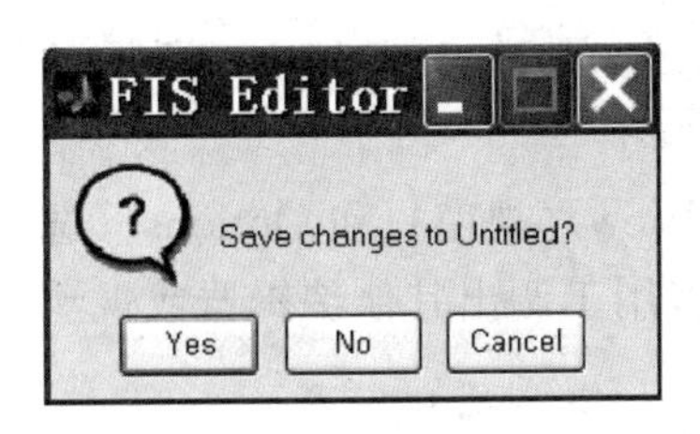

图 5 - 40　FIS 编辑器保存对话框

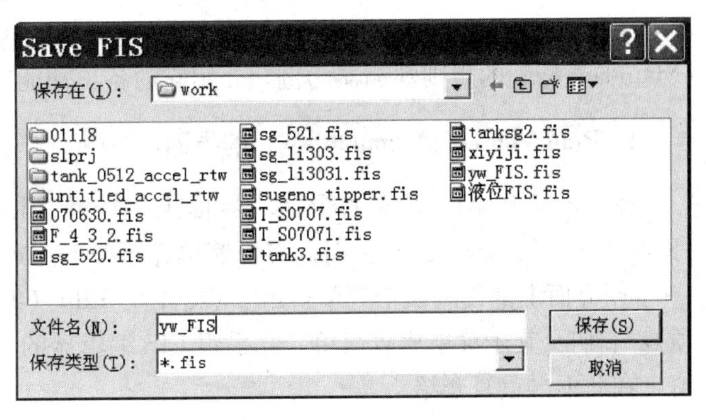

图 5 - 41　“Save FIS”对话框界面

在“文件名（N）”右侧的编辑框中填入该文件的名称，如为“yw_FIS”，再单击“保存”按钮，文件就被保存在“disk（磁盘）”中的“work”目录中，同时退出了系统。

此后，要想对文件“yw_FIS”进行查看、编修，可以在 MATLAB 主窗口内键入“fuzzy yw_FIS”，回车就弹出“FIS Editor：yw_FIS”界面，如图 5－42 所示，它的名称已由“untitled ”变成存盘时的名称“yw_FIS”。

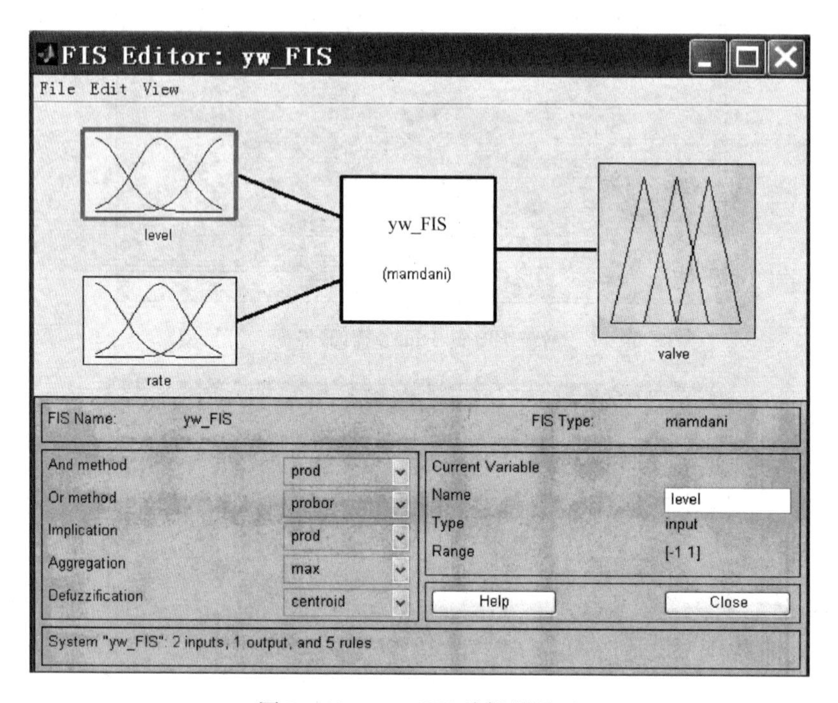

图 5－42 yw _ FIS 编辑器界面

5.2.5 模糊规则观测窗

模糊逻辑 GUI 的五个界面中，规则观测窗和输出曲面观测窗是只读性的，没有编辑功能，也不能互动，只供观测用。规则观测窗用图形界面形象地显示出模糊推理的过程，在编辑完成模糊子集、模糊规则及推理方法等内容之后，可以调出它来进行观测。无论在 GUI 的哪个界面中，都选择 View| Rules，弹出规则观测窗。下面以例 5－2 编辑的 yw _ FIS（Mamdani 型）的规则观测器为例，介绍它的各项功能。

1. Rule Viewer（Mamdani 型）的界面

在 yw _ FIS 的“FIS 编辑器”界面上，选择 View| Rules，则弹出图 5－43 所示的“Rule Viewer：yw _ FIS”。对此界面简单介绍如下。

① 界面上部设有四个菜单：File（文件）、Edit（编辑）、View（视窗）和 Options（选项），它们及其子菜单比较简单，几乎跟 FIS 编辑器的一样，多用于调出其他编辑器或观测窗，在此不再重复介绍。

② 界面上主要部分是“变量图框区”，最多可显示 90 个小图框。小图框显示出覆盖输

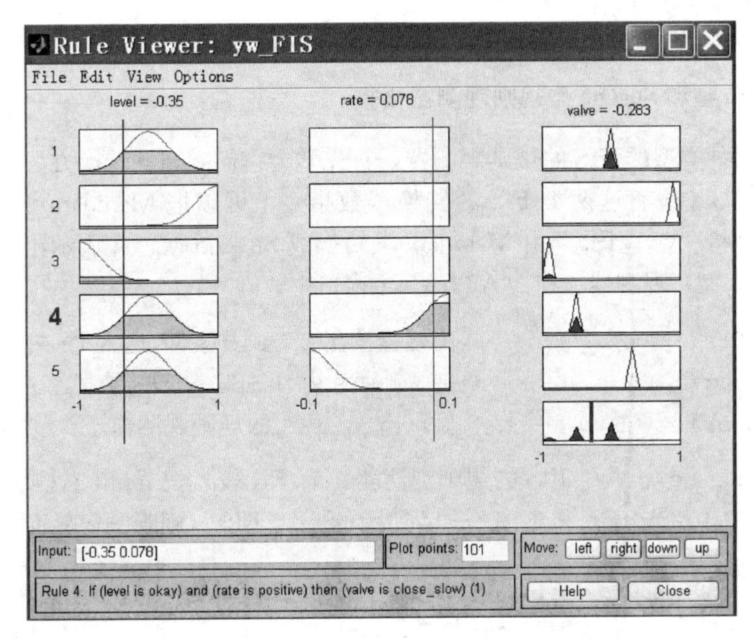

图 5-43　yw _ FIS 规则观测窗界面（Mamdani 型）

入量、输出量的模糊子集，并显示有模糊子集的隶属函数图线。图 5-43 界面上有（5+1）行、3 列，共计 16 个小图框。界面最下一行为“状态行”，刚打开时写着：“Opened system yw _ FIS，5 rules（打开的系统 yw _ FIS，5 条规则）”。

每行小图框代表一条模糊规则，每行图框左侧的数字表示该规则的序号。单击某个序号，使它变粗、变红，则界面下边的“状态栏”内就显示该条规则的内容。图 5-43 界面上序号“4”变粗、变红，“状态栏”显示出第 4 条模糊规则：“Rule 4. If（level is okay）and（rate is positive）then（valve is close _ slow）（1）”。

“变量图框区”最后一行只有右下角有一个输出量小图框，它代表各条规则所得结论经“综合”后的总输出：三角形是每条规则最终输出的模糊子集隶属函数；红线是“清晰化”后的输出结果。

每列小图框上边显示出变量名称和它的即时取值，图 5-43 上为：level=－0.35，rate=0.078，valve=－0.283。每列的所有小图框中，列出了覆盖变量的全部模糊子集。

最右边一列小图框上边 valve=－0.283 是各条规则结论“综合”和“清晰化”后的最终结果。小图框代表覆盖输出变量的模糊子集（多输出系统则不止一列），是各条规则的结论。

“变量图框区”中有两条贯穿各列的红色竖线——游标，其位置分别为两个输入量的实时取值。点住并拖动游标，使输入量发生变化，界面上与其对应的数据则发生相应变化。

③ 界面下边“input”右侧的编辑框内，显示的是输入向量，两个分量的数值依顺序分别为第一、二个输入量的即时值。当红色游标线移动时，input 右侧编辑框中的数字随之发生相应变化；反之，若改变编辑框内的数字，回车后游标线也会发生相应变动。

输入量发生变化后，最右一列小图标中的图线跟着变化，表明每条规则结论的变化。

④“变量图框区”右下角的小图框，显示出各条规则输出模糊子集被“综合”后的结果，框中的红线，表示“综合”结果被“清晰化”后的最终加权输出数值。

⑤“状态行”上边一行右侧，设有四个功能按钮：“left（左）”“right（右）”“down

(下)”“up (上)”，单击它们可以使“变量图框区”整体向左、右、上、下移动。

2. Mamdani 型和 Sugeno 型规则观测器比较

为了比较两种类型的 FIS 的规则观测器，首先学会它们之间的转换方法。

在 MATLAB 中设有这两类 FIS 的转换函数指令，可以把 Mamdani 型转换成 Sugeno 型。用下述指令将“yw _ FIS”由 Mamdani 型转换成 Sugeno 型，并显示出“yw _ FIS”控制规则（Sugeno 型）观测器。在 MATLAB 主窗口中，键入：

```
aa= readfis('yw_FIS');      % 由磁盘读出 yw_FIS 文件,送入 FIS 的“工作空间”
ab= mam2sug(aa);            % 把 yw_FIS 由 Mamdani 型转换成 Sugeno 型
ruleview(ab)                % 显示出 yw_FIS 的规则观测窗
```

于是得出 Sugeno 型 yw _ FIS 的规则观测器。为了比较，把 input 右侧编辑框中数据调整为：[−0.35 0.078]，于是得出图 5-44 所示的 yw _ FIS 规则观测窗界面（Sugeno 型）。

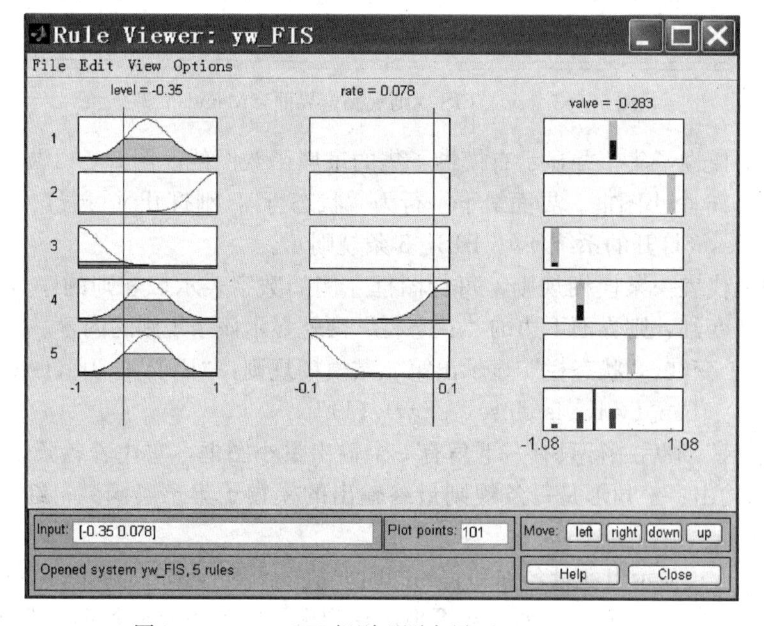

图 5-44 yw _ FIS 规则观测窗界面（Sugeno 型）

通过 mam2sug 指令转换成的是零阶 Sugeno 型 FIS，其输出量为常数值，取自 Mamdani 型输出量隶属函数的“核”。这个转换成的 Sugeno 型 FIS，其模糊控制规则依然是：

① If (level is okay) then (valve is no _ change)；

② If (level is low) then (valve is open _ fast)；

…………

但是，其中输出量 no _ change、open _ fast……已不再表示模糊子集，而是代表某个清晰数值，它是 Mamdani 推理输出模糊子集隶属函数“核”的取值。

由界面可知，它是双输入、单输出 Sugeno 型 FIS，有五条模糊规则。比较图 5-43 和图 5-44 界面可知，Mamdani 型和 Sugeno 型的规则观测器差异主要在于输出变量的小图框。由于 Sugeno 型 FIS 输出量不是模糊子集，因此它的 FIS 规则观测器最后一列小图框内显示的不再是模糊子集，而是用竖线表示的清晰数值。

例 5-3　用模糊规则观测器，观察 yw_FIS（Mamdani 型）模糊逻辑区内的有关算法改变时，输出量的变化情况。

解　在 MATLAB 主窗口键入 Fuzzy yw_FIS，回车得出如图 5-42 所示的 yw_FIS 编辑器界面。可以看出，它的模糊逻辑算法区内有五项可选内容。不过，因为 yw_FIS 中两个输入模糊命题间取“and”，因此不用选“Or method”的算法。又因各条规则输出模糊子集互不接触，也不用选“Aggregation”。下面对另外三项“Add method”“Implication”“Defuzzification”的具体算法进行变换，观察对输出结果的影响。

① 在 yw_FIS 编辑器界面上，将 Add method、Implication 和 Defuzzification 三项调整成表 5-23 所列的算法，在“模糊规则观测窗”上观察输出量的变化。

表 5-23　模糊逻辑区算法组合 1

模糊逻辑选项	Add method	Implication	Defuzzificaton
选定算法	min	prod	centroid

在 yw_FIS 编辑器上调整完毕后，得出图 5-45 所示的模糊规则观测窗界面。

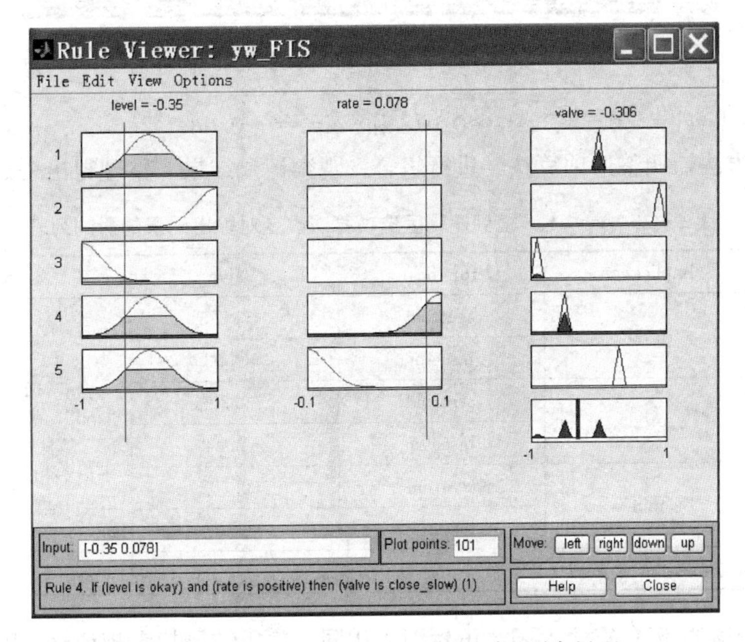

图 5-45　采用算法组合 1 时的规则观测窗界面

测试结果记录：level=－0.35、rate=0.078 和 valve=－0.306。

② 在 FIS 界面上，将 Add method、Implication 和 Defuzzification 三项调整成表 5-24 所列的算法，观察输出量。

表 5-24　模糊逻辑区算法组合 2

模糊逻辑选项	Add method	Implication	Defuzzification
选定算法	prod	prod	bisector

在 yw _ FIS 编辑器调整完毕后，得出图 5 - 46 所示的模糊规则观测窗界面。

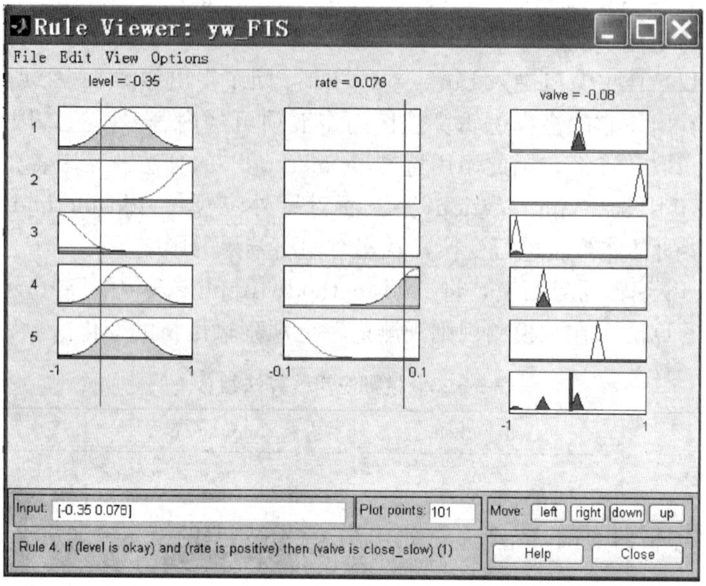

图 5 - 46　采用算法组合 2 时的规则观测窗界面

结果记录：level=－0.35、rate=0.078 和 valve=－0.08。

按照上述方法，调整选项算法、进行组合，观察记录结果，整理得出表 5 - 25。

表 5 - 25　yw _ FIS 模糊逻辑区选项算法改变对输出结果的影响列表

Add method	Implication	Defuzzificaton	Valve	备　注
prod	prod	centroid	－0.283	yw _ FIS 中两个输入量取“and”，故不用选“Or method”算法；各条规则输出模糊子集不相交，故不用选“Aggregation”算法
		bisector	－0.08	
min	prod	centroid	－0.306	
		bisector	－0.44	
prod	min	centroid	－0.302	
		bisector	－0.08	
注：以上数据均是在输入量 level=－0.35、rate=0.078 时测得的				

可见，由于模糊逻辑算法不同，虽然输入相同，输出结果却大相径庭。因此，选择模糊逻辑算法是调整模糊控制器的手段之一。

例 5 - 4　在 yw _ FIS 界面上，改变涵盖输入量 level 模糊子集的隶属函数类型，在模糊规则观测器中观测输出量的变化。

解　在 MATLAB 主窗口，键入 Fuzzy yw _ FIS 回车，得出图 5 - 42 所示的 yw _ FIS 编辑器界面。在该界面上双击输入量 level 模框，弹出 yw _ FIS 的 MF 编辑器，如图 5 - 47 所示。

为使问题简化，每次只改变覆盖输入变量 level 中的一个模糊子集，其他模糊子集不变，例如只改变“high”的隶属函数类型，观测对输出结果的影响。

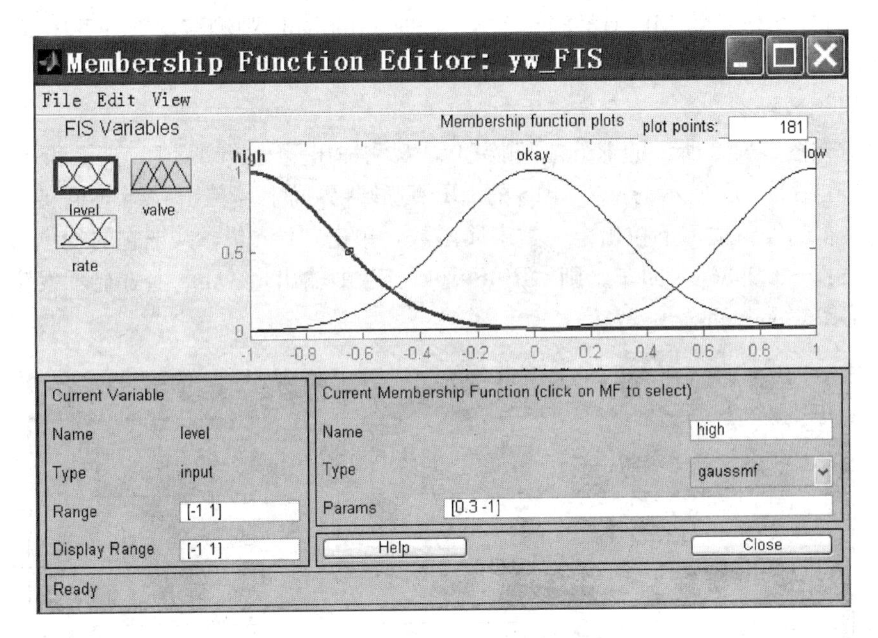

图 5-47　yw_FIS 的 MF 编辑器

为此，在图 5-47 所示的 yw_FIS 的 MF 编辑器界面上，单击“high”曲线使其变粗、变红。为了观察输出结果的变化，在该 MF 编辑器界面上，顺序单击菜单 View→Rules，弹出“模糊规则观测窗”，将该界面下部 Input 项右侧的编辑框内数字［0 0］，改成［−0.35 0.078］（以便跟前一试验对照），回车得出图 5-48 所示界面。

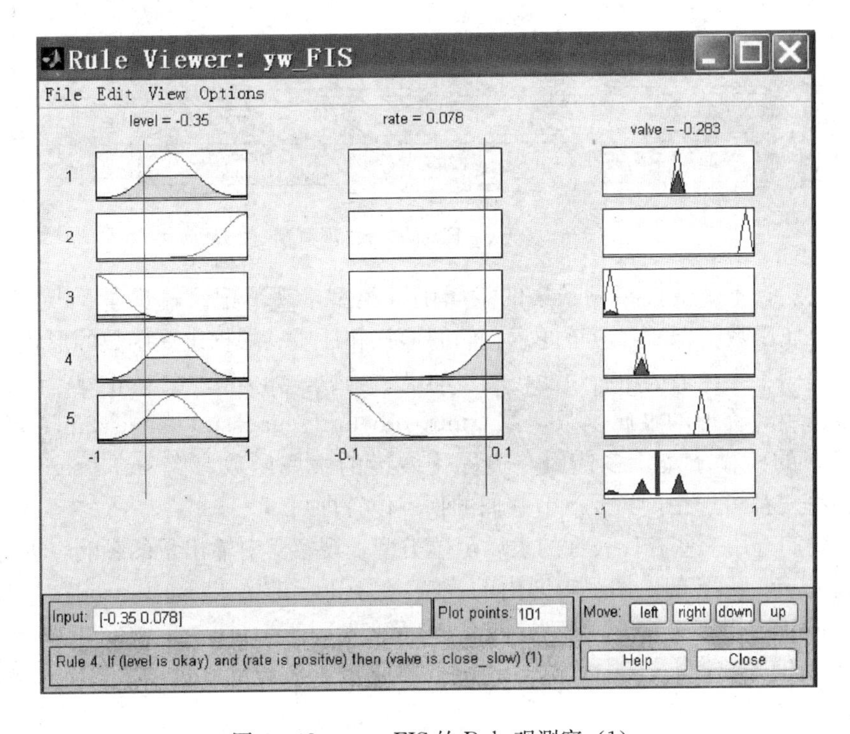

图 5-48　yw_FIS 的 Rule 观测窗（1）

利用图 5－47 所示的 MF 编辑器和图 5－48 所示的 Rule 观测窗，进行下述试验。

① 在图 5－47 所示的 yw _ FIS 的 MF 编辑器界面上，变换输入变量 level 的模糊子集“high”隶属函数类型。

② 同时在图 5－48 所示的 Rule 观测窗上，观测输出量 valve 取值的变化，并加以记录。

例如，在图 5－47 所示的 yw _ FIS 的 MF 编辑器界面上，单击“当前隶属函数区”下面“Type”右侧编辑框，下拉出十一类隶属函数，单击“trimf”，并把它的拐点参数调整为[－1.706 －1 －0.2936]，回车。则“Rule 观测窗”中输出量 valve 上方显示发生变化，如图 5－49 所示：“valve＝－0.273”。

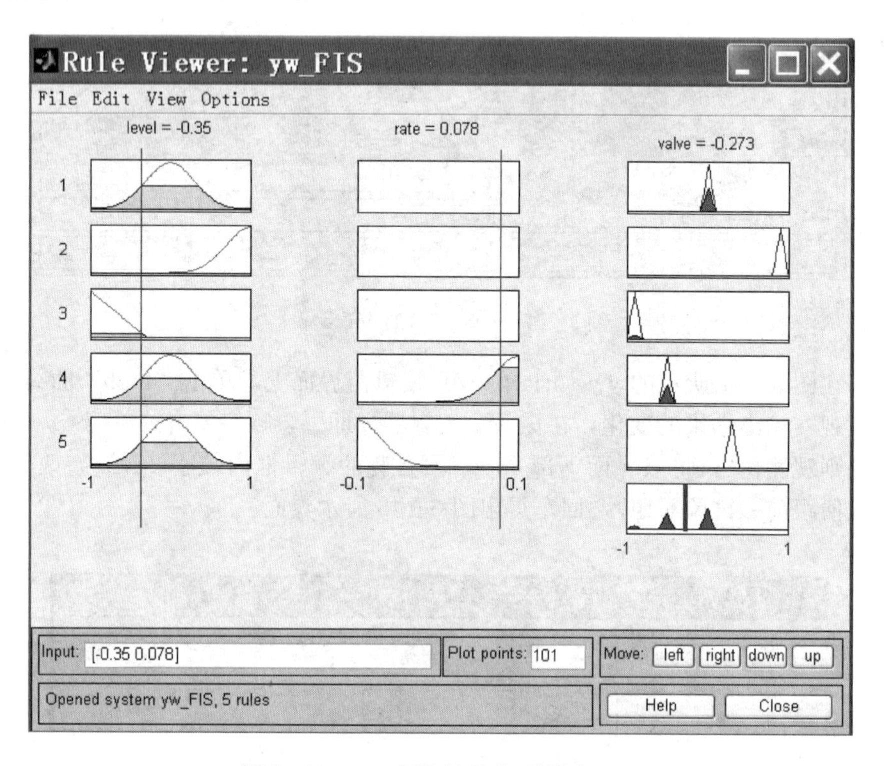

图 5－49　yw _ FIS 的 Rule 观测窗（2）

按上述方法，不断变换模糊子集的隶属函数类型，观测记录输出量 valve 的变化。不过，在选择隶属函数类型时，应该注意它们的形状和性质。根据隶属函数的形状可知，论域左边界处的模糊子集，多选用右边变化缓慢的隶属函数，如 zmf、dsigmf 型；论域中间的模糊子集，多选用对称形的隶属函数，像 trimf、gbellmf、gaussmf、gauss2mf、pimf 型；而论域右边界处的模糊子集，多选用左边界化缓慢的隶属函数，像 smf、sigmf 型。trimf、trapmf 型在哪里都可选用，只要调节它们的拐点位置即可。

据此，我们选用一些有代表性的隶属函数类型，观察其对输出量的影响，进行如下的观测。首先选定 yw _ FIS 的模糊逻辑区内的算法：“Add method”选用 prod；“Implication”选用 prod；“Defuzzification”选用 centroid。输入变量固定为：level＝－0.35，rate＝0.078。

① 仅变换输入变量 level 中模糊子集 high 的隶属函数类型（见图 5－47），测试得出的数据列在表 5－26 中。

表5-26 yw _ FIS输入量level模糊子集high隶属函数类型对输出结果的影响

两个固定不变的模糊子集			high 函数类型	拐点参数	输出量 valve
okay 函数类型及参数	gaussmf	[0.3 0]	trimf	[−1.6 −1 −0.3]	−0.267
			zmf	[−0.9 −0.4]	−0.217
low 函数类型及参数	gaussmf	[0.3 1]	dsigmf	[6 −0.9 5.5 0.1]	0.558
			trapmf	[−1.5 −1.1 −0.9 −0.3]	−0.275

② 仅变换输入量level模糊子集okay的隶属函数类型（见图5-47），得出表5-27。

表5-27 yw _ FIS输入量level模糊子集okay隶属函数类型对输出结果的影响

两个固定不变的模糊子集			okay 函数类型	拐点参数	valve
high 函数类型及参数	gaussmf	[0.3 −1]	trimf	[−0.7 0 0.7]	−0.283
			gaussmf	[0.3 0]	−0.283
low 函数类型及参数	gaussmf	[0.3 1]	gbellmf	[0.2 5 0.001]	0.857
			trapmf	[−0.5 −0.15 0.15 0.5]	−0.293

③ 仅变换输入量level模糊子集low的隶属函数类型（见图5-47），得出表5-28。

表5-28 yw _ FIS输入量level模糊子集low隶属函数类型对输出结果的影响

两个固定不变的模糊子集			low 函数类型	拐点参数	valve
high 函数类型及参数	gaussmf	[0.3 −1]	trimf	[0.3 1 1.7]	−0.283
			smf	[0.4 0.9]	−0.283
okay 函数类型及参数	gaussmf	[0.3 0]	sigmf	[5 0.4]	−0.256
			trapmf	[−0.04 0.8 1 3]	−0.283

注：low的隶属函数类型对valve影响很小，是因为level=−0.38、rate=0.078都远离模糊子集low

例题5-3和例5-4表明，在模糊规则确定的前提下，仅仅调节模糊控制器的“模糊逻辑算法”或改变覆盖输入量模糊子集的“隶属函数类型及其参数”，都会影响输出结果。例题中这些“调节”或“改变”都是在固定许多条件下，变动单一因素测试的，虽较为简单，但可以提供方向性的指导意见。实际工作中往往是综合的、多因素的，“调节”和“改变”工作更为繁杂。这类大量的、繁杂的、简单重复性工作，正是处理实际生产问题中经常遇到的具体问题，是需要我们花大量精力解决的“控制器校正综合”任务。

5.2.6 FIS输出量曲面观测窗

规则观测窗中看到的是“平面”效果，只能看到对应于每组输入量的输出值。GUI设置的输出量曲面观测窗则是“立体”的，用一个“空间”曲面把整个论域上输出量与输入量间的函数关系都显示了出来。如果系统是二维的，输出变量$u=f(e, ec)$，e和ec是输入变量，可以表示成三维曲线（空间曲面）。

无论在GUI五个界面中的哪个界面上，只要选择View|Surface，都会弹出FIS输出量曲面观测窗。

图5-50就是在yw _ FIS的GUI一个界面上操作得出的yw _ FIS输出量曲面观测窗。

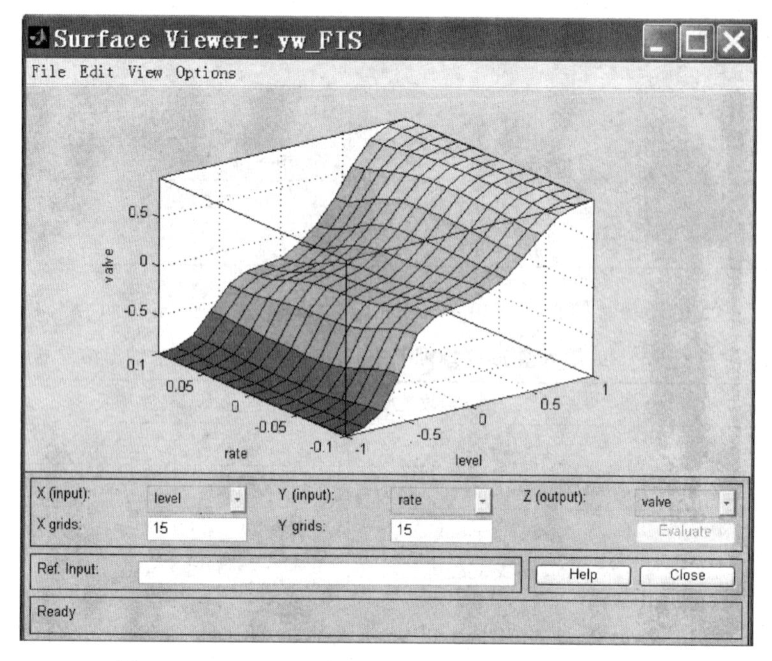

图 5-50 yw_FIS 输出量曲面观测窗（Mamdani 型）

两个横轴分别表示输入量 level 和 rate，纵轴表示输出量 valve=f(level，rate)，即输出量跟输入量的关系曲面。空间曲面的光滑表明输出近乎连续，这正是模糊控制的特点之一。

1. 输出量曲面观测窗界面简介

整个界面分菜单条、函数曲面显示区、坐标区和状态栏几部分，下面分别予以介绍。

1）菜单条

设有四个主菜单：File（文件）、Edit（编辑）、View（视窗）和 Options（选项），前三个主菜单与 Rule 观测窗的内容、用法完全一样。主菜单 Options 之下有两个子菜单：Plot（画图）和 Color Map（填色），其下属的子菜单都是关于绘图的，把它们都列于表 5-29。

表 5-29 Surface Viewer 主菜单 Options 下子菜单功能表

子菜单名称	下一级子菜单名称	意　义	下一级子菜单名称	意　义
Plot	Surface	曲面图	Y Mesh	Y 轴网眼曲面图
	Lit Surface	光照曲面图	Contour	等高线图
	Mesh	网眼曲面图	Pseudo-Color	伪彩图
	X Mesh	X 轴网眼曲面图	Quiver	颤抖图
Color Map	Default	默认色	Blue	蓝色图
	Hot	温热色	HSV	饱和色图

2）函数曲面显示区

显示输出量跟输入变量之间的关系曲面，通常是一个三维空间曲面，图 5-50 为 valve=f(level，rate)的曲面。如果输入变量多于两个，则只能把两个之外的变量取成定值，显示在界面下部的 Ref. Input 右侧编辑框内。

可以点住函数曲面显示区中图形的任何部位，拖动曲面图形任意旋转，使图形显示出不同的侧面，以便从不同角度进行观察。

3）坐标区

函数曲面显示区下面，设有坐标区。第一行显示图形的 X、Y、Z 三个坐标轴代表的变量。单击它们右侧编辑框中的 ，可以从下拉出的变量名称中进行选编。

X（input）的编辑框内，有两项可选内容：level 和 rate，即可以用 X 轴表示 level 或 rate。Y（input）编辑框内也有两项可选内容：rate 和-none-，当选择“-none-”时，表示暂不考虑 Y（input）变量对输出量 valve 的影响，函数图形区内显示曲线，而不是曲面。

在设置新的输入变量后，可单击界面下部按钮“Evaluate”，计算并绘出新图形。

坐标区第二行显示的“X grids（X 网格）”和“Y grids（Y 网格）”，其右侧的编辑框中可写入 3～100 之间的数字，表示函数曲面区中图形的网线数目，数值越大，曲面图的网眼越小，图形越细腻。

由于图形函数区最多显示两个输入变量，当系统的输入变量多于两个时，Ref. Input（参量输入）右侧的编辑框内，可设置其他未显示输入变量所取的定值。

4）状态栏

界面最下一行的状态栏，用于显示刚才进行过的操作。

2. 利用输出量曲面观测窗进行分析研究

利用输出量曲面观测窗，可以进行一些分析研究工作。例如，观察输出量曲面是否光滑，有利于改进模糊控制器的设计工作。又如，可以分别研究每个输入量对输出量的影响，分析其作用，改变输入量的大小，改进设计。

又如，想研究输入量 level 对输出量的影响，即分析函数关系 valve=F(level) 的变化规律，可在 X(input) 编辑框内选 level，在 Y(input) 编辑框内选-none-，就得出 valve=F(level) 关系曲线，如图 5-51 所示。

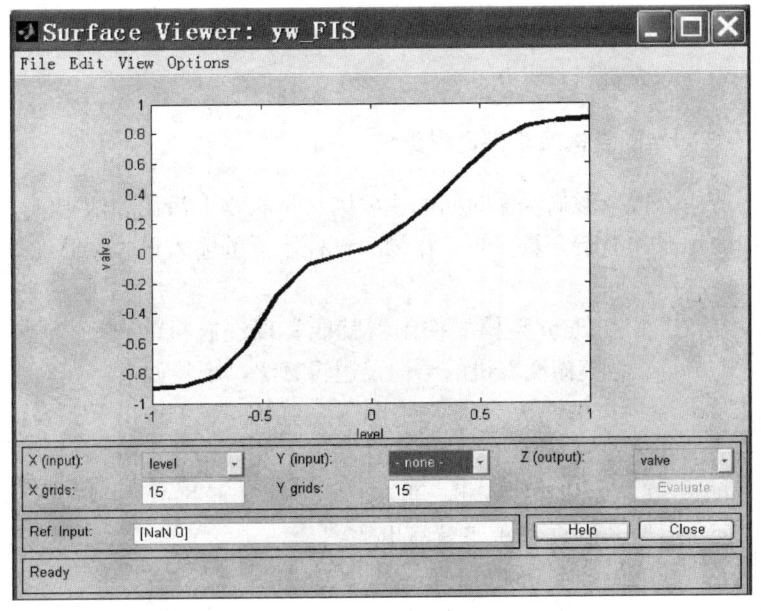

图 5-51　yw _ FIS 中 valve=F(level) 关系曲线

再如，想研究输入量 rate 对输出量 valve 的影响，即分析函数关系 valve=F(rate) 的变化规律，可以在 X(input) 编辑框内选 rate，Y(input) 编辑框能选-none-，回车得出valve=F(rate) 关系曲线，如图 5-52 所示。可见，随着 rate 的增大，valve 逐渐变小。

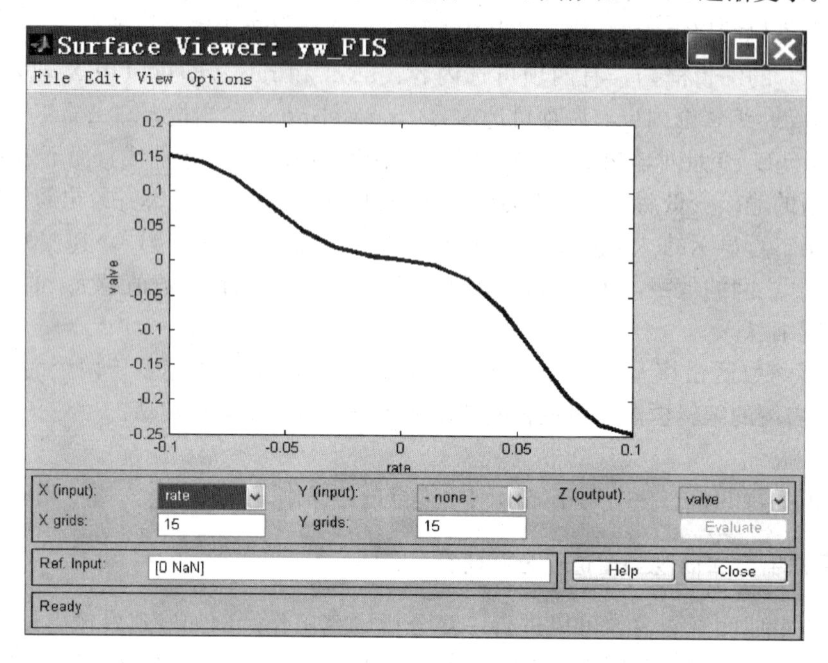

图 5-52 yw _ FIS 中 valve=F(rate) 关系曲线

由于 Sugeno 型模糊推理输出量观测窗，跟 Mamdani 型没太大区别，不再另作介绍。

5.2.7 用 GUI 设计 Mamdani 型模糊系统举例

4.2.5 节曾经介绍过模糊洗衣机的工作原理，而且从理论上进行过分析和设计。现在用 MATLAB 中的 GUI 对它进行设计仿真。

1. 选择模糊控制器的结构及模糊逻辑算法

根据 4.2.5 节的分析，影响洗涤时间的主要因素是衣物上污泥和油脂的多少。我们把测得衣物洗涤液中的污泥和油脂含量多少，作为模糊控制器的输入量，据此经过近似推理，得到一个输出量——洗涤时间。

可见，用一个二维 Mamdani 型模糊控制器就能实现洗衣机的自动控制。用 MATLAB 中的 GUI 设计 Mamdani 型模糊洗衣机的结构及逻辑算法，步骤如下。

① 在 MATLAB 主窗口中键入 Fuzzy 回车，得到单输入-单输出 FIS 编辑器界面。

② 选择 Edit|Add variable...|Input，增加一个输入量。

③ 单击 input1 模框，使其变红变粗，再在当前变量区下 Name 右侧编辑框内填入 “x”，覆盖掉 input1，回车后原 input1 模框下就显出 “x”。

同样方法把 input2 改为 “y”；把 output1 改为 “t”。

④ 选择 File|Export|To Disk ...，在弹出的 “Save FIS” 对话框下面 “文件 (N)” 右

侧编辑框内，填入“xiyiji”；再单击功能按钮“保存”。

于是得到如图 5－53 所示的双输入-单输出 FIS 编辑器界面：“FIS Editor：xiyiji”，并被保存。

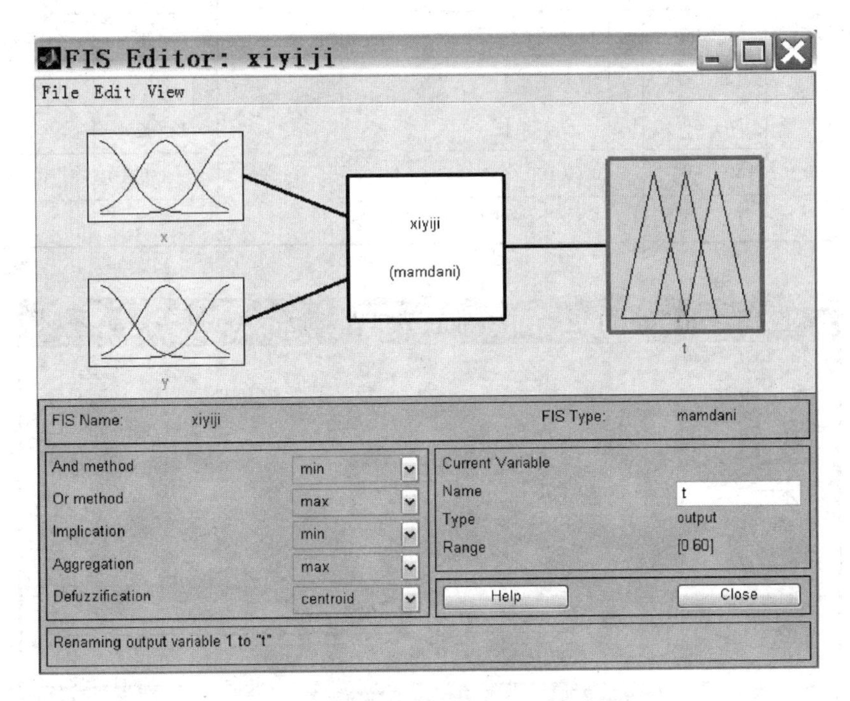

图 5－53　双输入-单输出 FIS 编辑器界面

在图 5－53 界面上，“模糊逻辑区”中显示出洗衣机 FIS 的模糊逻辑算法，把它们按表 5－30 中算法予以调整。

表 5－30　洗衣机 FIS 模糊逻辑选项及其算法

模糊逻辑项目	Add Method	Or Method	Implication	Aggregation	Defuzzification
模糊逻辑算法	min	max	min	max	mom

如果要更改模糊逻辑算法，就在模糊逻辑区上单击相应编辑框，从下拉菜单中重新选出新的算法。

2. 定义覆盖输入、输出变量的模糊子集

根据 4.2.5 节的分析，覆盖输入、输出变量的模糊子集及其分布都列在图 4－18、图 4－19 和图 4－20 中，并且也列出了这些模糊子集隶属函数表达式。为了使用方便，把它们综合归纳列于表 5－31 中。

在图 5－53 所示的“FIS Editor：xiyiji”界面上，双击模框索引区的 x 模框，弹出“MF Editor：xiyiji”界面。在该界面上，按照表 5－31 中所列的模糊子集论域、名称、参数，填入该编辑器，得出图 5－54 所示的“MF Editor：xiyiji”界面，它的图形函数区中显示的图线，与第 4 章中图 4－18 的完全一致。

表 5-31　模糊洗衣机输入量、输出量的模糊子集及其分布（三角形隶属函数）

输入量	论　域	模糊子集	隶属函数参数	输出量	论　域	模糊子集	隶属函数参数
污泥	[0 100]	*SD*（少）	[−50 0 50]	时间 *t*	[0 60]	*VS*（很短）	[−10 0 10]
		MD（中）	[0 50 100]			*S*（短）	[0 10 25]
		LD（多）	[50 100 150]			*M*（中等）	[10 25 40]
油脂	[0 100]	*NG*（少）	[−50 0 50]			*L*（长）	[25 40 60]
		MG（中）	[0 50 100]			*VL*（很长）	[40 60 80]
		LG（多）	[50 100 150]				

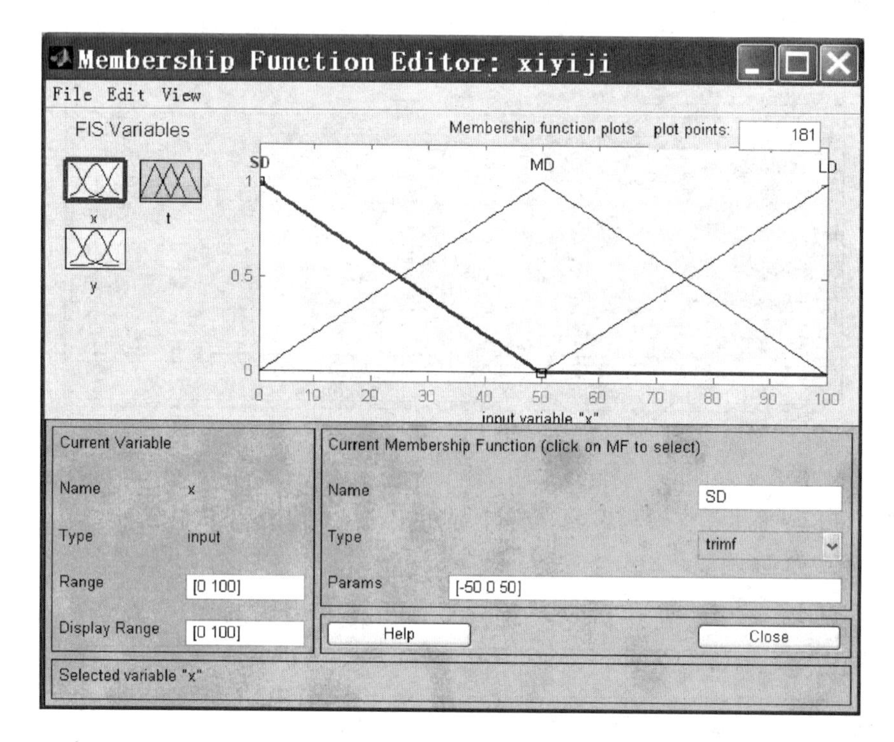

图 5-54　洗衣机 FIS 输入量 x 的 MF 编辑器

在图 5-54 界面上双击模框索引区的 y 模框，弹出“MF Editor：xiyiji”界面。按照表 5-31 中所列的模糊子集论域、名称、参数，填入该编辑器，得出图 5-55 所示的“MF Editor：xiyiji”界面，它的图形函数区中显示的图线，与第 4 章中图 4-19 的完全一致。

同样，在图 5-54 界面上双击模框索引区的 t 模框，弹出“MF Editor：xiyiji”界面。按照表 5-31 中所列的模糊子集论域、名称、参数，填入该编辑器，得出图 5-56 所示的“MF Editor：xiyiji”界面，它的图形函数区中显示的图线，与第 4 章中图 4-20 的完全一致。

于是，就完成了洗衣机 FIS 输入、输出变量的隶属函数编辑工作。

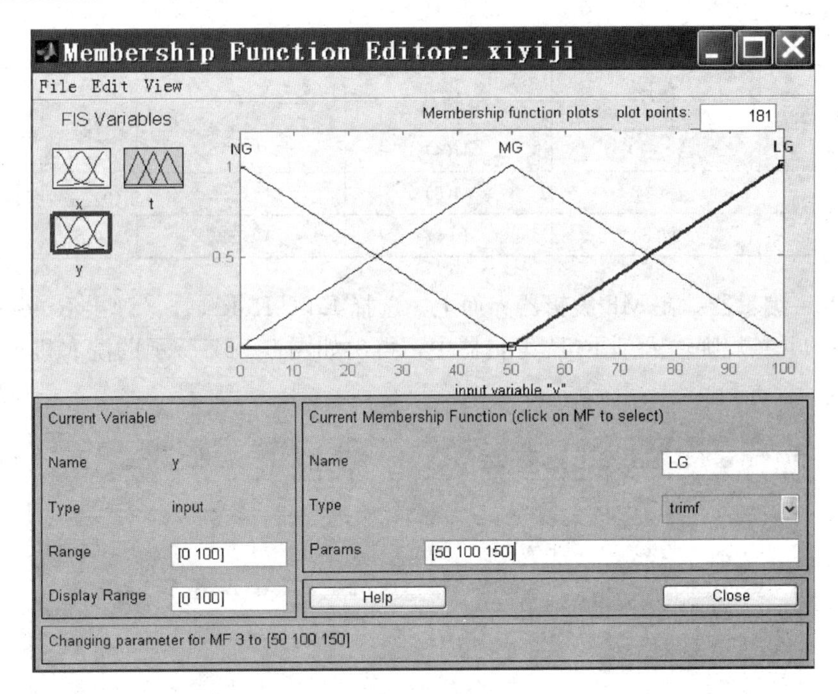

图 5-55 洗衣机 FIS 输入量 y 的 MF 编辑器

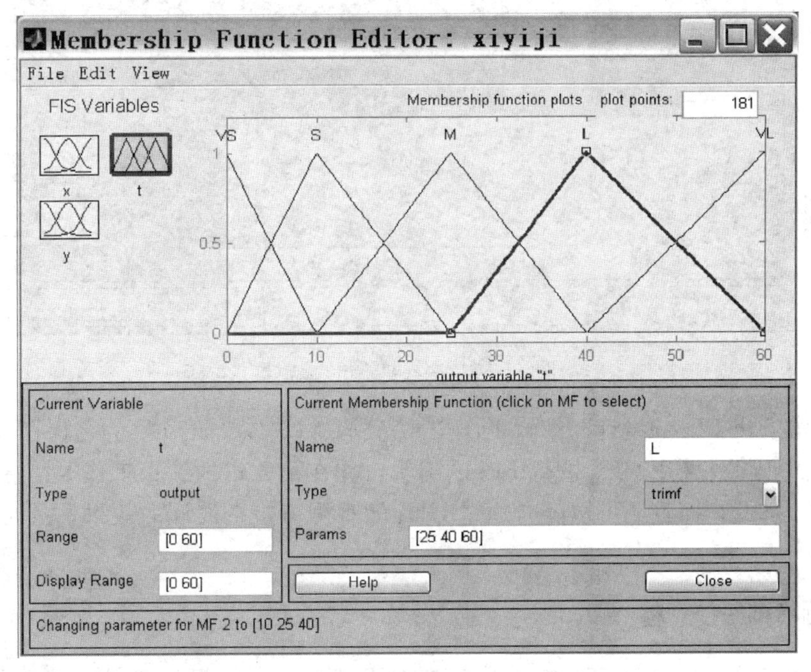

图 5-56 洗衣机 FIS 输出量 t 的 MF 编辑器

3. 编辑模糊控制规则

根据操作经验归纳总结出的语言控制规则，是 F 控制器的基础。在 4.2.5 节中表 4-11 已经列出了洗衣机的模糊控制规则，为了输入方便，将它移至此处，如表 5-32 所示。

表 5-32 模糊洗衣机的洗涤控制规则表

y / t / x	NG	MG	LG	注：
SD	VS(1)	M(4)	L(7)	表中的（1），（2），…，（9）是九条规则的序号
MD	S(2)	M(5)	L(8)	
LD	M(3)	L(6)	VL(9)	

调出 Rule 编辑器：在 MF 编辑器界面上，选择 Edit | Rules...，弹出 Rule 编辑器，把表 5-32 中的九条规则输入到 Rule 编辑器中，得出如图 5-57 所示的洗衣机 Rule 编辑器界面。

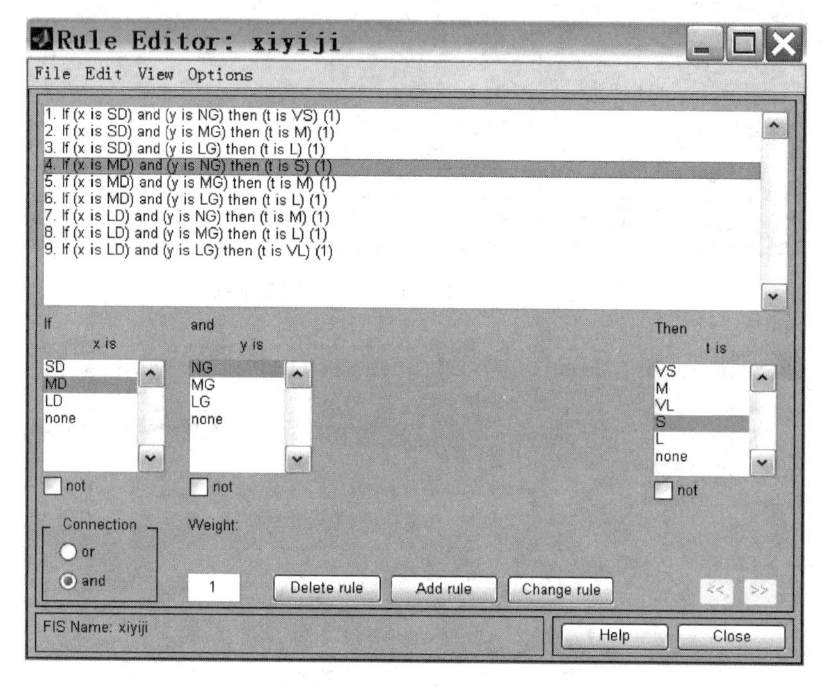

图 5-57 洗衣机 Rule 编辑器

至此，洗衣机 FIS 的设计、编辑工作全部完成，将它以"xiyiji"为名保存。

从编辑过程可见，用 GUI 进行 FIS 的编辑，比在第 4 章的编辑工作要简捷、容易、方便得多，不仅如此，而且还可以随时通过 GUI 的观测窗检查设计的效果，及时修正原定的设计方案。

4. 观测模糊推理过程

由于模糊推理过程集中显示在 Rule Viewer 界面上，为了观测需要打开 Rule Viewer 界面：在 xiyiji 的任何一个编辑器界面上，选择 View | Rules，则弹出"Rule Viewer：xiyiji"界面，如图 5-58 所示。

洗衣机 Rule 观测窗界面显示的内容表明，该 FIS 有两个输入变量 x 和 y，一个输出变量 t；有九条模糊控制规则；红色游标线的位置表明当前输入量 $x=60$，$y=70$；最右一列的输出变量图框显示出每条规则的结论，该列最上面显示出 $t=24.9$，正是右下角小图框中红

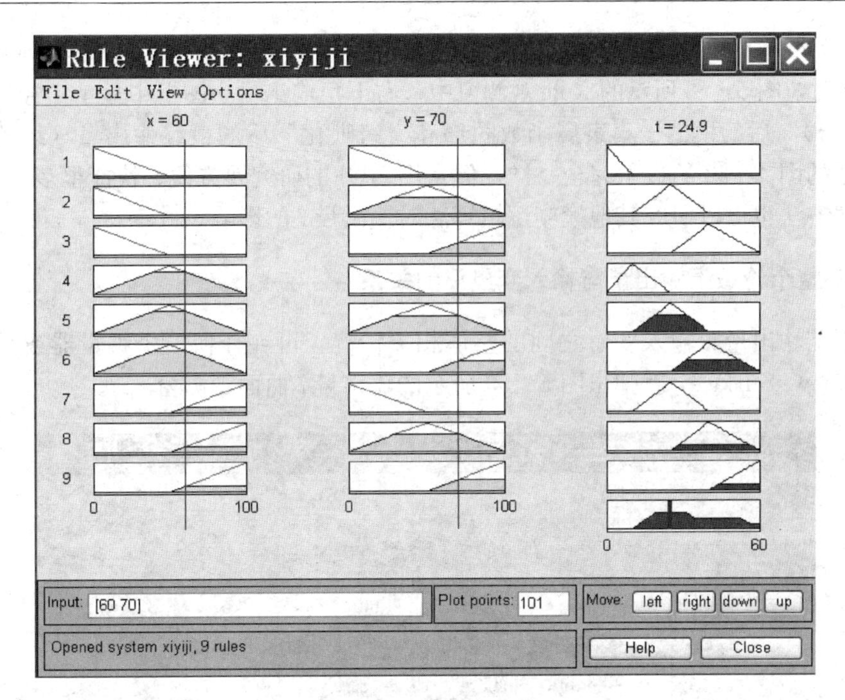

图 5-58　洗衣机 Rule 观测窗

色标杆所在的位置。

如果选择红色游标线，拖动它使其位置发生变化，则输出量 t 的数值将随之发生变化。

可以在 FIS 编辑器中改变“模糊逻辑区”中的逻辑算法，回车后立即生效，Rule 观测窗上的图线将随之发生变化。

5. 观测清晰化方法对输出量的影响

FIS 编辑器和 Rule 观测窗是互相动态连接的，利用这种联动关系，在 FIS 编辑器中改变参数时，Rule 观测窗上的参数就会相应地发生变化，于是就可以观测清晰化方法对输出量的影响。据此原理，在图 5-53 所示的 FIS 编辑器上，模糊逻辑算法区内选项都按表 5-30 所列算法暂不变动，只改变“Defuzzification”算法，观测图 5-58 所示 Rule 观测窗上输出量 t 的变化，可以研究“Defuzzification”的算法对输出量的影响。

多次测试结果的记录列在表 5-33 中。

表 5-33　洗衣机 FIS 中不同“清晰化”方法下的输出变量 t

固定的模糊逻辑方法	Add method 选 min，Or method 选 max，Implication 选 min，Aggregation 选 max				
输入变量	$x=60$，$y=70$				
“清晰化”方法	centroid	bisector,	maxmum		
			mom	lom	som
输出变量 t	33.7	31.8	24.9	30.6	19.2

表 5-33 所列结果表明，仅仅改变“Defuzzification”的算法，对输出量 t 的影响还是很大的，t 可以在 19.2～33.7 内取值。

“Defuzzification” 的算法取 “mom” 时，得出 $t=24.9$。这跟 4.2.5 节中手工演算的结果完全一致。同时，图 5-58 所示的 Rule 观测窗中，右下角输出量小图框中显示出经过 “Aggregation（综合）” 后的模糊子集隶属函数图形和 “清晰化” 后的最终输出量（红色标杆线），都与第 4 章的图 4-22 的显示完全一样，但是用 GUI 的研究要方便、快捷很多。

用上述方法也可以研究其他模糊逻辑算法对输出量 t 的影响。

6. 观测整个论域上输出量与输入变量间的关系

为了观测输出量跟输入变量之间的整体相关情况，可在任何一个编辑器或观测窗界面上，选择 View|Surface，就弹出图 5-59 所示的输出量 t 曲面观测窗。

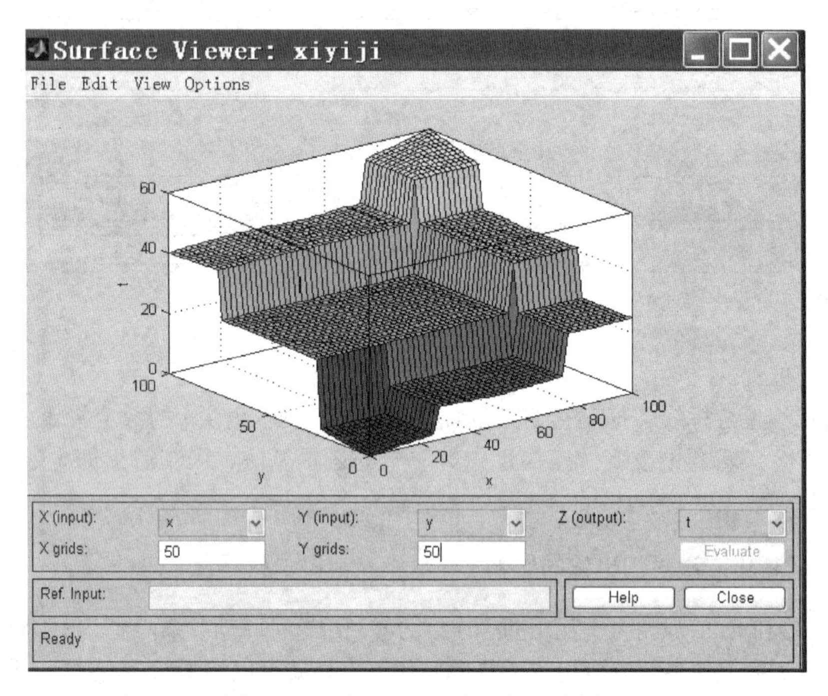

图 5-59　洗衣机 FIS 输出量 t 观测窗

可以看出，输出量 t 是两个输入量 x 和 y 的函数，即洗涤时间 t 是衣物污泥含量 x 和油脂含量 y 的函数 $t=f(x, y)$。

由于设置简单，曲面并不光滑，有许多值得改进的地方。

对模糊控制器的调试，是一件非常重要的工作，经常是把实际控制效果和这两个观测窗的图线结合起来进行分析、调试，以便改进控制器的设计参数。归纳这个例题可以得出进行模糊系统设计、仿真、调试的步骤大体如下：

① 总结出对被控系统的操作经验，归纳出模糊规则；

② 根据系统的输入-输出变量确定它的结构；

③ 明确输入、输出变量的论域，确定覆盖论域模糊子集数目及分布、每个模糊子集隶属函数的类型及参数；

④ 把根据操作经验归纳的模糊规则输入模糊规则编辑器；

⑤ 调出模糊规则观测器，调整模糊逻辑算法及有关参数，观测对输出量的影响，分析

模糊系统的性能，改进设计。

5.2.8　用 GUI 设计 Sugeno 型模糊系统举例

当一个系统的内部结构并不清楚，无法建立其数学模型时，如果它具有局部线性的特点并能进行分段描述，则可以用 T－S 型模糊模型予以描述。

假设有个双输入（x 和 y）、单输出（u）系统，根据它的大量输入、输出数据，经过分析辨识，已经得出描述它的四条模糊规则，表述为一个 T－S 型模糊模型：

R^1：if x is $x1$ then $u1=x+1$；

R^2：if x is $x2$ and y is $y1$ then $u2=-0.1x+4y+1.2$；

R^3：if x is $x2$ and y is $y2$ then $u3=0.9x+0.7y+9$；

R^4：if x is $x3$ and y is $y2$ then $u4=0.2x+0.1y+0.2$；

模糊规则中的变量 $x\in[3,18]$，$y\in[4,13]$；$x1$，$x2$，$x3$ 为涵盖输入量 x 论域的模糊子集，$y1$，$y2$ 为涵盖输入量 y 论域的模糊子集；这些模糊子集的隶属函数性质列在表 5－34 中。

表 5－34　Sugeno 型 FIS 中覆盖输入量模糊子集列表

输入量 x			输入量 y		
论域	模糊子集	隶属函数类型及拐点参数	论域	模糊子集	隶属函数类型及拐点参数
[3，18]	$x1$	三角形，[−3 3 9]	[4，13]	$y1$	三角形，[−3 4 13]
	$x2$	梯形，[3 9 11 18]		$y2$	三角形，[4 13 15]
	$x3$	三角形，[10 18 24]			

输出量 uk 是输入量的线性函数：$uk=f(xi,\ yj)$，$k=1,2,3,4$；$i=1,2,3$；$j=1,2$。现在利用 MATLAB 中的 GUI，对该系统进行设计和仿真。

1. 选择模糊系统的结构及逻辑算法

根据以上分析，描述该系统的是一个二维 Sugeno 模型。

在 MATLAB 主窗口键入 fuzzy 回车，弹出 Mamdani 型 FIS 编辑器。在其界面上选择 File | New FIS... | Sugeno，则弹出 Sugeno 型 FIS 编辑器。在 Sugeno 型 FIS 编辑器界面上，选择 Edit | Add Variable... | Input，就弹出二维 Sugeno 型 FIS 编辑器界面。在该界面上，进行如下操作。

① 单击输入量 input1 模框，把“Current Variable”下 Name 右侧编辑框内的名称改写成 x 并回车，则输入变量名称 input1 改成 x；

② 用同样方法把 input2 名称改为 y；

③ 用同样方法把 output1 名称改为 u；

④ 选择 File | Export | To Disk...，在弹出的“Save FIS”界面上“文件名”右侧的编辑框内填入“T_S0707”（可以用其他名称），再单击功能按钮“保存”。于是得出名称为“T_S0707”的 Sugeno 型 FIS 编辑器，如图 5－60 所示。

Sugeno 型 FIS 编辑器与 Madani 型的基本相同，主要功能也是用于设计模糊系统的结

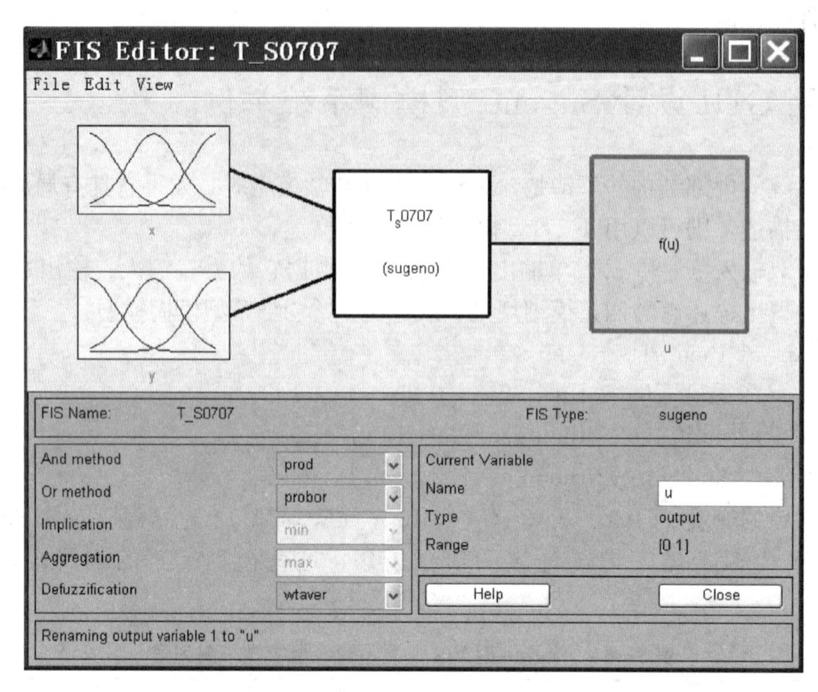

图 5－60　双输入、单输出 FIS 编辑器界面（Sugeno 型）

构、选定模糊逻辑算法和给输入量、输出量命名。界面有三个主菜单，即“File”“Edit”“View”；界面中部是显示输入量、输出量和模糊规则的模框区；界面下部左侧为“模糊逻辑算法区”，右侧为“当前变量区”。

Sugeno 型 FIS 编缉器界面和 Mamdani 型的主要不同有两点：

① Sugeno 型 FIS 编辑器中，主菜单 Edit 下的子菜单里，有一个“Anfis...（神经网络模糊推理系统)”，而 Mamdani 型里没有；

② Sugeno 型 FIS 编辑器中，“模糊逻辑区”内的 Implication 和 Aggregatoin 两项失去效用，因为它的输出不是模糊量。

2. 定义输入、输出变量的模糊子集

在图 5－60 所示 FIS 编辑器界面上，单击模框索引区的输入变量“x”模框，弹出 MF 编辑器界面。按照表 5－34 中所列的输入量 x 的论域、模糊子集名称、隶属函数类型和拐点参数，填入该编辑器，得出图 5－61 所示的输入量 x 的 MF 编辑器界面（Sugeno 型）。

在图 5－61 所示的 MF 编辑器上，单击模框索引区的输入量“y”模框，弹出输入量的 MF 编辑器界面。按照表 5－34 中所列的输入量 y 的论域、模糊子集名称、隶属函数类型、拐点参数填入该编辑器，得出图 5－62 所示的输入量 y 的 MF 编辑器（Sugeno 型）。

在图 5－62 所示的 MF 编辑器上，单击模框索引区的输出量“u”模框，弹出输出量的 MF 编辑器原始界面。按照题设的 $uk=f(xi, yj)$，$k=1, 2, 3, 4$；$i=1, 2, 3$；$j=1, 2$ 等题设条件，编辑输出函数数量、函数名称、类型和表达式，最后得出输出量 u 的 MF 编辑器界面如图 5－63 所示，编辑内容如下。

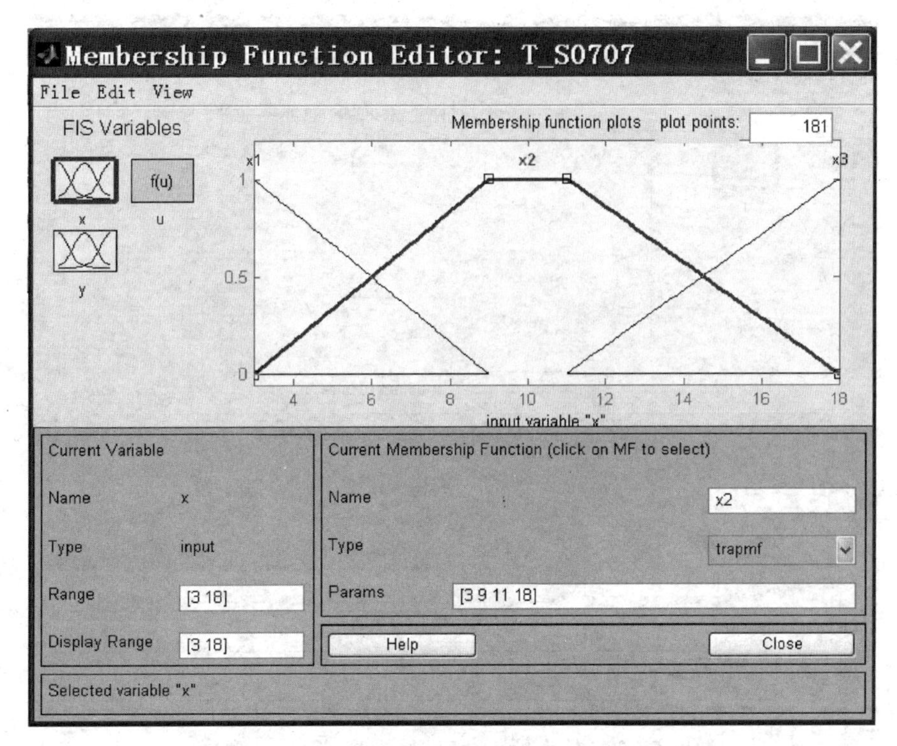

图 5-61 输入量 x 的 MF 编辑器（Sugeno 型）

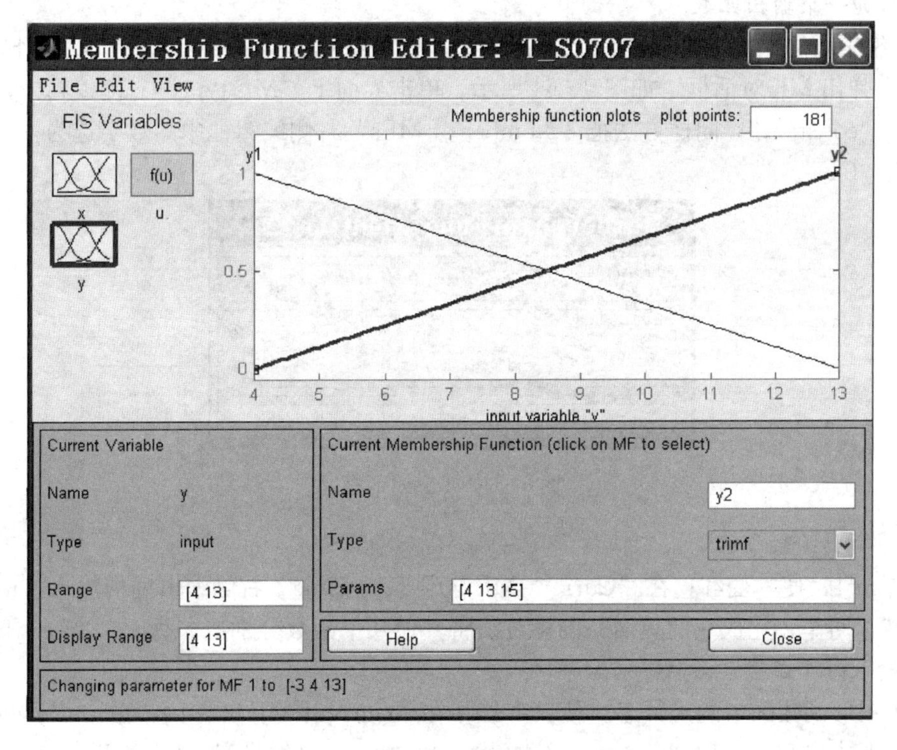

图 5-62 输入量 y 的 MF 编辑器（Sugeno 型）

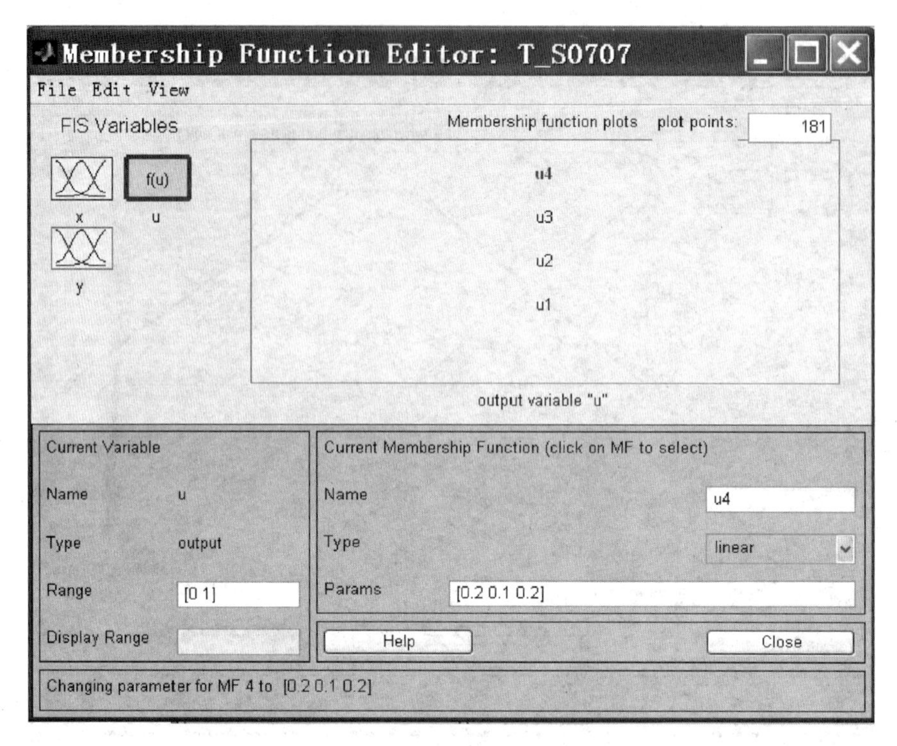

图 5-63 输出量 u 的 MF 编辑器（Sugeno 型）

1）增加一个输出函数

MF 编辑器原始界面上只有三个输出函数，因此在 MF 编辑器界面上，选择 Edit | Add MFs...，弹出 MF 对话框，如图 5-64 所示。单击界面上“MF type”右侧编辑框，选择函数类型为“constant”；同样方法把“Number of MFs”右侧编辑框中的数字选为“1”，单击功能按钮“OK”。

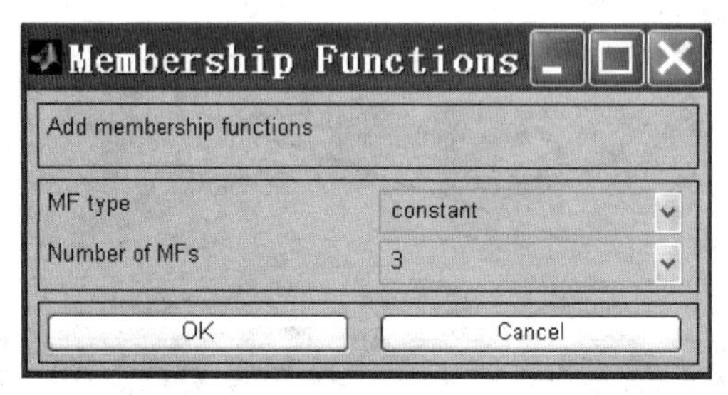

图 5-64 MF 对话框

2）为输出函数命名

单击 mf1，使其变红；在“Current MF 区”下“Name”右侧编辑框内填入“u1”覆盖掉“mf1”，回车，完成它的更名；同样方法将其他几个函数分别更名为 u2，u3，u4。

3）输入每个函数的参数

单击图形函数区中的函数名，使其变红；在“Current MF 区”内，单击“Type”右侧编辑框，下拉出两个选项“constant（常量）”和“linear（线性）”：零阶 T-S 选“常量”，在“Params”右侧的编辑框内填入一个常数；一阶 T-S 选“线性”，在“Params”右侧的编辑框内填入多项式系数向量；填完后回车。

然后，编辑输出量函数的参数。例如，欲输入模糊规则“R^4：if x is $x3$ and y is $y2$ then $u4=0.2x+0.1y+0.2$”中的输出量 $u4$，则先单击“图形函数区”内的 u4 使其变红，再选择 Type|linear；这时“params”右侧编辑框内已显示出 [0 0 0]，用“0.2 0.1 0.2”覆盖掉三个零，回车则编辑成功。同样的方法输入 u1=[1 0 1]，u2=[−0.1 4 1.2]，u3=[0.9 0.7 9]。

根据 Sugeno 型模糊推理性质，输出量的取值范围由 $uk=f(xi, yj)$ 确定，在“当前变量区”中 Range 无法预先规定，默认为 [0 1]。

3. 输入模糊控制规则

描述该系统的四条 T-S 模糊规则是 T-S 模糊系统的基础，现在把它们录入 Rule 编辑器。

首先调出 Rule 编辑器：在任何一个编辑器界面上，选择 Edit|Rules...，就弹出 Rule 编辑器。其中变量显示区里已经显示有覆盖输入量的模糊子集和输出量函数的名称。顺序单击输入变量、输出变量的模糊子集，再单击相应的编辑功能按钮，就可以把总结出的四条模糊规则输入到 Rule 编辑器中，编辑结果如图 5-65 所示。

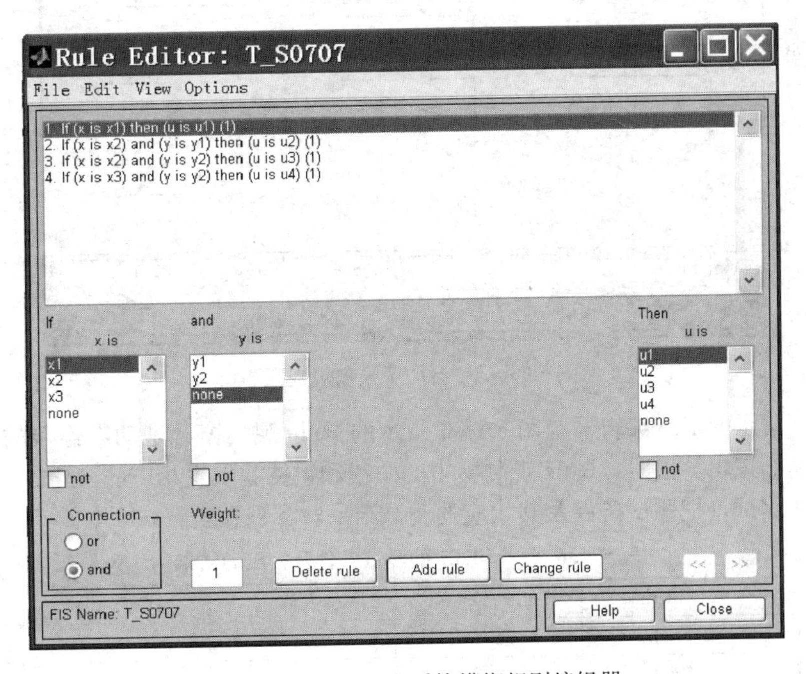

图 5-65　T_S0707 系统模糊规则编辑器

编辑完成后，在编辑器界面上，选择 File|Export|To Disk...，在弹出的保存对话框中，将编辑的全部内容依然保存在文件名“T_S0707”中。

4. 观测模糊推理过程

为了在观测过程中变换模糊逻辑算法，先调出 FIS 编辑器：在图 5-65 所示的 Rule 编辑器界面上，选择 Edit|FIS Properties...，弹出 FIS Editor：T_S0707 界面，如图 5-60 所示，所有模糊逻辑算法的变换，都在这个编辑窗中进行。

观测模糊推理过程时，首先要明确设置的前提条件，表 5-35 列出了该系统可选的各种模糊逻辑算法，可以根据需要从中选取。由表 5-35 可知，可选项目只有 “Add method” 和 “Defuzzification” 两项。

表 5-35　T_S0707 的模糊逻辑选项的各种算法

模糊逻辑项目	Add method			Or method	Defuzzification	
可选逻辑算法	min	prod	Custom	暂不选	wtsum	wtaver

为了观测模糊推理过程，打开 Rule Viewer 界面：在 GUI 的任何一个编辑器界面上，选择 View|Rules，则弹出 “Rule Viewer：T_S0707” 界面，如图 5-66 所示。

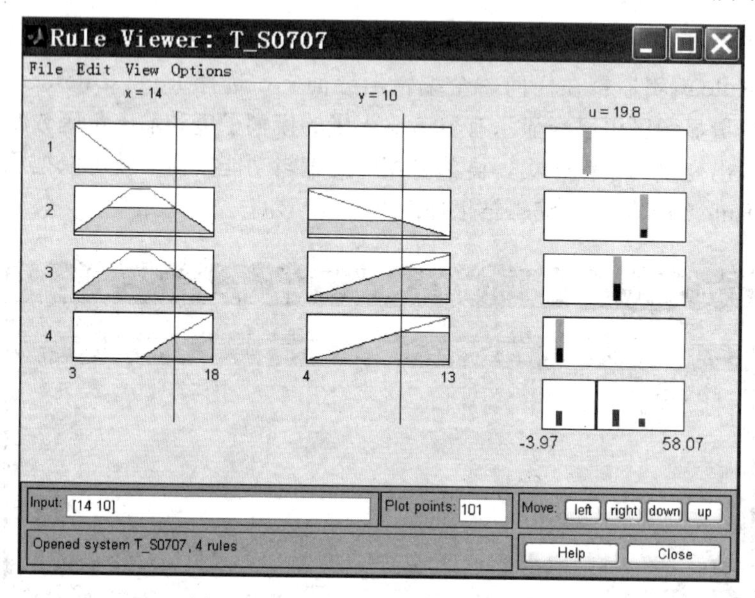

图 5-66　T_S0707 模糊规则观测窗

图 5-60 所示的 FIS 编辑器与图 5-66 所示的 Rule 观测窗，是动态连接的，在 FIS 编辑器中更改模糊逻辑算法时，Rule 观测窗中的图线和数据就发生相应的变化。

经过多次测试，把测试条件及其相应的测试结果，都列在表 5-36 中。

表 5-36　T_S0707 的测试条件及相应的结果

模糊逻辑项目	Add method	Defuzzification	输入量 x	输入量 y	输出量 u
算法组合（1）	prod	wtsum	14	10	19.8
算法组合（2）	prod	wtaver	14	10	21.9
算法组合（3）	min	wtsum	14	10	31.6
算法组合（4）	min	wtaver	14	10	22.6

从表 5-36 可知，在输入量相同的情况下，由于模糊逻辑算法的不同组合，输出的结果大不相同，这为调试系统提供了借鉴。

5. 观测整个论域上输出量与输入量间的关系

用模糊规则观测窗可以非常详细地了解某一时刻的推理过程，也可以看到该时刻输入量与输出量的关系，但是无法看出整个论域上输出量与输入变量之间关系的全貌。为了观测输出量与输入量之间的整体相关情况，则需要借助于输出量曲面观测窗。

在任何一个编辑器或观测窗界面上，选择 View|Surface，就能弹出输出量 t 曲面观测窗。若在图 5-66 所示的 Rule 观测窗中做上述操作，得出图 5-67。

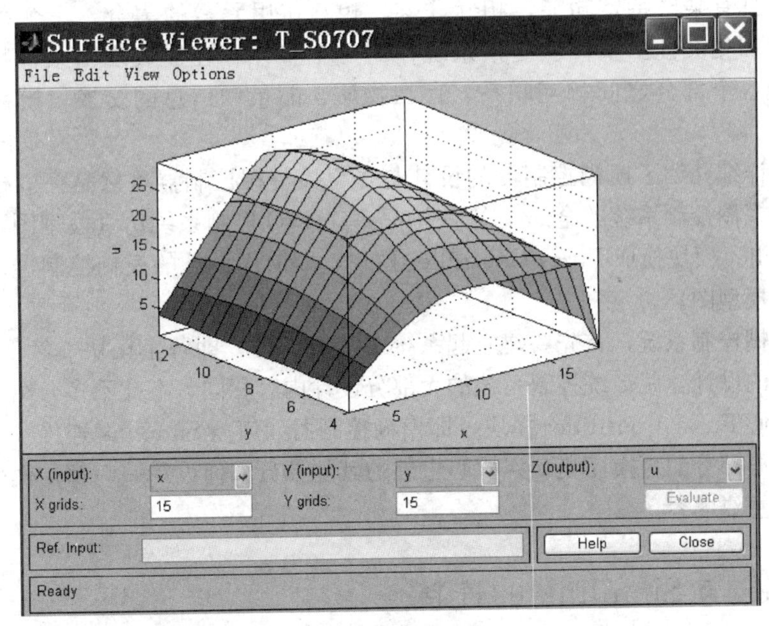

图 5-67　T_S0707FIS 输出量 $u=F(x, y)$ 曲面图

由曲面图可以看出，输出量 u 是两个输入量 x 和 y 的非线性函数 $u=F(x, y)$。曲面越是光滑、平缓，该系统的性能越好。

如果在图 5-67 界面上，单击 Y(input) 右侧编辑框，从下拉菜单中选择 “- none -”，则得出 $u=F(x)$ 关系曲线，如图 5-68 所示。

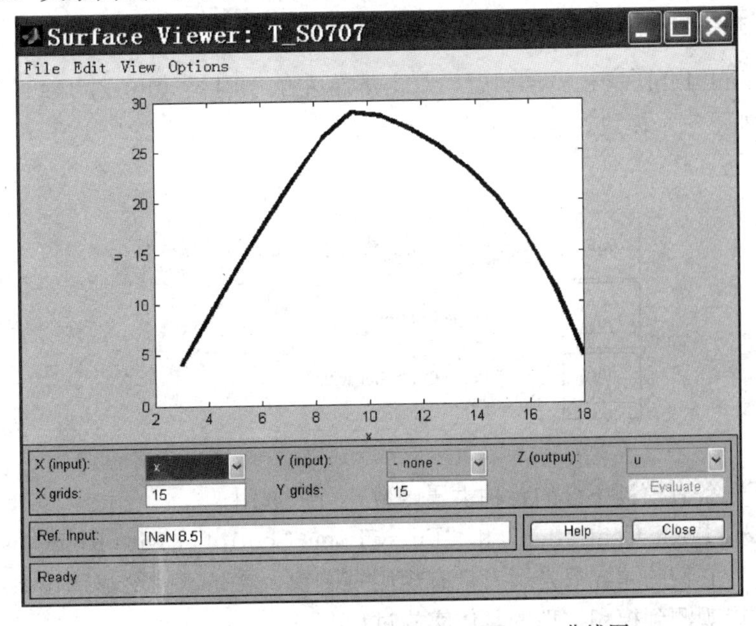

图 5-68　T_S0707FIS 输出量 $u=F(x)$ 曲线图

5.3 模糊控制系统的设计与仿真

系统是指具有某些特定功能，相互联系、相互作用元素的集合。一个系统具有两个特点：整体性和相关性。整体性是指系统作为一个整体存在而表现出某种特定功能；相关性是指系统各个部分之间相互联系，存在物质、能量和信息的交换，模糊控制系统也不例外。

前面已经详细介绍了模糊控制器的设计与仿真，模糊控制器虽然是模糊控制系统的核心，但并不是模糊控制系统的全部。图5-9是一个PID控制系统仿真模型图，如果把其中的PID Controller模块换成Fuzzy Controller模块，即前面设计的模糊控制器，就成了模糊控制系统仿真模型图。

要建立模糊控制系统，首先要建立起系统中的各部分，即各个模块，然后再连接它们。模糊控制系统的设计，跟传统控制系统的大部分设计内容相同，在此不多介绍。但是，模糊控制系统的核心Fuzzy Controller模块，即模糊控制器如何与Simulink连接，系统中其他部分如何随着核心部分的更换而变动，核心之外的其他部分如何设计……都是模糊控制系统设计、仿真中的主要内容。

5.3.1 FIS与Simulink的连接

模糊控制系统的设计与仿真，是以仿真模型图为基础的，仿真模型图由Simulink中的模块连接构成。在构成模糊控制系统仿真模型图时，必须要用“Fuzzy Logic Toolbox（模糊逻辑工具箱）”中的“Fuzzy Logic Controller（模糊逻辑控制器）”模块，下面先对它进行介绍。

1. 模糊逻辑工具箱简介

进入Simulink Library Browser后，双击屏幕左侧子目录“Fuzzy Logic Toolbox”，则其右侧显现出如下三个模块。

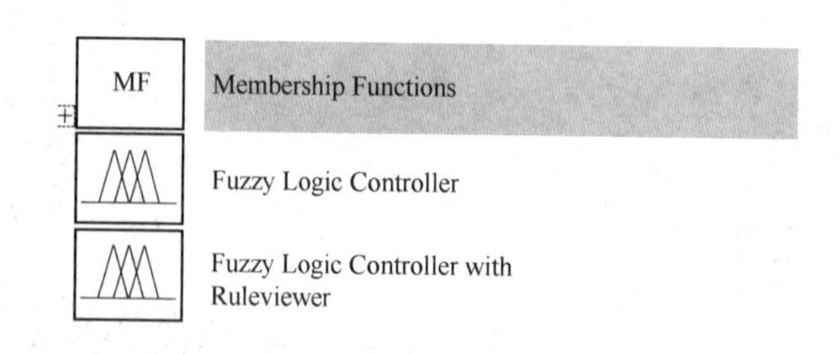

模块“MF”备有模糊集合的各种隶属函数，可供选用。

模块“Fuzzy Logic Controller”和“Fuzzy Logic Controller with Ruleviewer”都是“模糊逻辑控制器”，它们的差异只是后者带有规则观测窗，在仿真时会显示出系统的“模糊规则观测窗”，可以观测到模糊推理的具体实施过程。

把“Fuzzy Logic Controller”模块拖入“模型编辑器”；右击后会弹出一个菜单；单击弹出菜单中的“Look Under Mask”，就显现出它的内部结构，如图 5-69 所示。

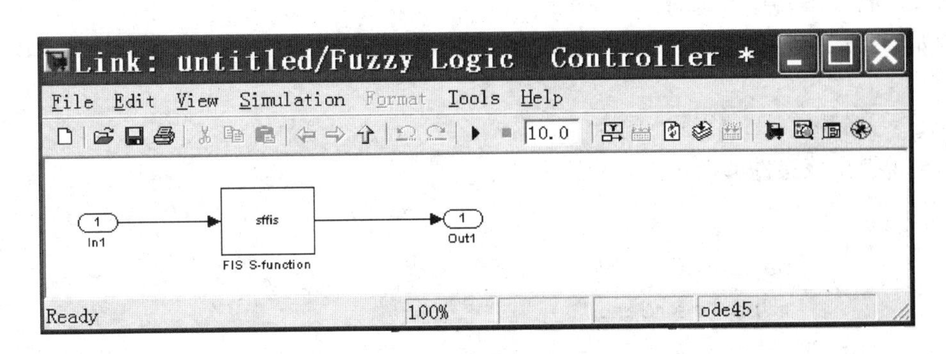

图 5-69　Fuzzy Logic Controller 内部组成

同样对“Fuzzy Logic Controller with Ruleviewer”模块进行上述操作，则得出其内部结构图 5-70，其上显示有模糊规则的动画（animation）模块。用右键单击图 5-70 界面上的“Fuzzy Logic Controller”模块，再单击弹出菜单中的“Look Under Mask”则得出一个与图 5-69 完全一样的结构图，其中也含有一个“FIS S-function”。两个模糊逻辑控制模块的 FIS S-function 模框中，现在都写着“sffis”，表明都未嵌入 FIS 结构文件。而 5.2 节用 GUI 编辑的 FIS 结构文件，只有嵌入“Fuzzy Logic Controller”模块中，才能与 Simulink 连接起来进行仿真。

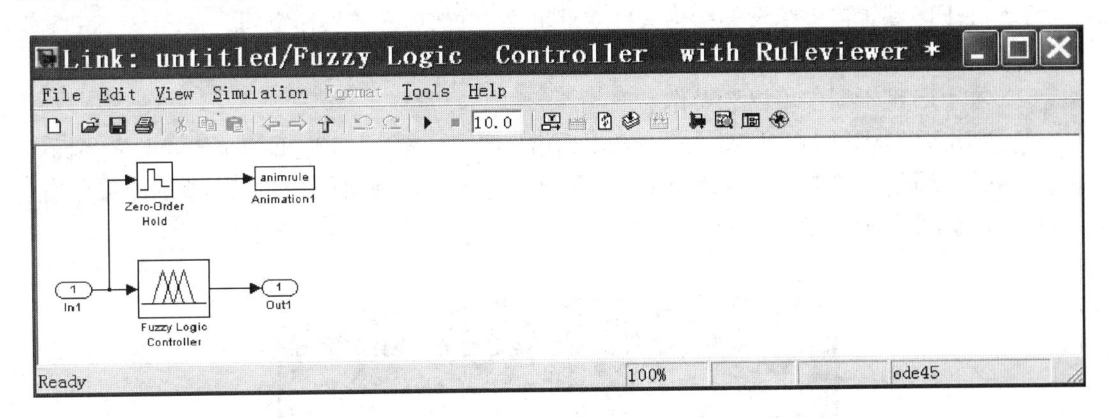

图 5-70　Fuzzy Logic Controller with Ruleviewer 内部组成

2. 把 FIS 嵌入模糊逻辑控制器的方法

在 GUI 的 FIS 编辑器中编辑的 FIS 结构文件，可以按下述步骤嵌入“Fuzzy Logic Controller”中。

1）把 FIS 结构文件送入工作空间

MATLAB 的“工作空间”就像演出用的大舞台，仿真前必须把各个模块送入其中。把 FIS 结构文件送入工作空间的方法有两种。

(1) 在 MATLAB 主窗口中用指令 readfis 实现

键入：

新文件名=readfis ('文件名') 回车

例如，要把编好并存盘的 FIS 结构文件“xiyiji”送入工作空间，就在 MATLAB 主窗口键入：

xiyiji=readfis ('xiyiji')

回车，得出该文件的结构列表：

```
xiyiji=
            name:'xiyiji'
            type:'mamdani'
       andMethod:'min'
        orMethod:'max'
    defuzzMethod:'centroid'
       impMethod:'min'
       aggMethod:'max'
           input: [1x2 struct]
          output: [1x1 struct]
            rule: [1x9 struct]
```

指令中赋值号“=”左边的“xiyiji”可以换用其他名称。

于是在 FIS 编辑器中编辑的结构文件“xiyiji”，就被送入“工作空间”。

也可以键入“xiyiji=readfis('xiyiji');”，由于句末有分号，回车不显示文件结构列表。

(2) 在 FIS 编辑器中用鼠标操作实现

① 在 MATLAB 主窗口，键入“fuzzy xiyiji”回车，得出“FIS Editor：xiyiji”界面。

② 在该界面上，选择 File|Export|To Workspace...，弹出如图 5-71 所示的保存当前 FIS 到工作空间的对话框。

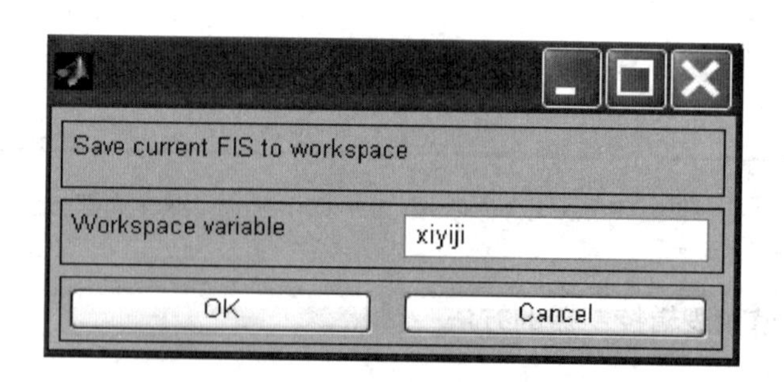

图 5-71　保存 FIS 到工作空间的对话框

③ 在对话框界面上“Workspace variable (工作空间变量)”右侧的编辑框内，填入文件名称，此处为“xiyiji”。

④ 单击对话框下的功能按钮“OK”，完成送入“工作空间”的操作。

2）把FIS结构文件嵌入Fuzzy Logic Controller模块

嵌入工作必须在“模型编辑器”中进行。

① 在编辑仿真模型图中，当用到“Fuzzy Logic Controller”模块时，首先从“Fuzzy Logic Toolbox”子库中把它拖入仿真模型编辑器界面上。

② 双击“模型编辑器”中的“Fuzzy Logic Controller”模块，弹出它的参数对话框，如图5-72所示。

图5-72 Fuzzy Logic Controller的参数对话框

③ 在“FIS file or structure:”下的编辑框内填入文件名“xiyiji”，再单击界面下边的功能按钮“OK”，即完成嵌入工作。

3）嵌入成功性的检查

嵌入成功与否关系到模糊逻辑工具箱中的模块与Simulink是否连接成功，可否进行仿真的问题，仿真前必须进行检查。检查连接成功与否的方法是：用鼠标右键单击模型编辑器中的Fuzzy Logic Controller模块，在弹出的菜单中单击Look Under Mask项，这时弹出检查嵌入对话框，如图5-73所示。

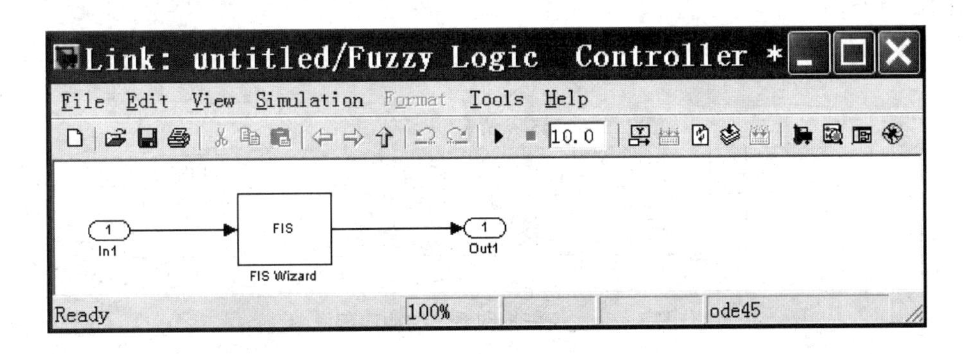

图5-73 检查嵌入对话框

对话框中“FIS Wizard”模框内写有“FIS”，表明FIS嵌入成功，并且已和Simulink成功连接；如果写着“sffis”则表示连接失败，需重新嵌入。

重新进行嵌入连接前，首先查看嵌入的结构文件（这里是“xiyiji”）是否已经送入“工作空间”；其次再检查嵌入连接的每个步骤是否正确。

把FIS结构文件嵌入“Fuzzy Logic Controller”模块，就表明已经建立的FIS结构文件与Simulink实现了连接，这个调入仿真模型图的“Fuzzy Logic Controller”模块，已经可以与其他模块连接进行仿真。

5.3.2　构建模糊控制系统的仿真模型图

与5.1.2节的构建仿真模型图方法类似，在Simulink中依据模糊系统的“原理图”，按下述步骤构建“仿真模型图”。

第一步：构建模糊控制器的FIS结构文件；

第二步：构建模糊控制系统的仿真模型图；

第三步：对系统进行仿真。

其中第一步在前面已经介绍过，只要在第二步中把FIS结构文件嵌入“模糊逻辑控制器”就行了。第二、第三步是本节的重点内容，但是由于它们的理论性内容不多，主要是实践操作方法问题，可以说是5.1.2节内容的具体应用，所以下面以“液位模糊控制系统”为例，通过建立它的仿真模型图，介绍构建模糊系统仿真模型图的方法。

例5-5　已知一个容器中液体的流出是随机变化的，无法建立它的数学模型。但是，通过人工控制进液阀门开度，却能调节容器中液位的高低，使液位保持恒定。根据人工操作经验，已经归纳总结出如下液位阀门操作规则：

① 如果液位偏低，则快开阀门；

② 如果液位正好，则阀门开度不变；

③ 如果液位偏高，则快关阀门；

④ 如果液位正好而进液流速慢，则慢开阀门；

⑤ 如果液位正好而进液流速快，则慢关阀门。

现在设计一个模糊系统，使容器中的液位保持恒定。为此，建立起该模糊系统的仿真模型图并进行仿真。

解　根据题设内容，可以用如图5-74所示的模糊控制系统结构完成自动控制任务。

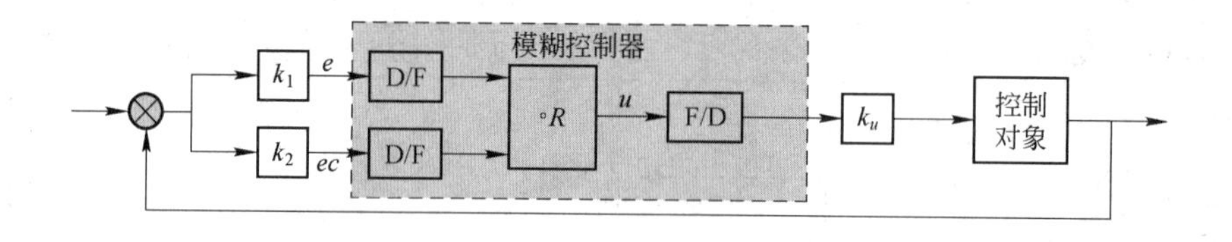

图5-74　模糊控制系统结构原理框图

模糊控制器的两个输入变量，分别选为液位偏差e（设定液位高度r-实测液位高度y）和液位偏差变化率ec（单位时间内的偏差改变量），输出模糊变量为u。

输入变量e和ec、输出变量u的论域、覆盖变量论域的模糊子集名称、隶属函数类型及拐点的参数等，初步设定为表5-37中所列的数值。

根据表5-37所列基本设计数据，按下述步骤构建“仿真模型图”。

表 5 - 37 覆盖输入变量、输出变量的模糊子集设定值

变量名称	变量模糊论域	覆盖变量的模糊子集名称	模糊子集类型	模糊子集拐点的参数
输入变量 e	[−1 1]	negative（偏高）	高斯型	[0.45 −1]
		zero（正好）		[0.45 0]
		positive（偏低）		[0.45 1]
输入变量 ec	[−0.1 0.1]	negative（偏慢）		[0.045 −0.1]
		zero（正好）		[0.045 0]
		positive（偏快）		[0.045 0.1]
输出变量 u	[−1 1]	close-fast（快关）	三角形	[−1.5 −1 −0.5]
		close-slow（慢关）		[−1 −0.5 0]
		no-change（不变）		[−0.5 0 0.5]
		open-slow（慢开）		[0 0.5 1]
		open-fast（快开）		[0.5 1 1.5]

1. 利用 GUI 编辑 FIS 结构文件，即构建模糊控制器

1）编辑出名称为“tank3”的液位模糊控制系统 FIS

这个编辑过程与例 5.2 几乎完全一样，下面不再详细介绍，只给出主要内容。

在 MATLAB 主窗口键入 fuzzy 回车，得出 FIS 编辑器界面，完成下列任务：

① 增加一个输入变量；

② 将输入、输出变量的名称分别改为 e、ec 和 u；

③ 将这个 FIS 文件名定为“tank3”并予以存盘。

得出如图 5 - 75 所示的 FIS 编辑器界面。

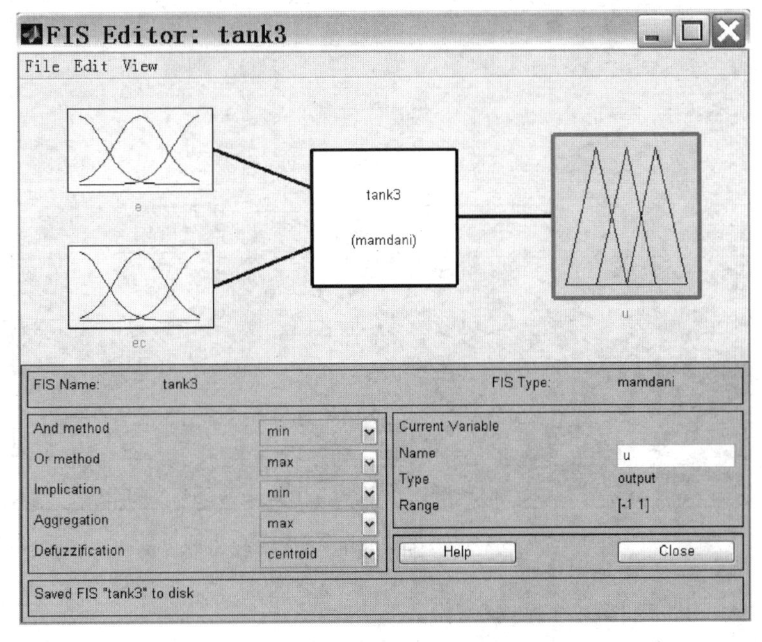

图 5 - 75 液位模糊控制 FIS 编辑器

2）编辑覆盖输入、输出变量的模糊子集

在图5-75所示的FIS编辑器上，单击输入变量“e”模框，按表5-37列出的数据编辑e、ec和u的模糊子集，得出图5-76～图5-78。

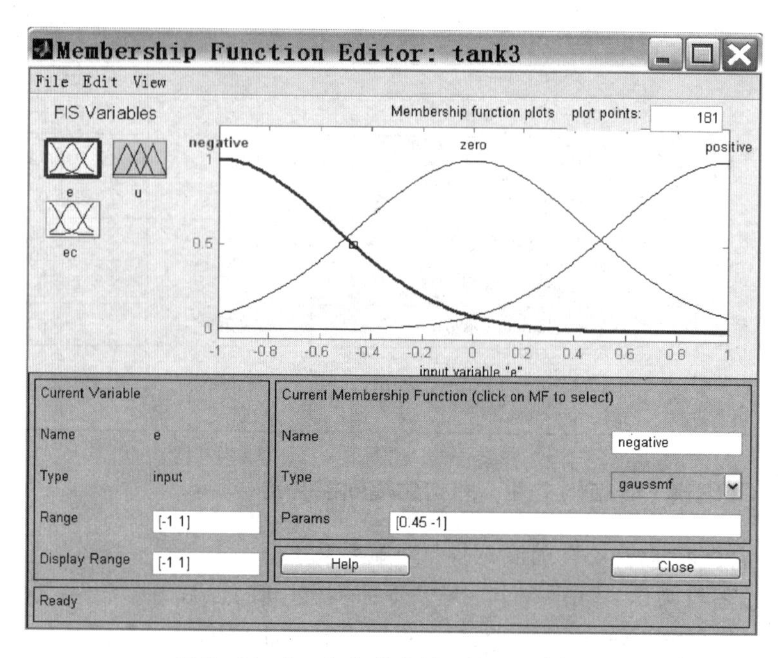

图5-76 “tank3”输入量e的MF编辑器

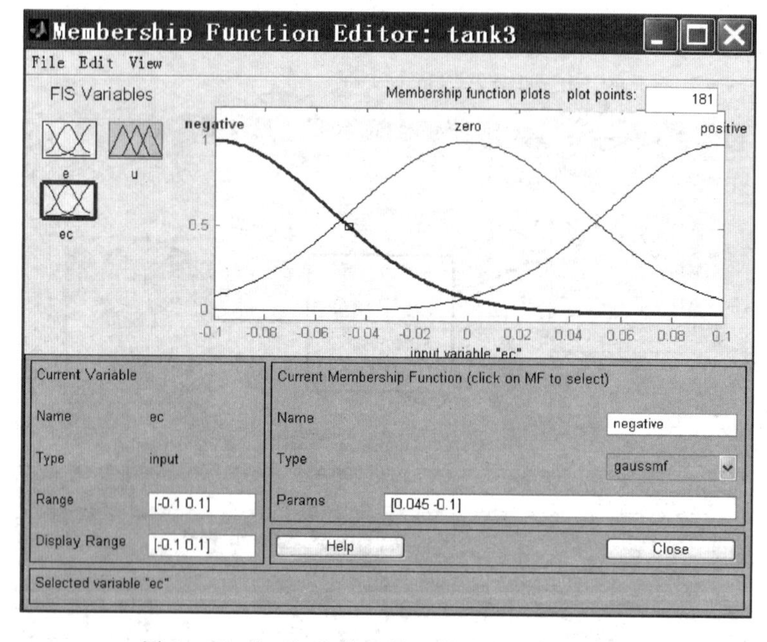

图5-77 “tank3”输入量ec的MF编辑器界面

3）编辑“tank3”的模糊控制规则

可以把题设中总结出的模糊规则，做成如表5-38所示的表格型模糊规则。

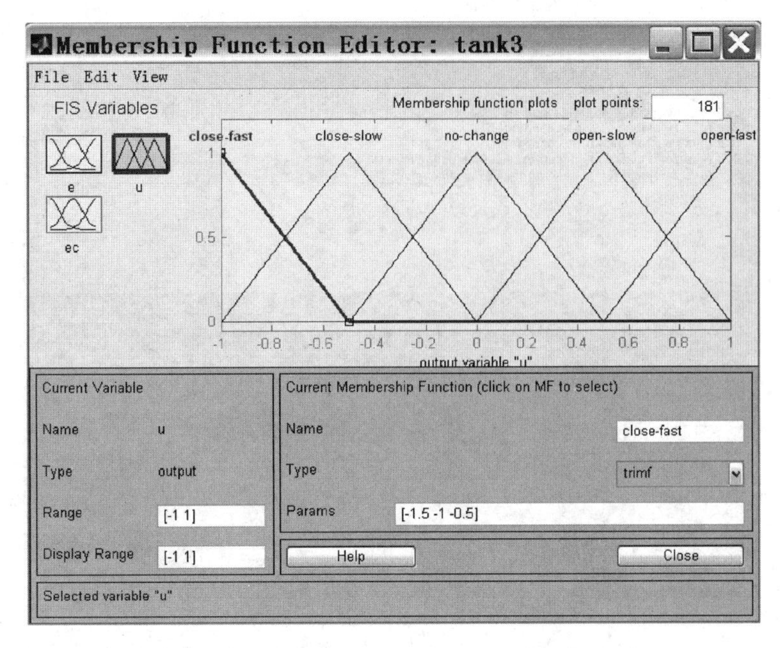

图 5-78　“tank3”输出量 u 的 MF 编辑器界面

表 5-38　液位模糊控制规则表

u \ e \ ec	none（无）	negative（偏慢）	zero（正好）	positive（偏快）
None（无）				
negative（偏高）	close-fast（快关）			
zero（正好）	no-change（不变）	open-slow（慢开）		close-slow（慢关）
positive（偏低）	open-fast（快开）			

在编辑器界面上，选择 Edit|Rules...，弹出 tank3 的 Rule 编辑器。在该编辑器上把表 5-38 所列的五条模糊规则输入进去，得出如图 5-79 所示界面。

至此，利用 GUI 建立液位模糊控制系统的 FIS 已经完成。为了以后使用方便，需要再次保存，把刚才新编辑的内容都予以保存：在该界面上，选择 File|Export|To Disk...，文件名仍用 tank3。

另外，为了把结构文件 FIS 嵌入将要使用的“Fuzzy Logic Controller”模块，如果暂时不关机，可将它送入“工作空间”：在该界面上，选择 File|Export|To Workspace...。

2. 在模型编辑器中构建模糊控制系统的仿真模型图

首先从“Simulink Library Browser”界面上，调出系统仿真“模型编辑器”；其次，根据图 5-74 所示的液位模糊控制系统原理框图，把需要的模块从模块库中移至模型编辑器。

系统原理框图 5-74 中深色背景部分的模糊控制器，可用“模糊逻辑控制器”模块；k_1、k_2 和 k_u 用增益模块。现在先按图 5-80 所示调入并摆放好各个模块的位置，整个系统需要的许多模块及其作用，下面逐一介绍。

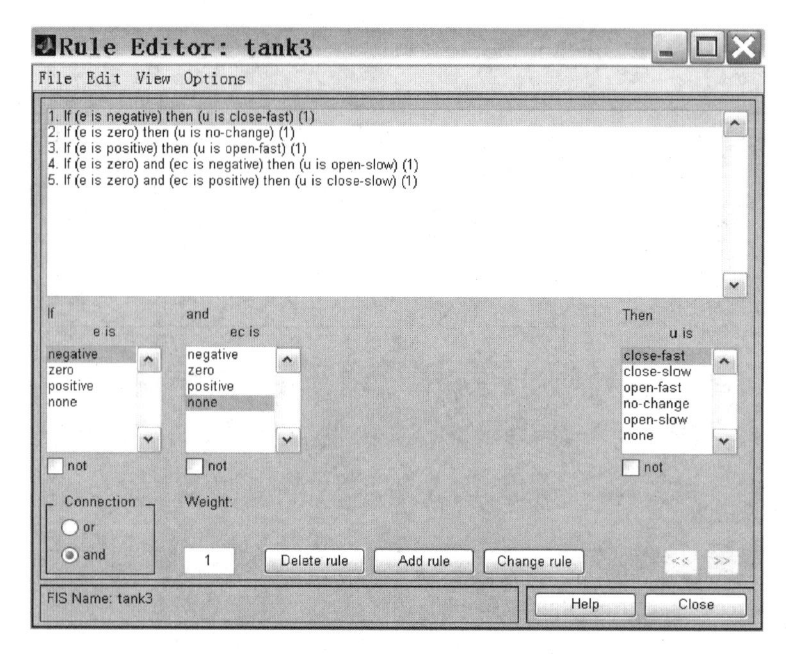

图 5-79　"tank3" 模糊规则编辑器界面

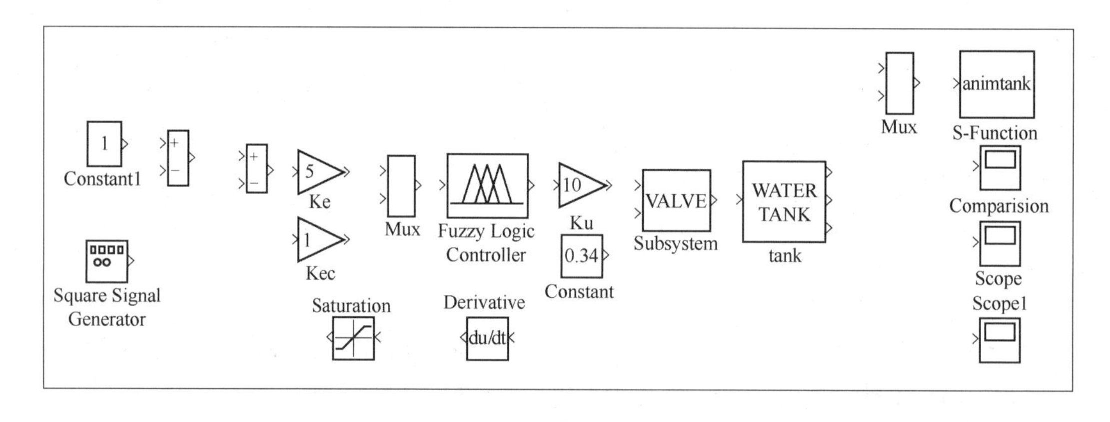

图 5-80　液位模糊控制系统模型雏图

在调入模块及编修中，需要说明下述几点。

① 各模块的来源说明。

从 "Fuzzy Logic Toolbox" 模块库选出 Fuzzy Logic Controller（模糊逻辑控制器）模块。

从 "Commonly Used Blocks" 模块子库中选出的模块有：Sum（加法模块，把 "List of signs:" 下的符号编修成 "+-"）、Mux（合成模块）、Gain（增益模块，编修后分别为 Ke（5）、Kec（1）和 Ku（10））、Scope（示波器，编修后分别为 Scope1、Scope 和 Comparision）、Constant（常数模块，编修后分别为 1、0.34）、Saturation（饱和度模块）。

从 "Sources" 模块子库中选出 Signal Generator（信号源）模块。

从 "Continuous" 模块子库中选出 Derivative（微分）模块。

从仿真示例 "sltank" 中复制的模块有：VALVE（阀门）、WATER TANK（液桶）和 animtank（动画）。

② 从模型仿真示例复制模块。

三个模块“VALVE（阀门）”“WATER TANK（液桶）”“animtank（动画）”不是模块库中的基本模块，是从模型仿真示例“sltank”中复制的。复制的方法为：在 MATLAB 主窗口键入 sltank，回车得出“sltank”仿真模型图。在图中点住需要复制的模块，拖到图 5-80 所示的模型编辑器中，即复制成功，这个过程就像从模块库中调出模块一样方便。

“VALVE（阀门）”“WATER TANK（液桶）”模块是可以查看内部结构的。右击两者，再在弹出的子菜单中，单击菜单“Look Under Mask”，就分别得到图 5-81 和图 5-82，可见它们是由一些基本模块组成后被封装而成的。为了进行系统的设计和仿真，其他任何模型仿真示例中的模块都可以进行复制，这会给我们的设计仿真带来很多方便，因此我们应该熟悉模型仿真示例。

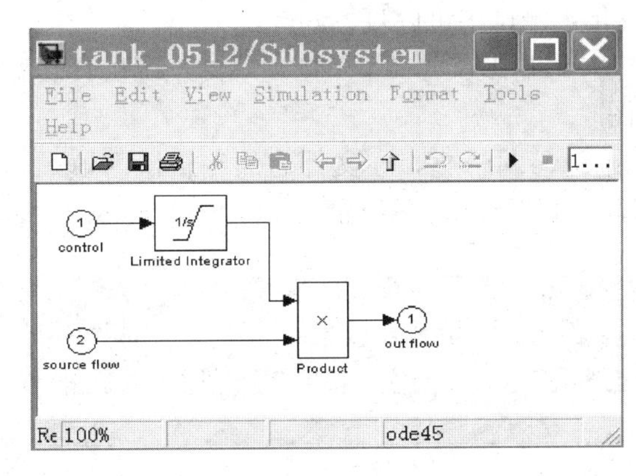

图 5-81　VALVE（阀门）内部结构图

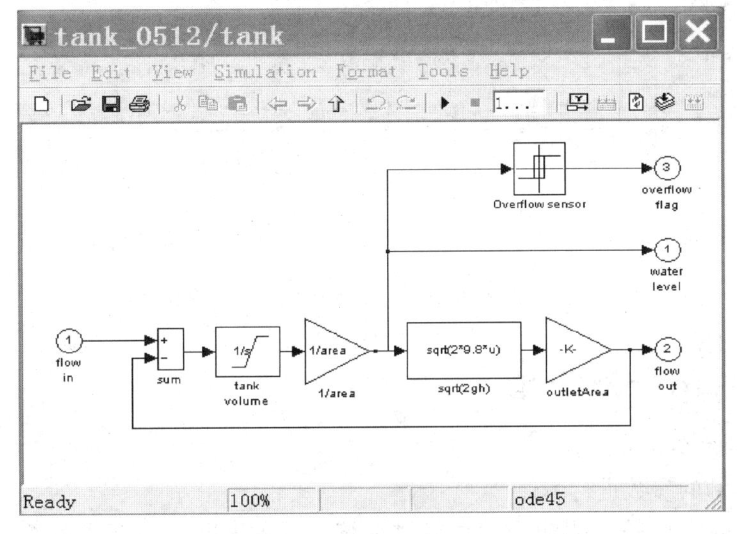

图 5-82　WATER TANK（液桶）内部结构图

③“Fuzzy Logic Controller”模块与 Sumulink 的连接。

“Fuzzy Logic Controller”模块必须嵌入 FIS 结构文件才能在 Simulink 中使用，所以需要把编辑好的 FIS 文件嵌入其中，嵌入的步骤为：把第一步编好的“tank3”结构文件送到工作空间中；在图 5-80 所示的模型编辑器中，双击“Fuzzy Logic Controller”模块，在弹出的对话框中“FIS file or structure”下编辑框内，填入“tank3”，再单击按钮“OK”。

这样，就完成了“tank3”结构文件嵌入“Fuzzy Logic Controller”的工作，使该模块与 Sumulink 连接成功，可以参与仿真。

④ 编修模块的名称、形状和参数。

从模块库中移入模型编辑器中的模块，需要按照设计需要对其名称、形状和参数进行编修。例如，三个增益模块 Gain 的名称分别改为 Ke、Kec 和 Ku，其上显示的增益分别改为 5、1 和 10；左边的两个加法模块“sum”从圆形改成方形；右边的常数模块“Constant”的系数由 1 改为 0.34；……一些参数的取值，是通过仿真调试得出的，当一个参数变动后，其他参数会发生相应的变化，测试中可以自行调试。

⑤ 将各模块连接起来，最后形成如图 5-83 所示的系统仿真模型图。

⑥ 保存编好的模型图。

选择 File|Save，弹出 Save 对话框，在文件名的编辑框内填入“tank _ 0512”，再单击“保存”按钮，则液位模糊控制系统仿真模型图被以“tank _ 0512”名称保存成功。

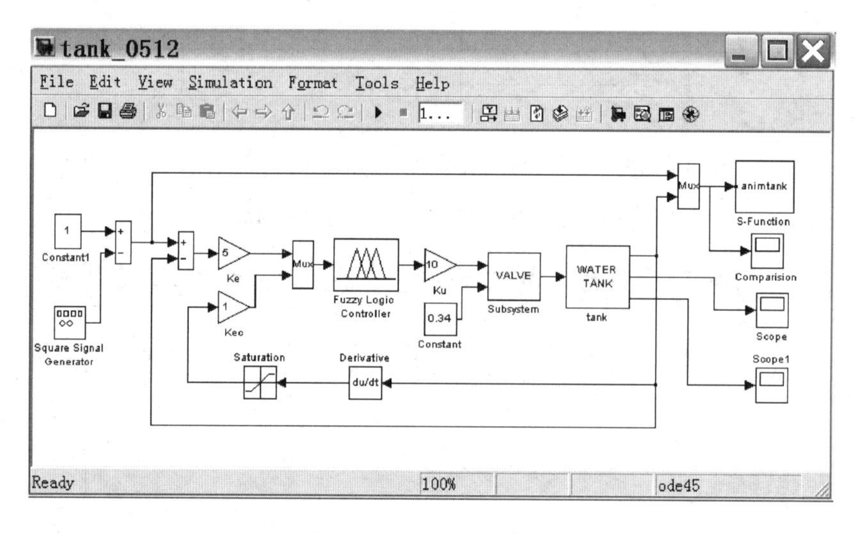

图 5-83　液位模糊控制（tank _ 0512）仿真模型图

3. 利用模型图对系统进行仿真

1）仿真前的准备工作

（1）对信号源的参数进行编修

对系统的仿真主要是观测输入信号经过系统前后的变化，从而了解系统的各种特性。tank _ 0512 系统要保持液位的恒定，仿真时可以选择输入信号为方波，观测系统跟随它的情况。因为方波的前、后沿变化陡峭，相当于液位的突然变化，用于检验系统跟随性能比较灵敏。如果系统能很好地跟随方波，则液位的任何变化，它都能很好适应。

在图 5-83 所示的仿真模型图中，双击信号源“Square Signal Generator”模块，弹出

“Source Block Parameters（信号源模块参数）”对话框，对其参数做如下编辑。

① 从它“Wave form（波形）”右的编辑区预设的波形中，选定 square（方波）；

② 在“Amplitude（波幅）”下的编辑框中填入 0.2；

③ 在“Frequency（频率）”下的编辑框中填入 0.02；

④ 在“Units（单位）”右侧的编辑框内选择 Hertz（赫兹）。

最后，单击界面下边的按钮“OK”，完成信号源的参数编修设置。

(2) 使“示波器”显现出来，以便观测波形的变化

双击 Comparision（比较示波器）模块，使它显现在屏幕上，以便观察信号源的方波经过系统前后的变化。方波经过该系统前后的差别越小，表明系统的跟随性能越强。

2) 开始仿真

首先检查 FIS 结构文件是否嵌入“Fuzzy Logic Controller”模块，否则补上这一步。

然后在如图 5-83 所示的仿真模型图上，选择 Simulation|Start，或单击仿真开始快捷按钮▶，这时屏幕上出现 Water Level Control（水位控制）动画，如图 5-84 所示。

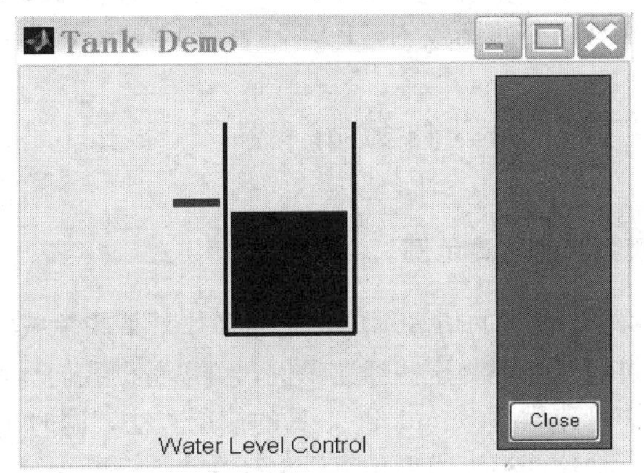

图 5-84　水桶动画图

同时，在 Comparision 屏幕上出现信号源输出的方波经过系统前（黄色）、后（红色）的两条波形曲线，如图 5-85 所示，分析它们的差异有助于了解系统性能，改进系统的设计。

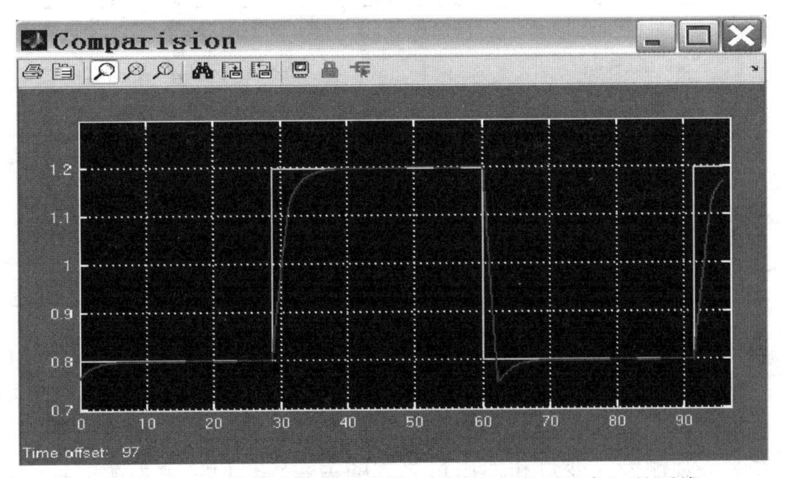

图 5-85　方波经过控制系统前（黄色）、后（红色）的图线

若仿真过程无法正常运行，可按出现在提示对话框中的内容检查修正。最常见的错误是图 5－83 界面上的 Fuzzy Logic Controller 模块变成橘黄色，并显出如图 5－86 的提示对话框，这时首先检查结构文件 FIS 是否正确地嵌入该模块。

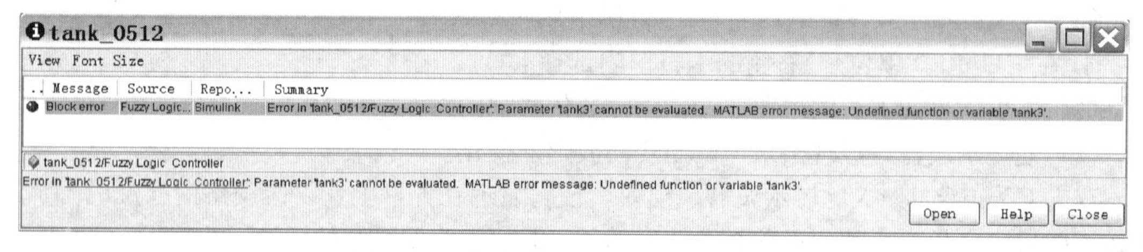

图 5－86　仿真出现错误时的提示对话框

每当 FIS 被重新编修，或者在 MATLAB 主窗口中重新调入模糊控制系统模型图时，都可能出现以上的错误。这时右击“Fuzzy Logic Controller”模块，再单击弹出菜单中的“Look Under Mask”，观察弹出“Link:...”界面上“FIS Wizard”模框内是否显示出“FIS”。如果不是“FIS”，要把 FIS 结构文件重新嵌入“Fuzzy Logic Controller”模块。

5.3.3　通过仿真对系统进行分析

1. MATLAB 中的模糊模型仿真示例

MATLAB 中有许多模糊模型的仿真示例，它们多数是某些领域的经典问题，具有一定的代表性和示范性。通过运行和观测这些经典示例，可以帮助我们尽快了解模糊推理系统的仿真全过程，有利于我们迅速掌握 Simulink 工具的使用方法，同时也有助于加深理解模糊推理的基本概念。为此，把这些模糊模型仿真示例列在表 5－39 中。

表 5－39　MATLAB 中的模糊模型仿真示例

模型名称	推理类型	模型内容
sltank 或 sltankrule	Mamdani	水箱水位恒定的控制
shower	Mamdani	淋浴水温模糊控制
slcp	Sugeno	车-倒摆系统模糊控制
slcp1	Sugeno	车-变摆长倒摆系统模糊控制
slcpp1	Sugeno	定、变摆长二倒摆系统模糊控制
slbb	Sugeno	球-棒系统模糊控制
sltbu	Sugeno	卡车倒行入库模糊控制
sltank2	Mamdani	子系统封装的水位模糊控制

在 MATLAB 的主窗口中，键入列在表 5－39 中的任何一个仿真示例名称，回车后就会弹出相应的“仿真模型图”。运行它们，通过分析研究它们的结构、组成，可以深入了解模糊控制系统的基本原理、设计思路、各部分的作用和相互关系，帮助我们学习和掌握模糊控制系统的设计方法。观测输入变量和输出量之间的关系，可以了解系统的特性，指出改进系统设计的方向。同时，示例的“仿真模型图”中的模块，特别是一些动画模块，可以随意复

制到自己编辑设计的仿真模型图中，利用这些现成动画模块的形象生动特点，会给设计和仿真效果带来很多好处。

由于这些模型仿真示例比较可靠、稳定、成熟，后面的分析中经常借用它们发现问题。

2. 用仿真模型图观察系统结构

一个系统的结构，特别是模糊控制器的结构，对模糊系统的特性起着决定性作用。因此，设计中经常需要查看和了解模糊系统结构，特别是模糊控制器的结构。下面以模型仿真示例“sltank”为例，说明如何查看系统的结构。

1）sltank 仿真模型图简介

在 MATLAB 主窗口中，键入 sltank（或 sltankrule），回车后便弹出如图 5-87 所示的水位控制系统仿真模型图（sltank）。

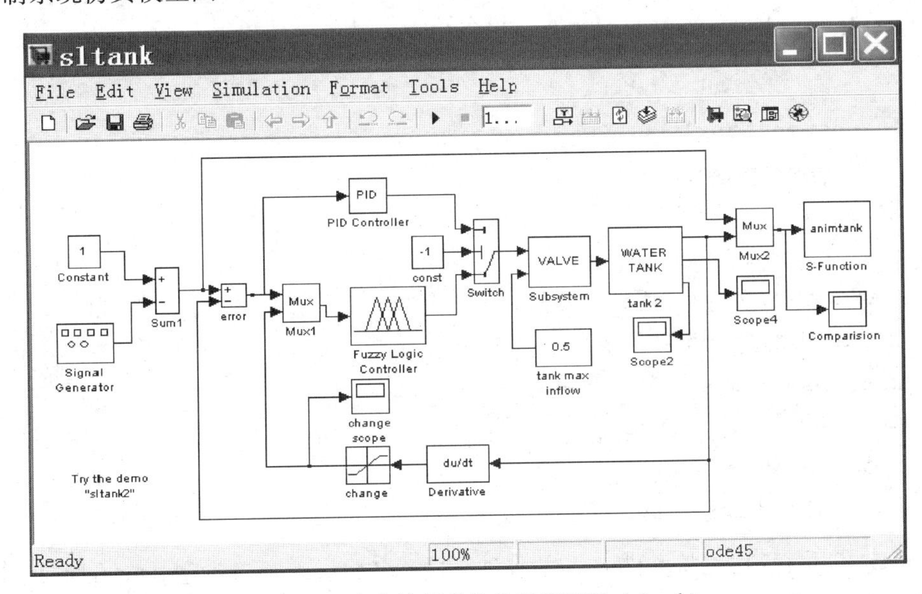

图 5-87　水位控制系统仿真模型图（sltank）

由模型图可知，它设有两个控制器：一个是 PID 控制器（PID Controller 模块）；另一个是模糊控制器（Fuzzy Logic Controller 模块）。通过常数模块（const 现设为“−1”）和开关模块（Switch），可以对这两种控制器进行转换：默认状态下常数模块取值为“−1”，系统属模糊控制。若双击 const 模块打开其参数设置框，把 Constant Value（常数）编辑框的参数改为“1”，系统则转换成 PID 控制。

“sltank”系统的控制对象由 VALVE（阀门）和 WATER TANK（水箱）模块组成。通过调节阀门进水量和进水流速，控制水箱水位。为了使仿真形象生动，仿真系统中加入了动画仿真显示模块 animtank，它显示出一个水桶，其中的水位跟随输入信号波动，能直观地看到水位变化的动态情景。

该系统中的信号源（Signal Generator）模块，其输出幅度 0.5、频率 0.1（弧度/秒）的方波。它和界面最左的 Constant 模块提供的常数 1，经求和模块（Sum1）相加后仍为方波，只是零点平移为 1，代表设定水位。这个方波和反馈回来的实测水位，经求和模块（error）相加后，形成水位偏差。合成模块（Mux1）把水位偏差和偏差变化率（水位经过

Derivative模块微分处理）作为两个分量，构成一个向量输入到模糊控制器中。

模型图中有多个Scope用于显示波形，在图5-87界面上从左往右分别为：

① change scope显示水位偏差的变化；

② Scope2显示水箱溢水情况（flow out）；

③ Scope4显示水位波动情况（water level）；

④ Comparision显示输出方波信号与响应信号Overflow flag的比较，代表着设定水位与实测水位的比较。

2）sltank的模糊控制器（FIS）结构

有两种方法可以了解系统核心——“Fuzzy Logic Controller”的内部结构。

（1）指令法

由于sltank模糊系统的模糊控制器——FIS结构文件名为“tank”，在MATLAB主窗口中键入tank=readfis（‘tank’），回车可以得出它的结构文件列表：

```
tank=
          name:'tank'
          type:'mamdani'
     andMethod:'prod'
      orMethod:'probor'
   defuzzMethod:'centroid'
      impMethod:'prod'
      aggMethod:'max'
          input:[1x2 struct]
         output:[1x1 struct]
           rule:[1x5 struct]
```

这个列表给出了FIS结构文件tank的各种属性：名称（tank）、类型（mamdani）、模糊逻辑算法（and算法为“prod”、or算法为“probor”、清晰化方法为“centroid”、蕴涵算法为“prod”、综合算法为“max”）、输入、输出变量的维数（分别为2和1）及模糊规则数（为5）。

（2）模型图法

在sltank模型图上，右击“Fuzzy Logic Controller”模块，再单击弹出菜单中的“Look Under Mask”，就弹出如图5-88所示的连接对话框，它的“FIS Wizard”模框内写着“FIS”，表明已经嵌入FIS结构文件。

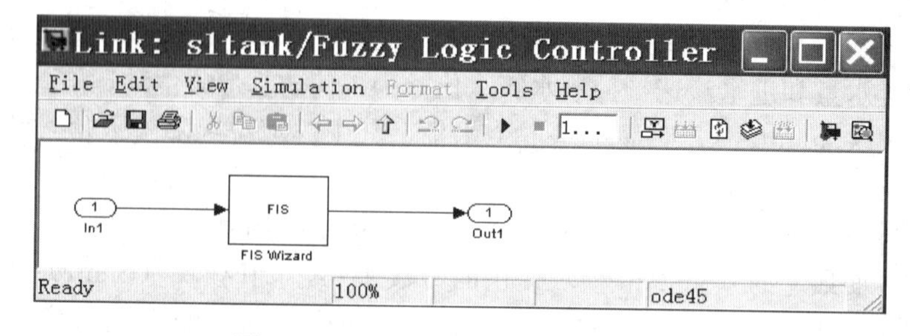

图5-88 “sltank”的FIS连接对话框

右击“FIS Wizard”模块，再单击弹出的菜单中的“Look Under Mask”，就弹出sltank的FIS详细结构框图，如图5-89所示。

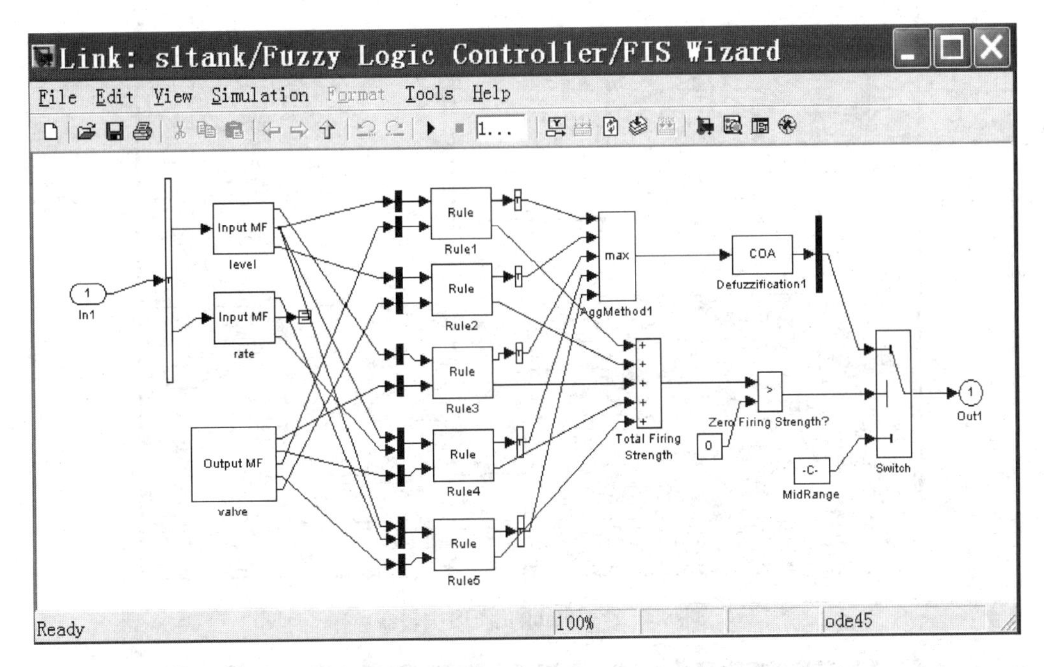

图5-89　sltank的FIS详细结构框图

从图5-89所示的sltank结构框图，可以了解sltank模糊系统的FIS基本结构，它有两个输入（level和rate）、五条规则，它比较形象、直观。

在模糊控制系统中，影响系统控制效果的主要部分是模糊逻辑推理，它包括覆盖各变量模糊子集的隶属函数、位置分布、模糊逻辑算法、各条规则结论的综合方法及清晰化方法等，下面分别予以介绍。

3. 隶属函数类型对控制效果的影响

以“sltank”为例，通过变换模糊推理中变量的隶属函数类型，观察对控制效果的影响。

1）观测前的准备工作

① 在MATLAB主窗口中键入sltank（或sltankrule），回车后便弹出如图5-87所示的水位控制系统仿真模型图。

② 在MATLAB主窗口中键入fuzzy tank回车，弹出sltank的FIS编辑器，如图5-90所示。

2）观测隶属函数对控制效果的影响

下面的观测是在MF编辑器上变换隶属函数类型，再在图5-87所示的仿真模型图上进行仿真，观察输出响应的变化。

① 在图5-90所示的FIS编辑器界面上，双击输入变量“level”模框，得出MF编辑器，如图5-91所示。逐次单击图中的隶属函数图线，可知都是“gaussmf（高斯型）”。

用同样的方法可知，覆盖变量rate的模糊子集的隶属函数也是“gaussmf（高斯型）”。

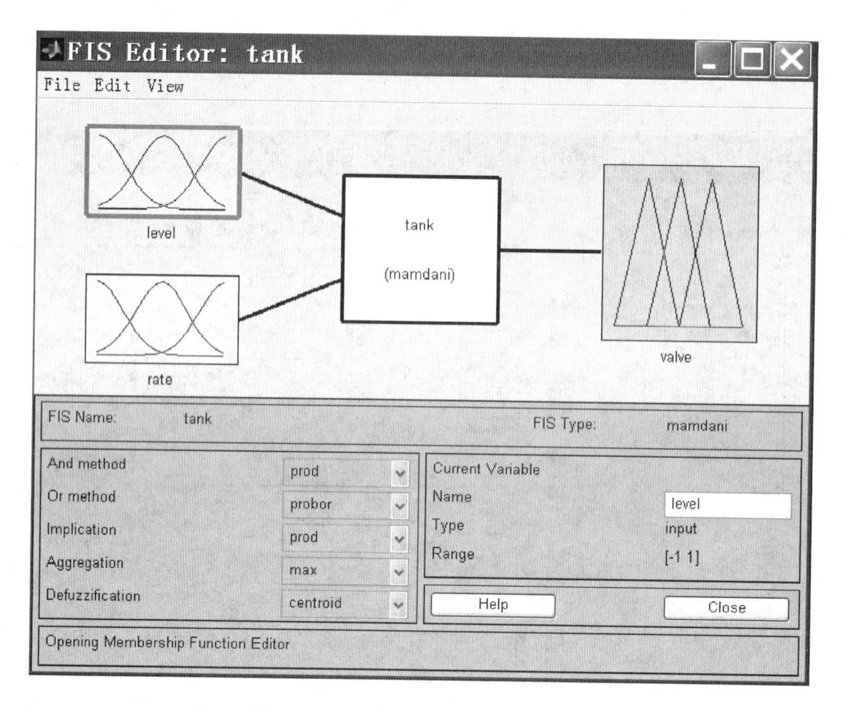

图5-90　sltank的FIS编辑器

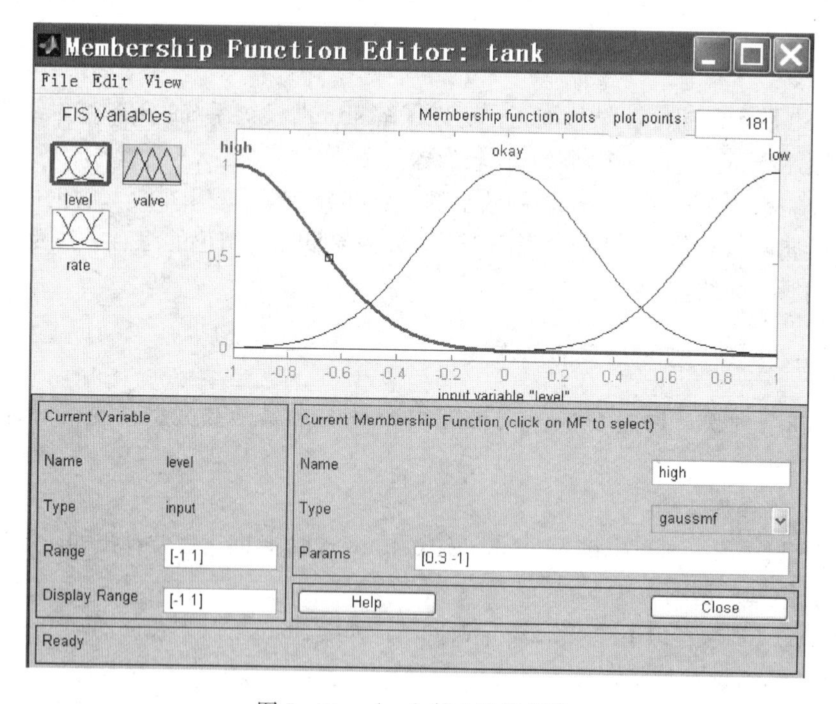

图5-91　sltank的MF编辑器

② 在图5-87所示的“sltank”仿真模型图上，双击图中的“Comparision”，使其显现在屏幕上；选择Simulition|Start，或单击仿真开始快捷按钮 ▶；Comparision屏幕上就显示出方波及其响应曲线，如图5-92所示。

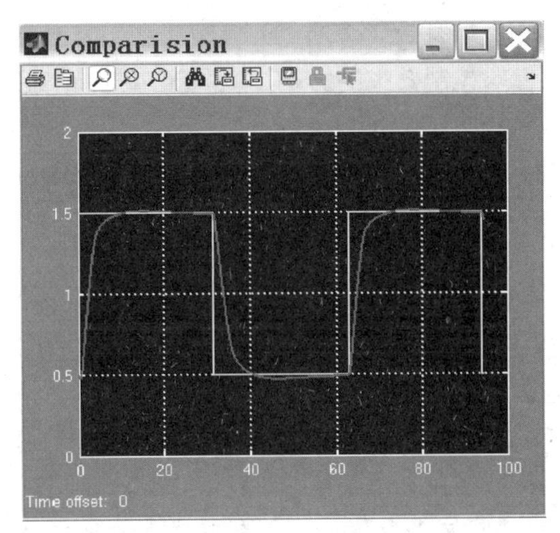

图 5-92　模糊子集隶属函数取高斯型时的方波（黄线）及其响应曲线（红线）

③ 在图 5-91 所示的 MF 编辑器中，把覆盖输入变量 level 的三个模糊子集隶属函数均由高斯型改为三角形；用同样方法把输入变量 rate 的三个隶属函数也改成三角形。

④ 在图 5-91 所示的 MF 编辑器（或任何其他编辑器）中，选择 File|Export|To Workspace...，把这一改变送入工作空间（千万不得存入 disk，否则可能改变模糊仿真示例 “tank” 文件）。

这时再对图 5-87 所示的 “sltank” 系统进行仿真，得出图 5-93。

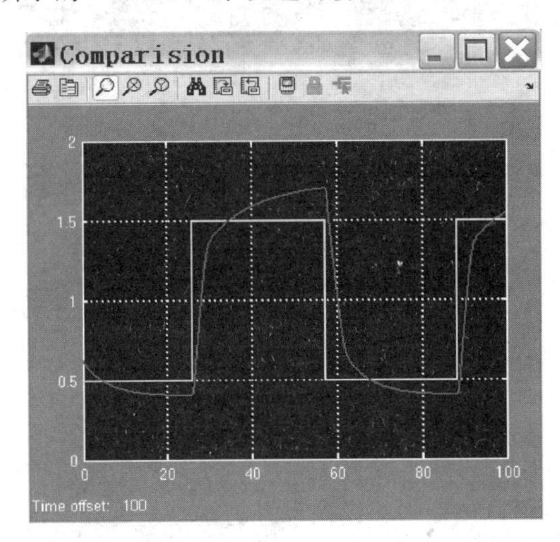

图 5-93　模糊子集隶属函数取三角形时的方波（黄线）及其响应曲线（红线）

比较图 5-93 和图 5-92 可知，覆盖输入量的隶属函数类型对输出有较大的影响。因此，在对一个系统进行仿真时，可以试用多种不同类型的隶属函数，从中选出最适合该系统的隶属函数类型，以使系统达到最佳的控制效果。

测试观察完毕退出 “sltank” 系统时，不得将试验中的改动予以保存。

4. 模糊规则对控制效果的影响

模糊规则的数目不同，其控制效果也不相同。实际工程设计中，应尽量减少模糊规则的数目，以便减少近似推理的运算时间。

为了测试模糊规则数目对控制效果的影响，去掉第4、5两条规则，观测控制效果，具体操作步骤如下。

① 在MATLAB主窗口，键入sltank，回车得出模糊控制系统sltank。

② 在MATLAB主窗口，键入fuzzy tank，回车得出结构文件FIS（tank）。

③ 双击FIS编辑器（tank）中间的tank规则模框，打开模糊规则编辑器；或者在MATLAB主窗口中键入ruleedit tank，弹出"Rule Editor：tank"界面，共五条规则。

④ 单击第4条模糊规则使其背景变灰，然后单击编辑功能按钮"Delete rule"，这条规则就被删除。用同样的方法可删除最后一条模糊规则。

⑤ 在Rule编辑器中，选择File|Export|To Workspace...，把改变后的FIS送入工作空间（千万不得存入disk）。

⑥ 在模糊控制系统sltank模型图界面上，单击"Comparision"，使其显现出来，并拖到适当位置。

⑦ 在sltank模型图界面上，单击"开始仿真"快捷按钮▶开始仿真，得出如图5-94所示波形，这是删掉第4、5两条模糊规则后的方波响应曲线。

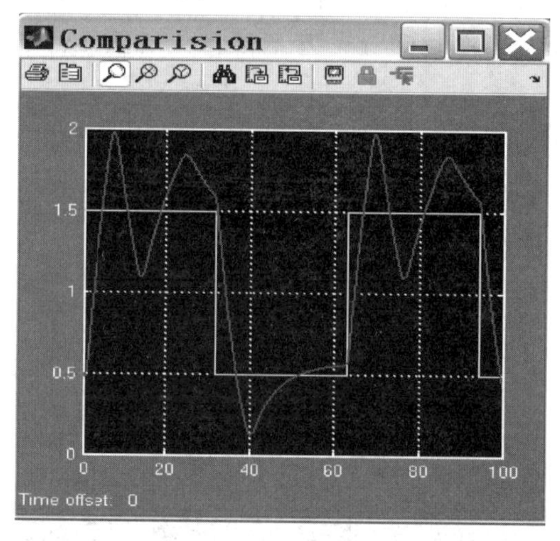

图5-94 删除第4、5两条模糊控制规则后方波及其响应曲线

比较图5-92和图5-94可知，原来5条控制规则和删除两条控制规则的响应曲线有很大差别。在实际工作中，可以改变一个模糊系统的模糊规则数目，使其增多或减少，比较它们的控制效果，以便考虑经济、实用、可行等多种因素决定取舍，确定设计方案。

5. 清晰化（Defuzzification）算法对控制效果的影响

清晰化算法对控制效果的影响更为直接。调出模糊控制系统模型图sltank和它的FIS编辑器tank，在FIS编辑器中变换Defuzzification的算法，在sltank模型图上进行仿真。

① 在FIS编辑器中把Defuzzification算法改成"bisector（面积平分法）"。

② 在编辑器界面上，选择File|Export|To Workspace...，即把更改后的算法送入"工作空间"。

③ 在模糊控制系统模型图“sltank”界面上，单击“Comparision”使它显现出来。

④ 单击“开始仿真”快捷按钮▶，则可得出清晰化方法取“bisector”时方波的响应曲线，如图 5－95 所示。

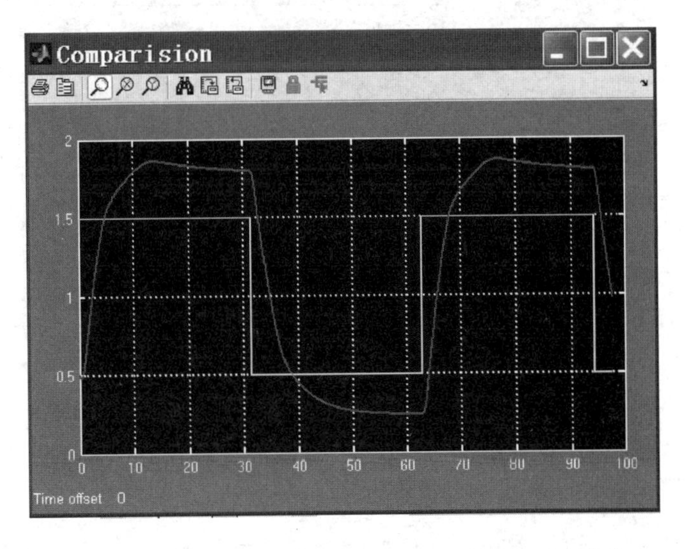

图 5－95　清晰化方法取“bisector”时方波的响应曲线

按照同样的方法，可以得出清晰化方法取“lom”时方波的响应曲线，如图 5－96 所示。

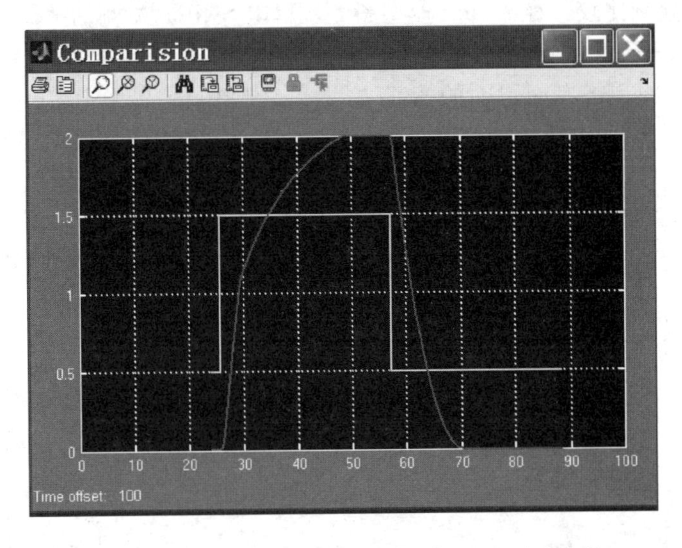

图 5－96　清晰化方法取“lom”时方波的响应曲线

同样方法操作可以得出清晰化方法取“som”时方波的响应曲线，如图 5－97 所示。

对于仿真示例“sltank”，比较 Defuzzification 的几种算法的响应曲线可知，在其他条件不变的情况下，选取“centroid（面积中心法）”效果最好。

在模糊逻辑推理过程中，许多参数都会影响控制效果，最终的综合效果取决于不同选项的组合。因此，只能在实践中根据需要摸索探究。

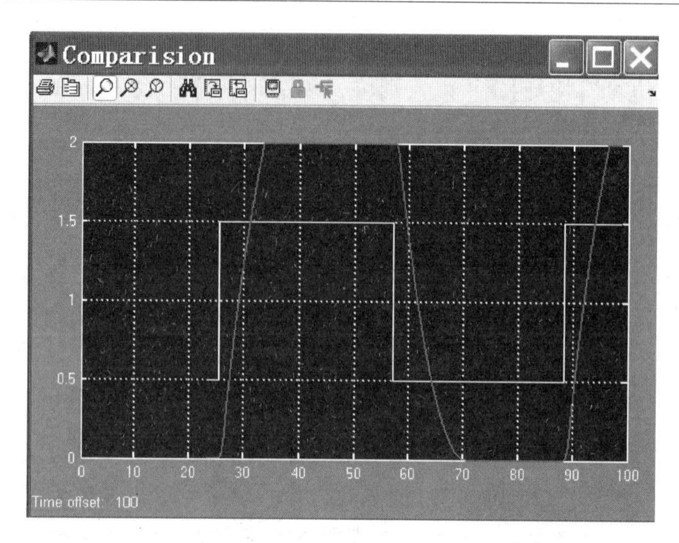

图5-97　清晰化方法取“som”时方波的响应曲线

6.“sltank”中模糊控制和PID控制的比较

从仿真模型图5-87可以看出，水位控制系统仿真示例“sltank”设有两个控制器——PID Controller（PID控制器）和Fuzzy Logic Controller（模糊逻辑控制器），通过Switch（转换开关）可以转换。下面通过仿真比较它们在水位控制上的差异。

为了跟PID控制比较，在sltank模型图上，双击Switch左侧的“const（常数）”模块，弹出如图5-98所示的常数对话框，将“Constant Value（常数值）:”下面编辑框内的“—1”改成“1”，再单击界面下面的按钮“OK”，则sltank界面上Constant Value模块上的“—1”就变成“1”。

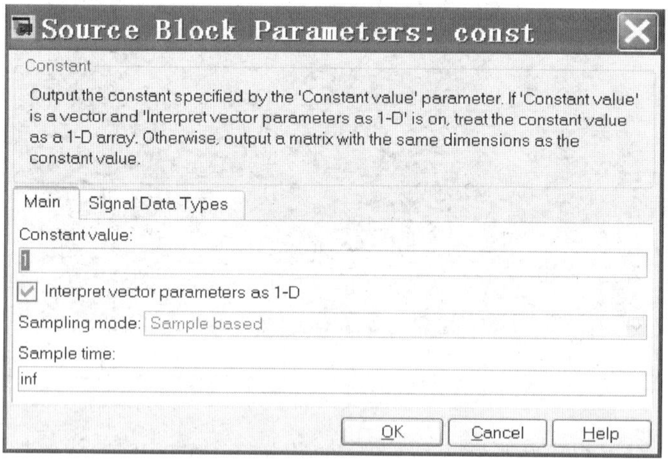

图5-98　常数模块对话框

于是，“sltank”由模糊控制变成水位PID控制系统，如图5-99所示。

在图5-99所示的水位PID控制系统模型图上，双击“Comparision”，使这个示波器显现出来，再单击“仿真开始”快捷按钮▶，进行仿真，得出图5-100。

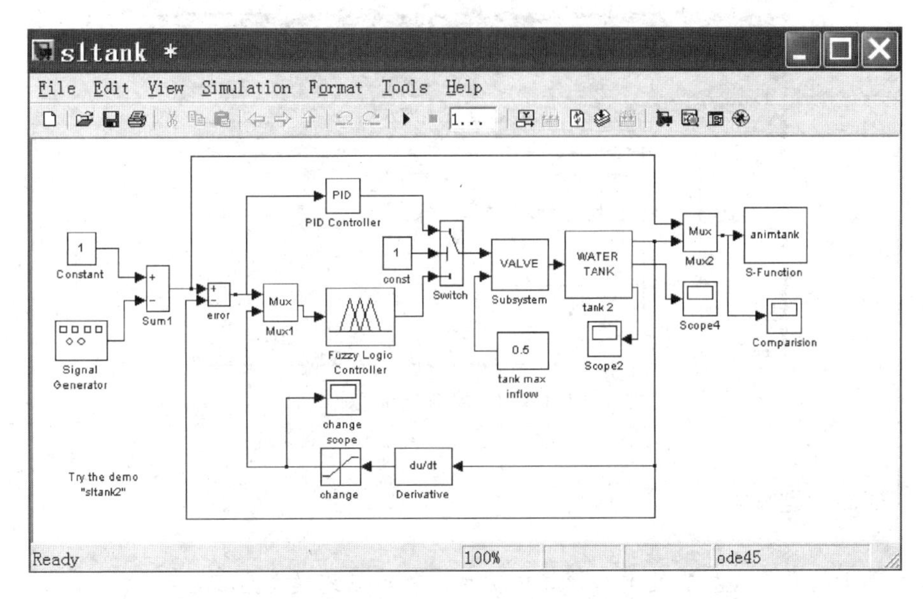

图 5 - 99　水位 PID 控制系统模型图

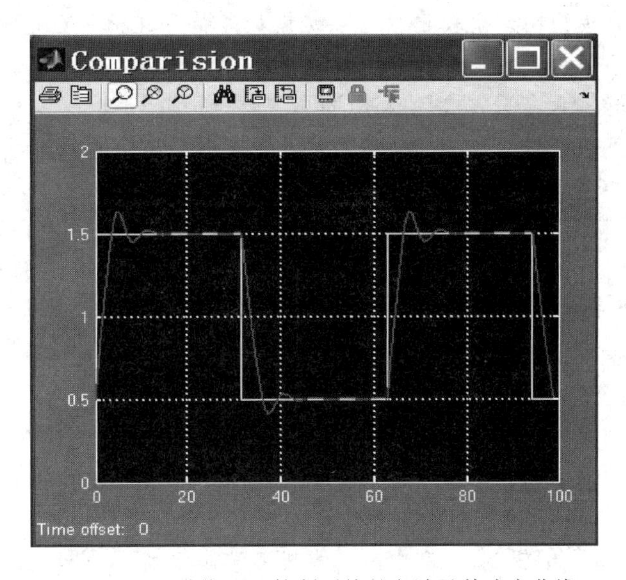

图 5 - 100　水位 PID 控制系统的方波及其响应曲线

比较五条控制规则时模糊控制的最佳效果图 5 - 92 和图 5 - 100 可见，在“保持水位恒定”的控制系统中，选用模糊控制器要比选用 PID 控制器的效果好一些。

要想查看 PID 控制器的结构，在“sltank”界面上，右击“PID Controller”模块，再单击弹出的菜单“Look Under Mask”，可以打开“PID Controller”模块，得出图 5 - 101。可以看出，它显示的“Link：sltank/PID Controller（连接：sltank...）”由三部分构成：Proportional（比例）、Integral（积分）和 Derivative（微分），通过调整它们的系数，可以改善控制器的性能。

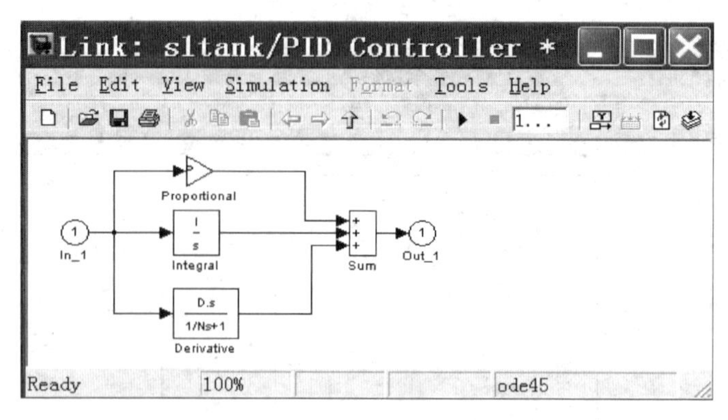

图5-101 PID控制器的组成结构

思考与练习题

1. 仿真中的系统模型有几类？计算机仿真以哪类系统模型为基础？

2. 构建一个仿真模型图，比较正弦信号、锯齿波信号在微分前后的图形差异。

3. 构建一个仿真模型图，比较正弦信号、锯齿波信号在被平方前后的图线差异。具体要求为：① 输入为幅值为2的正弦波和锯齿波；

② 用仿真显示器显示出平方前后的波形；

③ 将系统的运算部分封装成一个模块，仿真图上只显出信号源、运算模块和显示器。

（提示：平方运算可用 Math Operations 子库中的 Dot Product 模块）

4. 按照图5-9构建一个PID控制系统模型图，观察锯齿波通过它前后的变化。

5. 将图5-19所示的FIS编辑器中的一维模糊控制器，改为二维控制器，并把输入、输出量的名称分别改为e、ec和u。

6. 设计论域上模糊子集的分布时，移动隶属度取值最大点的位置，是否就是移动隶属函数核的位置？为什么？

7. 模糊控制的"模糊化"和"清晰化"，在FIS编辑器中何处实现？

8. 在编辑模糊控制规则时，覆盖输入量的模糊子集中，常设有"none"，它表示什么意思？它跟变量编辑区变量下的选项 not 有什么差异？

9. 在Rule编辑器上编辑例5-2中的所有模糊控制规则。

10. 在MATLAB主窗口，键入 fuzzy tank 调出"FIS Editor：tank"，照例5-3的方法进行研究：模糊逻辑区选项的算法改变对输出结果的影响。

11. Sugeno型FIS编辑器中，"模糊逻辑区"内的 Implication 和 Aggregatoin 两项失去效用，这是为什么？

12. Sugeno型输出量MF编辑器的"当前变量区"中，为什么只有Range，而无Display Range？

13. 模糊规则编辑器中，"编辑区"的变量模糊子集排列的none和下面的"取否"小图标not意义有什么不同？

14. "求和模块"和"合成模块"有何差异？在sltank仿真模型图中各有何作用？

15. 察看仿真模型示例"shower"和"slbb"的FIS结构。

第6章　神经网络在模糊控制中的应用

模糊数学和模糊逻辑解决了智能系统中自然语言和人类思维推理表达的数学化问题，使机器能模拟人脑的感知、推理等智能行为，在此基础上产生了模糊控制。但是，在模糊系统的应用过程中，还有不少工作，如大量数据的处理、操作经验的归纳总结，特别是系统中模糊规则的形成、隶属函数的选型、调整等工作，还得依赖于人工完成。

人工神经网络是模拟人脑思维方式的一种数学模型，它反映了人脑功能的基本特征，如并行处理信息、学习新事物、进行联想、模式识别、事物分类、事件记忆等。人工神经网络的最大特点是具有自学习功能，从而使机器在具有人类感知、推理之外，又具备了另一部分智能行为——思维、学习、信息处理等功能。神经网络是在现代生物学研究人脑结构和功能成果的基础上提出来的，是用于模拟人类大脑神经网络的结构和功能的数学模型，可以用电子器件或光电器件构成的线路予以实现，也可以用软件在计算机上进行仿真。它是一门高度综合的交叉学科，已经应用并渗透到工程的各个领域，诸如模式识别、知识处理、传感技术、控制工程、电力工程、化工工程、环境工程、生物工程及机器人等各个方面。

如果将神经网络引入模糊系统，就可能代替人们去处理设计模糊系统时遇到的部分繁杂的智能性工作，诸如生成模糊规则、调整隶属函数等，这样就能提高模糊系统的学习和表达能力，实现控制工程界长久以来的期盼。理论分析和实践结果表明，模糊推理和神经网络是可以融合在一起的，这种融合克服了模糊理论不具备自学习能力和神经网络无法表达人类自然语言的缺点，从而使机器能更好地模拟人类智能而提高工作效率。

本章在讲述神经网络基本原理的基础上，着重介绍模糊理论和神经网络的结合以及如何在MATLAB上利用神经网络处理大量数据和进行模糊系统的仿真设计。

6.1　神经网络的基本原理

人工神经网络（artificial neural network，ANN）简称神经网络，是模拟人脑思维功能和组织结构建立起来的数学模型，20世纪80年代以来，这一领域的研究已经取得了突破性进展。

6.1.1　神经网络发展历史

随着科学技术的发展，人们对自身的研究从先期的医学和心理学研究，到后来信息学的介入，逐渐形成了神经网络学科，它的发展大致经历了四个阶段。

1. 启蒙期（1890—1969）

1890年，W. James出版专著《心理学》，讨论了脑的结构和功能。1943年，心理学家

W. S. McCulloch 和数学家 W. Pitts 提出了描述脑神经细胞动作的数学模型——第一个神经网络模型，即 M－P 模型。自此开始到 20 世纪 60 年代，产生了多种神经网络的模型，也确立了不少的学习算法。例如，1949 年，心理学家 Hebb 实现了对脑细胞之间相互影响的数学描述，从心理学的角度提出了至今仍对神经网络理论有着重要影响的 Hebb 学习法则。1958 年，E. Rosenblatt 提出了描述信息在人脑中储存和记忆的数学模型，即著名的感知机(percetron)。1962 年，Widrow 和 Hoff 提出了自适应线性神经网络，即 Adaline 网络，并提出了网络学习新知识的方法，即 Widrow 和 Hoff 学习规则（δ 学习规则），同时用电路进行了硬件设计实验。

2. 低潮期（1969—1982）

1969 年之后，受当时神经网络理论研究水平的限制，以及冯・诺依曼式串行计算机发展冲击等的影响，神经网络的研究陷入低谷，许多有才华的科学家都把注意力转向了数字计算机方面。

不过这期间在美、日等国，也有少数学者继续对神经网络模型和学习算法进行研究，提出了许多有意义的理论和方法。例如，1969 年，S. Groisberg 和 A. Carpentet 提出了至今为止最复杂的 ART 网络，该网络可以对任意复杂的二维模式进行自组织、自稳定和大规模并行处理；1972 年，Kohonen 提出了自组织映射的 SOM 模型。

3. 复兴期（1982—1986）

1982 年，美国加州工学院物理学家 Hoppield 提出了 Hoppield 神经网络模型，该模型通过引入能量函数，实现了问题优化求解。1984 年他又用此模型成功地解决了旅行商路径的优化问题（TSP），从此神经网络的研究又走上了一段黄金时期。

20 世纪 80 年代后期，神经网络系统理论形成了许多发展的热点，多种模型、算法和应用问题都被提出，完成了很多有意义而影响较大的工作。特别是 1986 年，Rumelhart 和 McCelland 等出版了 *Parallel Distributed Processing* 一书，提出了一种著名的多层神经网络模型，它和误差反向传播算法（BP 算法）相结合，形成了著名的 BP 网络，成为迄今为止应用最普遍的一种神经网络。

4. 新连接机制时期（1986—现在）

1986 年以来，神经网络理论与技术的发展大体从三个方面进行。

① 硬件方面：实现了规模超过 1 000 个神经元的物理系统；着手研究电子元件之外的光电元件和生物元件等神经网络系统；出现了神经网络芯片和神经计算机。

② 理论方面：神经网络系统理论的研究更加深入和广泛，主要有 Boltzman 机理论的研究、细胞网络的提出和性能指标的分析等。

③ 应用方面：神经网络的应用领域也更加广泛，其中主要有模式识别与图像处理（语音、指纹、故障检测和图像压缩等）、控制与优化、预测与管理（市场预测、风险分析）、通信等。

6.1.2　神经元的生理结构

神经生理学和神经解剖学的研究表明，人脑极其复杂，由一千多亿个神经元交织在一起，构成一个很大的网状结构。其中大脑皮层约有 140 亿个神经元，小脑皮层约有 1 000 亿个神经元，从而使人脑能够完成智能、思维等高级智能活动。为了利用数学模型来模拟人脑的活动，人们进行了许多有关神经网络的科学研究，简单介绍如下。

1. 神经元的生理结构

神经系统的基础单位是神经元（单个神经细胞），它是处理人体内各部分之间信息相互传递的基本单元。每个神经元都由一个细胞体、一个连接其他神经元的轴突和一些向外伸出的其他较短分支——树突组成，它的生理结构如图 6－1 所示，对构成神经元的四部分介绍如下。

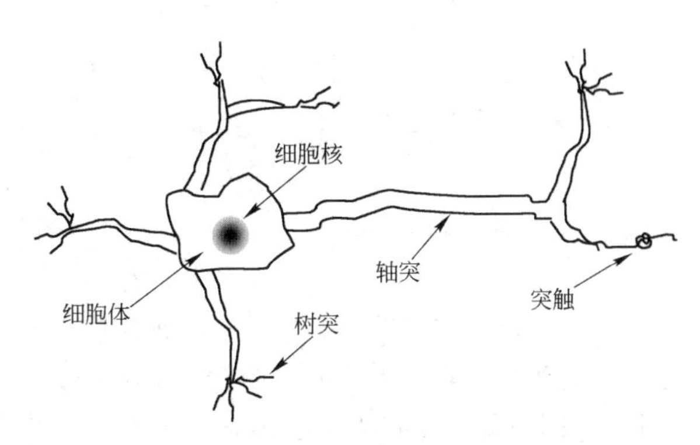

图 6－1　神经元生理结构示意图

① 细胞体（cell body）：其大小为5～100 μm，包括细胞质、细胞膜和细胞核，它是神经元活动的能量供应地和神经元的代谢中心。

② 树突（dendrites）：也称枝晶，细胞体上多而短的分枝突起，称为树突。它是神经元的输入接口，接收传入的神经冲动，即信息。

③ 轴突（axon）：细胞体上最长的分枝突起，称轴突，也称神经纤维，每个神经元只有一个。轴突末梢含传递信息的化学物质，用于传出神经冲动信息。

④ 突触（synaptic）：神经元之间通过轴突（传出）和树突（接收）相互连接，其接口称为突触。每个神经元细胞有 10^4～10^5 个这样的接口，它是神经元的轴突与其他神经元神经末梢相连的部分。神经元之间通过树突和轴突实现信息的传递。

每个神经元将接收到的所有信号，进行简单处理后由轴突末端的神经末梢同时传送给多个神经元，于是亿万个神经细胞就构成了一个神经网络。

2. 神经元的功能

1）兴奋与抑制

如果传入神经元的冲动信息，经整合后使细胞膜电位升高，超过动作电位的阈值时即为兴奋状态，产生神经冲动，由轴突经神经末梢传出。

如果传入神经元的冲动信息，经整合后使细胞膜电位降低，低于动作电位的阈值时即为抑制状态，不产生神经冲动。

2）学习与遗忘

由于神经元结构具有可塑性，突触的传递作用可增强或减弱，因此神经元具有学习与遗忘的功能。

6.1.3 神经元的数学模型

1. 人工神经元的模型

根据神经元的生理解剖和它的功能特性，经过分析提出如图 6－2 所示的神经元的数学模型。

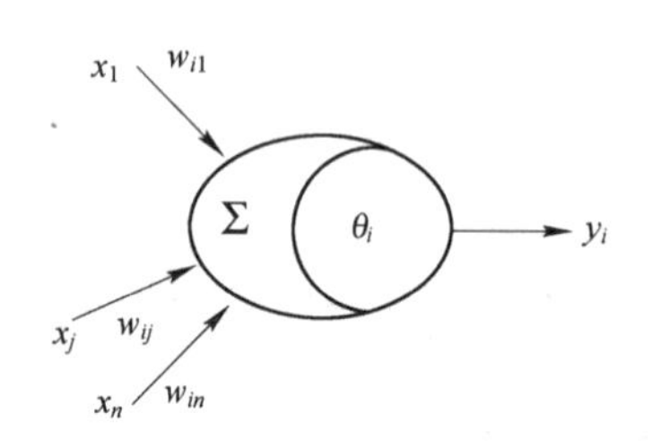

图 6－2 神经元的结构模型

根据这个结构模型，神经元可以看作是一个多输入、单输出的非线性信息处理单元，设神经元的输出量为 y_i，则有：

$$y_i = f(\mathrm{net}_i),\text{其中 } \mathrm{net}_i = \sum_j^n w_{ij}x_j - \theta_i$$

式中：x_j——由神经元 j 到神经元 i 的输入，$j=1, 2, \cdots, n$；

y_i——神经元 i 的输出，可以跟其他多个神经元连接；

w_{ij}——神经元 j 至神经元 i 的连接权值；

θ_i——神经元 i 的阈值；

$f(\cdot)$——神经元的激发函数，或称作用函数，它是一个非线性函数。

据此模型，调节 w_{ij} 和 θ_i 是改变输出量大小的基本办法，因为当一个信息 x_j 输入到神经元时，连接权值 w_{ij} 和阈值 θ_i 直接决定着 net_i 的大小，而输出量是由 $y_i=f(\mathrm{net}_i)$ 决定的。

2. 常用的激发函数

神经元模型有多种激发函数（activation function）。它们具有的突变性和饱和性，反映了神经元的冲动和疲劳特性（兴奋和抑制）。人们提出过许多激发函数，下面列举几种有代表性的、常用的激发函数类型。

1）阈值函数型（threshold function）

这类激发函数将任意输入 x_j 转化为“0 或 1”两种状态，函数形式如下：

$$f(\mathrm{net})=\begin{cases}1 & \mathrm{net}>0\\ 0 & \mathrm{net}\leqslant 0\end{cases}$$

有时取双极形式，将任意输入 x_j 转化为“-1 或 $+1$”，函数形式如下：

$$f(\mathrm{net})=\begin{cases}1 & \mathrm{net}>0\\ -1 & \mathrm{net}\leqslant 0\end{cases}$$

它的图形如图 6－3 所示。

这种类型的函数称为离散输出模型，它不可微，属于阶跃类函数，多用作判断输入值是否超过阈值。

2）分段线性函数型（ramp function）

函数形式如下：

$$f(\mathrm{net})=\begin{cases}0 & \mathrm{net}\leqslant \mathrm{net1}\\ k\mathrm{net} & \mathrm{net1}<\mathrm{net}<\mathrm{net2} \quad (k\text{ 为常数})\\ 1 & \mathrm{net2}\leqslant \mathrm{net}\end{cases}$$

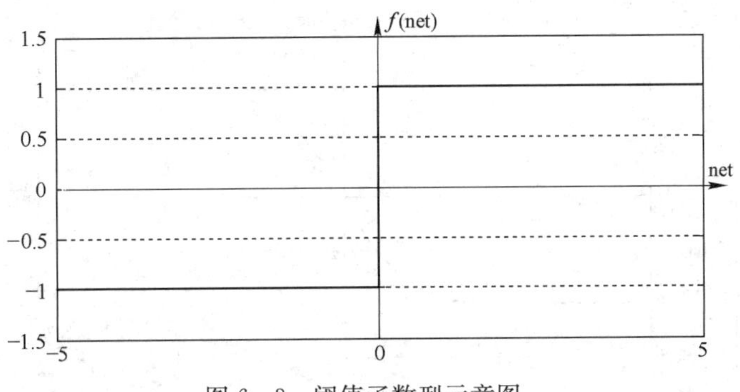

图 6-3　阈值函数型示意图

类似于一个带限幅的线性放大器，输出与输入的激发总量成正比，故称这种神经元为线性连续模型。工作于线性区时，放大倍数为 1。这类函数不可微，属于阶跃类函数。

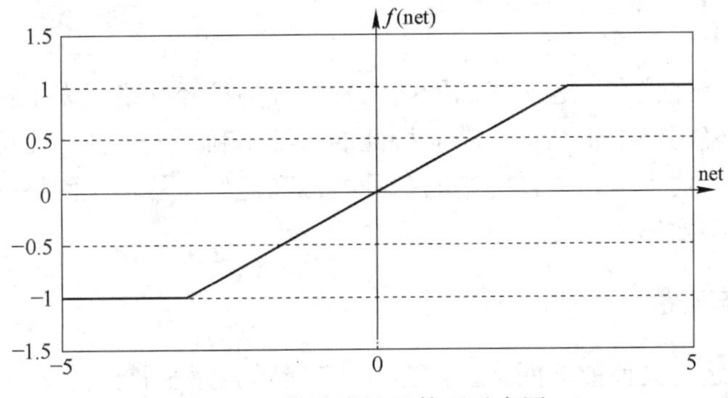

图 6-4　分段线性函数型示意图

3) S 型函数或压缩函数（squashing function）

常用的 S 型函数有 Sigmoid、gauss 等。如果取 Sigmoid 函数，将任意输入信号都压缩到（0，1）的范围内，函数形式如下：

$$f(\text{net})=\frac{1}{1+\exp(-\text{net}/c)}\quad (c\text{ 为常数})$$

或取双曲函数，它将任意输入信号都压缩到（－1，1）的范围内，函数形式如下：

$$f(\text{net})=\frac{\exp(\text{net}/c)-\exp(-\text{net}/c)}{\exp(\text{net}/c)+\exp(-\text{net}/c)}=\tanh(\text{net}/c)\quad (c\text{ 为常数})$$

这个函数的输出是非线性的，故称这种神经元为非线性连续模型。它具有平滑和渐进性，并保持单调性，主要特征是可微、阶跃。参数 c 可以调节曲线的斜率。取双曲函数时，一般形式如图 6-5 所示。

由图 6-5 可知，S 型函数的值域是（0，1），而它的一阶导数 $f'(\text{net})$ 的值域是（0，0.25），且当 $f(\text{net})$ 为 0.5 时，$f'(\text{net})$ 达到最大值。S 型函数被广泛应用的原因，除了上述优点外，还因为它对输入信号有一个较好的增益控制：函数的值域可以由用户根据实际需求设定，当 $|\text{net}|$ 的值较小时，$f(\text{net})$ 有较大的增益，而当 $|\text{net}|$ 的值较大时，$f(\text{net})$ 有较小的增益。这一特点可以防止网络进入饱和状态。

由激发函数的不同，便可得出不同的神经元数学模型。

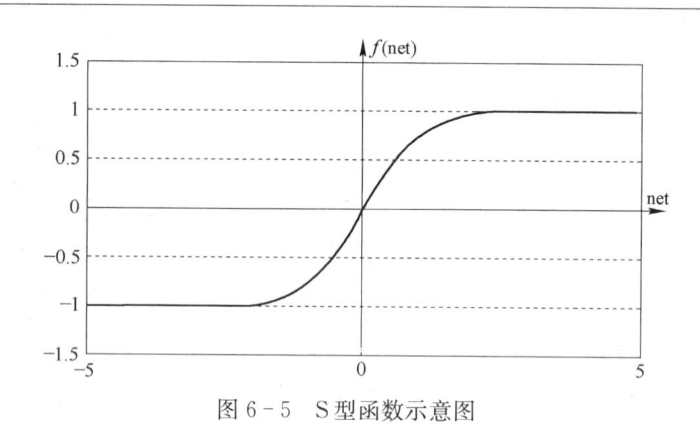

图 6-5 S型函数示意图

6.1.4 人工神经网络模型

许多神经元相互连接在一起构成的网络结构，称为神经网络。人工神经网络是以工程技术手段模拟人脑神经网络组织结构与功能特征的系统。利用人工神经元可以构成各种不同拓扑结构的神经网络，成为生物神经网络的一种模拟和近似。从神经网络的连接方式着眼，可以认为有以下三种基本形式。

1. 前馈型神经网络

前馈型神经网络，又称前向网络。如图 6-6 所示，每个神经元为一个节点，用小圆圈表示，神经元分层排列，组成输入层、隐含层（又称中间层）和输出层。每一层的神经元只接受前一层神经元的输出成为这一层的输入。前馈型神经网络结构上的最大特点是含有较多的隐含层，能够提取高序统计数据。

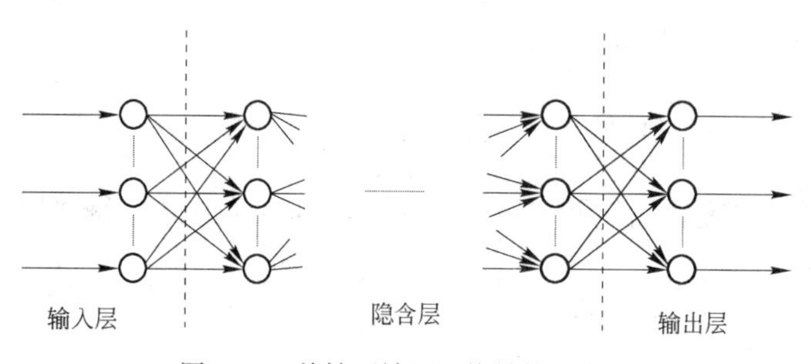

图 6-6 前馈型神经网络结构示意图

输入信息经过各层的变换后，由输出层输出。感知机和误差反向传播网络都采用这类前馈型神经网络结构的形式。这类神经网络具有以下几个特征：

① 能逼近任意非线性函数；

② 能对信息进行并行分布式处理与存储；

③ 可以多输入、多输出；

④ 便于用超大规模集成电路（VISI）或光电集成电路系统实现，或用现有的计算机技术仿真；

⑤ 能进行学习，以适应环境的变化。

2. 反馈型神经网络

如图 6 - 7 所示，该网络结构中至少含有一个反馈回路的神经网络，即每一个输入节点都有可能接受来自外部的输入和来自输出神经元的反馈。这种神经网络是一种反馈动力学系统，它需要工作一段时间才能达到稳定。

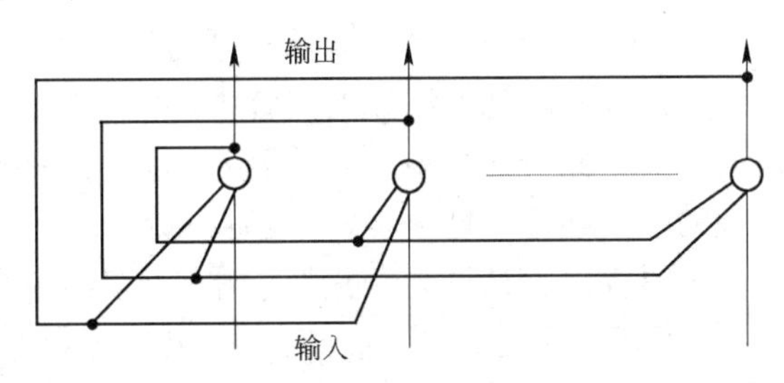

图 6 - 7　反馈型神经网络结构示意图

反馈网络中最简单且应用最广泛的模型是 Hopfield 神经网络，它具有联想记忆的功能，如果将 Lyapunov 函数定义为寻优函数，Hopfield 神经网络还可以解决寻优问题。

3. 自组织网络

自组织网络结构如图 6 - 8 所示。

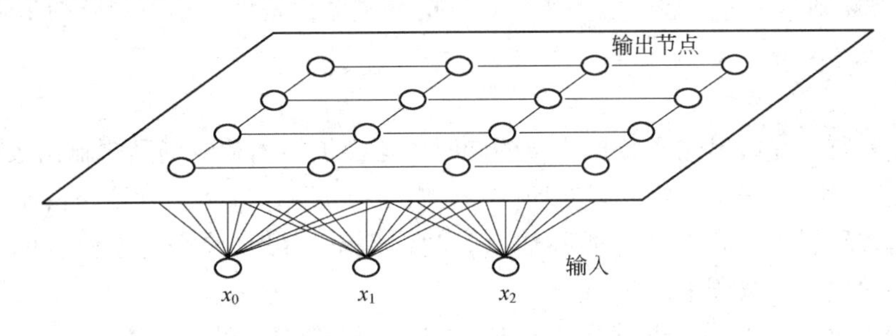

图 6 - 8　自组织网络结构示意图

Kohonen 网络是最典型的自组织网络。当神经网络在接受外界输入时，网络将会分成不同的区域，每个区域具有不同于其他区域的响应特征，即不同的神经元以最佳方式响应不同性质的信号激励，从而形成一种拓扑意义上的特征图。图 6 - 8 实际上是一种非线性映射。这种映射是通过无监督的自适应过程完成的，所以也称为自组织特征图。

6.1.5　神经网络模型的学习方法

人工神经网络能学会它可以表达的任何东西，只是它的表达能力有限，限制了它的学习能力。人工神经网络的学习就是对它的训练过程，学习训练的目的就是调整各神经元间的连接权值，以便对输入数据给出相应的输出数据。人工神经网络的学习训练，就是先把信息数据输入其中，按照一定的方式去调整神经元之间的连接权值，使网络能将样本数据内在的规律以连接权值矩阵的形式存储起来，从而使网络在接收到新的输入时，可以给出恰当的输出。

神经网络的学习训练方法分两类：无导师学习（unsupervised learning）与有导师学习（supervised learning）。它们都是在学习训练中修改、调整神经元之间的权值，但根据的原则却有所不同。

1. 无导师学习

无导师学习最早由 Kohonen 等人提出，学习训练中只需要系统的输入数据集合，学习训练过程中网络按照预先设定的规则，把训练数据集合中蕴涵的统计特性等规律抽取出来，并以神经元之间连接权值的形式存储于网络中。通过学习训练，最终使网络能对相似的输入向量（数据集合）给出相似的输出向量。Hebb 学习规则、竞争与协同学习、随机连接学习等规则都属于无导师学习。这里仅以 Hebb 学习规则为例，予以简单介绍。

1949 年 D. O. Hebb 基于生理学和心理学的研究，提出了生物细胞学习的假说，认为“当两个神经细胞都处于激发状态时，连接它们的突触将得到加强”。1962 年这一假说被数学语言描述为：若第 i 个神经元与第 j 个神经元同时处于兴奋状态，它们间的连接强度，即连接权值 w_{ij} 应该增加 Δw_{ij}，即：

$$w_{ij}(t+1)=w_{ij}(t)+\Delta w_{ij}(t)$$
$$\Delta w_{ij}(t)=\alpha y_j(t)y_i(t)$$

式中：α 为设定的学习率；$y_i(t)$、$y_j(t)$ 分别为 t 时刻神经元 i 和 j 的输出。

Hebb 学习规则是一种联想式学习方法，它的相关假设是许多学习规则的基础。

2. 有导师学习

有导师学习要求在给出输入数据向量的同时，还必须给出相应的理想输出数据向量，输入和输出数据向量构成一个“学习训练对”。常用的学习训练方法是梯度下降法，其基本思想是根据希望的理想输出和网络的实际输出之间误差平方最小原则，来修改网络的权值向量。通常有导师学习算法按下述步骤进行：

① 从样本数据中取出一个样本（A_i，B_i），其中 B_i 为希望的理想输出；

② 根据样本的输入数据 A_i，计算出网络的输出 C_i；

③ 求出误差 $D_i=B_i-C_i$；

④ 根据 D_i 调整权值 W_i；

⑤ 对每个样本重复上述过程，直到样本集的误差不超过设定范围。

有导师学习训练算法中，最重要、应用最多的是 Delta（δ）学习规则。1960 年，Widrow和 Hoff 提出了如下形式的 Delta 规则。设 m 个样本数据的误差函数为：

$$E=\sum_{p=1}^{m}E_p=\frac{1}{2}\sum_{p=1}^{m}(d_p-y_p)^2$$

式中：E_p 为第 p 个样本的误差函数；d_p 代表希望的理想输出（导师信号）；y_p 代表网络的实际输出。由于 $y_p=f(\mathrm{net}_p)$，而 $\mathrm{net}_p=\sum\limits_{j}^{n}w_{pj}x_j-\theta_p$，可见 E 与权值 w_{pj} 有关。

采用梯度下降法，即一种求函数极小值的迭代算法，通过不断调节联结权值 w_{pj}，使 E 的取值达到最小。假设权值的修正量 $\Delta w_{pj}=-\eta\dfrac{\partial E}{\partial w_{pj}}$，$\eta$ 为步长，此处称为学习算子。则新的连接权值就变成 $w_{pj}+\Delta w_{pj}$。可以反复进行迭代，直到误差函数 E 小于设定的数值，结束学习训练，固定网络中的连接权值 w_{pj}。若有新信息输入时，网络便可给出适当的输出。

6.1.6　BP 型神经网络原理简介

不同网络模型结构和不同算法的组合，可以形成很多类型的神经网络，以便适用于不同的需求。有的模型结构可以使用多种算法，而有的算法又可能适用于多种网络结构。BP 网络是网络结构和学习算法完美结合的典范，它对人工神经网络第二次研究高潮的到来、对神经网络的推广和应用都起到了重要的作用。BP 网络的应用非常广泛，在模式识别、图像处理、系统辨识、函数拟合、优化计算、最优预测、自适应控制等领域都有应用。在多种神经网络中，这里仅对 BP 网络原理作些简单介绍。

BP 网络就是“采用误差反向传播学习算法的多层前馈神经网络”，它的结构是多层前馈网络（multilayer feedforward neural networks），如图 6－6 所示。它使用的算法是误差反向传播（back propagation）学习算法，即 BP 算法。

为了解决线性不可分问题引入多层网络后，由于无法知道网络隐含层神经元的理想输出值，便出现了如何估计隐含层神经元误差的难题，致使人工神经网络的研究一度陷入困境，BP 算法的出现解决了这个难题。BP 算法就是利用输出层得到的误差，估计出前一层（属于隐含层）的误差，再用这个误差估计出更前一层的误差，如此继续下去，可以获得隐含层中各层的误差。这样，在由后向前估计误差的过程中，对隐含层神经元的权系数也进行着修改，使误差信号趋向最小。这个过程就像误差在反向传播，因此把这种算法称为误差反向传播学习算法。BP 算法是一种非循环多极网络的训练算法，它的出现结束了多层网络没有训练算法的历史。

BP 网络中，隐含层神经元的激发函数多数选用 S 型函数，以便保证它处处可微，因为在估算隐含层误差时要用到激发函数的导数。输出层神经元的激发函数可以选线性函数。

BP 网络进行学习训练时是属于有导师的，用的是 Delta(δ) 学习规则。它采用梯度搜索技术，以期使网络的实际输出值与理想期望输出值的误差均方值达到最小，这种算法的基本思想就是最小二乘法。关于 BP 算法的详细推导，可参看有关神经网络的专著。下面归纳出 BP 网络的主要特点：

① BP 网络是一种包括输入层、隐含层和输出层的多层网络；

② 各层的神经元之间采用全互联方式，同层神经元之间互不连接；

③ 权值是通过 δ 学习算法进行调节的；

④ 神经元的激发函数为可导的 S 型函数；

⑤ 学习算法由正向传播信息和反向传播误差组成；

⑥ 层与层之间的连接是单向的。

BP 网络的优点是：

① 只要有足够多的隐含层和隐含层节点，可以逼近任意的非线性函数；

② 学习算法属于全局逼近方法，具有较强的泛化能力；

③ 采用分布存储关联信息的方法，个别神经元的损坏对输入-输出关系的影响很小，因而具有较强的容错能力。

BP 网络的缺点是：

① 待确定、优化的参数较多，收敛的速度慢，因此难以适应实时控制的需求；

② 由于目标函数存在多个极值点，用梯度下降法学习时很容易陷入局部极小值；

③ 隐含层及其节点数目难以确定，目前只能根据经验来试凑。

6.2 神经模糊控制

我们知道，模糊控制是一种仿人思维的控制技术，它不依赖于被控过程的数学模型。但是它需要利用专家的先验知识进行近似推理，缺乏在线自学习或自调整的能力。因此自动生成、调整隶属函数或调整模糊规则，往往成为进行模糊控制的难题。而神经网络对环境的变化有极强的自学习能力，在建模方面具有黑箱学习模式的特点。然而在学习完成后，从输入、输出数据得出的关系却无法用人们易于接受的方式表示出来。如果能将模糊理论表达知识的能力和神经网络的自学习能力结合起来，提高整个系统对知识的学习和表达能力，无疑会受到控制工程界的极大欢迎。

神经网络可以处理清晰数据，也可以处理模糊信息。利用神经网络处理信息的功能，可以实现模糊规则和模糊推理功能，甚至实现全部模糊控制的功能。

模糊系统中，经常使用两种类型的模糊模型，它们的输出量不同：一种模糊模型的输出量是模糊集合，称为常规模糊系统模型，典型的代表是 Mamdani 型模糊模型；另一种模糊模型的输出量是输入变量的线性函数，典型的代表是 Sugeno 型模糊模型。本节介绍神经网络与 Mamdani 型模糊模型系统结合的原理和结构，下一节再介绍神经网络与 Sugeno 型模糊模型系统结合的情况。

Mamdani 型模糊模型系统的核心组成是模糊化模块、模糊推理模块和清晰化模块，其功能都可以用人工神经网络完成。

例如，如果向某个神经元输入清晰量 x，它的激发函数设定为某个可微的函数，如高斯函数 $y=\exp(-(x-c)^2/(2\sigma^2))$或普适隶属函数 $\exp(-|ax-b|^r)$，则输出量为 $y\in[0,\ 1]$。这个 y 就可以表示 x 属于某个模糊子集（隶属函数）的隶属度。这样神经元就完成了模块 D/F 的功能，使清晰量转化成了模糊量。改变激发函数中的常数 c、σ 或 a、b 和 r，就可以变换隶属函数的类型和形状。用这样的神经元完全可以实现模糊化模块“D/F”的功能。

又如，设某个神经元有多个输入、一个输出，可将它的激发函数定义成对输入量的“取大”“取小”或其他运算，就能完成模糊推理、综合或清晰化等不同的功能。

如果把功能不同的许多神经元连成网络，完全可以构成一个神经模糊系统，完成前面介绍过的模糊系统所具有的功能。图 6-9 表示一个双输入、单输出神经网络模糊系统的结构示意图，它采用多层前向神经网络，每层完成一个特定的任务，然后把信息传到下一层。

第一层完成接受偏差 e 和偏差变化率 ec 的任务。

第二层完成模糊化任务，把输入的数值量转换成模糊量，即属于某个模糊子集的隶属度。

第三层、第四层共同完成模糊推理过程。第三层完成规则的前件；第四层完成规则的后件，进行模糊推理并输出模糊量。

第五层完成清晰化过程，最后输出控制量。

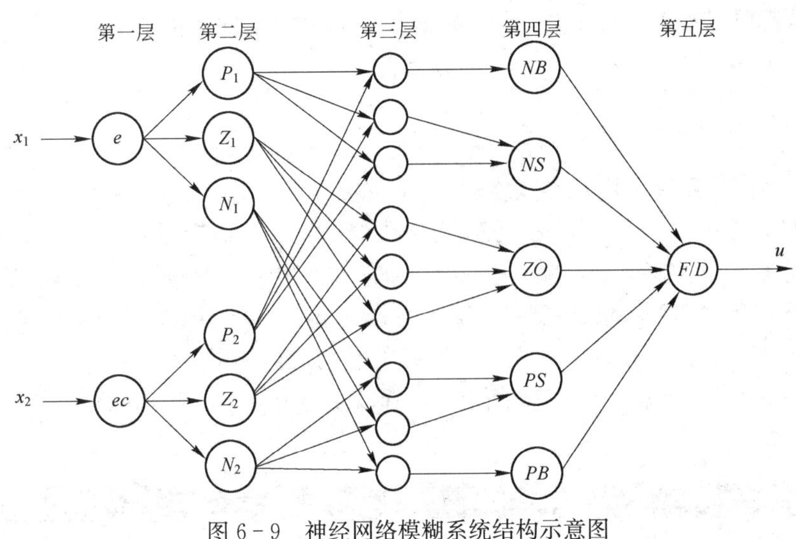

图6-9　神经网络模糊系统结构示意图

这种完全用神经网络完成的模糊控制系统，需要进行特殊的设计和繁杂的调试，个性很强，这里不再详细介绍。

6.3　用自适应神经模糊系统建立FIS

MATLAB中的自适应神经模糊系统，是用神经网络理论自动建立Sugeno型模糊模型的一个软件，设有专用指令和图形界面编辑器，使用非常简便。通过对它的了解和使用，可以加深对前面内容的理解，并可进行仿真设计，有一定的实用价值。

MATLAB中的自适应神经模糊系统（adaptive neuro-fuzzy inference system或adaptive network-based fuzzy inference system，ANFIS)，是把神经网络理论和T-S模糊推理结合在一起的一个系统，它可以根据大量数据，通过自适应建模方法建立起模糊推理系统(FIS)。由于用神经网络建立FIS是对数据进行处理的结果，采用输出量是数值函数的Sugeno型模糊模型较为方便，因此，MATLAB中只提供用神经网络计算、推理并建立Sugeno型FIS的方法。MATLAB提供的ANFIS工具箱函数和图形化编辑工具，可以用神经网络技术通过对大量已知数据的学习、联想、推理计算，建立起T-S型FIS。其中的模糊规则和隶属函数参数，是神经网络用“反向传播法（backpropa)”或“混合法（hybrid)”计算得出的，而不用人工总结归纳人的直觉操作经验或直观感知。

在MATLAB中，可以用命令行和图形用户界面（GUI）两种方法构造出T-S型FIS，这里只介绍简便、直观、形象的图形用户界面方法。

6.3.1　ANFIS图形用户界面简介

对一个无法建立数学模型的系统进行测试时，总可以得出许多输入-输出数据，人们从这些数据直接归纳出系统的规律是很困难的。然而，利用MATLAB中的Anfis工具，却可以根据这些数据通过计算推理得出一个描述该系统的Sugeno型FIS。这个FIS的模糊规则、隶属函数参数都可以根据已知输入-输出数据和所提出的条件，由Anfis推算得出，这样就大大减轻了人工提炼、归纳和演算的烦琐劳动。

1. Anfis编辑器的调出

自适应神经模糊系统是用神经网络建立Sugeno型模糊模型的软件系统，所以通常可从Sugeno型模糊系统编辑器界面进入，按下述步骤调出Anfis编辑器：

① 在MATLAB主窗口中，输入fuzzy，回车，弹出FIS编辑器（Mamdani型）界面；

② 在FIS编辑器（Mamdani型）界面上，选择File|New FIS...|Sugeno，得出FIS编辑器（Sugeno型）界面，在此界面上可对系统的结构进行编辑；

③ 在FIS编辑器（Sugeno型）界面上，选择Edit|Anfis...，得出如图6-10所示的Anfis编辑器界面。

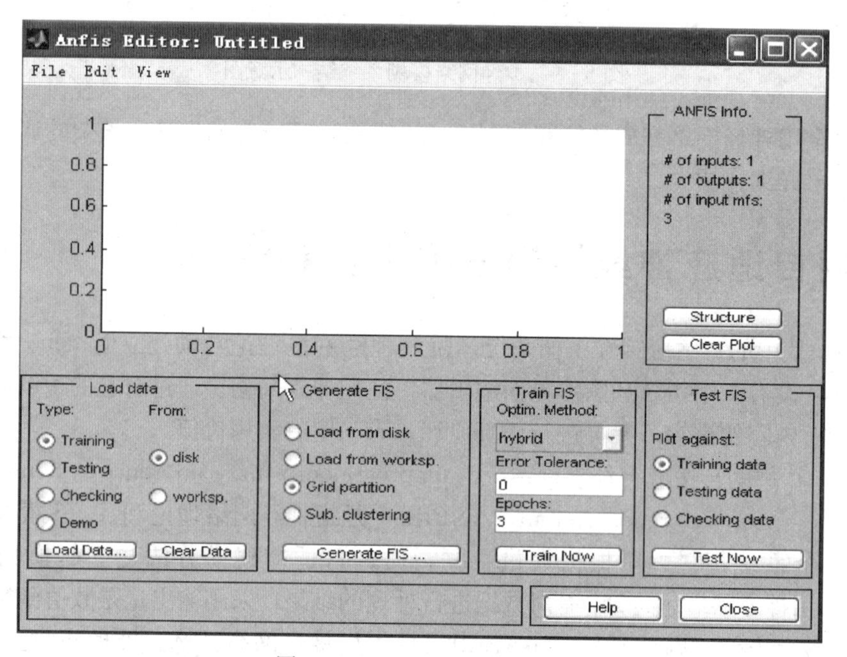

图6-10 Anfis编辑器界面

除此之外，也可以在MATLAB主窗口输入anfisedit，回车，得出如图6-10所示的Anfis编辑器界面。指令“anfisedit”是anfis和editor结合连接的缩写。

2. Anfis编辑器界面简介

1）Anfis编辑器上主菜单及界面布局

Anfis编辑器界面设有三个主菜单：File（文件）、Edit（编辑）和View（视窗），它们的子菜单和GUI其他编辑器的子菜单内容一样，不再赘述。

在这些主菜单下面有一个图形区，用于显示输出量的数据点标志。图形区右侧“ANFIS info.（ANFIS信息:）”之下，显示着有关系统的信息：“# of inputs:（输入量个数:）”，“# of outputs:（输出量个数:）”和“# of input mfs:（覆盖输入量模糊子集即隶属函数个数:）”……最下边设有两个控制功能按钮：“Structure”，单击它，可以显示系统结构图；

“Clear Plot”，单击它，可以清除显示区内的图形。

界面下部设有四个编辑区，它们的名称和功能分别为：“Load data”编辑区是装载数据的；“Generate FIS”编辑区是根据装载的数据生成初始 FIS 的；“Train FIS”编辑区是根据数据学习训练初始 FIS 的；“Test FIS”编辑区是用于核查数据测试 FIS 的。它们每一项之下都有一些子菜单，单击选中后，左侧○变成⊙。数据处理菜单见表 6-1。

表 6-1　数据处理菜单

<table>
<tr><th colspan="2">Load data（装载数据）</th><th rowspan="2">Generate FIS
（生成初始 FIS）</th><th rowspan="2">Train FIS
（训练 FIS）</th><th rowspan="2">Test FIS
（测试 FIS）</th></tr>
<tr><th>Type（类型）</th><th>From（来源于）</th></tr>
<tr><td>○ Training（训练）</td><td rowspan="2">○ disk（磁盘）</td><td>○ Load from disk</td><td rowspan="3">Optim. Method：（训练方法）<可选 hybrid（混合法）或 backpropa（反向传播法）></td><td rowspan="2">Plot against：
（绘图依据）</td></tr>
<tr><td>○ Testing（测试）</td><td>○ Load from worksp.</td></tr>
<tr><td>○ Checking（检核）</td><td rowspan="3">○ worksp.
（工作空间）</td><td>○ Grid partition（网格法）</td><td>○ Training data</td></tr>
<tr><td rowspan="2">○ Demo（演示）</td><td rowspan="2">○ Sub. clustering
（相减聚类法）</td><td>Error Tolerance：（误差精度）</td><td>○ Testing data</td></tr>
<tr><td>Epochs：（最大训练次数）</td><td>○ Checking data</td></tr>
<tr><td colspan="2">“Load Data...”（装载数据）
“Clear Data”（删除数据）</td><td>“Generate FIS...”
（生成初始 FIS）</td><td>“Train Now”
（开始训练）</td><td>“Test Now”
（开始测试）</td></tr>
</table>

注：四个编辑区下面，凡加有双引号的文字为功能按钮，单击它们即可执行该区的编辑任务。

这四个编辑区中，对于“Generate FIS”需要特别作一些说明。

2）生成初始 FIS（Generate FIS）的两种方法

用 Anfis 构造 FIS 时，必须有一个初始的 FIS 结构，Anfis 在它的基础上才能根据已有数据经过一定的计算，编辑修改形成最终的 FIS。这个初始 FIS，可以是预先设置好的 FIS 结构，由“disk”或“worksp.”装入 Anfis，也可以是 Anfis 根据提供的数据用“Grid partition（网格分割）”法或“Sub. clustering（subtractive clustering 减法聚类）”法自动生成。多数情况下，使用根据输入数据生成的办法。下面介绍根据输入数据生成 FIS 初始结构的两种方法。

（1）网格分割法

网格分割法是将已装入 Anfis 的数据用“网格”加以分割，然后按照设定的参数，依据模糊 C-均值聚类方法建立起模糊系统。

欲用此法生成初始 FIS 结构，可在“Generate FIS”编辑区下，先单击菜单“Grid partition”左侧的小图标○，使它们变成⊙。然后再单击功能按钮“Generate FIS...”，则弹出用网格分割法生成初始 FIS 的参数对话框，如图 6-11 所示。

在如图 6-11 所示 Grid partition 生成初始 FIS 参数对话框界面上，有三项内容需要填写或选择。

① INPUT（输入变量）。

界面左侧“INPUT”之下，“Number of MFs:”下面编辑框中填入由覆盖各个输入变量模糊子集（隶属函数）的数目构成的向量。例如，系统若有两个输入变量，覆盖它们的模糊子集（隶属函数）个数分别为 4 和 3，则要填入的输入向量为 [4，3]，但填入编辑框时不加方括号；若有三个输入变量，覆盖它们的模糊子集个数分别为 3、4、6 个，则填入 3 4 6。

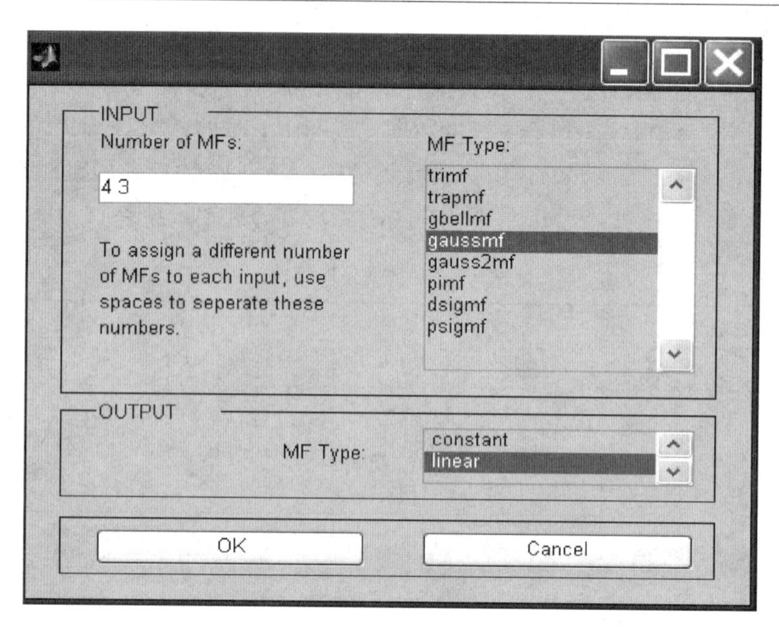

图 6-11 网格分割法生成初始 FIS 的参数对话框

② MF Type（隶属函数类型）。

界面右侧“MF Type”下的编辑框中，预先设有八种类型的隶属函数（常规的 11 种里没有 Z 型、S 型和 Sigmoid 型），单击选定的函数类型，使其背景变成深色即可。但须注意，覆盖每个变量的所有模糊子集隶属函数，只能取同一种类型的函数。

③ OUTPUT（输出量）。

在界面下边“OUTPUT”之下“MF Type”右侧编辑框内，设有两个选项：constant（常量）和 linear（线性函数）。由于生成的系统是 Sugeno 型 FIS，它的输出量只能选这两种类型的函数，常量的具体数值或线性函数的参数，都由 Anfis 根据输入的数据自动生成。

参数选定后，单击界面下边的功能按钮“OK”，就能自动生成初始 FIS。

（2）相减聚类法

相减聚类法是一种用来估计一组数据中的聚类个数和聚类中心位置的快速单次算法。它算出每个点周围的数据点密度，用密度大小衡量成为聚类中心的可能性，取密度最大者作为聚类中心。

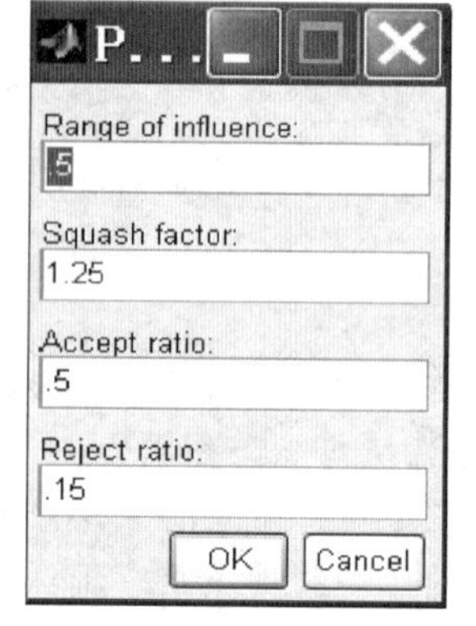

图 6-12 相减聚类法参数对话框

欲用此法生成初始 FIS 结构，可在“Generate FIS”编辑区下，单击菜单“Sub. clustering”左侧的小图标“○”，使它们变成“⊙”，再单击功能按钮“Generate FIS...”，则弹出用相减聚类法生成初始 FIS 的参数对话框，如图 6-12 所示。

图 6-12 所示的参数对话框里，有四项内容需要填写或选择。

① Range of influence（聚类中心的影响范围）。

其下的编辑框内可填入 0.2～0.5 内的任一数值。所填数值越大，聚类中心的影响范围越大。数据组的聚类中心总数则越少，生成的模糊规则数也就越少；反之，生成的规则数越多。

② Squash factor（挤压系数）。

其下的编辑框内可填入 1.25 左右的数值。聚类中心数据位置跟挤压系数相乘，其得数决定着这个聚类中心的影响范围。

③ Accept ratio（认可比率）。

其下的编辑框内可填入 0.5（默认值）左右的数值。一个数据能否成为新的聚类中心，与认可比率的大小有很大关系。

④ Reject ratio（拒绝比率）。

其下的编辑框内可填入 0.15（默认值）左右的数值。一个数据能否被排除在聚类中心之外，与拒绝比率的大小有很大关系。

图 6-12 所示的参数对话框中挤压系数、认可比率和拒绝比率，都与聚类中心的影响范围密切相关、相互影响，调整起来较为麻烦，通常都取默认值，除非要进行非常细微的调整。

3. 四个编辑器的功能和用法

Anfis 编辑器界面上四个编辑器的主要功能，是根据数据建立 FIS。

“Load data”编辑区是装载数据用的，可以选择装载训练数据、测试数据或检验核查数据，这些数据都需要预先存入磁盘或送入工作空间。因为 Anfis 系统只能设计多输入-单输出的 Sugeno 型 FIS，所以要求这些数据都写成 m 行 n 列的矩阵形式，表示共有 m 组数据，每组中有（$n-1$）个输入变量和一个输出变量。

“Generate FIS”编辑区是生成初始 FIS 的。因为 Anfis 根据数据对 FIS 的编辑修改时，必须有一个基础——初始 FIS。初始 FIS 可以由预先存入工作空间或磁盘的 FIS 结构装入 Anfis，也可以根据已有的数据由 Anfis 用聚类法生成，它是形成最终 FIS 的基础，是必不可少的。

“Train FIS”编辑区是根据数据，用神经网络的学习功能对初始 FIS 进行学习训练的。通过学习训练不断修正初始 FIS 结构的参数，使其各项参数达到最佳值。

“Test FIS”编辑区是用于核查数据，对 FIS 进行检核的。通过核查可以看出建立的 FIS 性能是否合乎要求。

6.3.2　用 Anfis 建立 FIS 的步骤

用 Anfis 建立 FIS 的基础是实测数据，我们根据 MATLAB 提供的四组样本数据（在 fuzzydemo 目录下），用 Anfis 设计一个 Sugeno 型模糊系统，通过具体建立过程，了解用 Anfis 建立 FIS 的步骤。

为了以后查阅和利用方便，把这四组数据列在表 6-2 中，其中每一组数据都可作为训练、测试或检核用。

这些数据可以通过下述步骤显示在 MATLAB 主窗口上。

① 在 MATLAB 主窗口输入下述指令，将它们由磁盘调入工作空间：

表 6-2 MATLAB 中提供的四组数据

数据组名称	fuzex1trnData		fuzex2trnData		fuzex1chkData		fuzex2chkData	
数据	−0.960 0	−0.423 3	−0.960 0	−0.638 0	−1.000 0	−0.036 9	−1.000 0	0.583 1
	−0.880 0	−0.727 4	−0.880 0	−0.394 3	−0.920 0	−0.273 0	−0.920 0	−0.409 5
	−0.800 0	−0.713 6	−0.800 0	0.449 7	−0.840 0	−0.693 5	−0.840 0	−0.399 2
	−0.720 0	−0.353 1	−0.720 0	−0.449 1	−0.760 0	−0.715 7	−0.760 0	−0.394 9
	−0.640 0	−0.315 9	−0.640 0	0.244 4	−0.680 0	−0.520 0	−0.680 0	0.449 1
	−0.560 0	−0.434 9	−0.560 0	0.511 7	−0.600 0	−0.429 9	−0.600 0	0
	−0.480 0	−0.531 5	−0.480 0	0.394 3	−0.520 0	−0.397 0	−0.520 0	−0.394 9
	−0.400 0	−0.337 8	−0.400 0	−0.638 0	−0.440 0	−0.385 0	−0.440 0	0.587 4
	−0.320 0	−0.314 4	−0.320 0	−0.449 7	−0.360 0	−0.603 0	−0.360 0	−0.449 7
	−0.240 0	−0.504 0	−0.240 0	−0.511 7	−0.280 0	−0.390 3	−0.280 0	−0.394 3
	−0.160 0	−0.814 2	−0.160 0	−0.583 1	−0.200 0	−0.653 2	−0.200 0	0.449 7
	−0.080 0	−0.572 5	−0.080 0	0.000 0	−0.120 0	−0.459 1	−0.120 0	0.394 9
	0	−0.194 8	0	0.409 5	−0.040 0	−0.266 3	−0.040 0	0.394 3
	0.080 0	0.599 8	0.080 0	−0.449 1	0.040 0	0.167 9	0.040 0	0.647 2
	0.160 0	0.580 5	0.160 0	−0.244 4	0.120 0	0.721 5	0.120 0	0.638 0
	0.240 0	0.575 0	0.240 0	0.449 1	0.200 0	0.790 3	0.200 0	0.244 4
	0.320 0	0.495 5	0.320 0	0.394 9	0.280 0	0.536 1	0.280 0	−0.244 4
	0.400 0	0.441 0	0.400 0	0.587 4	0.360 0	0.474 3	0.360 0	−0.647 2
	0.480 0	0.403 3	0.480 0	0.399 2	0.440 0	0.468 9	0.440 0	−0.511 7
	0.560 0	0.400 9	0.560 0	−0.409 5	0.520 0	0.484 8	0.520 0	−0.583 1
	0.640 0	0.596 2	0.640 0	0.638 0	0.600 0	0.436 6	0.600 0	0.399 2
	0.720 0	0.438 8	0.720 0	0.409 5	0.680 0	0.577 9	0.680 0	0.511 7
	0.800 0	0.490 1	0.800 0	0.647 2	0.760 0	0.618 2	0.760 0	−0.399 2
	0.880 0	0.708 6	0.880 0	−0.000 0	0.840 0	0.549 0	0.840 0	−0.587 4
	0.960 0	0.049 9	0.960 0	−0.587 4	0.920 0	0.516 8	0.920 0	−0.647 2
					1.000 0	0.024 6	1.000 0	0.583 1

```
load fuzex1trnData. dat
load fuzex2trnData. dat
load fuzex1chkData. dat
load fuzex2chkData. dat
```

回车，即完成将这四组数据调入工作空间的任务。

② 在 MATLAB 主窗口依次输入“fuzex1trnData”“fuzex2trnData”“fuzex1chkData”“fuzex2chkData”，回车，屏幕上即显示出相应的一组数据。

由表 6-2 可以看出，所提供的数据是 25×2 矩阵。由此可知它们可以作为一个单输入-单输出系统的实测数据。因此，可用一维 Sugeno 型 FIS 模型描述该系统。

按下述步骤操作，则可用 Anfis 根据一组数据建立一个 FIS 模型。

1. 打开 Anfis 编辑器界面

在 MATLAB 主窗口中，输入“anfisedit”，回车，打开如图 6-10 所示的 Anfis 编辑器界面。

2. 将训练、测试或检核数据装入 Anfis 编辑器

在 Anfis 编辑器界面上的“Load data”编辑区，按下述步骤操作，将训练数据装入 Anfis。

① 依次单击“Training”和“worksp.”左侧的小图标“○”，使它们变成“⊙”。

② 单击下面的功能按钮“Load Data...”，弹出如图 6-13 所示的装入数据对话框。

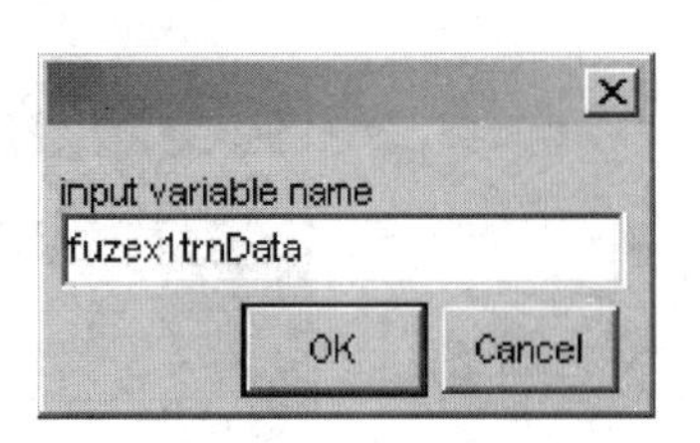

图 6-13　装入数据对话框

③ 在对话框的“input variable name（输入变量名称）”下的编辑框中，填上已调入工作空间的数据文件名，如“fuzex1trnData”。

④ 单击界面下边“OK”按钮，则完成了把名为“fuzex1trnData”的数据组作为训练数据，由工作空间装入 Anfis 系统，并以“o”图形标志显示在 Anfis 编辑器界面的图形区上，如图 6-14 所示。

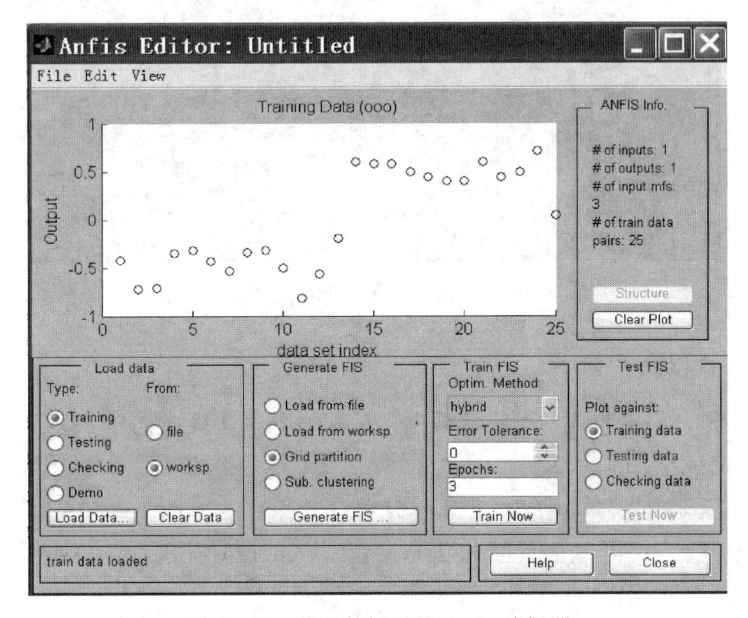

图 6-14　装入数据后的 Anfis 编辑器

图形区的横坐标表示数据组排列的序号，纵坐标表示数据组矩阵的最后一列数据，此处为第 2 列数据，即输出量的取值。

图 6-14 所示 Anfis 界面上，右侧的“ANFIS Info.”栏内显示的信息表明，这时 Anfis 中装入 1 个输入量和 1 个输出量；覆盖输入量的模糊子集是 3 个；输入 Anfis 的训练数据共 25 组。这些数据都是生成初始 FIS 并进行训练的基础。

在 Anfis 中还可以同时装入测试和检核数据。仿照装入 fuzex1trnData 的方法，在“Load data”编辑区，单击“Testing”（或“Checking”）和“worksp.”左侧的小图标“○”，使它们变成“⊙”。然后单击下面的功能按钮“Load Data...”，并在弹出的对话框中填入待装入的数据组名称，单击“OK”按钮，即把它们装入 Anfis 系统。对于其他各组数据，可以把它们作为不同用途（训练、测试或检核）装入 Anfis，若同时显示在图形窗口里会自动使用不同的图形标志。若依照上述方法将 fuzex2trnData、fuzex1chkData 和 fuzex2chkData 三组数据，分别以训练、测试和检核用途装入 Anfis 中，则会自动以不同图形标志显示在图形窗内，如图 6-15 所示，其中“o”表示训练数据，“*”表示测试数据，“+”表示检核数据。

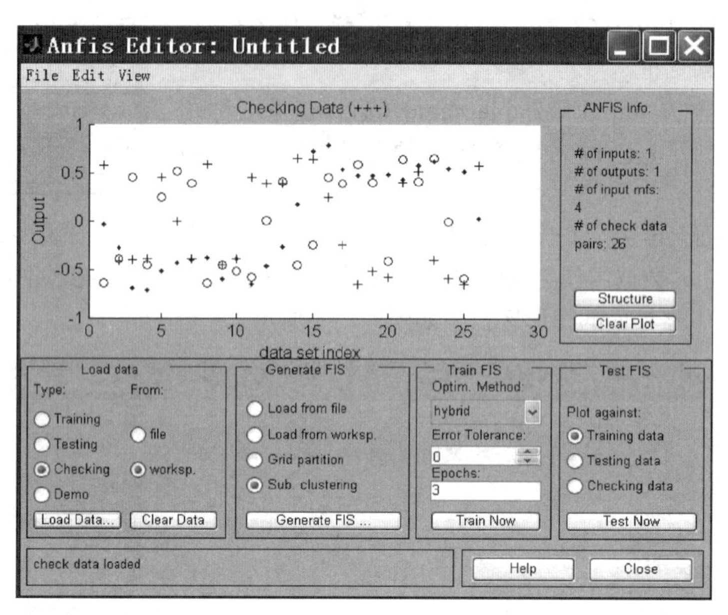

图 6-15　三组不同数据同时显示时的比较

3. 生成初始 FIS

按照下述步骤，根据装入 Anfis 的数据，用网格分割法生成初始 FIS。

1）选定生成初始 FIS 的参数

在 Anfis 编辑器的“Generate FIS”编辑区，单击“Grid partition”左侧的小图标“○”，使它变成“⊙”；再单击下面的功能按钮“Generete FIS...”，则弹出 FIS 参数设定对话框，如图 6-16 所示。

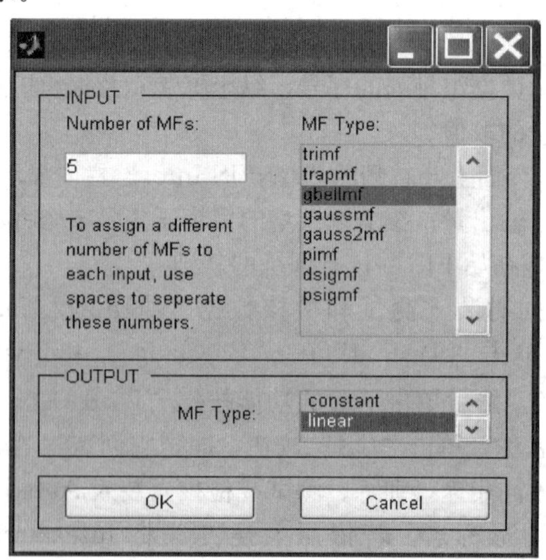

图 6-16　网格分割法生成 FIS 参数设定对话框

在该参数设定对话框里，进行下述操作。

① 在“Number of MFs:”下的编辑框内，填入 5，表示用 5 个模糊子集覆盖输入变量。

② 在“MF Type:”下选中“gbellmf”，表示选用“钟形”隶属函数。

③ 在“OUTPUT”中的“MF Type:”右侧选中“linear”，表示选定输出量为输入量的线性函数。

2）生成初始 FIS 并予观察

参数设置完成后，单击下面的功能按钮“OK”，就生成了初始 FIS。这时图 6－14 所示的 Anfis 编辑器右侧“ANFIS info:”下面，“# of input mfs: 3”变成“# of input mfs: 5”；“# of train data pairs: 25”消失。单击其下的功能按钮“Structure”，就弹出如图 6－17 所示的“Anfis Model Structure（Anfis 模型结构）”窗口。

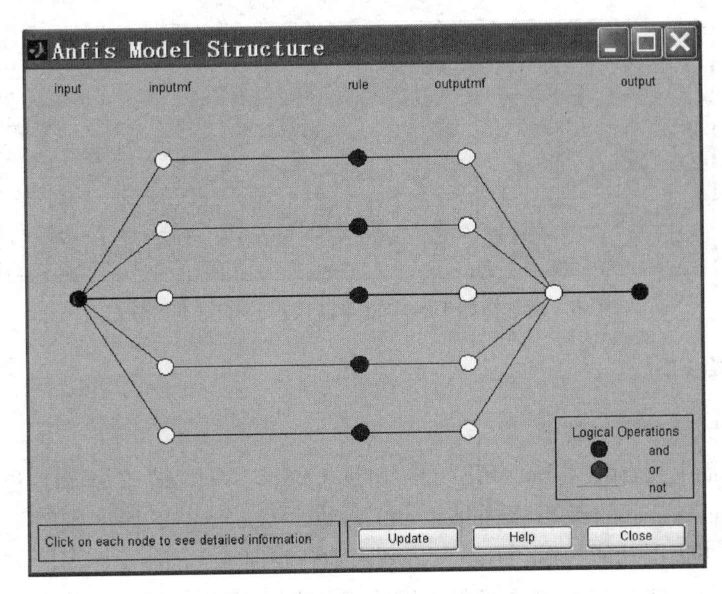

图 6－17　Anfis 模型结构图

在图 6－17 所示的 Anfis 模型结构图上，当选中任意一个节点时可显示出该节点的信息说明。例如，逐次点住第二行的节点，则依次显示出各节点的意义：“input 1，MF in 1 mf2”“Rule 2”“Output MF 2”；若点住界面右边各行的汇聚点，则显示出“Aggregated Output 1”，表明为“综合”。

在图 6－14 所示的 Anfis 编辑器界面上，选择Edit|FIS Properties...，弹出 FIS 编辑器界面。为了以后书写方便，在这个界面上将原输入量名称 input1 改成“x”、原输出量名称 output 改成“u”。再调出 Membership Function Editor:（隶属函数编辑器），将模糊子集名称由左向右依次改为 N2、N1、Z、P1 和 P2，可得出图 6－18。

这时还可以在图 6－18 所示的 MF 编辑器上分别更改各模糊子集隶属函数的类型，使覆盖输入变量的各模糊子集具有不同类型的隶属函数，训练则可以在此基础上进行。以后的训练只能修正隶属函数的参数，不会再改变它的类型。

此时，如果单击输出量“u”的小图框，则会看到输出的函数所有系数全为零，表明这时输出量还没有确定。必须用输入的数据训练这个初始 FIS 后，才能得到输出变量函数的参数。同时，经过训练后图 6－18 上覆盖输入量的隶属函数参数也会发生变化。

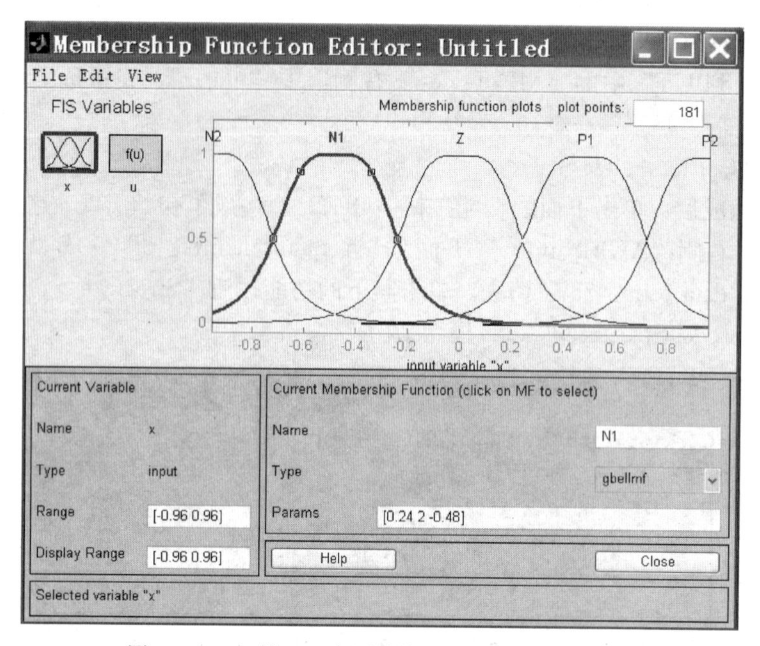

图 6-18 初始 FIS 中覆盖输入量的模糊子集分布

4. 训练初始 FIS

1）选用 hybrid 方法训练

图 6-15 界面上编辑区“Train FIS”下面的“Optim. Method”的编辑框里，选定“hybrid”；在“Error Tolerance”下的编辑框内填上“0”；在“Epochs”下面的编辑框内把“3”改成“40”。然后单击下面的功能按钮“Train Now”，则开始训练。训练中图形区上出现动态的“误差-训练次数”关系图，经过 40 次训练，图形区中的点都静止下来，结束训练时如图 6-19 所示。

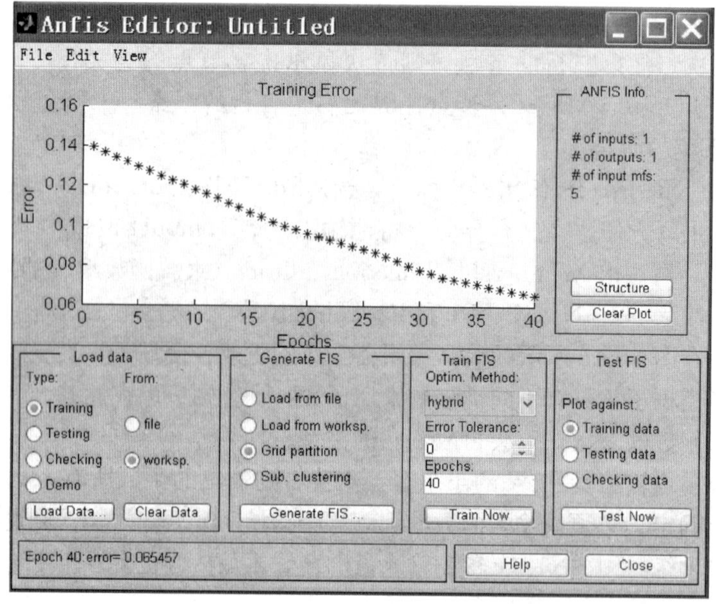

图 6-19 训练结束时 FIS 的误差-训练次数关系图

图 6 - 19 中图形区的横坐标为训练次数，纵坐标为误差值，最终结果显示在界面最下一行：“Epoch 40：error=0.065 457”，表明训练 40 次后，误差达到 0.065 457。

由于“Error Tolerance”填入的是“0”，训练次数对最终误差有较大的影响。

在对初始 FIS 训练的过程中，图 6 - 18 显示的隶属函数分布在不断发生变化，训练结束时，图 6 - 18 将变成图 6 - 20 的模样。比较图 6 - 20 和图 6 - 18 可知，覆盖输入量的模糊子集形状和分布，训练前后大不一样。经过训练的模糊子集分布，中间隶属函数变窄，两边隶属函数变宽，而且靠右的隶属函数更宽，这样的分布是由输入数据决定的，比较符合人们的思维习惯。

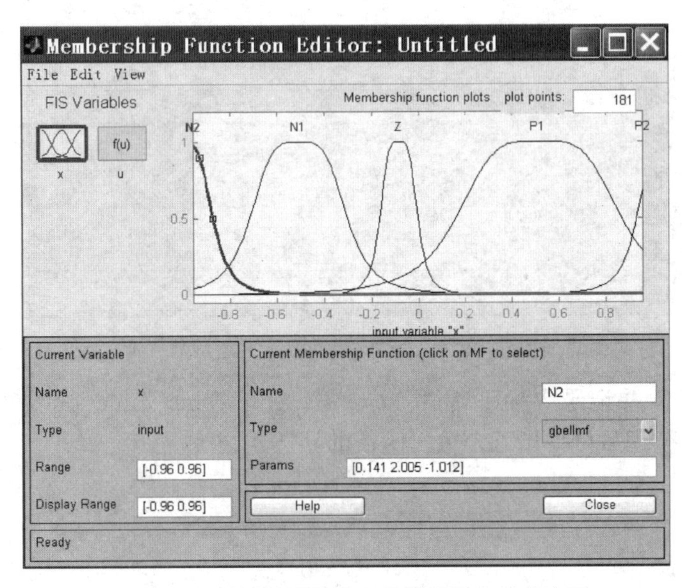

图 6 - 20　训练后覆盖输入量模糊子集的分布图

单击覆盖输入量的各模糊子集，记录下每个钟形隶属函数的参数，可知 $x\in[-0.96\ 0.96]$，各隶属函数的参数分别是：N_2 为（0.141、2.005、−1.012）；N_1 为（0.207 1、2.01、−0.509 1）；Z 为（0.081 86、2.005、−0.084 79）；P_1 为（0.355 7、2.005、0.514）；P_2 为（0.143、1.994、1.078）。

由钟形隶属函数的公式 $F(x,\ a,\ b,\ c)=\dfrac{1}{1+\left|\dfrac{x-c}{a}\right|^{2b}}$，可以写出覆盖输入量模糊子集的隶属函数表达式：$N_2(x)=\dfrac{1}{1+\left|\dfrac{x-1.012}{0.141}\right|^{4.01}}$，

$$N_1(x)=\frac{1}{1+\left|\dfrac{x-0.509\,1}{2.071}\right|^{4.02}},\quad Z(x)=\frac{1}{1+\left|\dfrac{x-0.084\,79}{0.081\,86}\right|^{4.01}},$$

$$P_1(x)=\frac{1}{1+\left|\dfrac{x+0.514}{0.355\,7}\right|^{4.01}},\quad P_2(x)=\frac{1}{1+\left|\dfrac{x+1.078}{0.143}\right|^{3.988}}。$$

在图 6 - 20 所示的 MF 编辑器界面上，单击左边输出量“u”的小图框，右侧的图形区

将显示出五个输出函数名称。为书写方便，将它们的名称分别改为 u1，u2，u3，u4，u5，如图 6-21 所示。

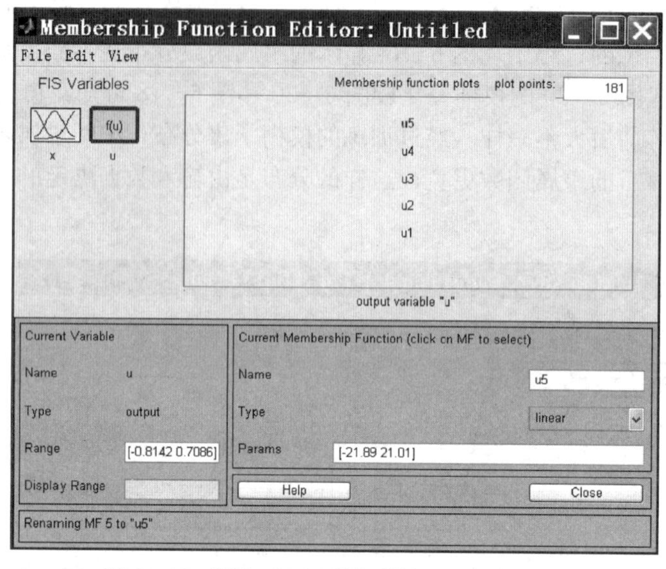

图 6-21 训练后 MF 编辑器输出量函数界面

逐次单击它们，并记录界面下部“Current Membership Function”区域下“Params”右侧显示的数据，整理后可得出五个输出函数的表达式：

$$u_1=-4.88x-5.12$$

$$u_2=-0.2772x-0.5225$$

$$u_3=3.806x-0.463$$

$$u_4=-0.5377x+0.6928$$

$$u_5=-21.89x+21.01$$

由界面左下部“Range”右侧显示框内的数据可知，u_1，u_2，u_3，u_4，$u_5\in[-0.8142\ 0.7086]$。

为了得出模糊规则，在 Anfis 或 MF 编辑器界面或图 6-21 界面上，选择 Edit|Rules...，便可弹出 Rule 编辑器界面，如图 6-22 所示。在界面上显示出了最终得出的五条模糊规则，这都是 Anfis 根据装入的数据用神经网络理论经过推算得出的，比人工归纳总结的规则要客观。

由此便可得出 Anfis 根据数据组“fuzex1trnData”建立的 1 阶 Sugeno 型 FIS 的模糊规则，即：

$$R^1:\ \text{if } x \text{ is } N_2 \text{ then } u=u_1=-4.88x-5.12$$

$$R^2:\ \text{if } x \text{ is } N_1 \text{ then } u=u_2=-0.2772x-0.5225$$

$$R^3:\ \text{if } x \text{ is } Z \text{ then } u=u_3=3.806x-0.463$$

$$R^4:\ \text{if } x \text{ is } P_1 \text{ then } u=u_4=-0.5377x+0.6928$$

$$R^5:\ \text{if } x \text{ is } N_2 \text{ then } u=u_5=-21.89x+21.01$$

在图 6-22 所示的 Rule 编辑器界面上，选择View|Rules，弹出 Rule 观测窗。在该界面上，拖动红色游标线使 x 变化，则输出量 u 将随 x 的变动而变动。当取输入量 $x=0.45$ 时，

便得出图 6－23 模糊规则观测窗，这时输出量 $u=0.477$。

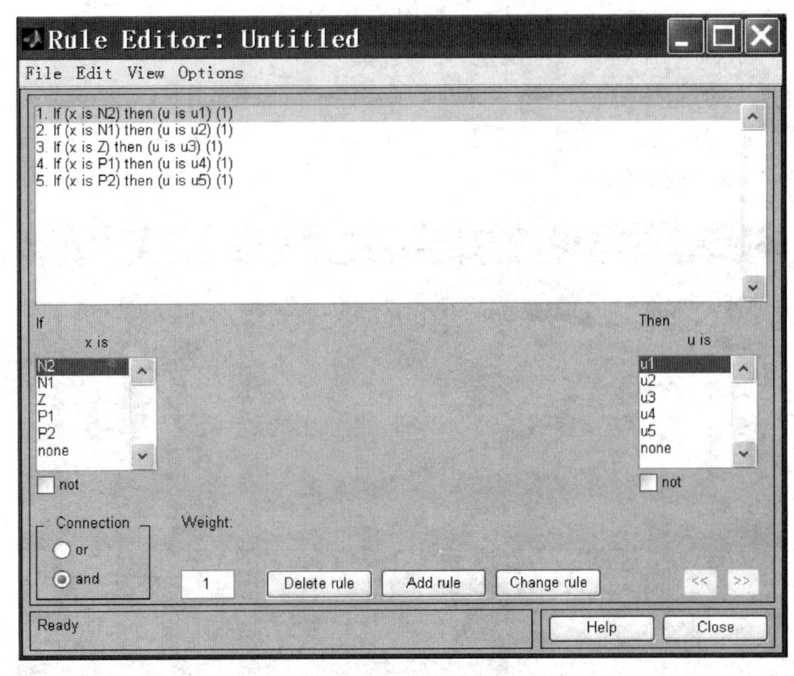

图 6－22　模糊规则编辑器界面

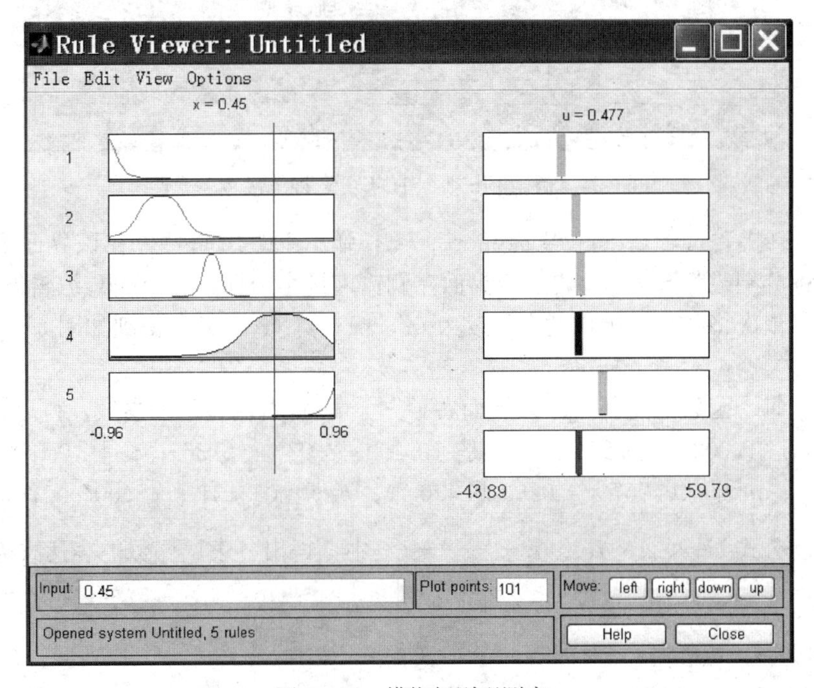

图 6－23　模糊规则观测窗

2）用 backpropa 方法训练

用前述方法重新生成初始 FIS，在 Anfis 编辑器界面的“Train FIS”编辑区里，按下述步骤操作，实现用 backpropa 方法训练初始 FIS：

① 在“Optim. Method”下面的编辑框内，选定“backpropa”；

② 在“Error Tolerance”下面的编辑框内填上“0”；

③ 在“Epochs”下面的编辑框内把“3”改成“50”；

④ 单击下面的功能按钮“Train Now”，则开始训练，图形区上出现动态的误差-训练次数关系变化图，训练结束时得出图 6-24。界面最下一行字“Epoch 50：error=0.181 55”表明经过 50 次训练，误差为 0.181 55。

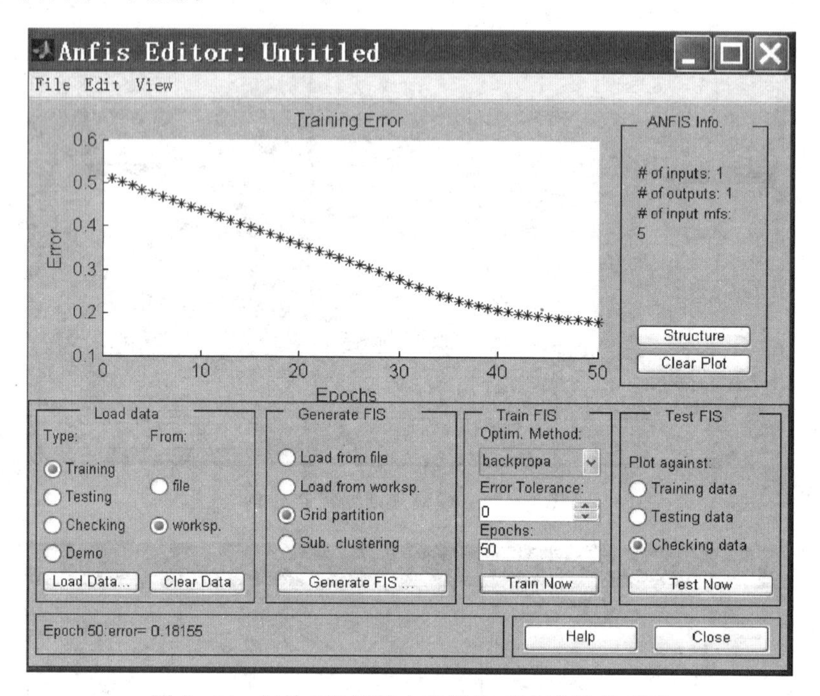

图 6-24 初始 FIS 训练中的误差-训练次数关系图

在图 6-24 上，选择Edit|FIS Propertis...，弹出 FIS 编辑器，在该界面上将输入量、输出量的名称分别改为 x 和 u；再双击界面左侧输入量小图标，弹出 MF 编辑器，在该界面上由左向右，依次将各隶属函数的名称改为 n2，n1，z，p1，p2，得到如图 6-25 所示的隶属函数分布。

依次单击每个函数的图线，记录界面右下方 Params 右侧显示的参数，得出它们分别为：n_2 是（0.234 6 2.003 −0.955 8）、n_1 是（0.199 2.03 −0.36）；z 是（0.004 572 2.005 −0.000 596）；p_1 是（0.267 2.029 0.480 7）；p_2 是（0.131 9 2.001 1.064）。代入钟形隶属函数的公式 $F(x,a,b,c)=\dfrac{1}{1+\left|\dfrac{x-c}{a}\right|^{2b}}$ 中，得出各隶属函数的表达式为：

$$n_2(x)=\frac{1}{1+\left|\dfrac{x+0.955\ 8}{0.234\ 6}\right|^{4.006}},$$

$$n_1(x)=\frac{1}{1+\left|\dfrac{x-0.36}{0.199}\right|^{4.06}},\quad z(x)=\frac{1}{1+\left|\dfrac{x-0.000\ 596}{0.004\ 572}\right|^{4.01}},$$

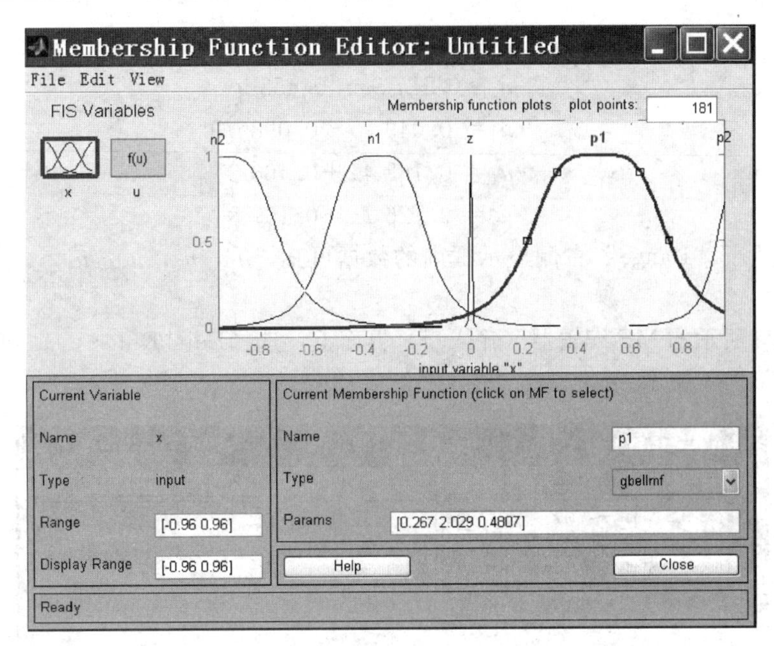

图6-25 训练后覆盖输入量模糊子集的分布图

$$p_1(x)=\frac{1}{1+\left|\frac{x+0.4807}{0.267}\right|^{4.058}},\quad p_2(x)=\frac{1}{1+\left|\frac{x+1.064}{0.1319}\right|^{4.002}}。$$

在图6-25所示的MF编辑器界面上，单击输出量“u”小图框，右侧的图形区中显示出五个输出函数名称，由下向上依次更名为u1，u2，u3，u4，u5，如图6-26所示。

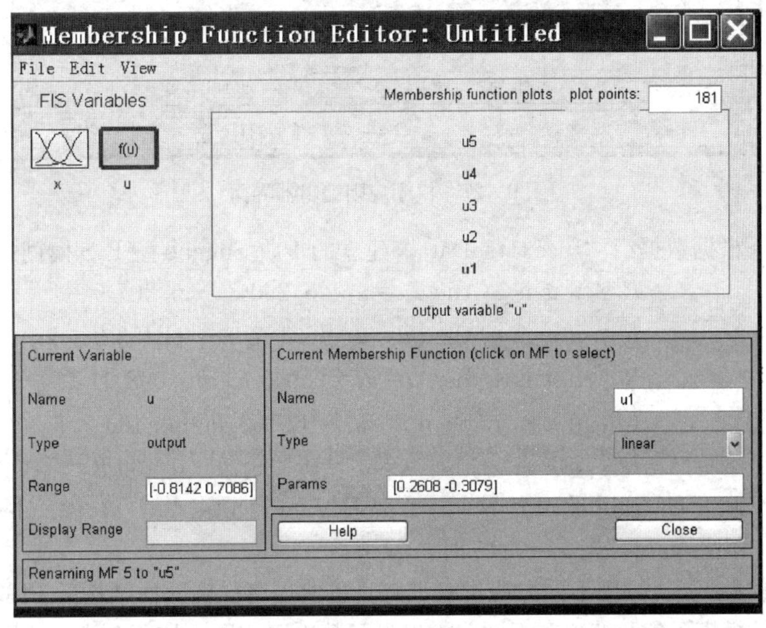

图6-26 训练后MF编辑器（输出量）界面

依次单击每个函数的名称使其变红，记录界面右下方“Params”右侧显示的参数，则可得到输出函数的具体表达式：

$$u_1 = 0.260\,8x - 0.307\,9$$
$$u_2 = 0.127\,9x - 0.453\,9$$
$$u_3 = 0.049\,6x - 0.098\,01$$
$$u_4 = 0.162\,4x + 0.460\,2$$
$$u_5 = 0.126\,7x + 0.169\,8$$

据界面左下部“Range”右侧显示框内的数据可知，u_1，u_2，u_3，u_4，$u_5 \in [-0.814\,2\ \ 0.708\,6]$。

在图 6-26 所示的 MF 编辑器（输入量）界面上，选择Edit|Rules...，弹出 Rule 编辑器界面，如图 6-27 所示。

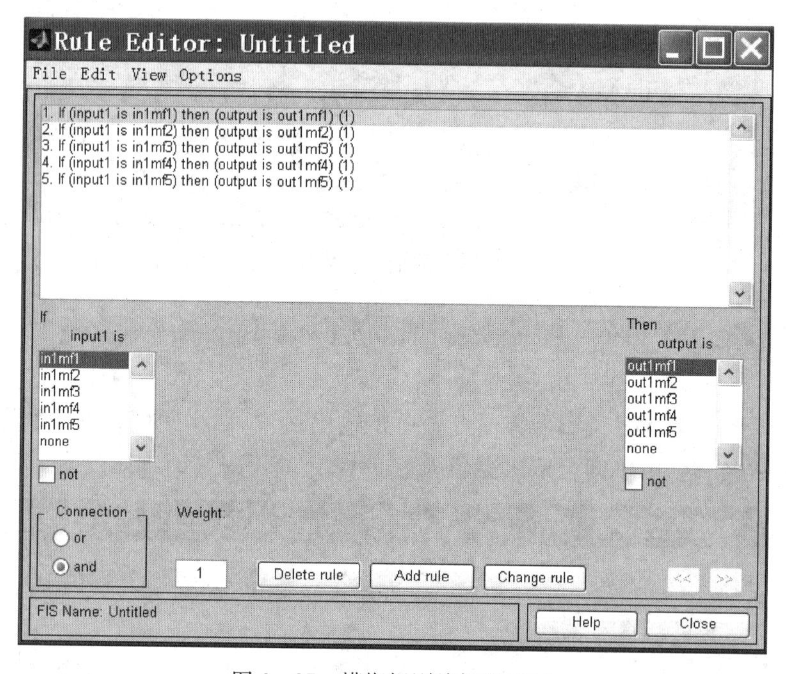

图 6-27 模糊规则编辑器界面

于是 Anfis 根据数据组“fuzex1trnData”建立的 1 阶 Sugeno 型 FIS 模糊规则为：

$$R^1:\ \text{if } x \text{ is } n_2 \text{ then } u = u_1 = 0.260\,8x - 0.307\,9$$
$$R^2:\ \text{if } x \text{ is } n_1 \text{ then } u = u_2 = 0.127\,9x - 0.453\,9$$
$$R^3:\ \text{if } x \text{ is } z \text{ then } u = u_3 = 0.049\,6x - 0.098\,01$$
$$R^4:\ \text{if } x \text{ is } p_1 \text{ then } u = u_4 = 0.162\,4x + 0.460\,2$$
$$R^5:\ \text{if } x \text{ is } n_2 \text{ then } u = u_5 = 0.126\,7x + 0.169\,8$$

在图 6-27 所示的 Rule 编辑器界面上，选择View|Rules...，弹出 Rules 观测窗，如图 6-28 所示，由图可知，当 $x=0.45$ 时，$u=0.529$。

对同一个初始 FIS，采用不同方法进行训练，虽然最终得到同样结构的 FIS，但是覆盖输入量隶属函数的模糊子集及其分布不同，输出量函数也不相同。从两个模糊规则观测窗可知，输入量同为 0.45 时，输出量一个是 0.477（见图 6-23），而另一个却是 0.529（见图 6-28）。应用中则需要根据具体情况进行选择。

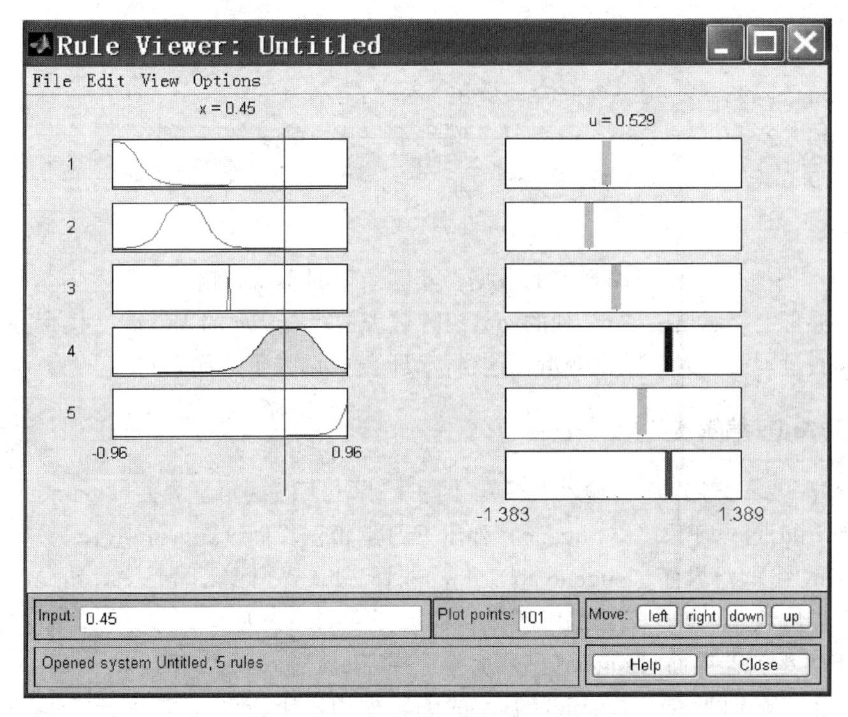

图 6 - 28　模糊规则观测窗

6.3.3　用 Anfis 建立 FIS 举例

6.3.2 节用图形化编辑工具 Anfis，根据已有数据建立了一个单输入-单输出系统的 Sugeno 型 FIS。下面介绍如何用 Anfis 根据数据建立双输入-单输出的 FIS，这类 FIS 在工业上用得相当广泛。

在 4.2.4 节中介绍“用测试数据生成模糊控制规则表”时，例 4 - 2 根据有经验司机的倒车入位操作数据，依靠人工归纳总结的方法，曾经建立起了模糊规则表，它基本属于 Madani 型 FIS。

下面介绍根据例 4 - 2 的数据，用图形化编辑工具 Anfis 自动建立起“匀速倒车入位” T - S型 FIS 的方法，这比人工建立模糊规则表的方法简便、高效，更加客观科学。

在倒车入位的操作过程中，熟练司机根据汽车的位置坐标 $x\in[0,\ 20]$ 和汽车的方位角坐标 $\varphi\in[-90°,\ 270°]$，仅靠操作汽车方向盘的角度 $\theta\in[-40°,\ 40°]$，便可匀速倒车入位。因此，这个过程可用一个双输入（x 和 φ）单输出（θ）模糊系统描述。

设汽车由初始状态 $(x_0,\ \varphi_0)=(1,\ 0°)$，按“匀速后退”的规定，达到最终状态 $(x,\ \varphi)=(10,\ 90°)$，根据设定条件和要求，按下述步骤用 Anfis 根据表 4 - 4 记录的数据，可以建立起一个“匀速倒车入位”的 Sugeno 型 FIS。

1. 将实测数据送入 MATLAB 工作空间

为了把实测数据送入 MATLAB 工作空间，也为了书写方便，把表 4 - 4 中的希腊字母 x，φ，θ 改为英文字母 x，y，u，对应关系是：$x\to x$，$\varphi\to y$，$\theta\to u$。

按照表 4-4 中的数据，在 MATLAB 主窗口输入 x，y，u 的数据：

```
x=[1.00  1.95  2.88……9.81  9.88  9.91]';
y=[0.00  9.37  18.23……86.72  88.34  89.44]';
u=[-19.00  -14.95  16.90……-3.25  -2.20  0.00]';
abc=[x  y  u]
```

（指令中“……”表示省略显示的数据，实际录入时不得省略）

回车，屏幕上显示出 18 行 3 列的 ***abc*** 矩阵数表。矩阵 ***abc*** 的 18 行 3 列数表中，第 1、2 两列是输入变量，第 3 列是输出变量。这样，***abc*** 就被调入了工作空间。

2. 调出 Anfis 编辑器

① 在 MATLAB 主窗口，输入 fuzzy，回车，弹出 FIS 编辑器界面（mamdami 型）。

② 选择File|New FIS...|Sugeno，弹出 FIS 编辑器界面（sugeno 型）。

③ 在 FIS 编辑器界面（sugeno 型）上，选择Edit|Add Variable...|Input，增加一个输入变量，弹出双输入、单输出的 FIS 编辑器界面（sugeno 型）。

④ 在 FIS 编辑器界面（sugeno 型）上，选择File|Export|To Workspace...，在弹出的对话框中，在“Workspace variable”右侧的编辑框内，用新名称“daoche”覆盖掉原来的“Untitled2”，再单击下面的功能按钮“OK”，系统就被命名为“daoche”。同时，FIS 编辑器界面（sugeno 型）上中间图形框上的“Untitled2”也变成了“daoche”。

⑤ 在 FIS 编辑器（daoche）界面上，选择Edit|Anfis...，弹出 Anfis 编辑器（daoche）初始界面，如图 6-29 所示。该界面右侧“ANFIS Info”下面，已经根据 FIS 编辑器界面（sugeno 型）列出了相关信息：# of inputs：2（两个输入）、# of outputs：1（一个输出），

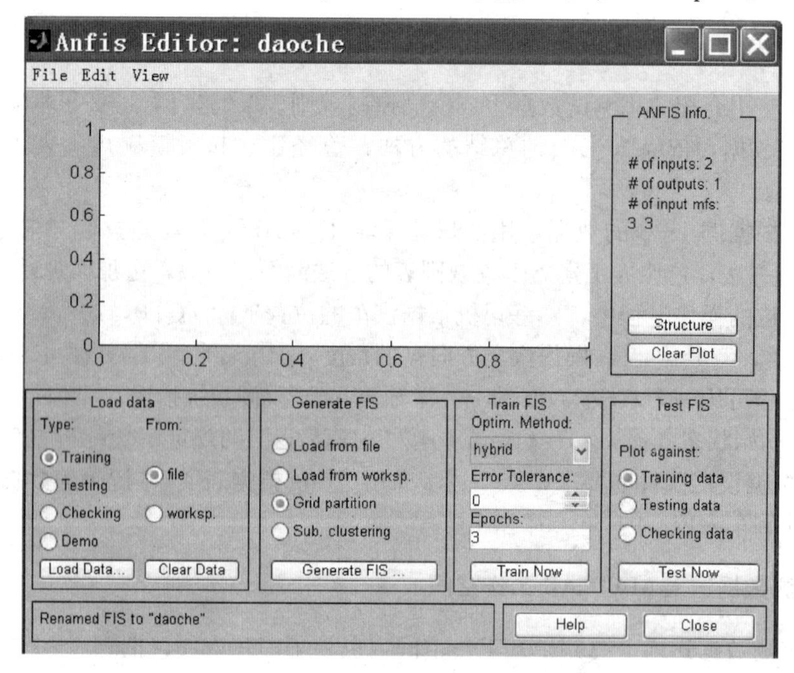

图 6-29　Anfis 编辑器（daoche）初始界面

# of input mfs：3　3（两个输入各有三个模糊子集）。若单击下面的按钮“Structure”，会看到一个没有连接好的系统结构图，中间没有模糊规则。

3. 将实测数据装入 Anfis

代表实测数据的矩阵 ***abc*** 已被送入 MATLAB 工作空间，可按下述操作将 ***abc*** 装入 Anfis。

1）把实测数据作为训练数据装入 Anfis

按下述步骤将 ***abc*** 作为训练数据装入 Anfis。

① 在图6-29所示 Anfis 编辑器界面的下部，分别单击左边“Load data”编辑区内“Training”和“worksp.”左侧的小图标“○”，使它们变成“⊙”，表示将由工作空间装入训练数据。

② 单击“Load data”编辑区最下面的功能按钮“Load Data...”，弹出数据装载对话框。为将输入工作空间的实测数据装入 Anfis，在该对话框界面上“input variable name:”下编辑框内，填入“abc”，如图6-30所示。再单击该对话框下的功能按钮“OK”，矩阵 ***abc*** 就被装入 Anfis。

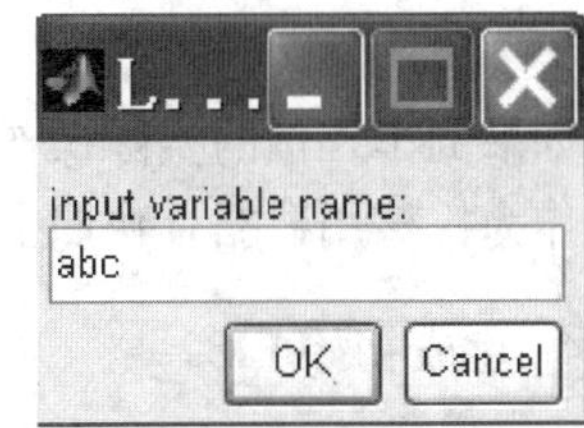

图6-30　装载数据对话框界面

这时图6-29所示的 Anfis 编辑器界面图形区内，将显示出装入数据的输出量，即矩阵 ***abc*** 第3列的数据，在 Anfis 编辑器界面图形区中以“○”图标显示（见图6-31）。该图形区的横坐标表示数组序号，此处为矩阵 ***abc*** 第3列元素的行序号；纵坐标表示输出量数值，此处为矩阵 ***abc*** 第3列元素的数值。

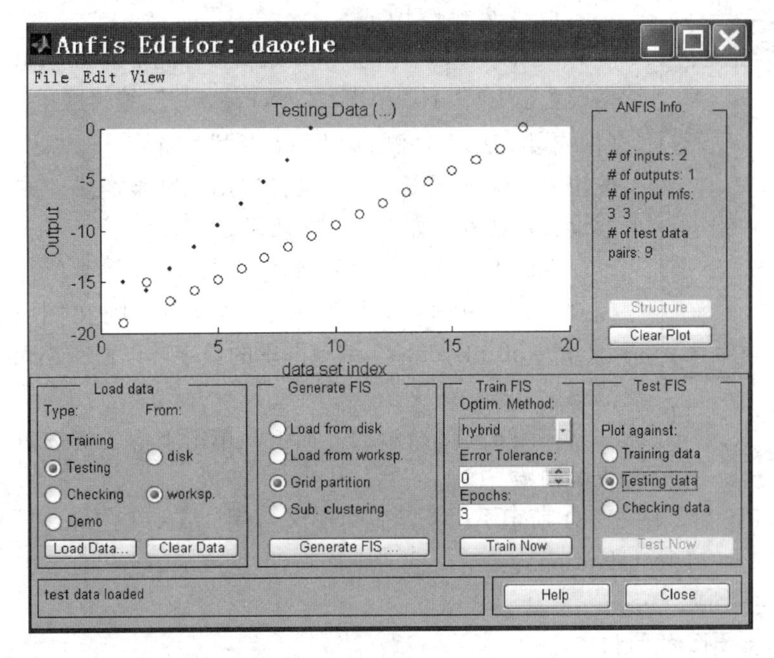

图6-31　装入数据的倒车系统 Anfis 编辑器界面

2）装入测试数据

按下述步骤把 ***abc*** 的部分数据作为测试数据装入 Anfis。

① 在 Anfis 编辑器界面下部左边“Load data”编辑区内，单击“Testing”和“worksp.”左侧的小图标“○”，使它们变成“⊙”，表示将由工作空间把测试数据装入 Anfis。

② 单击“Load data”编辑区下部的功能按钮“Load Data...”，弹出数据装载对话框。在该对话框界面上“input variable name:”下的编辑框内，填入“abc (2: 2: 18, :)”，再单击该对话框下功能按钮“OK”。于是矩阵 ***abc*** 中行序号为偶数的数据就被作为测试数据，装入 Anfis 编辑器，如图 6-31 界面上图形区中的“*”所示。

这时在图 6-31 所示的界面右侧，“ANFIS Info.”内，显示出的文字为：

# of inputs: 2 (2 个输入量)

# of outputs: 1 (1 个输出量)

# of input mfs: 3　3 (两个输入量各有 3 个隶属函数，即 3 个模糊子集)

# of test data pairs: 9 (9 组测试数据)

如果倒车入位的实际操作数据很充分，可以另取一些数据作为测试数据，还可以取一些数据作为检核用数据，仿照上述方法装入 Anfis。

4. 生成初始 FIS

根据已经装入的测试数据可以自动生成初始 FIS。

在生成初始 FIS 之前，可以先调出双输入、单输出的 FIS 编辑器 (daoche) 界面，根据设计需求对模糊逻辑算法，例如，对“Or method (析取)”“And method (和取)”“Defuzzification (清晰化)”方法进行编选。这里不再重新编选，采用默认选项：“和取”为“prod”；“清晰化”方法为“wtaver”。

1) 生成初始 FIS

在图 6-31 所示的 Anfis 编辑器界面下部的“data set index (数据设置索引)”下，单击“Generate FIS”编辑区里“Sub. clustering (相减聚类法)”左侧的小图标“○”，使其变成“⊙”；再单击功能按钮“Generate FIS...”，则弹出用相减聚类法生成初始 FIS 的参数设置对话框，如图 6-32 所示。

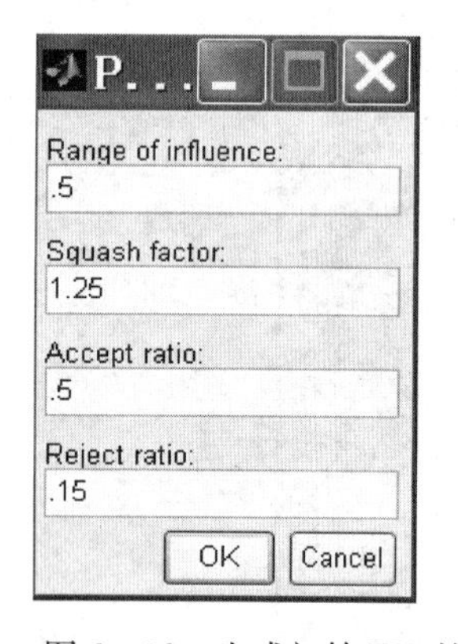

图 6-32　生成初始 FIS 的参数设置对话框

在此不再修改其中的参数，采用默认参数值。如果想增加模糊规则数，可增多聚类中心的数目，则在图 6-32 中减小“Range of influence”编辑框里的数字，以便减小聚类中心的影响范围。

在图 6-32 所示的界面上，单击下部功能按钮“OK”，就生成了初始 FIS。

生成初始 FIS 后，图 6-31 所示 Anfis 界面图形区右侧“ANFIS Info.”下面显示的文字中，不再有“# of test data pairs: 9”，同时下面按钮“Structure”的字迹不再模糊，表明初始 FIS 已经生成。

2) 观察初始 FIS 的结构

在图 6-31 所示的 Anfis 界面图形区右侧“ANFIS Info.”之下，单击按钮“Structure”，就弹出 daoche 系统的 Sugeno 型 Anfis 模型结构，如图 6-33 所示。

由图 6-33 可知，该系统有两个输入量、一个输出量，覆盖每个输入量的都是四个模糊

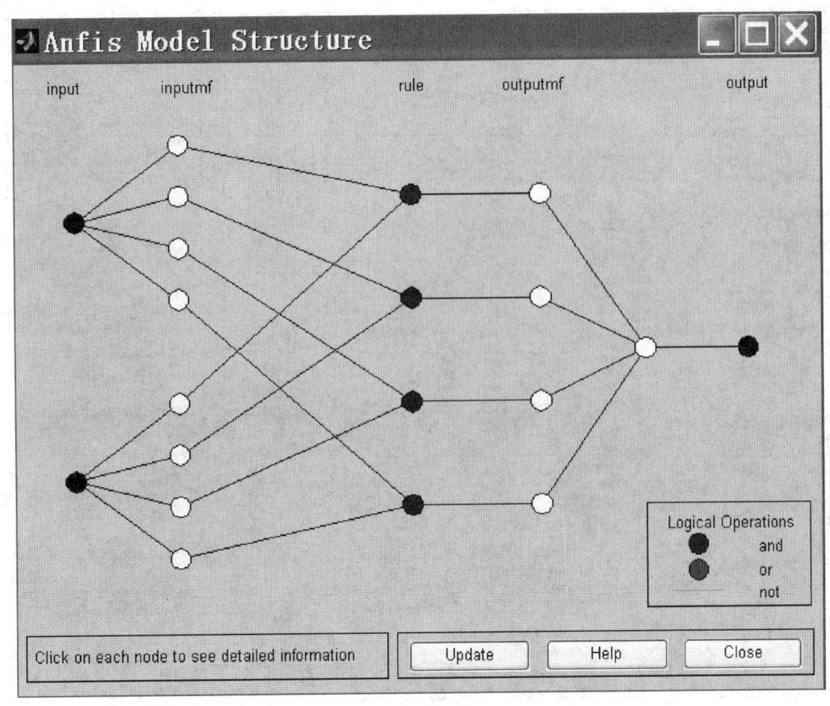

图6-33 倒车系统 Anfis 模型结构图

子集，每条规则有一个输出，共有四个，最终都被“Defuzzification（清晰化）”，综合成一个输出。

图6-33显示了由Anfis生成的倒车系统初始FIS结构，单击任意一个节点就会显示出该节点的信息说明。

以后的训练只能改变这个初始FIS的参数，不会改变它的结构。

3）编修初始FIS中变量的名称

为了以后叙述方便，将输入、输出变量及其模糊子集的名称作如下变更。

① 在Anfis编辑器上，选择Edit|FIS Properties...，在弹出的FIS编辑器（daoche）界面上，将输入量名称分别改为x、y，输出量名称改为u。

② 在FIS编辑器（daoche）界面上，双击输入量x的小图框，就弹出MF编辑器界面。为了书写方便，把图中模糊子集的名称分别改成r1、r2、r3和r4，如图6-34所示。

由MF分布图可知，这些模糊子集的隶属函数类型都是高斯型，这是Anfis编辑器根据输入数据自动选择生成的。如果按照设计需求想改变它们的类型，可在训练前重新进行编修。例如，现在隶属函数r4已被选中，界面下部右侧的“Current Membership Function”里，“Type”右侧编辑框中显示“gaussmf”，若单击它将下拉出11种函数名称，单击其中某一种，则r4就被改成这种类型的隶属函数，训练将以该隶属函数为基础进行调整。一般情况下最好不要改动初始FIS，否则会增加训练工作量，效果不一定好。

在图6-34所示的倒车系统MF编辑器界面上，单击左侧的输入量“y”或输出量“u”小图框，右侧图形区就会显示出与它们相应的隶属函数图形。

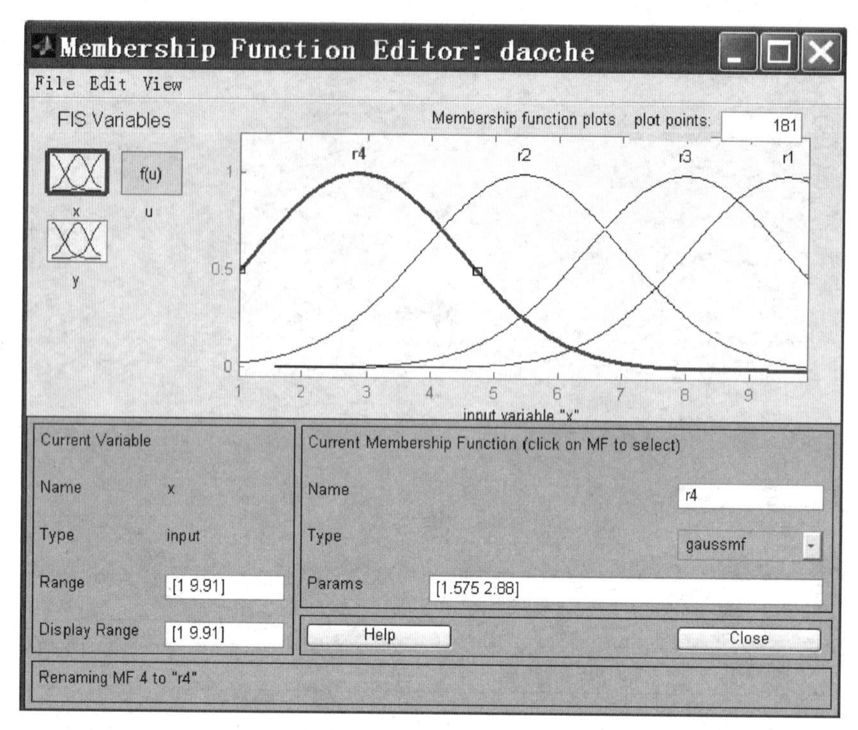

图 6-34 倒车系统初始 FIS 中 MF 分布图

5. 对初始 FIS 进行训练

可以用实测数据对生成的初始 FIS 进行训练，以便修正和调整它的隶属函数和输出函数的参数，使其更加完善、准确。为此，在 Anfis 编辑器界面上“data set index”下面“Train FIS”编辑区，选择训练前的有关项目：

① 在“Optim. Method”下的编辑框中选择“hybrid”(另有“backpropa”方法供选用)；

② 在“Error Tolerance”下的编辑框中填入“0”(也可填入误差阈值，达到该值则停止训练)；

③ 在“Epochs”下的编辑框中填入“50”(最大训练次数)。

然后单击下边的功能按钮“Train Now”，则开始训练初始 FIS，这时图形区上出现误差-训练次数关系的动态曲线，最终的图线显在图 6-35 上。图形区中的横坐标为训练次数，纵坐标为误差。训练结束后，在界面最下一行显示“Epoch 50：error=0.521 17”，表明经过 50 次训练后误差为 0.521 17。

6. 训练后的 FIS

1) 输入量的隶属函数

训练结束后，在 Anfis 编辑器界面上，选择 Edit|Membership Functions...，弹出如图 6-36 所示的 MF 编辑器界面。

比较图 6-34 和图 6-36 可见，训练前后隶属函数的类型并没有改变，只是参数发生了变化。如隶属函数 r4，图 6-34 中的 Params 右侧参数显示为 [1.575 2.88]，而训练后的图 6-36中却为 [1.68 2.831]。

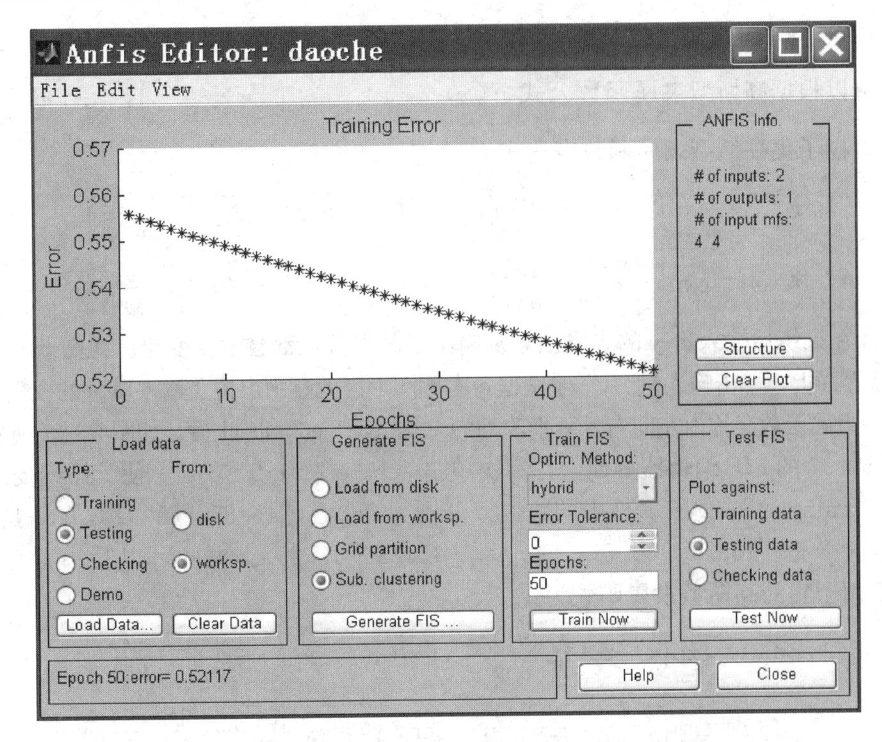

图 6-35　倒车系统 Anfis 编辑器显示的训练过程

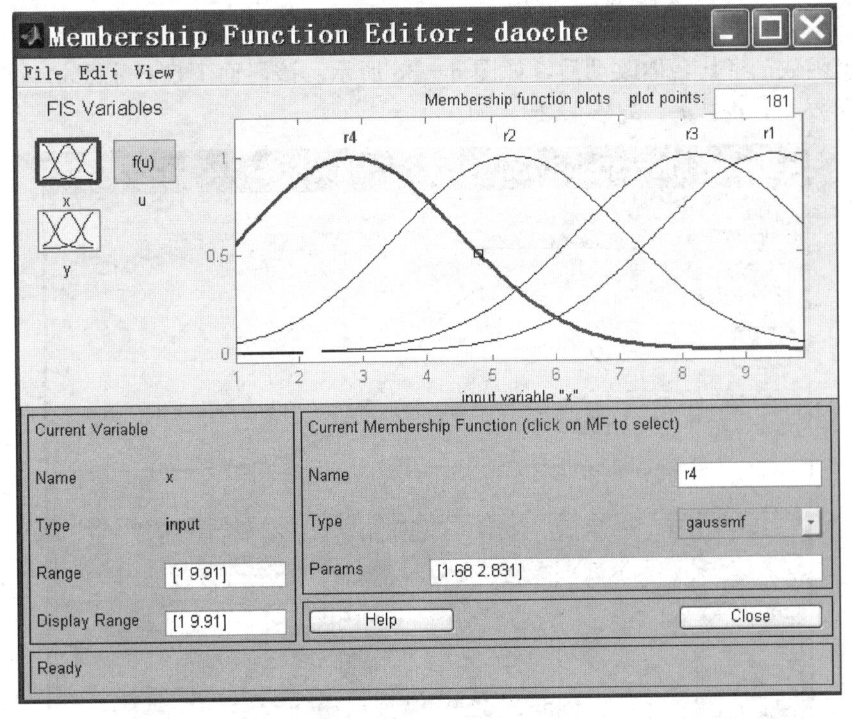

图 6-36　训练后的倒车系统 FIS 输入量 x 的隶属函数

在图 6-36 的 MF 编辑器界面上，逐次单击 r2、r3 和 r4，使其图线变红，记录下相应的“Params”右侧编辑框中的数据，分别为 r1 是［1.816　9.438］，r2 是［1.756 5.323］，

r3 是［1.831 8.183］，r4 是［1.68 2.831］。

据此可以根据高斯型隶属函数公式 $F(x, \sigma, c)=\exp\left(-\frac{(x-c)^2}{2\sigma^2}\right)$，写出覆盖 $x\in[1, 9.91]$ 的模糊子集高斯型隶属函数表达式：

$$r_1(x)=\exp\left(-\frac{(x-9.438)^2}{2\times(1.816)^2}\right) \quad r_2(x)=\exp\left(-\frac{(x-5.323)^2}{2\times(1.756)^2}\right)$$

$$r_3(x)=\exp\left(-\frac{(x-8.183)^2}{2\times(1.831)^2}\right) \quad r_4(x)=\exp\left(-\frac{(x-2.831)^2}{2\times(1.68)^2}\right)$$

同样，在训练后输入量 y 的隶属函数及输出量的参数，都会发生变化。在图 6-35 所示的 MF 编辑器界面上，单击输入量“y”小图框，右侧图形区就显示出覆盖输入量 y 的模糊隶属函数分布。对各隶属函数名称由左向右，分别改动为 er4、er2、er3 和 er1 后，如图 6-37 所示。

在图 6-37 的 MF 编辑器界面上，逐次单击 er1、er2、er3 和 er4，使其图线变红，记录下相应的“Params”右侧编辑框中的数据，分别为 er1 是［15.85 81.91］，er2 是［15.83 41.77］，er3 是［15.79 60.71］，er4 是［15.82 18.23］。据此可以写出覆盖 $y\in[0, 89.44]$ 模糊子集的高斯型隶属函数为：

$$\mathrm{er}_1(y)=\exp\left(-\frac{(y-81.91)^2}{2\times(15.85)^2}\right) \quad \mathrm{er}_2(y)=\exp\left(-\frac{(y-41.77)^2}{2\times(15.83)^2}\right)$$

$$\mathrm{er}_3(y)=\exp\left(-\frac{(y-60.71)^2}{2\times(15.79)^2}\right) \quad \mathrm{er}_4(y)=\exp\left(-\frac{(y-18.23)^2}{2\times(15.82)^2}\right)$$

2）输出量的隶属函数

在图 6-37 的 MF 编辑器界面上，单击输出量“u”小图框，右侧图形区就显示输出量的四个输出函数，将其名称改动后，如图 6-38 所示。该界面下部显示 Range［−19 0］，表明输出函数 u_1，u_2，u_3，$u_4\in[-19 \quad 0]$。

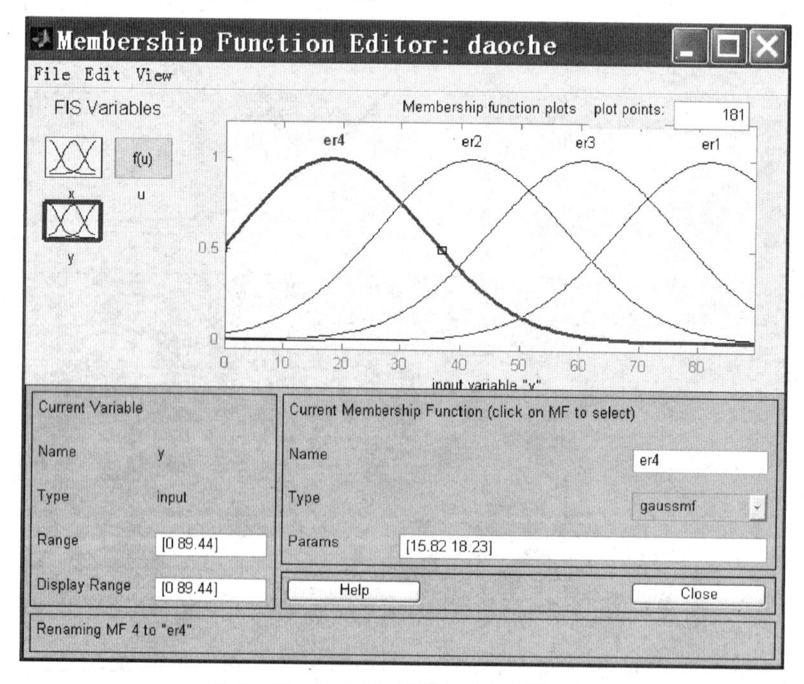

图 6-37 输入量 y 训练后的隶属函数

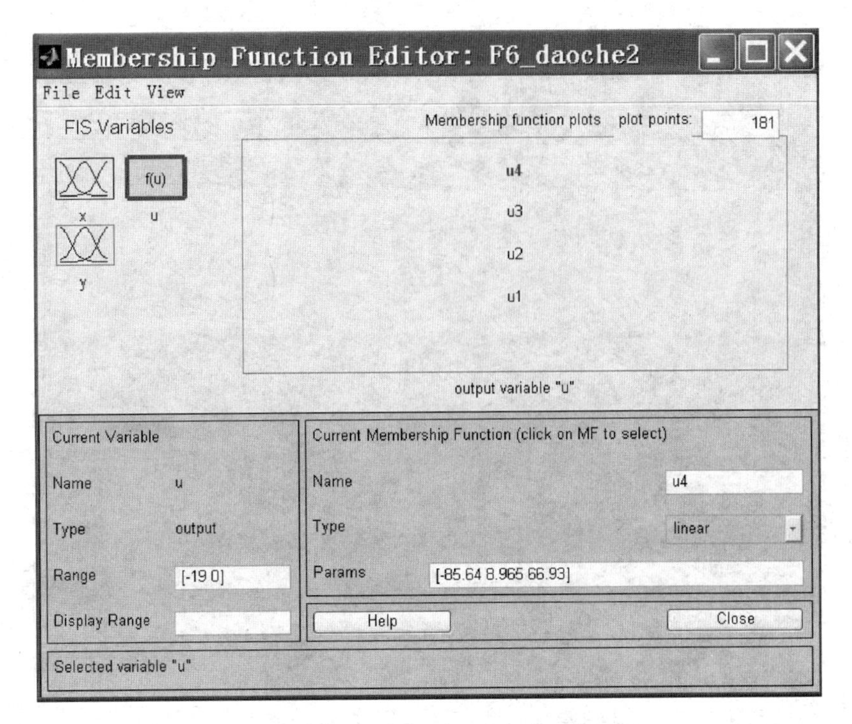

图 6-38　训练后的输出量函数

在图形区内，单击任何一个函数名称使它变红，则界面右下方"Current Membership Function"下的"Type"右侧编辑框内显示出函数类型，"Params"右侧编辑框内显示出它的相应参数。如图 6-38 中，图形区中当前"u4"变红，"Type"右侧显示"linear"表明为线性函数，"Params"右侧显示"−85.64　8.965　66.93"，表明输出函数 $u_4=-85.64x+8.965y+66.93$。按此方法得出每个函数的参数，就可以归纳出该系统的输出函数为：

$$u_1=14.33x+0.726y-215.1$$
$$u_2=9.985x-1.031y-21.56$$
$$u_3=-2.94x+1.817y-84.13$$
$$u_4=-85.64x+8.965y+66.93$$

3）模糊规则

在 Anfis 或 MF 编辑器界面上，选择Edit|Rules...，弹出 Rule 编辑器（daoche），如图 6-39 所示。于是得出倒车入位系统四条模糊规则为：

R^1：if x is r_1 and y is er_1 then $u_1=14.33x+0.726y-215.1$

R^2：if x is r_2 and y is er_2 then $u_2=9.985x-1.031y-21.56$

R^3：if x is r_3 and y is er_3 then $u_3=-2.94x+1.817y-84.13$

R^4：if x is r_4 and y is er_4 then $u_4=-85.64x+8.965y+66.93$

四条模糊规则中的模糊子集 r_1，r_2，r_3，r_4 及 er_1，er_2，er_3，er_4 的隶属函数，就是前面得出的隶属函数。根据这四条模糊规则，当实时输入变量不同时，则给出不同的输出量。这可以从 Anfis 或 MF 编辑器界面上验证和观测出来，在任一编辑器界面上，选择 View|Rules，弹出 Rule 观测窗，如图 6-40 所示。

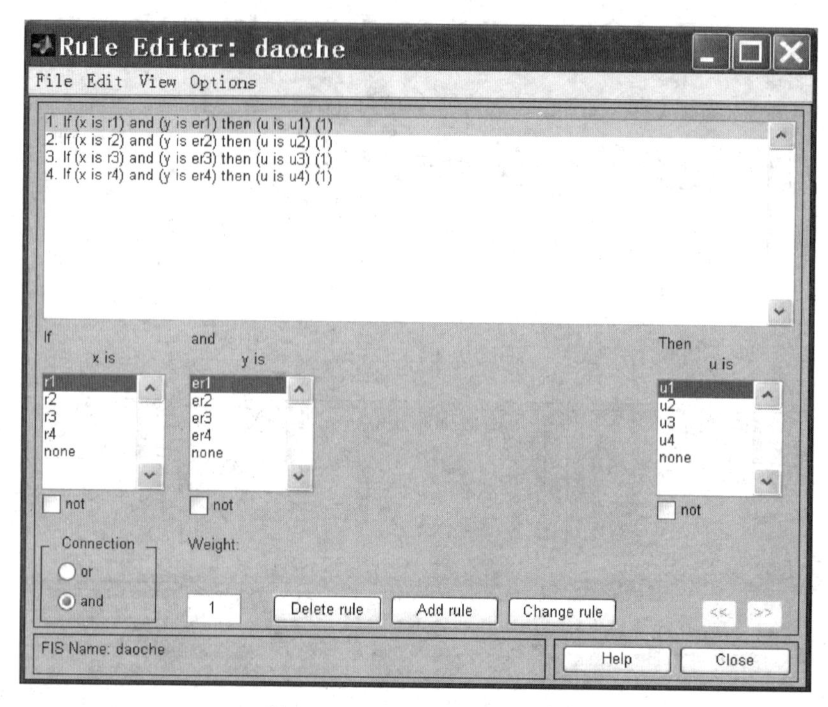

图 6-39　倒车系统模糊规则

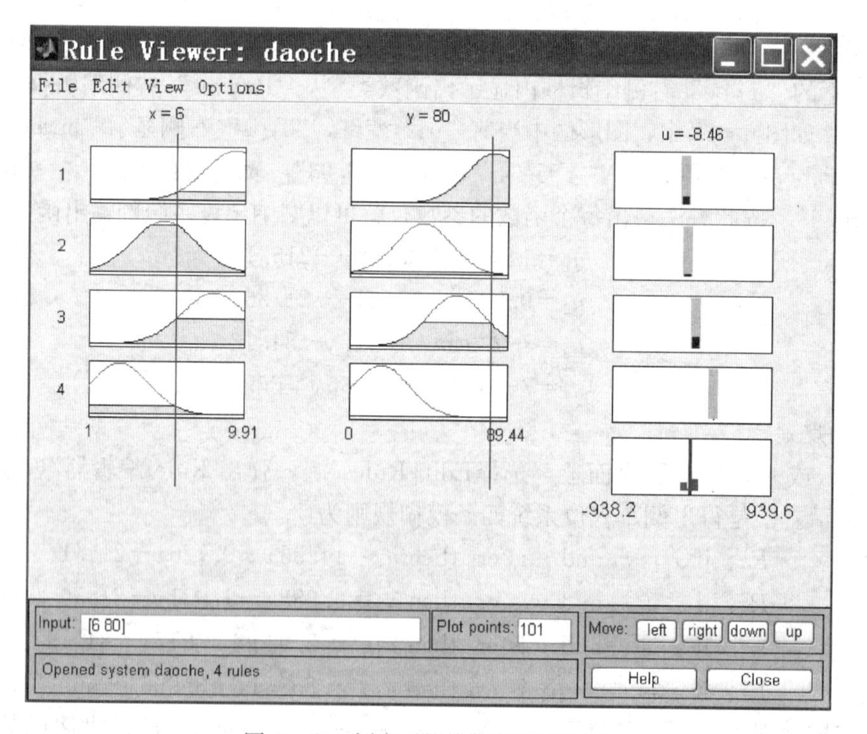

图 6-40　倒车系统模糊规则观测窗

拖动游标红线或变动输入量 x 和 y 的数值时，可以看到输出量 u 发生相应的变化，给出对应的输出值。图 6-40 中显示出当输入量 $x=6$、$y=80$ 时，相应的输出量 $u=-8.46$。

用此方法可得出表 6-3，与表 4-4 数据基本符合。

表 6-3 用“daoche”仿真倒车的输入-输出数据表

次第	输入量		输出量	次第	输入量		输出量
	x	φ	θ		x	φ	θ
0	1.00	0.00	−18.7	9	8.50	66.00	−9.34
1	2.00	9.00	−23.3	10	9.00	71.00	−8.62
2	3.00	18.00	−26.4	11	9.30	75.00	−7.61
3	4.00	27.00	−23.6	12	9.50	80.00	−6.26
4	4.50	33.00	−15.3	13	9.60	82.00	−5.37
5	5.00	41.00	−12.4	14	9.70	84.50	−4.19
6	6.00	48.50	−13.4	15	9.80	86.70	−2.84
7	7.50	55.00	−11.8	16	9.85	88.00	−2.02
8	8.00	60.70	−10.6	17	9.90	89.00	−1.24

思考与练习题

1. 模糊理论和神经网络各有什么长处？二者融合在一起会带来什么好处？

2. 神经网络科学的发展大体可分几个阶段？各有什么主要成果？

3. 神经元的主要功能是什么？

4. 在神经元数学模型中，如何改变它的输出量？常用的激发函数有哪几种类型？各有什么特点？

5. 神经网络的学习方法有哪两类？它们的主要区别是什么？

6. BP 网络的含义是什么？采用的网络结构和算法各是什么？

7. 根据表 6-2 给出的一组数据，如“fuzex1chkData”“fuzex2trnData”或“fuzex2chkData”，用 Anfis 建立起一个 Sugeno 型 FIS，并予以训练。

8. 根据表 4-4 中的数据，用 Anfis 中的“Grid partition”方法生成倒车入位的初始 FIS，并用“hybrid”或“backpropa”方法予以训练，得出匀速倒车入位的 Sugeno 型模糊模型，写出覆盖各变量的模糊子集隶属函数及模糊规则。

参考文献

[1] 任和生. 现代控制理论及其应用. 北京：电子工业出版社，1992.

[2] 扎德. 模糊集合、语言变量及模糊逻辑. 陈国权，译. 北京：科学出版社，1982.

[3] 章正斌，吴汝善，于健. 模糊控制工程. 重庆：重庆大学出版社，1995.

[4] 余永权，曾碧. 单片机模糊逻辑控制. 北京：北京航空航天大学出版社，1995.

[5] 张曾科. 模糊数学在自动化技术中的应用. 北京：清华大学出版社，1997.

[6] 刘应明，任平. 模糊性：精确性的另一半. 北京：清华大学出版社，2001.

[7] 易继锴，侯媛彬. 智能控制技术. 北京：北京工业大学出版社，1999.

[8] PASSINO K M，YURKOVICH S. Fuzzy control. 北京：清华大学出版社，2001.

[9] 吴晓莉，林哲辉. MATALB 辅助模糊系统设计. 西安：西安电子科技大学出版社，2002.

[10] 蒋宗礼. 人工神经网络导论. 北京：高等教育出版社，2001.

[11] 廉小亲. 模糊控制技术. 北京：中国电力出版社，2003.

[12] 王立新. 模糊系统与模糊控制. 王迎军，译. 北京：清华大学出版社，2003.

[13] 徐仲，张凯院，陆全，等. 矩阵论简明教程. 北京：科学出版社，2001.

[14] 姚俊，马松辉. Simulink 建模与仿真. 西安：西安电子科技大学出版社，2002.

[15] 毕富生. 数理逻辑. 北京：高等教育出版社，2004.

[16] 石辛民，郝整清. 基于 MATLAB 的实用数值计算. 北京：北京交通大学出版社，2006.